食品安全管理体系构建

及检验检测技术研究

王 涛 著

郑州大学出版社

图书在版编目(CIP)数据

食品安全管理体系构建及检验检测技术研究 / 王涛著. — 郑州 : 郑州大学出版社, 2022. 1

ISBN 978-7-5645-8286-9

Ⅰ. ①食… Ⅱ. ①王… Ⅲ. ①食品安全-质量管理体系-研究②食品安全-食品检验-研究 Ⅳ. ①TS207

中国版本图书馆 CIP 数据核字(2021)第 218224 号

食品安全管理体系构建及检验检测技术研究

SHIPIN ANQUAN GUANLI TIXI GOUJIAN JI JIANYAN JIANCE JISHU YANJIU

策划编辑	部　毅	封面设计	曾耀东
责任编辑	部　毅	版式设计	苏永生
责任校对	和晓晓	责任监制	凌　青　李瑞卿

出版发行	郑州大学出版社	地　　址	郑州市大学路 40 号(450052)
出 版 人	孙保营	网　　址	http://www.zzup.cn
经　　销	全国新华书店	发行电话	0371-66966070
印　　刷	郑州宁昌印务有限公司		
开　　本	710 mm×1 010 mm　1 / 16		
印　　张	27.75	字　　数	483 千字
版　　次	2022 年 1 月第 1 版	印　　次	2022 年 1 月第 1 次印刷

书　　号	ISBN 978-7-5645-8286-9	定　　价	98.00 元

前言

民以食为天，食品是人类最基本的生活物资，是维持人类生命和身体健康不可缺少的能量源和营养源。随着人民生活水平的提高，人们对食品不断提出更高的要求，食品除了要营养丰富、美味可口外，还要安全、卫生。食品质量与安全关系到人民健康和国计民生，关系到国家和社会的繁荣与稳定，也关系到农业和食品工业的发展，因此，理所当然地受到人民群众、企业、社会和政府的普遍关注与高度重视。

食品的原料生产、初加工、深加工、运输、储藏、销售、消费等环节都存在着许多不安全的卫生因素，例如，工业"三废"可污染土壤、水、大气；一些食品原料本身可能存在有害的成分（如马铃薯中的龙葵素、大豆中胰蛋白酶抑制物）；农作物生产过程中由于使用农药，产生农药残留问题（如有机氯农药、有机磷农药）；食品在不适当的储藏条件下，可由于微生物的繁殖而产生微生物毒素（如霉菌毒素、细菌毒素等）的污染；食品也会由于加工处理而产生一些有害的化学物质（如多环芳烃、亚硝胺）等。

食品质量安全检测技术发展至今，已成为全面推进食品生产企业进步的重要组成部分。它突出地体现在通过提高食品质量和全过程验证活动，并与食品生产企业各项管理活动相协同，从而有力地保证了食品质量的稳步提高，不断满足社会日益发展和人们对物质生活水平提高的需求。为了保证食品的安全，保护人们身体健康免受损害，快捷、高效、准确的检测技术手段必不可少。食品质量安全检测技术发展至今，已成为全面推进食品生产企业进步的重要组成部分。它对食品质量的稳步提高具有重要意义。

本书在编写过程中，曾参阅了相关的文献资料，在此谨向作者表示衷心的感谢。由于水平有限，书中内容难免存在不妥、疏漏之处，敬请广大读者批评指正，以便进一步修订和完善。

编者

2021 年 5 月

目录

第一章

概　述

第一节　质量

高质量的物质生活和精神生活是人们所追求的。那么什么是质量？质量的内容和内涵极为丰富，并且随着社会经济和科学技术的发展也在不断充实和深化。安全是质量的首要特性，没有安全就没有质量。

一、基本概念

质量常被定义为产品或工作的优劣程度。因此在日常生活中我们经常说提高教学质量、生活质量等。为了适应经济社会的发展和全球一体化的进程，国际标准化组织（ISO）自20世纪80年代正式发布了ISO 9000标准以来，多次对质量及相关的基础知识和术语等进行了解释和定义，并均以标准的形式发布。

（一）质量的定义

ISO 9000:2015中对质量（quality）的定义是“客体的一组固有特性满足要求的程度”。

该定义有2个注，注1：术语“质量”可使用形容词来修饰，如差、好或优秀。注2：“固有的”（其反义是“赋予的”）意味着存在于客体内。那么，客体、特性和要求又指的是什么呢？ISO 9000:2015中对它们也给出了定义。

客体[object（entity，item）]指“可感知或可想象到的任何事物”。

示例：产品、服务、过程、人员、组织、体系、资源。

注：客体可能是物质的（如一台发动机、一张纸、一颗钻石），非物质的

(如转换率、一个项目计划)或想象的(如组织未来的状态)。

特性(characteristic)指"可区分的特征"。

该定义有3个注。注1为特性可以是固有的或赋予的。注2为特性可以是定性的或定量的。注3为有各种类别的特性,如:①物理的(如机械的、电的、化学的或生物学的特性);②感官的(如嗅觉、触觉、味觉、视觉、听觉);③行为的(如礼貌、诚实、正直);④时间的(如准时性、可靠性、可用性、连续性;⑤人因工效的(如生理的特性或有关人身安全的特性);⑥功能的(如飞机的最高速度)。

要求(requirement)指"明示的、通常隐含的或必须履行的需求或期望"。

该定义有6个注。注1:"通常隐含"是指组织和相关方的惯例或一般做法,所考虑的需求或期望是不言而喻的。注2:规定要求是经明示的要求,如在形成文件的信息中阐明。注3:特定要求可使用限定词表示,如产品要求、质量管理要求、顾客要求、质量要求。注4:要求可由不同的相关方或组织自己提出。注5:为实现较高的顾客满意度,可能有必要满足那些顾客既没有明示,也不是通常隐含或必须履行的期望。注6:这是ISO/IEC导则,第一部分的ISO补充规定的附件SL中给出的ISO管理体系标准中的通用术语及核心定义之一,最初的定义已经通过增加注3至注5被修订。

相对于ISO 8402:1994中的质量的定义,即"反映实体满足明确或隐含需要能力的特性总和"和ISO 9000:2005中"一组固有特性满足要求的程度"的定义,ISO 9000:2015中质量的定义能更直接、清晰地表述质量的属性。虽然它对质量的载体又做了界定,但是从对"客体"的解释来看,说明质量可以存在于不同领域或任何事物中,包括可想象到的任何事物。对质量管理体系来说,质量的载体不仅针对产品,即过程的结果(如硬件、流程性材料、软件和服务),也针对过程和体系或者它们的组合以及想象的未来要达到的状态。也就是说,所谓"质量",既可以是零部件、计算机软件或服务等产品的质量,也可以是某个过程的质量或某项活动的质量,还可以是指企业的信誉、体系的有效性甚至是想象中的质量。

对于质量的概念,很多专家学者有过论述。下面是对质量管理学科产生重大影响的学者对质量的定义和论断。

大多数学者认为,质量是指产品和服务满足顾客的期望。代表人物包括:休哈特(W. A. Shewhart)、朱兰(J. M. Juran)、戴明(W. Edwards Deming)、费根堡姆(ArmandVal-linFeigenbaum)、石川馨等。其中被广为传播的定义是朱兰博士的适用性质量。朱兰博士从顾客的角度出发,提出了产品质量就是产品的适用性。即产品在使用时能成功地满足用户需要的程度。用户对产品的基本要求就是适用,适用性恰如其分地表达了质量的内涵。

休哈特博士在20世纪20年代就对质量有过精辟的表述,他认为,质量兼有主观性的一面(顾客所期望的)和客观性的一面(独立于顾客期望的产品属性);质量的一个重要度量指标是一定售价下的价值;质量必须由可测量的量化特性来反映,必须把潜在顾客的需求转化为特定产品和服务的可度量的特性,以满足市场需要。正是由于质量有主观性的一面,使得质量的内涵变得非常丰富,而且随着顾客需求的变化而不断变化;同样正是由于质量有客观性一面,使得人们对质量进行科学的管理成为可能。

可见,不同时期质量管理领域的专家、学者和国际标准化组织(ISO)等提出的质量概念体现了各自的立场和时代性,而现在给出的定义的内容和内涵都得到了极大的丰富,需要我们认真思考和体会。

(二)质量特性

质量特性(quality characteristic)是指“与要求有关的,客体的固有特性”。

注1:固有意味着存在其中的,尤其是那种永久的特性。

注2:赋予客体的特性(如客体的价格)不是它们的质量特性。

也就是说,固有特性就是指某事或某物中本来就有的,尤其是那种永久的特性,如食品的重量、机器的生产率或接通电话的时间等技术特性。而赋予特性不是固有的,不是某事物本来就有的,而是完成后因不同的要求而对产品所增加的特性,如产品的价格、供货时间和运输要求(如运输方式)、售后服务要求(如储藏温度和时间)等特性。固有与赋予特性是相对的,不同客体的固有特性和赋予特性不同,某种客体赋予特性可能是另一种客体的固有特性。

不同的客体具有不同的质量特性。根据客体涵盖的事物,大致可分为有形事物,如产品质量特性,和无形的活动,如服务质量特性、过程质量特性等。

1.产品的质量特性

产品(product)是指“在组织和顾客之间未发生任何交易的情况下,组织产生的输出”。在供方和顾客之间未发生任何必要交易的情况下,可以实现产品的生产。但是,当产品交付给顾客时,通常包含服务因素。通常,产品的主要特征是有形的。

产品的质量特性包括安全性、功能性、可信性、适应性、经济性和时间性等6个方面。这6个方面的固有特性满足要求的程度,表明该产品的质量优劣,也体现产品的使用价值。

(1)安全性。它指产品在制造、储存、流通和使用过程中能保证对人身和环境的伤害或损害控制在一个可接受的水平。食品作为一种特殊产品,它的安全性处于其质量特性的首位。食品质量管理体系应确保整个食品链的安全性,保证消费者不受到危害。例如在使用食品添加剂时应严格按照规定的使用范围和用量,来保证食品的安全性。同样,产品对环境也应是安全的,企业在生产产品时应考虑到产品及其包装物对环境造成危害的风险。

(2)功能性。它指产品满足使用要求所具有的功能。功能性包括使用功能和外观功能两个方面。食品的使用功能主要包括营养功能、色香味的感官功能、保健功能、储藏或保藏功能等。外观功能包括产品的状态、造型、光泽、颜色、外观美学等。食品对外观功能的要求很高,外观美学价值往往是消费者在决定购买时首要的决定因素。

(3)可信性。它指产品的可用性、可靠性、可维修性等,即产品在规定的时间内具备规定功能的能力。一般来说,食品应具有足够长的保质期。在正常情况下,在保质期内的食品具备规定的功能。

(4)适应性。它指产品适应外界环境的能力,外界环境包括自然环境和社会环境。食品企业在产品开发时应使产品能在较大范围的海拔、温度、湿度下使用。同样也应了解使用地的社会特点,如政治、宗教、风俗、习惯等因素,尊重当地人民的宗教文化,切忌触犯当地社会和消费者的习俗,引起不满和纠纷。

(5)经济性。它指制造出的产品的一定费用。它应该对企业和顾客来说经济上都是合算的。对企业来说,产品的开发、生产、流通费用应低;对顾客来说,产品的购买价格和使用费用应低。经济性是产品市场竞争力的关键因素,经济性差的产品,即使其他质量特性再好也卖不出去。

(6)时间性。它指在时间上满足顾客的能力。顾客对产品的需要有明确的时间要求。许多食品的生命周期很短,只有敏锐捕捉顾客需要,及时投入生产和占领市场,企业才能获得效益。如早春上市的新茶、鲜活的海产品等。

2. 服务的质量特性

服务(service)是指“至少有一项活动必须在组织和顾客之间进行的组织的输出”。通常,服务的主要特征是无形的。服务包含与顾客在接触面的活动,除了确定顾客的要求,以提供服务外,可能还包括建立持续的关系。

服务的质量特性也主要有安全性、功能性、经济性、时间性、舒适性和文明性等6个方面。

(1)安全性。指组织在提供服务时保证顾客人身不受伤害、财产不受损失的程度。

(2)功能性。指服务的产生和作用,如航空餐饮的功能就是使旅客在运输途中得到便利安全的食品。

(3)经济性。指为了得到服务顾客支付费用的合理程度。

(4)时间性。指提供准时、省时服务的能力。餐饮外卖时准时送达是非常重要的服务质量指标。

(5)舒适性。指服务对象在接受服务过程中感受到的舒适程度,舒适程度应与服务等级相适应,顾客应享受到他所要求等级的尽可能舒适的规范服务。

(6)文明性。指顾客在接受服务过程中精神满足的程度,服务人员应礼貌待客,使顾客有宾至如归的感觉。

3. 过程的质量特性

过程(process)指“利用输入实现预期结果的相互关联或相互作用的一组活动”。

注1:过程的“预期结果”称为输出,还是称为产品或服务,需随相关语境而定。

注2:一个过程的输入通常是其他过程的输出,而一个过程的输出又通常是其他过程的输入。

注3:两个或两个以上相互关联和相互作用的连续过程也可作为一个过程。

注4:组织中的过程通常在受控条件下进行策划和执行,以增加价值。

注5:不易或不能经济地确认其输出是否合格的过程,通常称之为“特殊过程”。

由过程的定义和对它的注解可以看出,过程的质量特性应该体现在安全性、合理性、科学性、效率性、经济性、时间性等方面。

(三)质量观

质量观(quality view)随着社会的进步和生产力的发展而演变,是人们从不同的角度或立场对质量的看法,主要分为符合型质量观和用户型质量观。

1. 符合型质量观

符合型质量观以产品是否符合设计要求来衡量产品的质量,认为符合设计标准,就应该视为优质。但符合型质量观是流水线工业生产的产物。流水线工业生产制定了各工序的质量规范、标准和技术参数,并以此控制整个生产过程,实现了连续性和高速度,降低了生产成本,适应了社会生产力快速发展和商品经济初级阶段消费者对质量的低层次需要。符合型质量观主要站在供方、生产方的立场上考虑问题,较少顾及生产者和用户之间对产品质量在认识上的差异。如上所述克劳士比(Crosby)曾经对质量的看法就是体现了这种观点。

2. 用户型质量观

用户型质量观由美国质量管理学家朱兰提出,他认为质量就是适用性,因此用户型质量观也叫适用性质量观。产品的质量最终体现在它的使用价值上,因此不能单纯以符合标准为中心,而应该以用户为中心,以用户满意为最高原则,把“用户第一”的思想贯穿于产品开发设计、生产制造和销售服务的全过程。用户型质量观是市场经济发展较成熟和社会生产力高度发展阶段的产物,体现了在买方市场条件下,供方意识到唯有以用户为中心,尽量满足用户的质量要求和期望,才能赢得市场。

此外,还有评判性判定的质量观,这种观点更多地来自市场对产品的评价及其声誉。例如:可口可乐、雀巢咖啡、奔驰汽车等是高质量的。还有以价值为基础的质量观,认为质量与产品的性能和价格有关。主要是从性价比好或质价比佳等角度来看质量。

二、产品质量的形成规律

长期以来,人们认为产品质量是制造出来的,或者是检验出来的,或者是宣传出来的。产品的质量固然离不开制造和检验,但仅仅依靠制造和检验是不可能生产出满足明确和隐含需要的产品的。产品质量是产品生产全过程管理的产物。全过程包括各种质量职能的环节。质量科学工作者把影响产品质量的主要环节挑选出来,研究它们对质量形成的影响途径和程度,提出了各种质量形成规律的理论。

(一)朱兰质量螺旋曲线

朱兰质量螺旋曲线反映了产品质量形成的客观规律,是质量管理的理论基础,对于现代质量管理的发展具有重大意义。美国质量管理专家朱兰(J. M. Juran)有如下观点。

一是产品质量形成的全过程包括13个环节:(质量职能)市场研究、产品计划、设计、制定产品规格、制定工艺、采购、仪器仪表配置、生产、工序控制、检验、测试、销售、售后服务。这13个环节按逻辑顺序串联,构成一个系统,用以表征产品质量形成的整个过程及其规律性。系统运转的质量取决于每个环节的运作质量和环节之间的协调程度。

二是产品质量的提高和发展的过程是一个循环往复的过程。这13个环节构成一轮循环,每经过一轮循环往复,产品质量就提高一步。这种螺旋上升的过程叫作"朱兰质量螺旋"。

三是产品质量的形成过程中人是最重要、最具能动性的因素,人的质量以及对人的管理是过程质量和工作质量的基本保证。因此质量管理不是以物为主体的管理,而是以人为主体的管理。

四是质量系统是一个与外部环境保持密切联系的开放系统。质量系统在市场研究、原材料采购、销售、采后服务等环节与社会保持着紧密的联系。因此质量管理是一项社会系统工程,企业内部的质量管理离不开社会各方面的积极和消极的影响。

(二)戴明质量循环

戴明博士最早提出了PDCA循环的概念,所以又称其为戴明环。PDCA循环是能使任何一项活动有效进行的一种合乎逻辑的工作程序,特别是在质量管理中得到了广泛的应用。P、D、C、A四个英文字母所代表的意义如下。

P(plan)——计划。包括方针和目标的确定以及活动计划的制订。

D(do)——执行。执行就是具体运作,实现计划中的内容。

C(check)——检查。就是要总结执行计划的结果,分清哪些对了,哪些错了,明确效果,找出问题。

A(action)——行动(或处理)。对总结检查的结果进行处理,成功的经验加以肯定,并予以标准化,或制定作业指导书,便于以后工作时遵循;对于失败的教训也要总结，以免重现。对于没有解决的问题，应提给下一个PDCA循环中去解决。

该循环强调，PDCA循环的四个过程不是运行一次就完结，而是周而复始地进行。一个循环结束了，解决了一部分问题，可能还有问题没有解决，或者又出现了新的问题，再进行下一个PDCA循环，依此类推；循环中是大环带小环，类似行星轮系，一个公司或组织的整体运行体系与其内部各子体系的关系，是大环带动小环的有机逻辑组合体；PDCA循环是阶梯式上升，不是停留在一个水平上的循环，不断解决问题的过程就是水平逐步上升的过程；PDCA循环中要应用科学的统计观念和处理方法。如在质量管理中广泛应用的直方图、控制图、因果图、排列图、关系图、分层法和统计分析表等7种工具。

（三）桑德霍姆质量循环模型

瑞典质量管理学家桑德霍姆用另一种表述方式阐述产品质量的形成规律，提出质量循环图模式。与朱兰质量螺旋相比，两者的基本组成要件极为相近，但桑德霍姆模型更强调企业内部的质量管理体系与外部环境的联系，特别是和原材料供应单位及用户的联系。食品质量管理与原材料供应和用户（如超市）的质量管理关系极大，因此一些从事食品质量管理的工作人员比较倾向于应用桑德霍姆质量循环模型来解释食品质量的形成规律。桑德霍姆模型还把企业中许多部门列举出来，这些部门与质量形成有关，因而在质量管理和质量改进时应程序性地征求部门的意见和依靠部门支持。

二、质量管理

质量管理是指在质量方面指挥和控制组织的协调活动。质量管理包括制定质量方针和质量目标以及质量策划、质量控制、质量保证和质量改进。做好质量管理工作意义重大，从微观上来说，质量是企业赖以生存和发展的保证，是市场的竞争力，是开拓市场的生命线，是形成顾客满意的必要因素；从宏观上来说，质量水平的高低是一个国家经济、科技、教育和管理水平的综合反映。当今世界的经济竞争，取决于一个国家的产品质量和服务质量。

（一）有关质量管理的基本概念

质量管理（quality management）的定义是“关于质量的管理”。质量管理可包括制定质量方针和质量目标，以及通过质量策划、质量保证、质量控制和质量改进实现这些质量目标的过程。

质量管理的涵盖面比质量控制要宽泛得多。但是在实践中常被笼统使用,常用“品控”代替了“品管”。

该定义中涉及的术语分别定义如下。

1. 质量方针(quality policy)

它是“关于质量的方针”。通常,质量方针与组织的总方针相一致,可以与组织的愿景和使命相一致,并为制定质量目标提供框架。ISO 9000:2015标准中提出的质量管理原则可以作为制定质量方针的基础。而一个组织的方针(policy)是指由最高管理者正式发布的组织的宗旨和方向。

2. 质量目标(quality objective)

它是“与质量有关的目标”。质量目标通常依据组织的质量方针制定。通常,在组织内的相关职能、层级和过程分别规定质量目标。组织内各部门各人员都应明确自己的职责和质量目标,并为实现该目标而努力。

3. 质量策划(quality planning)

它是“质量管理的一部分,致力于制定质量目标并规定必要的运行过程和相关资源以实现质量目标”。编制质量计划可以是质量策划的一部分。一般,质量策划包括收集、比较顾客的质量要求,向管理层提出有关质量方针和质量目标的建议,从质量和成本两方面评审产品设计,制定质量标准,确定质量控制的组织机构、程序、制度和方法,制定审核原料供应商质量的制度和程序,开展宣传教育和人员培训活动等工作内容。

4. 质量计划(quality plan)

它是“对特定的客体,规定由谁及何时应用所确定的程序和相关资源的规范”。这些程序通常包括所涉及的那些质量管理过程以及产品和服务实现过程。通常,质量计划引用质量手册的部分内容或程序文件。质量计划通常是质量策划的结果之一。

5. 质量保证(quality assurance)

它是“质量管理的一部分,致力于提供质量要求会得到满足的信任”,也就是说,组织应建立有效的质量保证体系,实施全部有计划、有系统的活动,能够提供必要的证据(实物质量测定证据和管理证据),从而得到本组织的管理层、用户、第三方(政府主管部门、质量监督部门、消费者协会等)的足够信任。

质量保证可分为内部质量保证(internal quality assurance)和外部质量保

证(external quality assurance)两种类型。内部质量保证取信于本组织的管理层,外部质量保证取信于需方。

6. 质量控制(quality control)

它是"质量管理的一部分,致力于满足质量要求"。质量控制的目的"在于监视过程并排除质量环节所有阶段中导致不满意的原因,以取得经济效益"。质量控制一般采取以下程序:确定质量控制的计划和标准;实施质量控制计划和标准;监视过程和评价结果,发现存在的质量问题及其成因;排除不良或危害因素,恢复至正常状态。

7. 质量改进(quality improvement)

它是"质量管理的一部分,致力于增强满足质量要求的能力"。质量要求可以是有关任何方面的,如有效性、效率或可追溯性。

质量改进的程序是计划、组织、分析诊断、实施改进,即在组织内制订计划,发现潜在的或现存的质量问题,寻找改进机会,提出改进措施,提高活动的效益和效率。

(二)现代质量管理的发展阶段

管理学是系统研究管理活动的基本规律和一般方法的科学。管理学是适应现代社会化大生产的需要产生的,它研究在现有的条件下,管理者通过执行计划、组织、领导、控制等职能,科学合理地组织和配置人、财、物等因素,实现组织的既定目标,提高生产力的水平。

质量管理学是管理学的一个分支。质量管理学是研究质量形成和实现过程的客观规律的科学。质量管理学的研究范围包括微观质量管理与宏观质量管理。微观质量管理从企业、服务机构的角度,研究组织如何保证和提高产品质量、服务质量。宏观质量管理则从国民经济和全社会的角度,研究政府和社会如何对工厂、企业、服务机构的产品质量、服务质量进行有效的统筹管理和监督控制。

人类历史上自有商品生产以来,就开始了以商品的成品检验为主的质量管理方法。根据历史文献记载,我国早在 2 400 多年以前,就已有了青铜制刀枪武器的质量检验制度。19 世纪以前,产品的生产方式以手工操作为主,产品质量主要依靠操作者本人的技艺水平和经验来保证,属于"操作者的质量管理"。我国至今仍有许多以操作者命名的老字号,如张小泉剪刀,说明操作者技艺和经验确保了产品具有值得信赖的质量,说明这种质量管理方式对于小规模、手工作坊方式、简单产品来说仍然有生命力。19 世纪初,随着生产规模的扩大和生产工序的复杂化,操作者的质量管理就越来越不能适应了,质量管理的职能由操作者转移给工长,建立起工长的质量管理,由各工序的工长负责质量检验和把关。我国官窑专设握有重权的检验人员,确保皇上使用的瓷器具有绝对高的质量,稍有瑕疵,一律毁坏。这种质量管理方式都属于事后把关,检查发现并损毁残次品,对生产者来说造成了无可挽回的损失。此阶段的质量管理称为"工长和领班的质量管理"。

第一次世界大战以后,出现了工业化大生产,生产规模迅速扩大,产品复杂程度极大提高,企业管理变得很复杂,从而开创了"现代质量管理时代"。现代质量管理又可分为三个阶段。

1. 检验员质量管理阶段

检验员质量管理是用标准的测量或检验方法,判断产品质量是否合格的管理。检验员质量管理阶段的代表性人物是美国管理学家 F. W. 泰勒,他是科学管理的创始人,为现代质量管理做出了贡献。泰勒认为,管理是一门建立在明确的法规、条文和原则之上的科学。要达到最高的工作效率就要用科学的、标准化的管理方法代替经验的管理方法。科学管理的根本目的在于通过任务进行管理,提高劳动生产率,提高产品质量,使雇主和雇员都得到利益。20 世纪初,大规模工业化生产开始采用科学的、标准化的管理方法,有了技术标准和公差制度,有各种检验工具和检验技术,企业开始设置专门的检验部门,并把检验从生产中独立出来,直属于厂长领导。正规的企业建立了制定标准、实施标准(生产)、按标准检验的三权分立制度。但是此阶段的质量检验仍然是马后炮,属于事后检验,无法控制产品的质量。武器弹药的质量不能保证,必然引起军方的不满,军工企业开始采用能减少质量波动的新理论和新方法。从此全世界军工企业走在了质量管理学科的最前头。

2. 统计质量管理阶段

统计质量管理是应用数理统计学的工具处理工业产品质量问题的理论和方法。统计质量管理形成于 20 世纪 20 年代,完善于第二次世界大战时。此时的代表性人物是休哈特(W. A. Shewhart)博士,休哈特在美国贝尔电话实验所建立了以数理统计理论为基础的统计质量控制。他提出使用质量管制图,即休哈特控制图,作为质量管理的重要工具。休哈特控制图是一种有控制界限的图,可用来区别和确定引起质量波动的原因是偶然性的还是系统性的,从而判断生产过程是否处于受控状态。统计质量管理把数理统计方法应用于质量管理,建立了抽样检验法,把全数检验改为抽样检验,并且制定了公差标准,保证了批量产品在质量上的一致性和互换性。统计质量管理的主要特点是事先控制,预防为主和防检结合。统计质量管理保证了规模工业生产产品的质量,对制造业的发展起了巨大的推动作用,做出了历史性的贡献,促进了工业特别是军事工业的发展。美国军方对休哈特控制图和数理统计法最感兴趣,成立了专门委员会,制定了推广规划,公布了质量管理标准,极大地提高了武器弹药的质量。统计质量管理也存在缺点,它只专注于生产过程和产品的质量控制,没有考虑到影响质量的全部因素。

3. 全面质量管理阶段

全面质量管理(total quality management,TQM),是一个组织以质量为中心,以全员参与为基础,目的在于通过顾客满意和本组织所有成员及社会受益而达到长期成功的管理途径。有三个社会原因促成统计质量管理向着全面质量管理过渡。第一个原因是,20 世纪 50 年代以来,社会生产力的迅速发展,科学技术日新月异,工业生产技术手段越来越现代化,工业产品更新换代日益频繁,出现了许多大型产品和复杂的系统工程,对这些大型产品和系统工程的质量要求大大提高了,特别对产品的安全性、可靠性、耐用性、维修性和经济性等质量要素提出了空前要求。第二个原因是,随着工人文化知识和技术水平的提高,以及工会运动的兴起,在管理理论上有了新的发展,突出了重视人的因素,调动人的积极性,强调依靠企业全体人员的努力来保证质量,提出了“工业民主参与管理”“共同决策”“目标管理”等新观念。在质量管理中出现了质量管理小组和质量提案制度,使质量管理从过去仅限于技术、检验等少数人的管理逐步走向多数人参与的管理活动。第三个原因是,在市场激烈竞争下,广大消费者成立了各种消费者组织,出现了“保护消费者利益”的运动,要求制造者提供的产品不仅性能符合质量标准规定,而且要保证在产品售后的正常使用期限中,使用效果良好、可靠、安全、经济、不出质量问题。消费者迫使政府制定法律,制止企业生产和销售质量低劣、影响安全、危害健康的产品,要求提供伪劣产品的企业承担法律责任和经济责任。由此提出了质量保证和质量责任的理念,要求企业建立贯穿于全过程的质量保证体系,把质量管理工作的目标转移到质量保证上来。

全面质量管理阶段的代表性领军人物是美国的费根堡姆(Armand Vallin

Feigenbaum)。他是通用电气公司全球生产运作和质量控制主管，是全面质量管理的创始人。他主张用系统的全面的方法进行质量管理，在质量管理过程中要求所有职能部门都参与，而不是仅局限于生产部门。要求在产品形成的早期就建立质量的控制，而不是在既成事实后再做质量的检验和控制。他定义全面质量管理为"一个协调组织中人们的质量保持和质量改进努力的有效体系，该体系是为了用最经济的水平生产出客户完全满意的产品"。用通俗的话来说，全面质量管理是"一个组织以质量为中心，以全员参与为基础，目的在于通过让顾客满意和本组织所有成员及社会受益而达到长期成功的管理途径"。我国质量管理协会也给以相近的定义，"企业全体职工及有关部门同心协力，综合运用管理技术、专业技术和科学方法，经济地开发、研制、生产和销售用户满意产品的管理活动"。

全面质量管理有以下特点：一是全面质量管理是研究质量、维持质量和改进质量的有效体系和管理途径，不是单纯的专业的管理方法或技术。二是全面质量管理是市场经济的产物，以质量第一和用户第一为指导思想，以顾客满意作为经营者对产品和服务质量的最终要求，把对市场和用户的适用性标准取代了原先的符合性标准。三是全面质量管理以全员参与为基础。质量管理涉及五大因素，人（操作者）、机（机器设备）、料（原料、材料）、法（工艺和方法）和环（生产环境）。人的工作质量是一切过程质量的保证。企业必须有一个高素质的管理核心和一支高素质的职工队伍，通过系统的质量教育和培训，树立质量第一和用户第一的质量意识，同心协力，开展各项质量活动。四是全面质量管理的经济性就体现在兼顾用户、本组织成员及社会三方面的利益。全面质量管理强调在最经济的水平上为用户提供满足其需要的产品和服务，在使顾客受益的同时本组织成员及社会方面的利益都得到关照。五是全面质量管理学说只是提出了一般的理论，各国在实施全面质量管理时应根据本国的实际情况，考虑本民族的文化特色，提出实用的可操作性的具体方法，逐步推广实施。

三、我国制造业质量管理的发展历程

我国制造业质量管理水平是随着我国政治、经济、社会、文化等的发展而提高的，可分为三个阶段。

（一）质量管理 1.0 阶段

质量管理起步阶段，时间从新中国成立到 1978 年止，历时约 30 年。制造业及其质量管理蹒跚起步，我国制造业质量工作者在推广检验质量管理和统计质量管理上做了巨大努力，但产品总体质量管理水平较低，产品质量较差，但在计划经济和短缺经济条件下产品仍然能销售出去。

（二）质量管理2.0阶段

在此阶段，我国的质量工作也有了巨大进步：一是广大企业依靠技术进步，改善技术装备水平，加强管理，推行全面质量管理制度；二是加强规章制度和职业道德建设，普遍开展质量宣传教育，全民质量意识和职工素质有了较大提高；三是质量法律、法规不断完善，质量工作逐步走上法制轨道，促使企业提高质量的外部环境逐渐形成；四是国家制定实施了一系列政策措施，初步形成了中国特色的质量发展之路。

（三）质量管理3.0阶段

质量管理攻坚阶段，我国政府和制造业界清醒地认识到，制造业大国并不等于是制造业强国，我国大多数制造产业并未占据技术制高点，在全球价值链分工中处于低端，质量管理的基础还很薄弱，质量水平的提高仍然滞后于经济发展，片面追求发展速度和数量，忽视发展质量和效益的现象依然存在，质量安全事故特别是食品安全事故时有发生，必须采取切实措施，夯实质量基础，培育拥有核心竞争力的优势企业，培育一批质量水平一流的现代企业和产业集群，力争达到质量管理的中高端水平，步入制造业强国的行列。

四、我国政府实施“质量兴国强国”政策

质量问题是经济发展中的一个战略问题。质量问题关系可持续发展，关系人民群众切身利益，关系国家形象。“中国制造”，创新是灵魂，质量是生命。质量反映一个国家的综合实力，是制造实力的综合反映，是竞争能力的核心要素，是国家强盛的关键内核；既是科技创新、资源配置、劳动者素质等因素的集成，又是法治环境、文化教育、诚信建设等方面的综合反映。质量发展是兴国之道、强国之策。必须尽快提高我国的产品质量、工程质量和服务质量水平，满足人民生活水平日益提高和社会不断发展的需要，增强竞争能力，促进我国国民经济和社会的发展。

第二节 企业质量管理

企业质量管理是在生产全过程中对质量职能和活动进行管理。企业质量管理包括质量管理的基础工作、论证和决策阶段的质量管理、产品开发设计阶段的质量管理、生产制造阶段的质量管理、产品销售和售后服务阶段的质量管理。

一、企业质量管理的基础工作

企业要树立符合市场经济规律的科学质量观。牢固树立"质量第一"的观念，增强竞争意识、风险意识和法制意识，主动面向市场，接受用户、社会和政府的监督。企业质量管理基础工作包括建立质量责任制、建立全面科学的质量管理制度、开展标准化工作、开展质量培训工作、开展质量信息管理工作和承担社会责任工作等。

（一）建立质量责任制

企业应落实质量主体责任，坚持企业经营管理者抓质量，明确企业法定代表人或主要负责人对质量安全负首要责任，企业质量主管人员对质量安全负直接责任。厂长（经理）要负责组织制定企业质量管理目标，组织建立企业质量体系并使其有效运行。建立企业质量安全控制关键岗位责任制，厂长（经理）应将质量活动分配到各部门，各部门制定各自的质量职责，并对相关部门提出质量要求，经协调后明确部门的质量职能。部门则要将质量任务、责任分配到每个员工，做到人人有明确的任务和职责，事事有人负责。建立质量责任制应体现责权利三者统一，与经济利益挂钩；要科学、合理、定量化、具体化，便于考核和追究责任。部门和个人在本能上都是趋利避责的，因此，应公平公正地处理各部门和个人的关系，责权对等，特别要明确部门之间结合部的职能关系，避免推诿扯皮。

（二）建立全面科学的质量管理制度

企业应按照《质量管理和质量保证》国家标准及其他国际通行的先进管理标准，结合实际，推行全面质量管理，建立健全质量体系，推广应用各种科学的管理手段和方法，加强企业现场管理。建立企业岗位质量规范与质量考核制度，实行以“质量安全一票否决”为核心的收入与质量挂钩制度，将考核结果作为提升、晋级、奖励或者处罚职工的重要依据。企业应建立重大质量事故报告及应急处理制度，建立产品质量追溯体系，建立质量担保责任及缺陷产品召回制度。企业应建立和完善鼓励质量改进的激励制度，开展群众性质量管理活动和合理化建议活动。

（三）开展标准化工作

企业的标准化工作应以提高企业经济效益为中心，以生产、技术、经营、管理的全过程为内容，以制定和贯彻标准为手段的活动。企业必须严格执行国家强制性标准。严格按标准组织生产，没有标准不得进行生产。有条件的企业，应参照国际先进标准，制定具有竞争能力的，高于现行国家、行业标准的企业内控标准。

（四）开展质量培训工作

质量培训工作就是对全员职工进行增强质量意识的教育、质量管理基本知识的教育以及专门技术和劳动技能的教育。企业应设置分管教育培训的机构，应有专职师资队伍或委托高等院校教师进行此项工作。企业应制订企业教育培训计划，定期和不定期地开展教育工作，建立员工的教育培训档案，制定必要的管理制度和工作程序。

（五）开展质量信息管理工作

质量信息管理是企业质量管理的重要组成部分，主要工作是对质量信息进行收集、整理、分析、反馈、存贮。企业应建立与其生产规模相适应的专职机构，配备专职人员，配备数字化信息管理设备，建立企业的质量信息系统（quality information system，QIS）。QIS 是收集、整理、分析、报告、贮存信息的组织体系，把有关质量决策、指令、执行情况及时正确地传递到一定等级的部门，为质量决策、企业内部质量考核、企业外部质量保证提供依据。质量信息主要包括：质量体系文件、设计质量信息、采购质量信息、工序质量信息、产品验证信息、市场质量信息等。

（六）开展诚信管理体系和社会责任工作

企业要建立诚信教育机制、诚信因素识别机制、体系运行机制、征信评价机制、自查自纠改进机制和失信惩戒公示机制。企业要强化诚信自律，践行质量承诺，在生产经营、产品供应、广告宣传和服务等活动中充分考虑诚信因素，要定期发布社会责任报告，树立企业质量信誉。企业要积极承担对员工、消费者、投资者、合作方、社区和环境等利益相关方的社会责任，把确保质量安全、促进可持续发展作为企业的基本社会责任。

二、产品质量形成过程的质量管理

按照朱兰的质量螺旋模型，产品质量形成过程包括市场研究、产品计划、设计、制定产品规格、制定工艺、采购、仪器仪表配置、生产、工序控制、检验、测试、销售、售后服务等质量职能，因此可归纳为以下4个阶段：可行性论证和决策阶段、产品开发设计阶段、生产制造阶段、产品销售和使用阶段。必须明确每个阶段质量控制的基本任务和主要环节。

（一）可行性论证和决策阶段的质量管理

在新产品开发以前，产品开发部门必须做好市场调研工作，广泛收集市场信息（需求信息、同类产品信息、市场竞争信息、市场环境信息、国际市场信息等），深入进行市场调查，认真分析国家和地方的产业政策、产品技术、产品质量、产品价格等因素及其相互关系，形成产品开发建议书，包括开发目的，市场调查、市场预测、技术分析、产品构思、预计规模、销售对象、经济效益分析等，供决策机构决策。高层决策机构应召集有关技术、管理、营销人员对产品开发建议书进行讨论，按科学程序做出决策，提出意见。决策部门确定了开发意向以后，可责令开发部门补充完整，形成可行性论证报告。决策机构在广泛征求企业内部意见的基础上，还可邀请高等院校、科研院所、政府、商界、金融界专家对可行性论证报告进行讨论，使之更加完善、科学和符合实际，利于做出正确果断的决策。接着决策机构向产品开发部门下达产品开发设计任务。

可行性论证和决策阶段质量管理的任务是通过市场研究，明确顾客对质量的需求，并将其转化为产品构思，形成产品的“概念质量”，确定产品的功能参数。

（二）产品开发设计阶段的质量管理

整个产品设计开发阶段包括设计阶段（初步设计、技术设计、工作图设计）、试制阶段（产品试制、试制产品鉴定）、改进设计阶段、小批试制阶段（小批生产试验、小批样鉴定、试销售）、批量生产阶段（产品定型、批量生产）、使用阶段（销售和用户服务）。

开发部门应根据新产品开发任务书制订开发设计质量计划，明确开发设计的质量目标，严格按工作程序开展工作和管理，明确质量工作环节，严格进行设计评审，及时发现问题和改正设计中存在的缺陷。同时应加强开发设计过程的质量信息管理，积累基础性资料。

企业领导应在开发设计的适当的关键阶段（如初步设计、技术设计、试制、小批试制、批量生产），组织有关职能部门的代表对开发设计进行评审。开发设计评审是控制开发设计质量的作业活动，是主要的早期报警措施。评审内容包括设计是否满足质量要求，是否贯彻执行有关法规标准，并与同类产品的质量进行比较。

产品开发设计阶段质量管理的任务是把产品的概念质量转化为规范质量，即通过设计、试制、小批试制、批量生产、使用，把设计中形成技术文件的功能参数定型为规范质量。

（三）生产制造阶段的质量管理

生产制造阶段是指从原材料进厂到形成最终产品的整个过程，生产制造阶段包括工艺准备和加工制造两个内容，是质量形成的核心和关键。工艺准备是根据产品开发设计成果和预期的生产规模，确定生产工艺路线、流程、方法、设备、仪器、辅助设备、工具，培训操作人员和检验人员，初步核算工时定额和材料消耗定额、能源消耗定额，制定质量记录表格、质量控制文件与质量检验规范。

加工制造过程中生产部门必须贯彻和完善质量控制计划，确定关键工序、部位和环节，严肃工艺纪律；做好物资供应和设备保障；设置工序质量控制点，建立工序质量文件，加强质量信息沟通；落实检验制度；加强考核评比。此阶段质量管理的主要环节是制订生产质量控制计划、工序能力验证、采购质量控制、售后服务质量管理。

（四）产品销售和使用阶段的质量管

产品销售和使用过程的质量管理是企业质量管理工作的继续。通过对用户的访问和技术服务工作，收集用户的评价和意见，了解本企业产品存在的缺陷和问题，及时反馈，研究和改进产品质量，积极开展售后技术服务工作。

三、企业质量管理的方法

（一）质量管理小组活动

质量管理小组(quality control circle,QCC)，在我国简称为“QC 小组”，是企业员工行政组合或自愿结合的开展质量管理活动的组织形式，是企业推进质量管理的基础的支柱之一。质量管理小组最早起源于日本，20 世纪 70 年代引入我国。通过这种组织形式可以提高企业员工的素质，提高企业的管理水平，提高产品质量，提高企业的经济效益。质量管理小组应有工人、技术人员、管理人员参加，每小组 3 ~ 10 人为宜，按部门或跨相邻部门组建。

质量管理小组的主要任务有：一是学习质量管理的理论和方法，增强质量意识，树立质量第一、用户第一、全员参与、系统控制、预防为主的观念。二是开展关键工序质量控制，通过加强管理和技术革新，提高产品的质量水平和稳定性。三是开展技术和质量攻关，解决生产中的重大技术质量问题。四是开展质量经济分析，减少质量损失，提高企业经济效益。

在活动中，要做到“四个结合”，即与行政班组和工会小组相结合、与创建精神文明和学习型企业活动相结合、与企业经营战略和方针目标相结合、与 ISO 9000 标准和质量管理相结合。使质量管理小组活动真正成为领导重视，全员参与的质量管理活动。

质量管理小组活动应经常持久，生动活泼，讲究实效。企业对在质量管理中取得成绩的优秀质量管理小组应给予适应的奖励。

（二）质量目标管理

目标管理(management by objective)是企业把它的目的和任务转化为目标，各级主管人员必须通过目标对下级进行领导并以此来保证企业总目标的实现。每个主管人员或员工的分目标就是企业总目标对他的要求，也是他对企业总目标的贡献，还是主管人员对下级进行考核和奖励的依据。在目标实施阶段，应充分信任下属人员，实行权力下放和民主协商，使下属人员发挥其主动性和创造性，质量目标管理是企业管理者和员工共同努力；通过自我管理的形式，为实现由管理者和员工共同参与制定的质量总目标的一种管理制度和形式。开展质量目标管理有利于提高企业包括管理者在内的各类人员的主人翁意识和自我管理、自我约束的积极性，提高企业的质量管理水平和总体素质，提高企业的经济效益。

开展质量目标管理的程序如下。

1. 制定企业质量总目标

企业管理者和员工在学习国际国内同类产品质量先进水平的基础上，制订一年或若干年的质量工作目标，此目标必须具有先进性、科学性、可行性、可操作性、具体化、数量化。

2. 分解企业质量总目标

根据企业质量总目标制定部门、班组、人员的目标，明确它们的责任和指标，最后以文字形式固定在质量责任制、业绩考核制、经济责任制中。任务和指标必须数量化、具体化、可操作性、可考核性。

3. 实施企业质量总目标

建立质量目标管理体系，运用质量管理的方法，有计划有组织地实施质量总目标和分目标。

4. 评价考核企业质量总目标

通过定期检查、考核、奖惩等方法对企业、部门和个人的实施质量目标的情况进行评价。

（三）PDCA 循环

PDCA 循环即用戴明提出的工作循环模式来推动企业的质量管理工作。推行 PDCA 循环有助于发现和克服影响产品质量的因素，提高产品质量和服务质量，提高企业的质量管理水平和企业的经济效益。

在计划阶段（plan，P）：分析产品和服务中存在的主要的质量问题，发现与国内外同类产品的质量差距，分析质量问题和差距的形成因素，发现诸因素中的主要影响因素，制订质量目标计划，确定措施和办法。

在执行阶段（do，D）：实施质量目标计划，努力实现设计质量。

在检查阶段（check，C）：检查验收计划执行情况和效果。

在处理阶段（action，A）：在检查验收的基础上，把有效的措施以文件形式固定到原有的操作标准和规范中去。尚未解决的问题，用新一轮的戴明循环法解决。

第三节　食品质量与安全管理

一、食品质量与安全管理的特点

食品质量是食品的固有特性满足要求的程度。食品质量特性包括食品安全性、感官性、营养性、功能性、贮藏性、经济性等。众所周知，食品安全性是食品质量的核心。20 世纪 90 年代中期世界卫生组织在《加强国家级食品安全性指南》中规定，食品安全性是对食品按其用途进行制作或食用时不会使消费者受害的一种担保。我国《食品安全法》也规定，食品安全是指食品无毒、无害，符合应当有的营养要求，对人体健康不造成任何急性、亚急性或者慢性危害。食品是一种对人类健康有着密切关系的特殊有形产品，它既符合一般有形产品质量特性和质量管理的特征，又具有其独有的特殊性和重要性。因此食品质量和安全管理也有一定的特殊性。

（一）在有形产品质量特性中安全性必须放在首位

食品安全是食品质量的核心，必须始终放在质量管理的首要位置。一个食品产品其他质量特性再好，只要安全性不过关，就丧失了作为产品和商品存在的价值。

（二）食品质量与安全管理具有广泛性

食品质量和安全管理在空间上包括田间、原料运输、原料贮存车间、生产车间、成品贮存库房、运载车辆、超市或商店、运输车辆、冰箱、再加工、餐桌等环节的各种环境。食品安全问题贯穿于食品原料的生产、采集、加工、包装、储藏运输和食用等各个环节，每个环节都可能存在安全隐患，而且在生产加工环节的接缝处最容易疏于监管，出现严重的食品安全事故。因此必须树立和建立源头管理、食品生产全程无缝隙监管及可追溯管理的理念和方法。

（三）食品质量与安全具有风险可预测性

食品原料包括植物、动物、微生物等，食品原料的化学组成及微生物种类和数量又受产地、品种、季节、采收期、生产条件、环境条件的影响，食品加工的环境、装备、工艺更是十分复杂、多样。但是用科学的眼光看，这些因素都可以被归结为生物性、化学性和物理性因素。科学技术发展到今天,我们可以对食品的主要危害和安全风险进行监测和评估。

(四)食品质量与安全是个系统工程

食品生产涉及种植业、养殖业、加工制造业、物流业、零售业、餐饮业等行业,涉及生物学、微生物学、农学、园艺学、畜牧兽医学、工程学、商学、贸易学、医学、公共安全学等学科。因此,由单一部门对食品安全进行监管是绝对不可能做好的事情,必须建立责任明确和高效率的食品安全监管体系,并辅之以食品安全支持体系和食品安全过程控制体系。

(五)食品质量与安全是世界性问题

食品安全是全世界必须面对的共同问题,并非中国所独有,无论是有意的还是无意的,在世界范围内均有出现。如二噁英污染畜禽类产品及乳制品事件,“疯牛病”事件以及“三聚氰胺”事件,还有广泛存在的农药残留、兽药残留等污染。在全球化的今天,一个国家发生食品质量与安全事故,往往会迅速波及全世界。

(六)食品质量与安全是公共安全问题

不管是中国还是外国,重大的食品质量与安全事故几乎都会演变成重大社会公共事故,引起社会震荡,甚至酿成政治问题,造成政府更替。如1999年比利时鸡饲料被工业用油严重污染,鸡脂肪中二噁英含量超标140倍,欧盟、北美对比利时实行禁运,比利时经济增长下降0.2个百分点,导致比利时内阁集体辞职。

二、食品质量与安全管理的地位和作用

食品质量和安全是重大的民生问题、经济问题和政治问题。加强食品质量和安全管理是人民安居乐业、社会安定有序、国家长治久安的需要,是广大人民群众的最重大的民生需要。随着我国人民生活水平的提高,对食品的要求进一步向安全、卫生、营养、快捷等方面发展。食品质量和安全管理牵涉到人民的消费安全,牵涉到人民的物质和文化生活水平,牵涉到全民健康水平。

加强食品质量和安全管理是经济发展的需要。我国正处在经济和社会发展的重要时期,处在经济结构战略性调整的重要时期。国民经济的良好发展,经济结构的战略调整,离不开工业、农业、服务业质量的提高。我们应

把食品质量与安全及管理的重要性放在国民经济发展的全局中来考虑，使其成为保障经济发展的基础、带动经济持续健康发展的动力。

加强食品质量和安全管理是传统农业向现代农业转变的需要。抓好农产品和食品质量安全，是农业转方式调结构的关键环节，是农业增效、农民增收的主要途径。我国农业和农村经济结构的调整必须走农业按市场需求生产优质的农产品的道路，所谓优质农产品就是符合质量安全标准的适于加工或食用的农产品。我国农业的产业化和现代化离不开食品质量和安全管理。2015 年中共中央、国务院印发的《关于加大改革创新力度加快农业现代化建设的若干意见》强调，必须提升农产品质量和食品安全水平，加强农产品质量和食品安全监管能力建设，严格农业投入品管理，大力推进农业标准化生产，建立全程可追溯、互联共享的农产品质量和食品安全信息平台，严惩各类食品安全违法犯罪行为，提高群众安全感和满意度。

加强食品质量与安全管理是制造业进化的需要。食品质量与安全是食品工业赖以生存和发展的前提。我国食品工业结构优化升级的指导思想是以市场为导向，以技术进步为支撑，以提高产品质量为核心。食品工业是传统产业，正处于制造业升级的潮流之中，从传统产业到自主创新产业，从粗放型到节约型，从汗水型到智慧型，从劳动力密集型到技术密集型，从市场竞争型到质量竞争型，都要注重质量管理。

国内外食品贸易的增长离不开食品质量与安全的监督管理。食品质量和安全管理与食品的国际贸易关系极大，加强食品质量和安全管理是出口型食品企业生存和发展的需要。食品出口企业应按国际通用标准或出口对象国的要求生产高质量的产品。提高我们的检测检验水平，提供有力的质量保证，也有利于推动食品的出口。

三、食品质量与安全管理的主要研究内容

食品质量与安全管理包括四个主要研究方向：质量管理的基本理论和基本方法，食品质量管理的法规与标准，食品质量与安全的控制，食品质量和安全检验的制度方法。

（一）质量管理的基本理论和基本方法

质量管理基本理论和基本方法主要研究质量管理的普遍规律、基本任务和基本性质，如质量战略、质量意识、质量文化、质量形成规律、企业质量

管理的职能和方法、数学方法和工具、质量成本管理的规律和方法等。质量战略和质量意识研究的任务是探索适应经济全球化和智能时代的现代质量管理理念，推动质量管理上一个新的台阶。企业质量管理重点研究的是综合世界各国先进的管理模式，提出适合各主要行业的行之有效的规范化管理模式。数学方法和工具的研究集中于超严质量管理控制图的设计方面。质量成本管理研究的发展趋势是把顾客满意度理论和质量成本管理结合起来，推行综合的质量经济管理新概念。学习质量管理的基本理论和基本方法时应理论联系实际，掌握各自的应用范围。

（二）食品质量管理的法规与标准

食品质量管理的法规与标准是保障人民健康的生命线，是各行各业生产和贸易的生命线，是企业行为的依据和准绳，因而食品质量和安全法规与标准的研究受到特别的重视。世界各国政府已经认识到，在经济全球化时代，食品质量和安全管理必须走标准化、法制化、规范化管理的道路。国际组织和各国政府制定了各种法规和标准，旨在保障消费者的安全和合法利益，规范企业的生产行为，防止出现疯牛病、三聚氰胺等恶性事件，促进企业的有序公平竞争，推动世界各国的正常贸易，避免不合理的贸易壁垒。食品质量和安全法规与标准有国际组织的、世界各国的和我国的三个主要部分。国际组织和发达国家的食品质量和安全法规与标准是我国法律工作者在制定我国法规与标准时的重要参考和学习对象。为适应国民经济发展，民生要求和国际贸易的新形势，我国正在大幅度地制定新的法规标准和修订原有的法规标准，这就要求企业和学术界紧跟形势，重新学习，深入研究。

（三）食品质量与安全的控制

食品质量与安全管理是一个系统工程，一般可分为食品质量与安全监管体系、食品质量与安全支持体系和食品质量与安全过程控制体系等子系统。监管体系包括机构设置和责任等；支持体系包括食品安全法律法规体系、安全标准体系、认证体系、检验检测体系、信息交流和服务体系、科技支持体系及突发事件应急反应机制等；过程控制体系包括农业良好生产规范（GAP）、加工良好生产规范（GMP）、危害分析与关键控制点（HACCP）系统等。

（四）食品质量和安全检验的制度方法

食品质量和安全检验是食品质量控制的必要的基础工作和重要的组成

部分,是保证食品卫生与安全和营养风味品质的重要手段,也是食品生产过程质量控制的重要环节。食品质量和安全检验主要研究:质量检验机构和制度,根据法规标准确定必需的检验项目,选择规范化的切合实际需要的采样和检验方法,根据检验结果做出科学合理的判定等。

四、我国食品质量和安全管理工作的展望

(一)食品质量和安全管理更加受到高度关注

"民以食为天",食品安全是重大的民生问题。食品质量和安全管理关键是政府和企业,政府是监管主体,企业是责任主体。我国政府必将用最严谨的法规、最严格的监管、最严厉的处罚、最严肃的问责,建立科学完善的,从中央到地方直至基层的食品安全治理体系。

(二)食品质量和安全管理将加快法制化进程

我国已有基本符合我国国情的食品法规,《中华人民共和国食品安全法》近年来进行了重大的修订,进一步明确了主体责任,严惩各类食品安全违法犯罪行为。我国已与多国签订了自贸协定,合法的食品进出口和非法的食品走私都必然会增加,我国必将加强监管进出口食品质量与安全,严查食品走私犯罪行为。

(三)食品的质量水平和安全水平必将有较明显提高

食品加工是我国先进制造业的重要部分,我国智能制造和绿色制造将率先在食品加工业中实施。我国食品企业将加大技术改造力度,增加技术含量,促进产品质量上水平。未来,食品工业必将实现转型和走出国门,为此应在装备、技术和质量管理等方面做好充分准备,努力提高产品质量水平。食品风险监测、风险评估和风险管理在食品质量与安全管理中必将发挥更加积极作用。

(四)学科建设必然走向成熟

我国食品质量与安全管理工作必须由成千上万的专业人才来支撑。我国食品科学与工程专业是老专业和老学科,原本就下设了食品质量与安全的方向,并把食品质量与安全管理设置为主干课程。我国食品质量与安全管理的科研队伍不断壮大,学术水平不断提高。食品质量与安全研究必须加强研究团队和基地建设,必须以解决我国重大食品质量与安全的理论和

实际问题为研究重点。食品质量和安全研究项目在自然科学基金中的位置必将突现出来。食品质量与安全研究必将与其他学科,如分了生物学、环境科学、医学、免疫学、统计学、信息科学、材料科学、管理科学等交叉融合,以期获取新的视角、新的思路和新的方法。食品质量与安全管理研究必将走产学研结合的道路。

第二章

食品安全控制

食品加工的主要原料大部分来源于动物或植物,加工前的生物作为活的生命体必须进行新陈代谢,以及维持其生存的免疫保护机制。所以,动物和植物吸收环境中的物质,有些物质可能对人和动植物都有损害,也可能对动物无害,而对人有危害;动物其自身的免疫机制在保护动植物的同时,也可能影响人体的健康。这些因素影响了食品原料的安全性,食品的生产者必须加以识别和评价,以评估食品的风险,以及有效预防和控制的方法。

第一节 影响食品安全的因素

食品在生产、加工、贮存、运输及销售过程中会受到多方面的污染。食品污染是指环境中的有毒、有害物质进入正常食品的过程。世界卫生组织(WHO)定义"食品污染是指食品中原来含有或加工时人为添加的生物性或化学性物质,其共同特点是对人体健康有急性或慢性危害"。食品在生产、加工、运输、贮存和销售和食用过程中混入某些对人体健康有害的物质称之为食品污染。污染后可能引起具有急性短期效应的食源性疾病或慢性长期效应的食源性危害。

食品污染的共同特点是:对人体健康急性疾患、慢性损害和潜在性威胁;污染源除了直接污染食品原料和制品外,多半是通过食物链逐级富集的;被污染的食品少数表现出感官变化,多数不被感官所识别;常规的冷、热处理不能达到绝对无害(尤其非生物性污染)。

食品污染根据污染物的来源分为生物性污染和非生物性污染(化学性污染和放射性污染);按照污染的途径,则可分为内源性污染和外源性污染。

内源性污染又称生前污染或第一次污染，即动物、植物在生长发育过程中，由本身带染的生物性物质或从环境中侵入的生物性物质而造成的食品污染。外源性污染又称为食品加工流通过程的污染或第二次污染，即食品在生产、加工、运输、贮存、销售等过程中的污染。外源性污染包括通过水、空气、土壤、生产加工过程和流通环节、从业人员带菌等污染方式。

一、生物性因素

生物污染是指有害细菌、真菌、病毒等微生物及寄生虫、昆虫等生物对食品造成的污染，是食品加工过程中最主要的安全威胁。在食品原料来源、加工、运输、销售的整个过程中，随时随处都可引起生物污染。食品被生物性物质污染后，感官性状不良，营养价值降低，甚至腐败变质，丧失食用价值及引起的食物中毒和食源性疾病的发生，是影响食品安全的重要因素。生物污染是构成食源性疾病的主要根源。

（一）微生物性污染

生物性污染包括微生物、寄生虫、昆虫和有毒生物组织的污染。主要以微生物污染为主，包括细菌及其毒素、霉菌及其毒素和病毒所造成的危害。

1. 细菌及其毒素

（1）细菌污染的来源。细菌对食品的污染是最常见的生物性污染，是食品最主要的卫生问题。食品的细菌主要来自生产、加工、运输、贮存、销售和烹调等各个环节的外界污染。引起食品污染的细菌包括致病菌、条件致病菌和非致病菌。

非致病菌一般不引起人类疾病，但其中一部分为腐败菌，与食品腐败变质有密切关系，是评价食品卫生质量的重要指标。

致病菌和条件致病菌在一定条件下可以食品为媒介引起人类感染性疾病或食物中毒，国家卫生标准明确规定各种食品不得检出致病菌，如沙门氏菌属、变形杆菌属、副溶血性弧菌、致病性大肠杆菌、金黄色葡萄球菌、志贺氏菌等。非致病菌可以在食品中生长繁殖，致使食品的色、香、味、形发生改变，甚至导致食品腐败变质。

（2）食品的腐败变质。食品的腐败变质，一般是指食品在一定的环境条件下，由微生物为主的多种因素作用所发生的食品失去或降低食用价值的一切变化，包括食品成分和感官性质的变化，如肉的腐臭、油脂的酸败、水果蔬菜的腐烂和粮食的霉变等。

1)影响食品腐败变质的因素。食品的腐败变质与食品本身的性质、微生物的种类和数量以及当时所处的环境因素都有密切的关系,他们综合作用的结果决定着食品是否发生变质以及变质的程度。

2)食品腐败变质的类型主要有以下几种。

变黏:腐败变质食品变黏主要是由于细菌生长代谢形成的多糖所致,常发生在以碳水化合物为主的食品中。

变酸:食品变酸常发生在碳水化合物为主的食品和乳制品中,食品变酸主要是由于腐败微生物生长代谢产酸所致。

变臭:变臭主要是由于细菌分解蛋白质为主要食品,产生有机酸、氨气、三甲胺、甲硫醇等所致。

变色和发霉:食品发霉主要发生在碳水化合物为主的食品中,细菌可使蛋白质为主的食品和碳水化合物为主的食品产生色变。

变浊:发生在液体食品。食品变浊是一种复杂的变质现象,发生于各类食品中。

变软:变软主要发生于水果蔬菜及其制品。变软的原因是,水果蔬菜内的果胶质等物质被微生物分解。

(3)细菌污染对人体的危害。

1)食物中毒。当人食用了含有大量细菌或毒素的食品后,就会发生不同程度的中毒。目前,我国发生较多的细菌性食物中毒有沙门氏菌、副溶血性弧菌、变形杆菌、金黄色葡萄球菌、致病性大肠杆菌、肉毒梭状芽孢杆菌等。

2)传播人畜共患疾病。当食品经营管理不当、特别是对原料的卫生检查不严格时,销售和食用被病原菌严重污染的畜禽肉类,或由于加工、储存、运输等卫生条件差,致使食品再次污染病原菌,可能造成人畜共患疾病的大量流行。食品中常见的污染菌有沙门氏菌、致病型大肠埃希氏菌、金黄色葡萄球菌、肉毒梭状芽孢杆菌、副溶血性弧菌、李斯特氏菌、蜡样芽孢杆菌等。

2.霉菌及其毒素

霉菌毒素中毒指某些霉菌如黄曲霉菌、赭曲霉菌等污染了食品,并在适宜条件下繁殖,产生毒素,摄入人体后所引起的食物中毒。霉菌是真菌的一部分,非常广泛地分布于自然界中,各类食品都有可能有霉菌生存,如在粮食加工及制作成品的过程中,油料作物的种子、水果、干果、肉制品、乳制品发酵食品等均发现过霉菌毒素。引起变质的食品,降低了食品的食用价值,甚至引起人畜霉菌毒素中毒,其中霉菌毒素引起的中毒是影响食品安全的重要因素。霉菌毒素中毒表现为明显的地方性和季节性,临床表现为急性中毒、慢性中毒以及致癌、致畸和致突变等。

(1)霉菌的污染途径主要有以下几种。

1)原料。粮食作物在生长时,有可能受到霉菌的感染,收获后,其水分17% ~18%时,霉菌迅速繁殖或产生毒素;收获后的粮食不及时干燥脱水,或干燥贮存后的环境温度较高、湿度较大时,霉菌也容易繁殖或产生毒素。

2)环境。土壤、水、空气中含有大量的霉菌,这些霉菌可以通过接触而污染食品。

3)运输工具和机械。未经彻底清洗或消毒而连续使用的运输工具,造成对所运输食品的污染;各种加工机械上附着有霉菌,也可能对食品在加工过程中造成污染。

(2)霉菌对人体的危害。霉菌毒素中毒表现为明显的地方性和季节性,临床表现为急性中毒、慢性中毒以及致癌、致畸和致突变等。霉菌毒素引起食物中毒,如黄曲霉毒素可引起肝脏中毒;霉菌毒素可致癌,如黄曲霉毒素、镰刀菌毒素等都具有致癌性;有致畸性,如黄曲霉毒素、镰刀菌毒素、赭曲霉毒素等具有致畸作用;有致突变性,如赭曲霉毒素 A 等。霉菌及其毒素污染食品后,引起的危害主要有两个方面:一是霉菌引起的食品变质,降低食品的食用价值,甚至不能使用;二是霉菌如在食品或饲料中产生毒素,可引起人畜霉菌毒素中毒,其中霉菌毒素引起的中毒是影响食品安全的重要因素。

3. 病毒

病毒是一类无细胞结构的微生物,主要由蛋白质和核酸组成,自身没有完整的酶系,不能进行独立的代谢活动和自我繁殖,只能在活细胞内专性寄生,靠宿主细胞的代谢系统协同复制核酸,合成蛋白质,然后组合成新的病毒。

病毒在人工培养基上和在食品中都不能生长繁殖,因而不会造成食品腐败变质。但食品为病毒的存活提供了良好的条件,是生存与传播的载体。一旦食用了被特定病毒污染的食品,病毒即可在人体细胞中繁殖,形成大量的新病毒,对细胞产生破坏作用,导致食源性病毒疾病的发生。

易被病毒污染的食品主要有肉制品、水产品、蔬菜和水果,常见的食源性病毒主要由甲肝病毒、诺沃克病毒、疯牛病病毒、口蹄疫病毒等。

4. 食物中的天然毒素

天然毒素是指生物体本身含有的或生物体在代谢过程中产生的某些有毒成分。作为食品原材料的生物(植物、动物和微生物)中,可能存在着许多天然毒素。

(1)植物类食品中天然毒素。植物毒素指一类天然产生的(如由植物、微生物或是通过自然发生的化学反应而产生的)物质,通常对植物生长有抑制作用或对植物有毒,并且往往对人、动物也有毒害作用。植物的毒素根据化学组成和结构分为以下几类。

1)苷类(配糖体或糖苷)。苷类由糖分子中半缩醛羟基和非糖类化合物分子(如醇类、酚类、固醇类等)中的羧基脱水缩合而形成具有环状缩醛结构的化合物,称为苷类。苷类广泛分布于植物的根、茎、叶、花和果实中。其中皂苷和氰苷等常引起人的食物中毒。

2)生物碱。生物碱是一类具有复杂环状结构的含氮有机化合物,有类似于碱的性质,可与酸结合成盐,具有光学活性和一定的生理作用。有毒的生物碱主要有龙葵碱、秋水仙碱、吗啡碱、罂粟碱、麻黄碱、黄连碱和颠茄碱(阿托品与可卡因等)分布于罂粟科、毛茛科、豆科、夹竹桃科等100多种植物中。此外,动物中有海狸、蟾蜍等也可分泌生物碱。

3)有毒蛋白和复合的蛋白引起过敏反应,某些蛋白质经食品摄入也可产生各种毒性反应。植物中的胰蛋白酶抑制剂、红细胞凝集素、巴豆毒素、硒蛋白等均属于有毒蛋白或复合蛋白,处理不当会对人体造成危害。

4)毒蕈(毒蘑菇)。毒蕈是指食用后能引起中毒的蕈类。毒蕈约有80多种,其中含剧毒能将人致死的毒蕈在10种以下。

5)非蛋白类神经毒素。非蛋白类神经毒素主要指河豚毒、石房蛤毒素、肉毒鱼毒素、螺类毒素、海兔毒素等,大多分布于河豚、蛤类、螺类、蚌类、哈贝类、海兔类等水生动物中。这些水生动物本身无毒可食用,但因直接摄取了海洋浮游生物中的有毒藻类(如甲藻、蓝藻),通过食物链间接摄取毒素并将其积累和浓缩于体内。

(2)动物类食品中天然毒素。动物类食品是最主要的食物来源之一,但有些动物性食品中含有天然毒素,对人的身体健康有很大的损害性。

1)河豚中毒。河豚毒素是河豚素、河豚酸、河豚卵巢素和肝脏毒素的统称。据分析,有500多种鱼类中含有河豚毒素,河豚是其中最常见的一种。河豚鱼的毒素是一种很强的神经毒,比剧毒药品氰化钾还要强1 000倍,约

0.5 mg 即可致死。河豚毒素性质稳定，一般的加工方法很难将其破坏。

河豚毒素中毒的特点是急速而剧烈，潜伏期 10 min～3 h，毒性的产生主要是毒素阻止肌肉、神经细胞膜的钠离子通道，使神经中枢和神经末梢发生麻痹。中毒者感觉神经麻痹，其次为各随意肌的运动神经末梢麻痹，使机体无力运动或不能运动，最后呼吸中枢和血管神经中枢麻痹，以致呼吸停止而死亡。毒素不侵犯心脏，呼吸停止后心脏仍能维持相当时间的搏动。

2）鱼类组胺中毒。组胺中毒是一种过敏型食物中毒，引起人组胺中毒的摄入量为 1.5 mg/kg。金枪鱼、青花鱼、沙丁鱼等青皮红肉的鱼含有较高的组氨酸，经脱羧酶作用强的细菌作用后，产生组胺。组胺中毒主要是组胺使毛细血管和支气管收缩，临床特点为发病快、症状轻、恢复快，潜伏期为数分钟至数小时，体温一般不升高，多在 1～2 d 内恢复。由于高组胺的形成是微生物的作用，所以，最有效的防治措施是防止鱼类腐败。

3）贝类中毒。贝类引起的食物中毒的毒素为石房蛤毒素，属神经毒素，可阻断神经和肌肉细胞间神经冲动的传导。由于藻类是贝类是贝类赖以生存的食物链，贝类摄食有毒的藻类后，能富集有毒成分，产生多种毒素。贝类也可通过食物链摄取海藻或与藻类共生时变得有毒，足以引起人类食物中毒。

贝类中毒潜伏期为数分钟至数小时，中毒初期唇、舌、指尖麻木，继而腿、臂、颈部麻木，然后运动失调。伴有头痛、头晕、恶心和呕吐，严重者在 2～24 h 内因呼吸麻痹而死亡。在食用前先放在清水中放养浸泡 1～2 d，并将其内脏除净，提高食用安全性。

4）甲状腺中毒。食用未摘除甲状腺的肉和误食甲状腺，可引起中毒。中毒潜伏期为 12～24 h，表现为头晕、头痛、心悸、烦躁、抽搐、恶心、呕吐、多汗，有的还有腹泻和皮肤出血，病程 2～3 d，发病率 70%～90%，死亡 0.16%。

5）肾上腺中毒。误食肾上腺中毒的潜伏期为 15～30 min，表现为头晕、恶心、呕吐、腹痛、腹泻，严重者瞳孔散大、颜面苍白。

6）肝脏和胆中毒。某些动物的肝脏和胆可引起食物中毒。动物肝脏中的毒素主要表现为外来有毒有害物质在肝脏中的残留、动物机体的代谢产物在肝脏中的蓄积和由于疾病原因造成的肝组织受损。动物胆中毒是由于胆汁毒素引起的，主要毒素是胆酸、牛黄胆酸和脱氧胆酸，以牛磺酸的毒性最强，脱氧胆酸次之。胆酸是中枢神经系统的抑制剂，潜伏期为 5～12 h，初期表现恶心、呕吐、腹痛、腹泻，之后出现黄疸、少尿、蛋白尿等肝、肾损害症状，中毒者出现循环系统和神经系统症状，因中毒休克和昏迷而死亡。

动物肝脏在食用前要反复用清水洗涤，浸泡 3 ~ 4 h，彻底去除肝脏内的积血，烹饪时加热要充分，使肝脏中心温度达到烹饪时的温度，并保持一定时间，使之彻底熟透，否则不能食用，并且一次食入的肝脏不能太多。

（二）寄生虫

寄生虫是一类寄生在人或动物（即寄主或宿主）体内的有害的多细胞无脊椎动物或单细胞的原生动物，不能或不能完全独立生存，需寄生于其他生物体内。寄生虫的运动器官、消化器官退化或消失，但生殖器官发达，产卵能力加强，而且出现一些新器官，如吸盘和吸槽，增加了固着在宿主体内的能力；能抵抗宿主消化液的消化作用，能进行无限繁殖。寄生虫通过争夺营养、机械损伤、栓塞脉管及分泌毒素给宿主造成伤害。通过食品感染人类的寄生虫有几十种，主要是寄生于肠道、组织或细胞内的原虫和蠕虫。其中，线虫、吸虫、绦虫是重要的食品生物危害性病原体。因此，寄生虫也是食品卫生和品质控制检验的重要项目。

畜类常见的寄生虫：绦虫、旋毛虫、囊尾蚴、旋毛虫、弓形虫等；水产品中常见的寄生虫：阔节裂头绦虫、华支睾吸虫等；农产品常见的寄生虫：布氏姜片吸虫、蓝氏贾第鞭毛虫等。

（三）食源性疾病及食物中毒

食物中不仅存在可以引起人体毒性反应的化学性致病因子，也存在可以引起机体感染的生物性致病因子。

1. 食源性疾病

食源性疾病定义为“通过摄食方式进入人体内的各种致病因子引起的通常具有感染或中毒性质的一类疾病”。《中华人民共和国食品安全法》规定，食源性疾病指食品中致病因素进入人体引起的感染性、中毒性等疾病，包括食物中毒。食物中毒指食用了被有毒有害物质污染的食品或者食用了含有毒有害物质的食品后出现的急性、亚急性疾病。食物中毒是食源性疾病中最为常见的疾病。食物中毒不包括食源性肠道传染病和寄生虫病，也不包括因一次大量或长期少量食用某些有毒有害物质而引起的以慢性毒性为主要特征（如致畸、致癌、致突变）的疾病。

食源性疾病包括最常见的食物中毒、食源性肠道传染病、食源性寄生虫病,食源性变态反应性疾病、暴饮暴食引起的急性胃肠炎、酒精中毒,以及由食物中有毒、有害污染物引起的中毒性疾病。

2. 食物中毒

食物中毒指摄入含有有毒有害物质的食品,或把有毒有害物质当作食品摄入后所出现的非传染性(不属于传染病)急性、亚急性疾病。食物中毒属于食源性疾病,但不包括已知的肠道传染病(如伤寒、病毒性肝炎等)和寄生虫病、食物过敏、暴饮暴食引起的急性肠胃炎,也不包括慢性中毒。中毒食品指含有有毒有害物质并引起食物中毒的食品。

(1)食物中毒的特点。食物中毒常呈集体性暴发,其种类很多、病因复杂,一般具有下列共同特点。

1)潜伏期较短。病人大多数在较短而又相近的时间内发生,发病急骤,常呈爆发型。发病曲线突然上升又迅速下降。

2)临床表现相似。所有病人都有表现类似的急性胃肠炎症状,出现恶心、呕吐、腹痛、腹泻等消化道症状。

3)发病范围局限。发病范围局限在一定人群,和吃某种有毒食品有关。凡进食这种有毒食品的人大都发病,未进食该种有毒食品的人不发病,停止食用致病食物,发病立即停止。

4)发病率高,不具有传染性。一般无传染病流行时的余波,人与人之间无直接传染。

5)有些种类的食物中毒具有明显的季节性、地区性特点。夏季多发生细菌性和有毒动植物食物中毒,冬季多发生肉毒中毒和亚硝酸盐中毒等。长江下游有河豚中毒,广东、广西和福建等多见木薯中毒。农药中毒见于农村和市郊。

(2)食物中毒的分类。

1)根据引起食物中毒的病原物质分为微生物性食物中毒和化学性食物中毒。微生物性食物中毒是指因食用被中毒性微生物污染的食品而引起的食物中毒,包括细菌性食物中毒和真菌毒素性食物中毒。

细菌性食物中毒:指因摄入含有细菌或细菌毒素的食品,而引起的急性或亚急性疾病。通常有明显的季节性,多发生于气候炎热的季节,一般以5~10月份最多。发病率较高,但病死率一般较低。由于食品在生产、加工、运输、贮存、销售等过程中被细菌污染,细菌在食品中大量繁殖并产生毒素造成。

真菌性食物中毒：指食入被真菌及其毒素污染食物而引起的食物中毒。如黄曲霉菌、赭曲霉菌等污染了食品，并在适宜条件下繁殖，产生毒素，摄入人体后所引起的食物中毒。发病率较高，病死率因真菌的种类不同而异，有一定的地区性、季节性，随真菌繁殖产毒的最适温度不同而异。长期大量摄入霉菌毒素，则可引起致畸、致癌、致突变的所谓“三致”作用。

真菌在谷物或其他食品中生长繁殖并产生有毒的代谢产物即真菌毒素，人们食用这种含毒性物质的食物即可发生食物中毒。真菌毒素稳定性较高，用一般的烹调方法加热处理不能将其破坏。真菌生长繁殖及产生毒素需要一定的温度和湿度，因此中毒往往有比较明显的季节性和地区性。

化学性食物中毒：摄入化学性有毒食品引起的食物中毒。误食食品、食品添加剂、营养强化剂中的有毒有害化学物质；添加非食品级的或伪造的或禁止使用的食品添加剂、营养强化剂的食品，以及超量使用食品添加剂的食品；营养素发生化学变化的食品（如油脂酸败）。化学性食物中毒发生的概率相对较少，但发病率及死亡率较高。地区性、季节性不明显。

2）根据食物中毒的食品种类分为动物性和植物性食物中毒。动物性食物中毒：指摄入动物性有毒食品引起的食物中毒。将天然含有有毒成分的动物或动物的某一部分当作食品，在一定条件下产生了大量的有毒成分。动物性食物中毒的发病率和病死率因动物性食品种类而有所差异，有一定的地区性。

植物性食物中毒：指摄入植物性中毒食品引起的食物中毒。将天然含有有毒成分的植物或其加工制品当作食品（如大麻油等）；在加工过程中未能破坏或除去有毒成分的植物当作食品（如木薯、苦杏仁等）；在一定条件下，产生了大量的有毒成分的可食的植物性食品（如发芽马铃薯等）。植物性食物中毒的季节性、地区性比较明显，多分散发生，发病率比较高，病死率因植物性中毒食品种类而异。

3.生物性食源性疾病

生物性食源性疾病是指食用了致病细菌、病毒、寄生虫、真菌毒素等污染的食品引起的疾病，这类食源性疾病所占比例多、影响大。生物性食源性疾病的一般表现为胃痉挛、恶心、呕吐、腹泻和发烧等症状。

（1）生物性食源性疾病类型。按致病因素，生物性食源性疾病可分为细菌性食源性疾病、病毒性食源性疾病、食源性寄生虫病、食源性肠道传染病，以及食用天然有毒物质和天然植物毒素引起的食源性真菌毒素中毒。

1)病毒性食源性疾病。病毒性食源性疾病的典型病例是轮状病毒引起的急性胃肠炎、甲型肝炎病毒引起的甲型肝炎等。甲型肝炎主要经粪、口传播,潜伏期较长,所以难以确定引起感染的食品。

2)食源性真菌毒素中毒。食源性真菌毒素中毒包括黄曲霉毒素、杂色曲霉毒素等引起的急性和慢性中毒,特别是黄曲霉毒素慢性毒害有很强的致癌性。

3)食源性寄生虫病。食源性寄生虫病有很多种,常见的有旋毛虫病、肺吸虫病、肝吸虫病、绦虫病等。

4)食源性肠道传染病。食源性肠道传染病包括霍乱、结核病、炭疽、牛海绵状脑病和口蹄疫等。

5)细菌性食源性疾病。细菌性食源性疾病包括细菌性肠道传染病和细菌性食物中毒。细菌性肠道传染病属我国法定传染病,包括霍乱、痢疾、伤寒、副伤寒及由肠出血性大肠埃希菌引起的出血性肠炎。

(2)细菌性食源性疾病。细菌性食物中毒指人体摄入了被细菌或其毒素污染的食品后所出现的非传染性急性、亚急性疾病。细菌性食物中毒最为常见,在夏秋季发生较多,引起中毒的食物主要为动物性食品,如肉、鱼、奶、蛋类及制品。

1)细菌性食源疾病的原因。食品在食用前未经加热或加热不彻底引起中毒;熟食受病原菌的严重污染而又在较高室温下存放;生食、熟食交叉污染,经长时间微生物繁殖病原菌产生毒素引起中毒。

2)细菌性食源病症的类型。按发病机制,细菌性食源性疾病可分为感染型、毒素型和混合型,其中感染型细菌性食源性疾病最典型。

感染型:因病原菌污染食品并在其中大量繁殖,随同食品进入机体后,直接作用于肠道而引起的食物中毒。最常见的是各种沙门菌感染;其次有致病性大肠杆菌、变形杆菌、副溶血性弧菌等。临床特征是急性胃肠炎和发热。

毒素型:由致病菌在食品中产生毒素,因食人该毒素而引起食物中毒。常见的有葡萄球菌毒素中毒、肉毒梭菌毒素中毒、蜡样芽孢杆菌毒素中毒等,临床特点是以上消化道综合征为主(恶心、呕吐),一般不发热。

混合型:某些致病菌引起的食物中毒是致病菌的直接参与和其产生的毒素的协同作用,因此称为混合型,如副溶血性弧菌引起的食物中毒。

二、化学性因素

影响食品安全性的化学因素主要包括有毒有害元素（重金属、有机污染物）、药物（农药、兽药）残留、食品添加剂等。化学性污染的特点：在环境中存在广泛；性质稳定，难以降解；生物半衰期长，易富集；毒性较大，中毒机理复杂。除少数因浓度或数量过大引起急性中毒外，绝大部分以食品残毒的形式构成潜在危害（慢性中毒）。

（一）有毒有害元素

1. 有害金属元素

有害元金属元素主要来源于工业“三废”（废水、废气、废渣），大多是由矿山开采、工厂加工生产过程，通过废气、残渣等污染土壤、空气和水。土壤、空气中的重金属由作物吸收直接蓄积在作物体内；水体中的重金属则可通过食物链在生物中富集。用被污染的水灌溉农田，也使土壤中的金属含量增多。对人体有害的重金属主要有汞、镉、砷、铅、铬等。

环境中的重金属通过食物链的生物放大作用在生物体内积累，且毒性随形态而异。重金属不能被生物降解而消除，进入人体后在人体中蓄积，引起人体的急性或慢性毒害作用。体内不变化、不消失，半衰期长；体内达到一定数量产生急、慢性中毒、“三致”（致癌、致畸、致突变）作用等毒性反应。

2. 非金属有害化学物质

食品中 N-亚硝基类化合物包括加工过程产生的以及内源性的自行合成。食品中含有的蛋白质、脂肪等营养物质，在腌制、烘焙、油炸等加工过程中会产生一定数量的 N-亚硝基类化合物；食品中的某些营养物质在人体胃液环境中也可能自行合成 N-亚硝基化合物，从而造成对人体的伤害。

（二）药物残留

1. 农药残留

农药是指用于预防、消灭、驱除各种有害昆虫、啮齿动物、霉菌、病毒、杂草和其他有害动植物的物质，以及用于植物的生长调节剂、落叶剂、贮藏剂等。农药残留是指农药使用后残存于生物体、环境和食品中的农药母体、衍生物、代谢物、降解物和杂质的总称；具有毒理学意义的残留数量称为残留量。农药残留状况除了与农药的品种及化学性质有关外，还与浓度、剂量、次数、时间以及气象条件等因素有关。

(1)有机磷农药。有机磷农药自20世纪30年代开始生产,广泛用于农作物的杀虫、杀菌和除草。有机磷农药的生产和应用也经历了有高效高毒型(如对硫磷、甲胺磷、内吸磷等)转变为高效低毒低残留品种(如乐果、美曲膦酯虫、马拉硫磷等)的发展过程。这类农药化学性质不稳定、分解快,在作物中残留时间短。有机磷农药污染的食品主要是在植物性食物,尤其含有芳香物质的植物,如水果、蔬菜最易吸收有机磷,而且残留量也高。

有机磷农药具有挥发性和大蒜臭味,难溶于水而溶于有机溶剂,在碱性溶液中易水解被破坏。有机磷农药污染农产品,不易在动物体内残留。

有机磷酸酯属于神经毒剂,可竞争性抑制乙酰胆碱酶的活性,导致神经传导的抑制递质乙酰胆碱累积,胆碱能使神经过度兴奋而出现全身性中毒症状,表现出流涎、流泪、流汗、恶心、呕吐、腹痛、腹泻、心动过缓、瞳孔缩小等一系列的中毒症状,严重者可出现呼吸麻痹,支气管平滑肌痉挛甚至窒息死亡;有些中毒者可出现迟发型神经病。长期接触有机磷农药可引起神经功能的损害,较重者肢体远端出现肌萎缩,少数可发展为痉挛性麻痹,病程可持续多年。有机磷农药进入人体被吸收后,分布以肝脏为最多,其次为肾、肺、骨、肌肉和脑,可通过生物转化过程迅速被分解,不致在细胞内大量聚集。因此,有机磷农药造成的动物性食品污染而损害人体健康的主要原因是直接接触污染,食用后造成急性中毒。

由于有机磷农药在农业生产中的广泛应用,导致食品发生了不同程度的污染,粮谷、薯类、蔬果类均可发生此类农药残留。一般残留时间较短,在根类、块茎类作物中相对比叶菜类、豆类作物中残留时间要长。有机磷农药中毒的畜禽及其肉品,作工业用或销毁,不准食用。

(2)农药污染食品的途径。农药对食品的污染途径有直接喷洒污染、从污染的环境中吸收、在生物体内富集与食物链污染、加工和储运中污染等。

2. 兽药残留

兽药是指用于预防、治疗诊断畜禽等动物疾病,有目的的调节其生理机能并规定作用、用途、用法、用量的物质,包括血清、菌苗、诊断液等生物制品,以及兽用的中药材、化学制药和抗生素、生化药品和放射性药品。兽药残留是指"动物产品的任何食用部分所含兽药的母体化合物及(或)其代谢物,以及与兽药有关的杂质的残留"。动物在应用兽药后,蓄积或贮存在细胞、组织或器官内,或进入乳或蛋中的药物原型以及有毒理学意义的代谢物和药物杂质都属于兽药残留范畴。动物在使用药物以后,药物以原型或代谢产物的方式通过粪便、尿液等排泄物进入生态环境，造成环境土壤、表层水体、植物和动物等的兽药蓄积或残留，即兽药在生态环境中的残留，也属于兽药残留范畴。兽药残留不仅对人体健康造成直接危害，而且对畜牧业和生态环境也造成威胁，最终将影响人类的生存安全。

在动物源性食品中较容易引起兽药残留量超标的兽药主要有抗生素类、β-兴奋剂类等药物。

兽药残留超标的原因：兽药质量问题，非法使用违禁或淘汰兽药，不遵守休药期有关规定，超范围、超剂量用药，屠宰前使用兽药，饲料加工过程受到兽药污染或运送出现错误，用药无记录或方法错误。

(1)兽药进入动物体内的途径。预防和治疗畜禽疾病的用药。各类治疗或预防疾病的用药主要通过口服、注射、局部用药等途径进入动物体内，从而残留于动物体内，导致动物性食品污染。

饲料添加剂或动物保健品的使用。主要用于提高动物的繁殖和生产性能，预防某些疾病。经常是长期的、小剂量的方式拌入饲料或饮水中，从而造成动物性食品中的兽药残留。

动物性食品加工、保鲜贮存过程中加入兽药。为了抑制微生物生长和繁殖，结果造成不同程度的药物残留。

(2)兽药残留的危害。兽药残留超标可能对人体的危害包括急、慢性中毒；致癌、致畸、致突变的“三致”作用；耐药菌株的产生、变态反应、肠道菌群失调等。

1)毒性作用。一般情况下，动物性食品中残留的兽药浓度较低，加上人们食用数量有限，并不引起急性中毒。但是，残留严重超标的可引发急性食物中毒。长期食用兽药残留超标的食品后，药物不断在体内蓄积，当浓度达到一定量后，就会对人体产生毒性作用。例如，人食用盐酸克仑特罗超标的猪肺脏而发生急性中毒，表现为人体肌肉震颤、头疼、心动过速和肌肉疼痛等。人体对氯霉素反应比动物更敏感。氯霉素能抑制人体骨髓造血功能，导致人体粒状白细胞缺乏、不可逆的再生障碍性贫血及灰婴综合征等，更严重的是低浓度药物残留会诱发病菌的耐药性，对人类的健康构成巨大的潜在威胁。

2)过敏反应。经常食用一些含低剂量抗菌药物残留的食品能使易感的个体出现过敏反应甚至休克，并在短时间内出现血压下降、皮疹、喉头水肿、呼吸困难等严重症状。例如，青霉素、四环素、磺胺类药物及某些氨基糖苷类抗生素等。这些药物具有抗原性，刺激机体内抗体的形成，造成过敏反应，严重者可引起休克，短时间内出现血压下降、呼吸困难等严重症状。例如，青霉素类药物具有很强的致敏作用，轻者表现为接触性皮炎和皮肤反应，重者表现为致死的过敏性休克。四环素药物可引起过敏和荨麻疹。磺胺类则表现为皮炎、白细胞减少、溶血性贫血。四环素的变应原性反应比青霉素少。

3）细菌耐药性。细菌耐药性是指有些细菌菌株对通常能抑制其生长繁殖的某种浓度的抗菌药物产生了耐受性。动物在经常反复接触某一种抗菌药物后，其体内的敏感菌株将受到选择性抑制，从而使耐药菌株大量繁殖。此外，抗药性 R 质粒在菌株间横向转移使很多细菌由单重耐药发展到多重耐药。耐药性细菌的产生使得一些常用药物的疗效下降甚至失去疗效，如青霉素、氯霉素、庆大霉素、磺胺类等药物在畜禽中已产生抗药性，临床效果越来越差。

抗生素饲料添加剂长期、低浓度的使用是耐药菌株增加的主要原因。这些抗菌药物残留于动物食品中，使人长期与药物接触，一方面可使病原菌具有耐药性并能引起人畜共患病的病原菌大量增加；另一方面，动物病原菌耐药性可传递给人类病原菌，经常食用含药物残留的动物性食品，动物体内的耐药菌株可通过动物性食品传播给人体。例如，长期食用低剂量的抗生素能导致金黄色葡萄球菌耐药菌株的出现，也能引起大肠杆菌耐药菌株的产生。

（4）易残留的主要兽药。在动物源性食品中较容易引起兽药残留量超标的兽药主要有抗生素类、β-兴奋剂类等药物。

1）抗生素类药物。大量、频繁地使用抗生素，动物机体中的耐药致病菌很容易感染人类；而且抗生素药物残留可使人体中细菌产生耐药性，扰乱人体微生态而产生各种毒副作用。在畜产品中容易造成残留量超标的抗生素主要有氯霉素、四环素、土霉素、金霉素等。

2）磺胺类药物。是人工合成的一系列抗菌药物的总称，其特点是抗菌谱广，性质稳定，便于保存，制剂多，价格低。磺胺类药物主要作为临床治疗用药，常在短期内使用，但作为饲料药物添加剂应用广泛。磺胺类药物主要是引起的过敏、中毒和导致耐药性菌的产生，其他不良作用还有引起造血系统障碍，发生急性溶血性贫血、粒细胞缺乏症、再生障碍性贫血等。

3）激素残留。指在畜牧业生产中应用激素作为动物饲料添加剂或埋植于动物皮下，具有促进动物生长发育、增加体重和肥育以及用于动物的同期发情等，以改善动物的生产性能，提高其畜产品的产量，结果导致所用激素在动物产品中残留。在畜牧业生产中常用的激素类饲料添加剂主要有性激素类、生长激素等两大类。经常食用含低剂量激素的动物性食品，由于积累效应，有可能干扰人体的激素分泌体系和身体正常机能，特别是类固醇类和β-兴奋性在体内不易代谢破坏，其残留对食品安全威胁很大。

4）β-兴奋剂。一类化学结构和生理功能类似肾上腺素和去甲肾上腺素的苯乙醇胺类衍生物的总称。β-兴奋剂对动物的危害主要表现为给动物使用后显著影响心血管系统，导致动物心跳加快，血压升高，血管扩张，呼吸加剧，体温上升，心脏和肾脏负担加重，还能影响胴体品质。人食用了具有较高残留浓度克伦特罗的动物产品后，会出现心跳加快、头晕、心悸、呼吸困难、肌肉震颤、头痛等中毒症状。同时，克伦特罗还可通过胎盘屏障进入胎儿内产生蓄积，从而对子代产生严重的危害。

三、物理性因素

影响食品安全性的物理因素来源复杂，种类繁多并且存在偶然性。根据物理因素的性质可将物理性污染物分为两类：污染食品的异物和食品的放射性污染物。

污染食品的异物是指非加工要求的或根据产品标准不应该含有的物质，一般为物理性的，不属于终产品，但存在于食品中的可见物质。异物来源主要有两种，一种是内源性的，即产品原料、辅料本身含有，但最终要求剔除的物质，如火腿中的骨头。另一种是外源性的，即原本就不属于产品原辅料的一部分而混入产品的物质。多数情况下，食品异物来自食品生产经营过程的污染物或人为掺入污染物（食品的掺杂掺假现象），这种外源性异物的可控性较差，发生概率也高。虽然有的污染物可能并不直接危害人体健康，但是严重影响食品应有的感官性状或营养价值，使食品质量得不到保证，容易引起消费者和厂商的纠纷，破坏产品和企业的形象，所以污染食品异物的检测是食品工业自身管理的重要内容。

（一）辐射与放射性污染

放射性污染是指含有放射性核素的粉尘污染了食品和其他物质，如^{90}Sr、^{137}Cs是毒性较大的人工放射性核素，对人体危害极大。食品经辐照可达到杀菌、杀虫、抑制蔬菜发芽、延迟果实后熟等目的。由于被辐照的食品没有直接接触放射性同位素,因此不会被放射性物质污染。同时,辐照保藏与其他食品保藏方法相比有其独特的优势,辐照保藏是对传统的食品加工和储藏技术的重要补充和完善。

1.辐射与辐照食品

辐射是指能量以电磁波或粒子(如α粒子、β粒子等)的形式向外扩散。辐射的能量从辐射源向外所有方向直线放射。物体通过辐射所放出的能量,称为辐射能。食品的辐射保藏是利用高能射线的作用,使微生物的新陈代谢、生长发育受到抑制或破坏,从而杀死或破坏微生物的代谢机制,延长食品的保藏时间,食品营养素损失少。通过电离辐射的方法杀灭虫害、消除病原微生物及其他腐败细菌,或抑制某些生物的活性和生理过程,或改变某些化学成分,从而达到保藏、保鲜和改性目的的食品,称为辐照食品。

辐照对食品的安全性影响如下:

(1)有害物质的生成。经过照射处理的食品,如果经过高剂量(大于10^4 Gy)照射有有害物质的生成,而低剂量(小于10^4Gy)的照射不曾发生。

(2)营养成分的破坏。辐射处理的食品,食品中的大量营养素和微量营养素都受到影响,特别是蛋白质和维生素。对于食用量不大的辐照食品,与每天大量食用的混合膳食相比,影响小些。如果在膳食中增加辐照食品的比例,应确保食品不因辐射引起某些营养成分的损失而造成营养不足的积累作用,保证膳食的安全性。

(3)致癌物质的生成。中剂量(10^3 ~10^4Gy)、低剂量的辐照的食品未发现致癌物质。食品在推荐和批准的条件下辐射时,不会产生危害水平的致癌物。

(4)食品中的诱导放射性。人食用的食品都是具有一定放射性的,且放射性水平的变化相差很大。对照射食品使用的放射线有γ射线、X射线或电子束,要求穿透能力大,以便使食品深处均能受到辐照处理,同时又要求放射能诱导性小,以避免被冲击的元素变成放射性。

(5)伤残微生物的危害。在完全杀菌剂量(4.5×10^{-2} ~5.0×10^{-2}Gy)以下,微生物出现耐放射性,而且反复照射,其耐性成倍增长。这种伤残微生物菌丛的变化,生成与原来微生物不同的有害物有可能造成新的危害。

2.放射性污染

放射性核素的原子核在衰变过程放出α、β、γ射线的现象,称为放射性。

由放射性物质所造成的污染，叫放射性污染。衰变是一种原子核转变成另一种原子核的过程，放射性元素的原子核有半数发生衰变时所需要的时间称为半衰期。由于半衰期长的放射性核素在食物和人体内存在的时间长，因此，从安全性角度出发应特别关注半衰期长的放射性核素对食品的污染。

（二）异物污染

对食品来说，非加工要求或根据产品标准不应该含有的物质，均可以称为异物。食品中的异物主要来自食品生产、储运和销售过程中的污染物和食品掺假污染物。

生产经营过程的污染物分为内源性的和外源性的，如产品原料、辅料本身含有，但产品要求剔除的物质，称为内源性异物，如肉中的骨头、菜中的菜根、动物毛发；而原本就不属于产品原辅料的一部分而混入产品的物质，称为外源性异物，如线头、指甲、金属、玻璃、头发、杂草、飞虫、化学药品污染等。

1. 金属、玻璃等异物

金属、玻璃是物理性安全危害中比较常见的一种。食品中的金属一般来源于各种机械、电线等。玻璃来源于瓶、罐等多种玻璃器皿以及玻璃类包装物。这些异物可能对人体造成不同程度的损伤。进入体内的金属如不能及时排出，只能通过外科手术取出，严重的还会危及生命。

食品中的其他异物如石头、骨头、塑料、鸟粪、小昆虫等，如果不加以控制，都会对人体造成一定程度的伤害，应当通过适当的工艺消除，避免在运输和贮存环节使食品受到污染。异物危害难以监测，需要通过良好的管理和提高员工的素质来预防。员工要严格按照 GMP 的要求进行操作。

2. 掺杂、掺假

食品掺杂掺假是指食品中掺入杂质或者异物，致使食品质量不符合国家法律、法规或者食品明示质量标准规定的质量要求，降低、失去应有使用性能的行为。食品掺杂掺假是一种人为故意向食品中加入杂物的过程，主要目的是非法获得更大利润。食品掺杂掺假所涉及的食品种类繁杂，污染物众多，如粮食中掺入的砂石，肉中注入的水，奶粉中掺入的糖，牛奶中加入的米汤、牛尿、糖、盐等。食品掺杂掺假严重损害了市场经济秩序和消费者的健康，有的甚至造成人员伤亡，所以必须加强管理，严厉打击。

第二节 食品安全性评价

为了确保食品安全和人体健康,需要对食品进行安全性评价。食品安全性评价主要是阐明某种食品是否可以安全食用,食品中有关危害成分或物质的毒性及其风险大小,利用足够的毒理学资料确认物质的安全剂量,通过风险评估进行风险控制。

食品毒理学是食品安全评价的理论基础,通过化学和生物学等方法发现毒性反应的机理,研究特定物质产生的特定的化学或生物学反应机制,为食品安全性评价和监控提供理论依据。食品安全性评价在食品安全性研究、监控和管理上具有重要的意义。

安全性评价是利用毒理学的基本手段,通过动物实验和对人的观察,阐明某一物质的毒性及其潜在的危害,为人类使用这些物质的安全性做出评价,为制定预防措施特别是卫生标准提供理论依据。食品毒理学是从毒理学的角度,研究食品中可能含有的外来化学物质对食用者的毒作用机理,检验和评价食品(包括食品添加剂)的安全性或安全范围,从而达到确保人类健康的目的。

一、毒物与剂量

毒理学是研究化学、物理、生物等因素对机体负面影响的科学。食品毒理学是研究随食品进入人体并具有一定毒性的外来化学物质,对人体产生毒害影响及其毒害作用机理的科学。食品毒理学的研究对象是与食品关系密切、可以随食品进入人体的、具有一定毒性的外来化学物质。

外来化学物质指既非人体组成成分,又不是人体所需营养物质,而是存在于外环境中,可通过一定环节和途径与人体接触,并呈现一定生物学作用的化学物质,也称为外来生物活性物质、外源化合物或外来化合物。可随食品进入人体的外来化学物质包括各种食品添加剂、农用化学物质、工业“三废”、容器包装材料以及某些食品中天然存在或一定条件下形成的有害物质,如天然动植物毒素和霉菌毒素等。

(一)毒物

毒物指在一定条件下,较小剂量就能引起机体功能性或器质性损伤的化学物质;或剂量虽微,但积累到一定的量就能干扰或破坏机体的正常生理功能,引起暂时或持久性的病理变化,甚至危及生命的化学物质。

毒物的概念是相对的,毒物与非毒物之间并不存在绝对的界限。几乎所有的外源化合物都有引起机体损害的能力。一次服用1.5~6.0 g食盐有益于健康,但一次服用200~250 g则可因其吸水作用所致的电解质严重紊乱而引起死亡;短时间内输液过多过快,可因血液循环动力学障碍所致肺水肿和脑水肿而引起死亡,即所谓水中毒。由此可见,一种外源化合物是有毒还是无毒,需考虑接触的剂量和途径。

(二)剂量及其分级

剂量是指给予机体的数量、外源化合物进入机体的数量、外源化合物在关键组织器官或体液中的浓度或含量。剂量是决定外源化合物对机体损害作用的重要因素。

由于外源化合物被吸收进入机体的数量或在关键组织器官或体液中的浓度的测定不易准确进行,所以一般剂量的概念即指给予机体的数量或与机体接触的数量。剂量的单位以每单位体重接触的外源化合物的数量表示。

另外,一种外源化合物由于染毒途径不同,其吸收系数和吸收速率相差很大。不同剂量的外源化合物对机体产生毒性损害作用的程度和性质不同。因此,在论述剂量时必须注明染毒途径,还必须与毒性损害作用的程度和性质相联系。因此,剂量大小意味着生物体接触毒物的多少,是决定毒物对机体造成损害程度的最主要的因素。

1. 致死量(lethal dose,LD)

致死量是指某种外源化学物能引起机体死亡的剂量。常以引起机体不同死亡率所需的剂量来表示,单位为mg/kg。如果外源化合物存在于空气中或水中,就叫致死浓度(lethal concentration,LC),单位为mg/L。在实际应用中,致死量又分为以下几种。

(1)绝对致死量(absolute lethal dose,LD_{100})。引起受试对象全部死亡所需要的最低剂量或浓度。如再降低剂量,就有存活者。在一个动物群体中,由于存在个体差异,不同个体对外源化合物的耐受性存在差异,总是有少数高耐受性或高敏感性的个体,故LD_{100}常有很大的波动性。因此,一般不把LD_{100}作为评价外源化合物毒性高低或对不同外源化合物毒性进行比较的参数。

(2)半数致死量(half lethal dose,LD_{50})。给受试对象一次或者24 h内多次染毒后引起受试对象死亡一半时所需的剂量,也称致死中量。外源化合物的急性毒性越大,其LD_{50}越小(LD_{50}越小,表示外源化合物的毒性越强)。

由于在一个群体中,可能有个别或少数个体耐受性和敏感性过高或过低而存在个体差异,但LD_{50}较少受个体差异的影响,是所有毒性参数中最敏感和最稳定的,所以LD_{50}是评价外源化学物急性毒性大小的最主要参数,也是对不同外源化合物进行急性毒性分级的基础标准。

(3)最小致死量(minimum lethal dose,MLD或LD_{01})。外源化合物引起受试对象中的个别成员出现死亡的剂量。从理论上讲,低于此剂量即不再引起受试对象死亡,即引起受试对象死亡的最小剂量。

(4)最大耐受量(maximal tolerance dose,MTD或LD_0)。外源化合物不引起受试对象出现死亡的最高剂量。接触此剂量的个体可以出现严重的毒性作用,但不发生死亡。也就是不引起受试对象死亡的最大剂量。若高于该剂量,即可出现死亡。与LD_{100}的情况相似,LD_0也受个体差异的影响,存在很大的波动性。

2. 最大无作用剂量(maximum no-effect level,MNEL或ED_0)

外源化合物在一定时间内,按一定方式或途径与机体接触,用现代的检测方法和最灵敏的观察指标,未能观察到任何对机体的损害作用或使机体出现异常反应的最高剂量,又称未观察到的作用剂量。外源化合物对受试对象机体的毒性作用随着剂量的降低而逐渐减弱,当外源化合物逐渐减到一定剂量时,不能再观察到它对受试对象的毒性作用,这一剂量即为最大无作用剂量。

最大无作用剂量是根据亚慢性毒性试验或慢性毒性试验的结果确定的,是评定外源化合物对机体的损害作用的主要依据,以此为基础可制定一种外源化合物的每日允许摄入量和最高允许浓度。

3. 最小有作用剂量(minimum effect level,MEL)

最小有作用剂量即在一定时间内,一种外源化合物按一定方式或途径与机体接触,能使某项观察指标开始出现异常变化或使机体开始出现损害作用所需的最低剂量,也称中毒阈剂量、中毒阈值。

在一定时间内,一种外源化学物按一定方式或途径与机体接触,使机体开始出现不良反应的最低剂量,即稍低于阈值时效应不发生,而达到或稍高于阈值时效应将发生，也可说是使机体某项观察指标产生超出正常变化范围的最小剂量。

在理论上，最大无作用剂量与最小有作用剂量应该相差极微，因为任何微小的，甚至无限小的剂量的增加，对机体的损害作用也应有相应的增强。但由于对损害作用的观察指标受观测方法灵敏度的限制，不能检出任何细微的变化，只有两种剂量的差别达到一定的程度，才能明显地观察到损害作用的不同。所以，实际上两者之间仍有一定的差距。

最大无作用剂量与最小有作用剂量所造成的损害作用都有一定的相对性。当外源化合物与机体接触的时间、方式、途径或观察指标改变时，最大无作用剂量或最小有作用剂量也将随之改变。

二、效应与反应

效应表示一定剂量的外来化合物与机体接触后所引起的生物学变化。效应只涉及个体（一个人或一个动物），可用一定的剂量单位表示，如若干毫克、若干单位的酶活力、若干个白细胞等。例如，某种有机磷农药可引起机体血液中胆碱酯酶的活力降低若干单位。

反应是一定剂量的外来化合物与机体接触后，呈现某种效应并达到一定程度的比率，或产生效应的个体数在某一群体中所占的比率，一般以百分比或比值表示。反应涉及群体，一组动物或一群人。例如，一种动物接触一定剂量的某种物质后死亡 50%，即为该物在一定剂量下所产生的反应。

（一）剂量-反应关系

剂量-反应（效应）关系是指作用于机体的剂量与引起某种生物效应的强度或发生率之间的相关规律，即剂量与反应（效应）的对应关系。

剂量-反应（效应）关系可用曲线表示，即以表示效应强度的剂量单位或表示反应的百分率或比值为纵坐标，以剂量为横坐标，通过绘制散点图描绘出的曲线。不同外源化合物在不同具体条件下所引起的效应与反应不同，主要是因为效应或反应与剂量的相关关系不同，可呈现不同类型的曲线。

（二）时间-剂量-反应关系

时间-剂量-反应关系是用时间生物学的方法阐明化学毒物对机体的影响。机体对于化学毒物具有处理能力，即生物转运和生物转化的能力。在此过程中，化学毒物的数量始终随时间的进程而发生变化。这种时间-剂量之间的密切关系可以直接影响毒性作用的性质、强度以及发生时间,从而决定了化学毒物的毒性特点。此外,化学毒物与机体的接触时间也直接影响其毒性作用。在一般情况下,连续接触所需的剂量远小于间断接触所需的剂量;而在接触剂量相同的情况下,连续接触所致的损害强度远大于间断接触所致的损害强度。

三、毒作用的分类与分级

毒作用(毒性作用、毒效应)指毒物本身或其代谢产物在靶器官内达到一定浓度与生物大分子相互作用的结果,即毒物与机体相互作用的结果。毒性指毒物造成机体损害的固有能力。

(一)毒作用的特点

毒作用的特点是机体接触毒物后,表现出各种生理生化功能的障碍,应激能力下降,维持机体稳态的能力下降,以及对环境中的各种有害因素易感性增高等。毒物的毒作用性质是毒物本身所固有的,但必须在一定的条件下,通过生物体表现为损害的性质和程度。

(二)毒作用分类

毒物主要通过化学损伤使机体受其损害。化学损伤是指改变机体内的生物化学过程甚至导致器质性病变的损伤。如有机磷酯化合物类农药主要通过抑制胆碱酯酶的活性,使机体乙酰胆碱超常累积,从而导致机体极度兴奋而死亡。外源化合物对机体的毒作用,可根据毒作用的特点、发生时间和部位以及机体对毒物的敏感性分类。按毒作用发生的时间分类如下。

1. 按毒作用发生的时间分类

(1)急性毒性。机体一次给予受试化合物,低毒化合物可在24 h内多次给予,经吸入途径和急性接触,在短期内(<2周)发生的毒效应。如腐蚀性化合物、神经性毒物、氧化磷酸化抑制剂等产生的毒作用。

(2)亚慢性毒性(短期毒性试验)。机体在相当于1/20左右生命期间,少量反复接触某种有害化学物质和生物因素所引起的损害作用。如职业接触的化学物质多数表现出这种作用。

(3)慢性毒性(长期毒性试验)。外源化合物长时间少量反复作用于机体后所引起的损害作用。

2. 按毒作用发生的部位分类

(1)局部毒作用。指某些外源化学物在机体接触部位直接造成的损害作用。如接触腐蚀性酸碱所造成的皮肤损伤,吸入刺激性气体引起的呼吸道损伤等。

(2)全身毒作用。化学物经吸收后,随血液循环分布到全身而产生的毒作用。

靶器官:毒物被吸收后的全身作用,其损害一般主要发生于一定的组织和器官系统,受损伤或发生改变的可能只是个别器官或系统,此时这些受损的器官称为靶器官。

非靶器官:未受损害的即为非靶生物或非靶器官,常表现为麻醉作用、窒息作用、组织损伤及全身病变。

3. 按毒作用损伤的恢复情况分类

(1)可逆毒作用。指停止接触毒物后其作用可逐渐消退。

(2)不可逆毒性作用。指停止接触毒物后,引起的损伤继续存在,甚至可进一步发展的毒作用。例如,外源化学物引起的肝硬化、肿瘤、致突变、致癌、神经元损伤等就是不可逆的。

4. 按毒作用性质分类

(1)一般毒作用。指化学物质在一定剂量范围内经一定的接触时间,按照一定的接触方式,均可能产生的某些毒作用,如急性作用、慢性作用。

(2)特殊毒作用。接触化学物质后引起不同于一般毒作用规律的或出现特殊病理改变的毒作用。特殊毒作用主要包括:过敏性反应、特异体质反应、致癌作用、致畸作用、致突变作用。

1)致癌作用:指有害因素引起或增进正常细胞发生恶性转化并发展成为肿瘤的过程。化学致癌指化学物质引起或增进正常细胞发生恶性转化并发展成为肿瘤的过程。具有这类作用的化学物质称为化学致癌物。

2)致畸作用:指由于外源化学物的干扰,胎儿出生时,某种器官表现形态结构异常,影响正常的发育作用,即发育毒性。发育毒性的表现分为生长迟缓、致畸作用、功能不全和异常、胚胎致死作用。

3)致突变作用:基于染色体和基因的变异才能够遗传,遗传变异称为突变。突变的发生及其过程就是致突变作用。外源化学物能损伤遗传物质,诱发突变,这些物质称为致突变物或诱变剂,也称遗传毒物。

(三)毒性分级

各种化学物质的毒性大小主要由其结构决定。同一类化学物质,由于结构(包括取代基)不同,其毒性也有很大的差异。此外,剂量、接触条件(如接触途径、接触期限、速率和频率)等因素对毒性也有影响。毒性的大小,通过生物体所产生的损害性质和程度表现出来,可用动物试验或其他方法检测。衡量化学物质的毒性需要一定的客观指标,如各种生理指标、生化正常值的变化、死亡率等。

第三节　食品标准与法律法规

标准与法律法规是保证市场经济正常运转和公平竞争的一个重要的工具。人类社会的各种活动都不可能是孤立的,人与人之间、群体与群体之间会由于利益和价值取向的差异产生各种矛盾或纠纷,这就需要建立一定的行为规范和相应的准则,以调整或约束人们的社会活动和生产活动,维持良好的社会秩序。

制定食品法律法规与标准的目的是,为了向消费者保证食品卫生,防止食品污染和有害因素对人体的危害。食品标准与法律法规是从事食品的生产、加工、贮存及远销等必须遵守的行为准则,是食品工业能够持续健康快速发展的根本保障。在市场经济的法规体系中,食品标准与法规是规范食品生产、贮存与营销,实施政府对食品质量与安全的管理与监督,确保消费者合法权益,以及维护社会和谐与可持续发展的重要依据。

食品标准与法律法规是国家管理食品行业的依据,也是食品生产、加工企业等科学管理的基础,是构建食品安全与质量控制体系的核心。食品安全管理包括监管体系、安全支持体系和过程控制体系,食品法律法规体系和标准体系属于食品安全支持体系。

一、标准与法律法规概述

食品标准是判断食品质量安全的准则。制定技术标准的实质是制定竞争规则,目的是把握对市场的控制权。食品标准化具有食品发展的战略地位。法规是建立在一定的经济基础,经济基础决定了法规的性质,法规也反作用于经济基础。

(一)标准与标准化

食品标准和标准化是食品卫生质量安全和企业标准化生产的重要保障。《中华人民共和国食品安全法》规定,制定食品安全标准,应当以保障公众身体健康为宗旨,做到科学合理、安全可靠。食品安全标准是强制执行的标准。除食品安全标准外,不得制定其他食品强制性标准。标准化是制定标准、实施标准进而修订标准的过程。

1. 标准

标准是社会和群体共同意识的表现,标准不针对具体个人,而是针对某类人在某种情况下的行为规范,是进行社会调整、建立和维护社会正常秩序的工具。我国国家标准 GB/T 20000. 1—2014《标准化工作指南第一部分:标准化和相关活动的通用术语》中规定,通过标准化活动,按照规定的程序经协商一致制定,为各种活动或其结果提供规则、指南或特性,供共同使用和重复使用的文件。

我国根据标准发生作用的有效范围分为国家标准、行业标准、地方标准和企业标准,按标准实施的约束力分为强制标准和推荐标准。关于保障人体健康、人身安全和财产安全的标准,利用国家法律强制实施和应用的标准是强制性标准。强制标准以外,具有指导意义而不宜强制执行的标准是推荐性标准。推荐标准具有倡导性、指导性、自愿性,国家和行政主管部门鼓励企业采用。

食品标准是指食品工业领域各类标准的总和,包括食品产品标准、食品卫生标准、食品分析方法标准、食品管理标准、食品添加剂标准、食品术语标准等。

2. 标准化

标准化为了在既定范围内获得最佳秩序,促进共同效益,对现实问题或潜在问题确立共同使用和重复使用的条款,以及编制、发布和应用文件的活动。标准化是活动所建立的规范具有共同使用和重复使用的特征。

3. 标准体系

食品企业标准体系由企业标准化管理规定和基础标准构成,即管理标准体系和技术标准体系结合而形成企业的工作标准体系。

(二)法律与法规

食品法律法规是指由国家制定或认可,以法律或政令形式颁布的,以加强食品监督管理，保证食品卫生，防止食品污染和有害因素对人体的危害，保障人民身体健康，增强人民体质为目的，通过国家强制力保证实施的法律规范的总和。食品法律法规既包括法律规范，也包括以技术规范为基础所形成的各种食品法规。

1. 法律

广义的法律是法的整体，指一切规范性文件，包括法律、有法律效力的解释及行政机关为执行法律所制定的规范性文件，宪法、行政法规等。狭义的法律仅指拥有立法权的国家机关依照立法程序制定的规范性文件，即全国人民代表大会及其常务委员会制定的规范性文件，地位和效力仅次于宪法，如《中华人民共和国食品安全法》《中华人民共和国产品质量法》《中华人民共和国标准化法》《中华人民共和国进出境动植物检疫法》等。

2. 法规

法规泛指由权力机关通过的有约束力的法律性文件，包括国家制定和发布的法律、法令、条例、规则和章程等规范性法律文件。行政法规分国务院制定的和地方性的行政法规两类，地位和效力仅次于宪法和法律；地方性法规是地方权力机关根据本行政区域的具体情况和实际需要制定的适于本地方的规范性文件，这种法规只在本辖区内有效，且不得与宪法、法律和行政法规等相抵触，并报全国人民代表大会常务委员会备案，才可生效。规章指国务院各行政部门制定的部门规章和地方人民政府制定的在其职权范围内制定的规范性文件，如《食品添加剂卫生管理办法》《有机食品认证管理办法》。其他规范性文件是指规范性文件不属于法律、行政法规和部门规章，也不属于标准等技术规范，包括国务院或个别行政部门所发布的各种通知、地方政府相关行政部门制定的食品卫生许可证发放管理办法、食品生产者采购食品及其原料的索证管理办法，如《食品生产企业 HACCP 管理体系认证管理规定》等。其中，条例是对某一方面的行政工作做出比较全面、系统的规定；规定是对某一方面的行政工作做出部分的规定；办法是对某一项行政工作做出比较具体的规定。

3. 食品法律法规

食品法律法规是国家对食品进行有效监督管理的基础。食品法律法规是指以法律或政令形式颁布的，对全社会有约束力的权威性规定，通过国家强制力保证实施的法律法规的总和。食品法律法规以加强食品监督管理、确保食品卫生与安全、防止食品污染和有害因素对人体的危害，保障人民身体健康、增强人民体质为目的。

食品行业管理行政法规是指国务院的职能部门依法制定的规范性文件。食品法规以技术规范为基础所形成的各种法规,往往偏重于技术规范。

二、食品安全法

(一)《食品安全法》的目的与适用范围

1. 立法目的

《食品安全法》总则中,说明立法目的是为了保证食品安全,保障公众身体健康和生命安全。食品安全工作实行预防为主、风险管理、全程控制、社会共治,建立科学、严格的监督管理制度。食品生产经营者对其生产经营食品的安全负责。

2. 适用范围

在中华人民共和国境内从事下列活动,应当遵守本法:食品生产和加工(以下简称“食品生产”),食品销售和餐饮服务(以下简称“食品经营”);食品添加剂的生产经营;用于食品的包装材料、容器、洗涤剂、消毒剂和用于食品生产经营的工具、设备(以下称食品相关产品)的生产经营;食品生产经营者使用食品添加剂、食品相关产品;食品的贮存和运输;对食品、食品添加剂、食品相关产品的安全管理。

供食用的源于农业的初级产品(以下简称“食用农产品”)的质量安全管理,遵守《中华人民共和国农产品质量安全法》的规定。但是,食用农产品的市场销售、有关质量安全标准的制定、有关安全信息的公布和本法对农业投入品作出规定的,应当遵守本法的规定。

(二)《食品安全法》的内容概要

《食品安全法》分为十章:总则、食品安全风险监测和评估、食品安全标准、食品生产经营、食品检验、食品进出口、食品安全事故处置、监督管理、法律责任、附则。

1. 食品安全监管机构

第五条规定:国务院设立食品安全委员会,其职责由国务院规定。国务院食品药品监督管理部门依照本法和国务院规定的职责,对食品生产经营活动实施监督管理。

2. 食品安全风险监测和评估

第十四条规定:国家建立食品安全风险监测制度,对食源性疾病、食品污染以及食品中的有害因素进行监测。第十七条规定:国家建立食品安全风险评估制度,运用科学方法,根据食品安全风险监测信息、科学数据以及有关信息,对食品、食品添加剂、食品相关产品中生物性、化学性和物理性危害因素进行风险评估。第二十一条规定:食品安全风险评估结果是制定、修订食品安全标准和实施食品安全监督管理的科学依据。

3. 食品安全标准

第二十五条规定:食品安全标准是强制执行的标准。除食品安全标准外,不得制定其他食品强制性标准。食品安全国家标准由国务院卫生行政部门会同国务院食品药品监督管理部门制定、公布。

4. 食品生产经营

(1)一般规定

1)第三十四条规定:禁止生产经营下列食品、食品添加剂、食品相关产品。

(一)用非食品原料生产的食品或者添加食品添加剂以外的化学物质和其他可能危害人体健康物质的食品,或者用回收食品作为原料生产的食品。

(二)致病性微生物,农药残留、兽药残留、生物毒素、重金属等污染物质以及其他危害人体健康的物质含量超过食品安全标准限量的食品、食品添加剂、食品相关产品。

(三)用超过保质期的食品原料、食品添加剂生产的食品、食品添加剂。

(四)超范围、超限量使用食品添加剂的食品。

(五)营养成分不符合食品安全标准的专供婴幼儿和其他特定人群的主辅食品。

(六)腐败变质、油脂酸败、霉变生虫、污秽不洁、混有异物、掺假掺杂或者感官性状异常的食品、食品添加剂。

(七)病死、毒死或者死因不明的禽、畜、兽、水产动物肉类及其制品。

(八)未按规定进行检疫或者检疫不合格的肉类,或者未经检验或者检验不合格的肉类制品。

(九)被包装材料、容器、运输工具等污染的食品、食品添加剂。

(十)标注虚假生产日期、保质期或者超过保质期的食品、食品添加剂。

(十一)无标签的预包装食品、食品添加剂。

(十二)国家为防病等特殊需要明令禁止生产经营的食品。

(十三)其他不符合法律、法规或者食品安全标准的食品、食品添加剂、食品相关产品。

2)食品生产经营许可制度。

第三十五条规定:国家对食品生产经营实行许可制度。从事食品生产、食品销售、餐饮服务,应当依法取得许可。但是,销售食用农产品,不需要取得许可。第三十九条规定:国家对食品添加剂生产实行许可制度。

第三十六条规定:食品生产加工小作坊和食品摊贩等从事食品生产经营活动,应当符合本法规定的与其生产经营规模、条件相适应的食品安全要求,保证所生产经营的食品卫生、无毒、无害,食品药品监督管理部门应当对其加强监督管理。

县级以上地方人民政府应当对食品生产加工小作坊、食品摊贩等进行综合治理,加强服务和统一规划,改善其生产经营环境,鼓励和支持其改进生产经营条件,进入集中交易市场、店铺等固定场所经营,或者在指定的临时经营区域、时段经营。食品生产加工小作坊和食品摊贩等的具体管理办法由省、自治区、直辖市制定。

3)食品可全程追溯。

第四十二条规定:国家建立食品安全全程追溯制度。食品生产经营者应当依照本法的规定,建立食品安全追溯体系,保证食品可追溯。国家鼓励食品生产经营者采用信息化手段采集、留存生产经营信息,建立食品安全追溯体系。

国务院食品药品监督管理部门会同国务院农业行政等有关部门建立食品安全全程追溯协作机制。

(2)生产经营过程控制

1)企业建立安全管理制度。

第四十四条规定:食品生产经营企业应当建立健全食品安全管理制度,对职工进行食品安全知识培训,加强食品检验工作,依法从事生产经营活动。食品生产经营企业的主要负责人应当落实企业食品安全管理制度,对本企业的食品安全工作全面负责。

第四十五条规定:食品生产经营者应当建立并执行从业人员健康管理制度。患有国务院卫生行政部门规定的有碍食品安全疾病的人员,不得从事接触直接入口食品的工作。从事接触直接入口食品工作的食品生产经营人员应当每年进行健康检查,取得健康证明后方可上岗工作。

2)食品经营者自查。

第四十七条规定:食品生产经营者应当建立食品安全自查制度,定期对食品安全状况进行检查评价。生产经营条件发生变化,不再符合食品安全要求的,食品生产经营者应当立即采取整改措施;有发生食品安全事故潜在风险的,应当立即停止食品生产经营活动,并向所在地县级人民政府食品药品监督管理部门报告。

3)鼓励质量与安全体系认证。

第四十八条规定:国家鼓励食品生产经营企业符合良好生产规范要求,实施危害分析与关键控制点体系,提高食品安全管理水平。对通过良好生产规范、危害分析与关键控制点体系认证的食品生产经营企业,认证机构应当依法实施跟踪调查;对不再符合认证要求的企业,应当依法撤销认证,及时向县级以上人民政府食品药品监督管理部门通报,并向社会公布。认证机构实施跟踪调查不得收取费用。

4)互联网交易食品监管。

第六十二条规定:网络食品交易第三方平台提供者应当对入网食品经营者进行实名登记,明确其食品安全管理责任;依法应当取得许可证的,还应当审查其许可证。

网络食品交易第三方平台提供者发现入网食品经营者有违反本法规定行为的,应当及时制止并立即报告所在地县级人民政府食品药品监督管理部门;发现严重违法行为的,应当立即停止提供网络交易平台服务。

(3)标签、说明书和广告

第六十七条规定:预包装食品的包装上应当有标签。标签应当标明下列事项:名称、规格、净含量、生产日期;成分或者配料表;生产者的名称、地址、联系方式;保质期;产品标准代号;储存条件;所使用的食品添加剂在国家标准中的通用名称;生产许可证编号;法律、法规或者食品安全标准规定应当标明的其他事项。

专供婴幼儿和其他特定人群的主辅食品,其标签还应当标明主要营养成分及其含量。

第六十八条规定:食品经营者销售散装食品,应当在散装食品的容器、外包装上标明食品的名称、生产日期或者生产批号、保质期以及生产经营者名称、地址、联系方式等内容。生产经营转基因食品应当按照规定显著标示。

第七十条规定:食品添加剂应当有标签、说明书和包装。标签、说明书应当载明食品添加剂的使用范围、用量、使用方法,并在标签上载明“食品添加剂”字样。

(4)特殊食品

第七十四条规定:国家对保健食品、特殊医学用途配方食品和婴幼儿配方食品等特殊食品实行严格监督管理。

第八十条规定:特殊医学用途配方食品应当经国务院食品药品监督管理部门注册。

第八十一条规定:婴幼儿配方食品生产企业应当实施从原料进厂到成品出厂的全过程质量控制,对出厂的婴幼儿配方食品实施逐批检验,保证食品安全。不得以分装方式生产婴幼儿配方乳粉,同一企业不得用同一配方生产不同品牌的婴幼儿配方乳粉。

5. 食品检验

第八十四条规定:食品检验机构按照国家有关认证认可的规定取得资质认定后,方可从事食品检验活动。但是,法律另有规定的除外。

第八十五条规定:食品检验由食品检验机构指定的检验人独立进行。

第八十六条规定:食品检验实行食品检验机构与检验人负责制。食品检验报告应当加盖食品检验机构公章,并有检验人的签名或者盖章。食品检验机构和检验人对出具的食品检验报告负责。

第八十七条规定:县级以上人民政府食品药品监督管理部门应当对食品进行定期或者不定期的抽样检验,并依据有关规定公布检验结果,不得免检。进行抽样检验,应当购买抽取的样品,委托符合本法规定的食品检验机构进行检验,并支付相关费用;不得向食品生产经营者收取检验费和其他费用。

第八十九条规定:食品生产企业可以自行对所生产的食品进行检验,也可以委托符合本法规定的食品检验机构进行检验。食品行业协会和消费者协会等组织、消费者需要委托食品检验机构对食品进行检验的,应当委托符合本法规定的食品检验机构进行。

三、企业标准体系

企业标准体系是企业战略性决策的结果。GB/T 15498—2017《企业标准体系基础保障》有助于企业提高整体绩效，实现可持续发展，指导企业根据行业特征、企业特点构建适合企业战略规划、经营管理需要的标准体系，以及形成自我驱动的标准体系实施、评价和改进。

（一）总体要求

企业标准体系应遵循“PDCA”方法构建、运行、评价与改进。以本企业战略为导向，分析需求，策划企业标准体系。企业标准体系应目标明确，体系内所有标准应完整，满足相关方需求；层次清晰，结构合理，体系内所有标准边界清楚，接口顺畅，构成有机整体。企业宜将其他管理体系的标准纳入企业标准体系，企业可根据需求和内外部环境变化调整企业标准体系。企业应定期开展企业标准体系评价工作，确保体系持续有效；利用标准化的方针目标评审和体系评价所产生的结果，持续改进和完善企业标准体系。

（二）结构设计

企业标准体系由产品实现标准体系、基础保障标准体系和岗位标准体系三个体系组成，企业也可根据自身实际对企业标准体系结构进行自我设计，自我设计的结构应满足企业生产、经营、管理等要求。

1. 产品实现标准体系

产品实现标准体系一般包括产品标准、设计和开发标准、生产/服务提供标准、营销标准、售后/交付后标准等子体系。

2. 基础保障标准体系

基础保障标准体系一般包括规划计划和企业文化标准、标准化工作标准、人力资源标准、财务和审计标准、设备设施标准、质量管理标准、安全和职业健康标准、环境保护和能源管理标准、法务和合同管理标准、知识管理和信息标准、行政事务和综合标准等子体系。

3. 岗位标准体系

岗位标准体系一般包括决策层标准、管理层标准和操作人员标准三个子体系。岗位标准体系应完整、齐全，每个岗位都应有岗位标准。岗位标准宜由岗位业务领导部门或岗位所在部门编制，以基础保障标准和产品实现标准为依据。当基础保障标准体系和产品实现标准体系中的标准能够满足岗位作业要求时，基础保障标准体系和产品实现标准体系可直接作为岗位标准使用。

岗位标准一般以作业指导书、操作规范、员工手册等形式体现，可以是书面文本、图表、多媒体,也可以是计算机软件化工作指令,其内容包括但不限于职责权限、工作范围、作业流程、作业规范、周期工作事项、条件触发的工作事项。

第三章

食品质量管理

人类生存和发展离不开食品的生产和消费，食品质量的高低直接影响消费者的健康和生活质量，食品是关系人体健康和人身安全的特殊产品。因此，食品的安全质量、营养质量和感官质量受到社会的普遍关注及高度重视，食品质量管理有助于保障消费者身体健康。食品作为工业产品是否能够占有市场、具有较强市场竞争力，也取决于食品的质量。做好食品质量管理，还有助于减少生产过程中的损失和浪费，减少人力、物力的消耗，降低产品成本，从而提高食品生产企业的经济效益。

第一节　食品质量检验与质量波动

食品质量检验是从生产原辅料直至终产品的全过程控制。质量管理需要在保证合格的前提下，不断改进生产方法提高产品的合格率，在企业中通过质量检验组织和管理制度的设计，科学地提高食品质量管理和检验水平。食品检验是从生产的中间产品和终产品中抽取样品，借助统计学原理，通过抽检的样品能够判断检验对象的整体（批量），客观地反映生产管理中的质量问题。

质量管理是以保证或提高产品质量为目标的管理。质量管理是一个企业所有管理职能的一部分，其职能是负责确定并实施质量方针、目标和职责。

一、质量检验管理

食品质量检验是食品质量管理中十分重要的组成部分，是保证和提高食品质量的重要手段，也是食品生产现场质量保证体系的重要内容。质量检验不仅是对最终产品的检验，而且包括对食品生产全过程的检验。

(一)质量检验制度

1. 质量检验的职能

(1)把关职能(保证的职能)。根据技术标准和规范要求，通过从原材料开始到半成品直至成品的严格检验，层层把关，以免将不合格品投入生产或转到下道工序或出厂，从而保证质量，起到把关的作用。

(2)预防职能。在质量检验过程中，收集和积累反映质量状况的数据和资料，从中发现规律性、倾向性的问题和异常现象，为质量控制提供依据，及时采取措施，防止同类问题再发生。

(3)报告职能。报告职能即信息反馈的职能，通过对质量检验获取的原始数据的记录、分析和掌握，评价产品的实际质量水平，以报告的形式反馈给决策部门和有关职能管理部门，做出正确的判断和采取有效的决策措施。报告职能为培养质量意识、改进设计、加强管理和提高质量提供必要的信息和依据。

检验的把关、预防和报告职能是不可分割的统一体，只有充分发挥检验的这三项职能，才能有效地保证产品质量。

2. 质量检验的步骤

(1)检验的准备。根据产品技术标准和考核指标，熟悉检验标准和技术文件规定的质量特性和具体内容，明确检验的项目及其质量标准，确定测量的项目和量值。确定检验方法，选择精密度、准确度适合检验要求的计量器具和测试、试验及理化分析用的仪器设备。确定测量、试验的条件，确定检验实物的数量，对批量产品还需确定批的抽样方案。

检验的准备可通过编制检验计划的形式来实现。将确定的检验方法和方案用技术文件形式做出书面规定，制定规范化的检验规程(细则)、检验指导书，或绘成图表形式的检验流程卡、工序检验卡等。

(2)检验。按已确定的检验方案和方法，对产品质量特性进行定量或定性的观察、测量、试验，得到需要的量值和结果。测量和试验前后，检验人员要确认检验仪器设备和被检物品试样状态正常，保证测量和试验数据的正确、有效。

(3)比较和判定。由专职人员将测试得到的数据同质量标准比较，确定每一项质量特性是否符合规定要求，根据比较的结果判定单个产品是否为合格品，批量产品是否为合格批。

（4）确认和处理。对单个产品是合格品的转入下道工序或出厂，对不合格品作适用性判断或经返工、返修、降等级、报废等处理；对批量产品决定接受、拒收、筛选、复检等。

（5）记录和报告。质量记录按质量体系文件规定的要求控制，把所测量的有关数据，按记录的要求和格式做好记录，包括检验数据、检验日期、班次，由检验人员签名，便于质量追溯，明确质量责任。质量检验记录是证实产品质量的证据，因此数据要客观、真实，字迹要清晰、整齐，不能随意涂改，需要更改的要按规定要求和程序办理。记录的数据和判定的结果，向上级或有关部门做出报告，以便促使各个部门改进质量。

（二）质量检验的方法

1. 统计抽样与非统计抽样

抽样检验分为统计抽样检验和非统计抽样检验。GB/T 30642《食品抽样检验通用导则》规定，抽样检验是从所考虑的产品集合（如批或过程）中抽取若干单位产品（如分立产品）或一定数量的物质和材料（如散料）进行检验，以此来判定所考虑的产品集合的接收与否，即做出接收或不接收的判定。

统计抽样同时具备随机选取样本和运用概率论评价样本结果的特征，否则为非统计抽样，如百分比抽样检验。百分比抽样检验（按比例抽样）是不管交验批的批量 N 多大，规定一个确定的百分比去抽样（如 1%），采用相同的合格判定数 Ac（一般 Ac 取 0）。

如果食品加工厂应用百分比抽样方案，即不论检验批批量大小 N 为何值，均按规定比例（如 5% 或 10%）抽取样品，采用相同的合格判定数 Ac，那么在同一个 P 值（显著性检验值）条件下，批量况越大，则样本量越大。因此，百分比抽样是大批严，小批宽，即对 N 大的检验批提高了验收标准，而对 N 小的检验批却降低了验收标准，所以百分比抽样是不合理的，不应当使用。

2. 统计抽样检验分类

GB/T 30642 中，抽样检验可分成许多不同的类型，按照统计抽样检验的目的，可分为预防性抽样检验、验收抽样检验和监督抽样检验。预防性抽样检验用于生产过程质量控制，验收抽样检验用于产品的出厂交付验收、监督抽样检验用于第三方监督核查。

按检验差别中质量特性的使用方式，可划分为计数抽样和计量抽样检验。计数抽样检验判别依据是不合格品数和不合格数，计量抽样检验判别依据是质量特性的平均值。

按抽样检验时抽取样本的次数可分为一次抽样检验、二次抽样检验、多次抽样检验以及序贯抽样检验；按连续批抽样检验过程中方案是否可调整，又可将抽样检验分为调整型抽样检验和非调整型抽样检验。

3. 抽样检验的国家标准

GB/T 30642 适用于交付批的食品验收检验及食品监督抽样检验；不适用于产品生产过程控制，不包括具体食品取样程序以及二次、多次和序贯抽样方案，不考虑与抽样误差相比测量误差不可忽略的同类产品控制和散料定性特性控制。

二、食品质量检验制度

食品质量检验制度是食品质量管理中一个十分重要的组成部分，是保证和提高食品质量的重要手段，也是食品生产现场质量保证体系的重要内容。食品质量的最终检验是为了保证和提高食品质量与安全。通过对过程与结果的控制，可以有效地降低产品的不合格率。

食品质量检验制度所规定的实行强制检验包括：发证检验（食品生产许可证）；生产企业对每批产品的出厂检验；管理部门日常的监督检验。最终保证不合格原材料不投产，不合格半成品不转入下道工序，不合格成品不出厂。

（一）质量检验的主要制度

1. 重点工序双岗制度

重点工序可以是关键零部件或关键部位的工序，可以是作为下道或后续工序加工基准的工序，也可以是工序过程的参数或结果无记录，不能保留客观证据。重点工序双岗制度是操作者在进行重点工序加工时有检验人员在场，必要时还应有技术负责人在厂。

监视工序必须按规定的程度和要求进行。例如，使用正确的量具，正确的安装定位，正确的操作程序。工序完成后，应立即在相关文件上签名，并尽可能将情况记录存档，以示负责和以后查询和取证。

2. 三检制度

所谓三检制，就是实行操作者的自检、工人之间互检和专职检验人员专检相结合的一种制度。

(1)自检。自检是指生产者对自己所生产的产品按照作业指导性文件规定的技术标准进行检验。通过检验了解被加工产品的质量性能及状况，从而做出合格的判断。这也是工人参与质量管理的重要形式。

(2)互检。互检是生产工人相互之间进行检验。下道工序对上道工序流转过来的产品进行检验；同一机床、同一工序轮班交接时进行的相互检验；小组质量员或班组长对本小组工人加工的产品进行抽检等。这种检验有利于保证产品的加工质量，防止疏忽大意而造成废品成批地出现。

(3)专检。专检是由专业检验人员进行的检验。三检制必须以专业检验为主导，专职检验人员无论是对产品的技术要求、工艺知识和检验技能都比生产工人熟练，所使用测量仪比较精密，检验结果比较可靠，检验效率也比较高。专检是三检制度的主导检验方式，也是最规范的检验形式，具有相对稳定性和规范性。

3. 质量重复查验制度

质量重复查验制度程序是由企业质检部门检测产品无质量缺陷后，由企业组织各相关单位共同验收。为了保证交付产品或参加试验的产品质量稳妥可靠，避免产品产生质量隐患，产品在入库出厂前，需组织产品设计、生产、试验及技术等部门人员进行产品质量重复检验。应做好验收资料的鉴证和保管工作，最大限度地保障产品的合格率。

4. 质量检查考核制度

质量检查考核制度是为了使质量管理制度能够顺利执行并严格贯彻实施而制定的检查考核制度。对质量管理制度实施情况的检查以各部门现场检查、抽样检查为主(如重复检验、复核检验、改变检验条件后重新检验、建立标准品等)。

在检查考核中发现的问题应拟定改进措施，落实整改期限及负责人。目的是为了确保各项质量管理制度、职责、操作程序、验证文件等得到有效落实，促进企业质量管理体系的有效运行。

5. 追溯制度

追溯制度也称跟踪管理。在生产过程中，每完成一个工序或一项工作，都要记录其检验结果及存在的问题。记录操作者及检验者的姓名、时间、地点及情况分析,在适当的产品上也需做质量状态标志。

产品出厂时还同时附有跟踪卡,随产品一起流通,以便用户在使用产品时出现的问题能及时反馈给生产者,这是企业进行质量改进的重要依据。追溯制度有三种管理办法。

(1)批次管理法。根据材料的工艺过程分别组成批次,记录批次号或序号,以及相应的工艺状态。

(2)日期管理法。对于连续性生产过程中价格较低的产品,可采用日历日期来追溯质量状态。

(3)连续序号管理法。根据连续序号追溯产品的质量档案。

6.质量统计、分析制度

质量统计、分析是报告和信息反馈的基础,也是进行质量考核的依据。质量统计按期向企业相关负责部门及上级有关部门汇报。反映产品质量的变动规律,主要有:抽查合格率、返工率、指标合格率、成品一次合格率、加工废品率等。

7.不合格品管理制度

不合格品管理不只是质量检验,也是整个质量管理工作中的一个十分重要的问题。在不合格品管理中,需要做好以下几项工作。

(1)三不放过的原则。包括不查清不合格的原因不放过;不查清责任者不放过;不落实改进的措施不放过。三不放过的原则是质量检验发挥检验工作的把关和预防的职能。

(2)两种判别职能。判别生产出来的产品是否符合技术标准,即是否合格,这种判别的职能由检验员或检验部门承担。

8.留名制度

尽管检验工作对提高质量有促进作用,但仍须记录检验、交接、存放和运输的过程及责任者的姓名以示负责。成品出厂检验单上,检验员必须签名,盖章。签名后的记录文件应妥善保存,以便日后作为参考或成为证明材料。

(二)质量检验组织

质量检验指采用一定的检验测试手段和检验方法测定产品的质量特性,然后把测定的结果同规定的质量标准相比较,从而对产品做出合格或不合格的判断。为了保证质量检验工作的顺利进行,食品企业首先要建立专职质量检验部门,并配备具有相应专业知识的检验人员。

企业必须保证质量检验机构能够独立行使监督、检验的职权。一般企业中检验部门的检验人员,在管理归属上存在两种方式:一种方式是检验人员由检验部门管理;另一种方式是人员由所在车间管理。前一种方式比较适宜,检验人员能够客观地履行其职责。

企业检验的机构设置中,一般都设有检验部门,由总检验师领导,各检验员共同承担检验工作。检验质量部门的组织结构根据企业的具体情况来定。一般按生产流程可分为进货检验、过程检验、成品检验等。

三、质量波动

影响过程(工序)质量因素为5M1E,即人(man)、机器(machine)、材料(material)、方法(method)、测量(measure)、环境(environment),即使处于稳定状态下,在工序实施中也不可能始终保持绝对不变,例如操作者的技术水平和精力集中情况的变化,原材料化学成分在标准范围内的微小差异,工作环境如温度、湿度的变化均会造成产品质量特性值的差异。因此,质量波动是客观存在的。但同时产品质量的波动具有统计规律性(即服从一定的分布规律),从统计学的观点,将产品质量波动分为正常波动和异常波动两类。

任何一个生产过程,总存在着质量波动。质量管理的一项重要工作内容就是通过搜集数据、整理数据,找出波动的规律,把正常波动控制在最低限度,消除系统性原因造成的异常波动。

(一)质量波动的原因

质量波动是客观存在的,是绝对的。造成质量波动有6个方面因素,即5M1E。从过程质量控制角度,把质量波动的原因分为以下两类。

1.偶然性原因

偶然性原因是不可避免的原因,如机器的固有振动、液体灌装机的正常磨损、工人操作的微小不均匀性、原材料中的微量杂质或性能上的微小差异、仪器仪表的精度误差及检测误差等。一般来说,这类因素不易识别,其大小和作用方向难以确定,对质量特性值波动的影响较小,使质量特性值的波动呈现典型的分布规律。

2.系统性原因

系统性原因是指在生产过程中少量存在且对产品质量不经常起作用的

影响因素。如果生产过程中存在这类因素,必然使产品质量发生显著的变化。这类因素包括原料质量不合格、工人操作失误或不遵守操作规程、生产工艺不合理、工人过度疲劳、刀具过度磨损或损坏、计量仪器故障等。一般来说,这类因素较少,容易识别,其大小和作用方向在一定的时间和范围内,表现为一定的或周期性或倾向性的有规律的变化。

(二)质量波动分类

由于波动性的存在,所以在产品设计时有了公差的要求。位于规定公差范围内的产品是可以接受的,称之为正常波动;超出公差范围的产品是不可接受的,称为异常波动。

1. 正常波动

由随机因素(又称偶然因素)造成的。正常波动是不可避免的,也是质量管理中允许的,此时的工序处于稳定状态或受控状态。正常波动是固有的、始终存在的,对质量特性值的影响小。

在一定技术条件下,从技术上难以消除,经济上也不值得消除。正常波动不应由工人和管理人员负责。

2. 异常波动

由系统因素(异常因素)引起的。正常波动是质量管理中不允许的波动,此时的工序处于不稳定状态或非受控状态。异常波动是指非过程固有、有时存在有时不存在,对质量波动影响大。

异常波动常常超出了规格范围或存在超过规格范围的危险。在一定技术条件下,易于判断其产生原因并除去。质量管理的一项重要工作内容就是通过搜集数据、整理数据,找出波动的规律,把正常波动控制在最低限度,消除系统性原因造成的异常波动。

第二节　质量管理工具

质量管理中常用的统计方法有分层法、调查表法、散布图法、排列图法等工具。这几种方法相互结合,灵活运用,可以有效地控制和改进产品质量。

一、分层法

分层法又叫分类法、分组法，按照一定的标志，把搜集到的大量有关某一特定主题的统计数据加以归类，整理和汇总的一种方法。分层的目的在于把杂乱无章和错综复杂的数据和意见加以归类汇总，使之更能确切地反映客观事实。

分层的原则是使同一层次内的数据波动幅度尽可能小，而层与层之间的差别尽可能大，否则就起不到归类汇总的作用。分层一般按 5M1E 进行分层，即按操作者、机器设备、原料、加工方法、时间、作业环境状况、测量等分层。

运用分层法时，不宜简单地按单一因素分层，必须考虑各因素的综合影响效果。在分析时，要特别注意各原因之间是否相互影响，有无内在联系，严防不同分层方法的结论混为一谈。当分层分不好时，会使图形的规律性隐蔽起来，还会造成假象。例如，做直方图分层不好时，就会出现双峰型和平顶型；排列图分层不好时，无法区分主要因素和次要因素，也无法对主要因素做出进一步分析；散布图分层不好时，会出现几簇互不关联的散点群；控制图分层不好时，无法反映工序的真实变化，不能找出数据异常的原因，不能做出正确的判断；因果图分层不好时，不能搞清大原因、中原因、小原因之间的真实传递途径。

二、调查表

调查表又称为检查表，核对表、统计分析表，是用来检查有关项目的表格。调查表的形式多种多样，一般根据所调查的质量特性的要求不同而自行设计；一般是事先印制好的（当然也可临时制作），用来收集数据容易、简单明了。数据使用，处理起来也比较方便，并可对数据进行粗略的整理和分析。调查表的种类如下。

（一）工序分布调查表

又称质量分布调查表，对计量值数据进行现场调查。根据以往的资料，将某一质量特性项目的数据分布范围分为若干区间而制成的表格，用以记录和统计每一质量特性数据落在某一区间的频数。

（二）不合格项调查表

主要用来调查生产现场不合格项目频数和不合格品率，以便继而用于排列图等分析研究。

(三)不合格位置调查表

又称缺陷位置调查表,就是先画出产品平面示意图,把画面划分成若干小区域,并规定不同外观质量缺陷的表示符号。调查时,按照产品的缺陷位置在平面图的相应小区域内打记号,最后统计记号,可以得出某一缺陷比较集中在哪一个部位上的规律,这就能为进一步调查或找出解决办法提供可靠的依据。

(四)矩阵调查表

又称不合格原因调查表,是一种多因素调查表。要求把生产问题的对应因素分别排列成行和列,在其交叉点上标出调查到的各种缺陷和问题以及数量。

三、因果图

因果图又称鱼骨图、鱼刺图,树枝图,是一种用于分析质量特性(结果)与可能影响质量特性的因素(原因)的一种工具。它可用于以下几个方面:分析因果关系、表达因果关系及通过识别症状、分析原因、寻找措施,促进问题解决。

因果图的制作步骤:确定需要分析的质量特性,例如产品质量、质量成本、产量、工作质量等问题。将分析对象写在图的右边,最好定量表示,以便判断采取措施后的效果。

召集同该质量问题有关人员参加的会议,充分发扬民主,各抒己见,集思广益,把每个人的分析意见都记录在图上。把到会者的意见归纳起来,按相互的相依隶属关系,由大到小,从粗到细,逐步深入,直到能够采取解决问题的措施为止。将上述项目分别展开:中枝表示对应的项目中造成质量问题的一个或几个原因;一个原因画一个箭头,使它平行于主干而指向大枝;把讨论、意见归纳为短语,应言简意赅,记在箭干的上面或下面,再展开,画小枝,小枝是造成中枝的原因。如此展开下去,越具体越细致就越好。

画一条带箭头的主干线,箭头指向右端,将质量问题写在图的右边,确定造成质量问题的原因类别。

影响产品质量一般有人、机、料、法、环、测(5M1E)等六大工序质量因素,所以经常见到按六大因素分类的因果图。然后围绕各原因类别展开,按第一层原因、第二层原因、第三层原因及相互间因果的关系,用长短不等的箭头线画在图上,逐级分析展开到能采取措施为止。然后围绕各原因类别展开按第一层原因、第二层原因、第三层原因及相互因果关系,用长短不等的箭头画在图上逐级分析展开到能采取措施为止。

讨论分析主要原因,把主要的、关键的原因分别用粗线或其他颜色的线标记出来,或者加上框框进行现场验证,以此作为制定质量改进措施的重点项目。一般情况下,主要、关键原因不应超过所提出的原因总数的1/3。记录必要的有关事项,如参加讨论的人员、绘制日期、绘制者等。对主要原因制定对策表(5W1H),落实改进措施。

四、排列图

排列图又叫帕累托图(有的译为巴雷特图)。它是将质量改进项目从最重要到最次要进行排列而采用的一种简单的图示技术。排列图由一个横坐标,两个纵坐标、几个按高低顺序排列的矩形和一条累计百分比折线组成。通过区分最重要和其他次要的项目,就可以用最少的努力获得最大的改进。排列图是由一个横坐标、两个纵坐标、几个按高低顺序排列的矩形和一条累计百分比折线组成。

第三节　食品质量的成本管理

质量成本也叫质量费用,是质量体系一个重要因素。质量成本的含义是为了确保满意的质量而发生的费用以及没有达到满意的质量所造成的损失。质量成本的内容大多和不良质量有直接的密切联系,或者是为避免不良质量所发生的费用,或者是发生不良质量后的补救费用。质量成本管理是指通过对质量成本进行统计,核算、分析、报告和控制,找到降低成本的途径,进而提高企业的经济效益。质量成本管理主要探讨产品质量与企业经济效益之间的关系。

质量经济性是人们获得质量所耗费资源的价值量的度量。在质量相同的情况下,耗费资源价值量小的,其经济性就好。狭义的质量经济性是质量在形成过程中所耗费的资源的价值量,主要是产品的设计成本和制造成本及应该分摊的期间费用。广义的质量经济性是用户获得质量所耗费的全部费用,包括质量在形成过程中耗费资源的价值量和在使用过程中耗费的价值量,即单位产品寿命周期成本。

质量经济性管理的基本原则:从组织方面,降低经营性资源成本,实施质量成本管理;从顾客方面,提高顾客满意度,增强市场竞争能力。提高组织的经济效益可从增加收入和降低成本入手。

质量成本管理的内容包括:制定质量成本责任制;设定本企业的质量成本科目;对质量成本进行统计、核算、分析、报告和控制;建立健全质量管理体系;探讨产品质量与企业经济效益之间的关系;找到降低成本的途径及提高企业经济效益的方法。

一、质量成本与质量损失

质量成本是质量体系的一个重要因素,属于质量经济学范畴。质量成本包括确保满意的质量时所发生的费用,以及未达到满意的质量时所造成的损失。

质量成本包括企业为保证和提高产品或服务的质量所进行的质量管理活动支出的费用,由于产品或服务的质量问题所造成企业实际应支付和虽不必支付但应核算的一切内外部损失之和。

(一)质量损失

质量损失与质量效益是对立统一体。质量效益指通过保证,改进和提高产品质量而获得的效益,来自消费者对产品的认同与支付。如果产品质量不能得到消费者的认可,就会产生损失。

1.质量损失内容

质量损失指产品在整个生命周期过程中,由于质量不符合规定要求,对生产者、消费者以及社会所造成的全部损失之和。质量损失涉及多方面的利益。

(1)生产者的损失。生产者的损失包括出厂前损失(不能成为合格产品、需返工或销毁);出厂后损失(退货,赔偿等);有形损失(废品损失、储运中的损坏变质、赔偿损失等);无形损失(企业信誉受影响,订货受影响,市场丧失等)。这些损失通过价值可以计入成本,转嫁给消费者;如果不能转嫁给消费者,则企业利润减少,效益恶化。

企业不合理地追求过高的质量,使产品质量超过了消费者的实际需求,通常称为剩余质量。剩余质量使生产者花费过多的费用，成为不必要的损失。

(2)消费者的损失。产品在食用或使用中因质量缺陷而使消费者蒙受的各种损失属于消费者损失。在消费者损失中也存在无形损失，如食品的内外包装或成分功能的缺陷影响消费者的健康、心情，使生命安全受到危害等；食品营养成分、功能成分不合理而使消费者得不到应有的营养、保健作用等。消费者的无形损失很难完全避免，也不需要生产者赔偿，但影响企业的形象、经济效益。

(3)社会损失。生产者的损失和消费者的损失都属于社会损失，此外产品的缺陷对社会造成的污染或公害，对环境的破坏和资源的浪费而造成的损失等也属于社会损失。社会损失的受害者不确定，难以追究赔偿，故生产者往往不重视。

2. 质量损失函数

产品的质量状态是由质量特性描述的，对质量特性的测量数值称为质量特性值。每一批产品虽然在相同的环境制造生产，但其质量特性或多或少地存在一定的差别，表现出波动性。因此，质量波动与质量损失之间有可定量估计的联系，即损失函数。

损失函数表达式：

$$L(y) = k(y - m)^2 = k\Delta^2$$

公式中：$L(y)$ ——质量特性值为 y 时的波动损失；

y ——实际测定的质量特性值；

k ——比例常数；

m ——质量特性的标准值；

$\Delta = y - m$ ——偏差。

(二)质量成本的分类与特点

质量成本也叫质量费用，CB/T 6583—1994《质量管理和质量保证的术语》定义为：为了确保和保证满意的质量而发生的费用以及没有达到满意的质量所造成的损失。

质量成本可发生于企业内部，也可发生于顾客，即与满意的质量有关，也与不良质量造成的损失有关。

1. 符合性成本和非符合性成本

质量成本为保证产品符合一定质量要求所发生的一切损失和费用，包括符合性成本和非符合性成本构成。

(1)符合性成本。是在现行过程无故障情况下，完成所有规定的和指定的顾客要求所支付的费用，即生产成本费用，如原材料费、工资与福利费、设备折旧费、电费、辅助生产费等。

(2)非符合性成本。是由于现行过程的故障造成的费用。如生产过程发酵失败导致的损失费、设备故障而导致的停工损失费、设备维修费等。

质量成本的内容大多和不良质量有直接的密切联系，或者是为避免不良质量所发生的费用，或者是发生不良质量后的补救费用。显然，质量管理中核算过程成本的根本目的是要不断降低非符合性成本。

2. 运行质量成本和外部保证质量成本

(1)运行质量成本(直接质量成本)。运行成本进一步划分为预防成本、鉴定成本、内部故障(损失)成本，外部故障成本。

1)为保证和提高产品质量而发生的各种费用。

主要有：鉴定成本(检验费用)：指按照质量标准对产品质量进行测试，评定和检验而发生的各种费用。例如，进料检验费，外购配套件检验费，产品与工序的检验费，产品试验费，测试和检验手段的维护、校准费等。

预防成本(预防费用)：指为减少质量损失和降低检验费用而发生的各种费用。例如，质量控制的技术和管理费，新产品的鉴定评审费，工序控制费，质量管理教育培训费，质量改进措施费，质量情报费，工序能力研究费等。

符合要求的代价：第一次就把对所必须支付的成本进行验证、产品测试. 程序校准、预防性的维修保养等是质量成本的构成。

2)由于产品质量未达到规定标准而发生的各种损失。

主要有：内部故障成本(内部质量损失)：指在交货前，因未满足规定的质量要求所发生的费用。例如，废品、次品损失，翻修费用，复检费用，以及因质量事故而造成的停工损失等。

外部故障成本(外部质量损失)：指交货后，由于产品未满足规定的质量要求所发生的费用。例如，索赔损失，违约损失，降价处理损失，以及对废品，次品进行包修、包退、包换而发生的损失等。

(2)外部质量保证成本(间接质量成本)。指在合同条件下，根据用户提出的要求,为提供客观证据所支付的费用。研究质量成本的目的是为了分析改进质量的途径,达到降低成本的目的,包括:为提供特殊附加的质量保证措施、程序、数据等所支付的费用;产品的验证试验和评定的费用;为满足用户要求,进行质量体系认证发生的费用等。

3. 质量成本的特点

一般认为,全部成本费用的80% ~90%是由内部失败成本和外部失败成本组成。提高监测费用一般不能明显改善产品质量,通过提高预防成本,第一次就把产品做好,可降低故障成本。实行预防为主的全面质量管理,可以降低质量成本总额。

较少的合理的预防成本投入可在降低失败成本上获得较多的增量收益。如企业员工的培训,校验以及完善设计方面的投入。

(三)生产成本、产品成本与质量成本

1. 生产成本

生产成本是生产单位为生产产品或提供劳务而发生的各项生产费用,包括各项直接支出和制造费用。

直接支出包括直接材料(原材料、辅助材料、备品备件、燃料及动力等)、直接工资(生产人员的工资、补贴)、其他直接支出(如福利费);制造费用是指企业内的分厂、车间为组织和管理生产所发生的各项费用,包括分厂车间管理人员工资、折旧费、维修费,修理费及其他制造费用(办公费、差旅费、劳保费等)。

2. 产品成本

产品成本是生产一种产品所消耗的费用,包括:人工成本(工资、福利、办公费)、机器设备成本(机器损耗、折旧、保养、维修)、原材料成本(原材料、外购品,办公用品、电,水)、生产工艺与管理方法成本(方法不当造成废品、方法不当造成工序时间加长),其他管理费、运输费质量成本是产品成本的一部分。

3. 质量成本与生产成本的区别

生产成本是指产品的制造成本,它包括原辅材料成本、能量动力、工人工资等构成产品之间成本内容。

质量成本是各项与质量相关管理活动的支出以及由于质量不足或超标引起的各种损失,即质量成本是指在生产过程中与不合格品密切相关的费

用,并不包括与质量有关的全部费用。

正常情况下制造合格产品的费用,不属于质量成本构成,而属于生产成本。质量成本只针对生成过程的符合性质量而言。只有在设计已完成,质量标准已确定的条件下,才能开始质量成本计算。重新设计或改进设计以及用于提高质量等级或水平而发生的费用,不能计入质量成本。

二、质量成本的项目及核算方法

(一)质量成本的数据

1. 质量成本数据的条件

符合性质量成本。只有在设计已经完成,质量标准已经确定的条件下,才开始质量成本计算。对于重新设计或改进设计以及用于提高质量等级或水而发生的费用,不能计入质量成本。

与不合格品相关的质量成本。质量成本不是与质量有关的全部费用,例如生产工人的工资、材料消耗费、车间和企业管理费等与质量有关,便属于正常生产所必须具备的前提条件,不计入质量成本。

2. 质量成本数据的类型

(1)质量成本数据的记录。指质量成本各科目在报告期内所发生的费用额。在记录时防止重复、避免遗漏。

(2)原始凭证。为正确记录质量成本数据,把质量成本的发生分成两类,即计划内和计划外。根据质量成本构成项目的特点,预防成本和鉴定成本划归计划内,而故障成本划归计划外。凡是计划内的质量成本只需按计划从企业原有的会计账目中提取数据,不必另外设计原始凭证。而故障成本可根据实际损失情况设计原始凭证,做好原始记录。

(二)质量成本的核算方法

企业质量成本未纳入会计科目,因而企业在进行质量成本核算时,既要利用管理会计的核算制度,又不能干扰企业会计系统的正常统计。因此,企业质量成本核算时,应按规定的工作程序对相关科目进行分解、还原、归集。

1. 统计核算方法

(1)质量成本统计调查。根据企业实际情况设置统计成本核算项目,按科目和细目设置质量费用调查表,并分项统计汇总。

(2)质量成本统计整理和报表编制。同一质量成本发生在本统计期内的，按实际的支出额进行核算；同一质量成本费用发在若干期的，按一定分配率分摊各期的质量成本。

2. 以会计核算与统计核算相结合的核算方法

与质量相关的实际支出，由财务通过质量成本会计还原归集，并与品质管理部门核对。各种工时损失、废品损失、停工损失、产品降级损失等主要由各有关部门收集，质量管部门核查后报财务部汇总。

第四章

食品安全控制的支持体系

质量是食品的生命,面对激烈的市场竞争,产品质量的保证仅靠技术上的保证是远远不够的,还需要依靠先进的管理方式,建立起质量标准及其质量标准体系。本章主要对食品安全控制的三大支持体系进行介绍,即 ISO 9000 质量管理体系、ISO 14000 环境管理体系和 ISO 22000 食品安全管理体系。

第一节 ISO 9000 质量管理体系

一、ISO 9000 质量体系的产生

(一)世界各国军工质量经验为产生质量管理国际标准打下基础

世界各国的工业发达国家,特别是英法等国依据美国军用产品成功实施的质量保证措施的经验,在 20 世纪 70 年代末先后将此项经验应用于民用生产领域,制定和发布了用于民品生产的质量管理和质量保证标准。

因此,ISO 9000 系列标准的诞生是基于世界各国在质量管理与质量保证的成功经验上的。总的来说,最先开始质量标准只是用于军事生产,后来逐渐扩展至民用生产领域,再由一个行业的标准逐渐上升至国家标准的高度,最后发展为国际标准。

(二)全球经济和技术发展的需要

随着国际贸易的不断发展,不同国家、企业之间的技术合作、经验交流日益频繁,在这些交往中,各国、各企业实施的标准不一致,相互之间就形成

了国际壁垒，对国际经济合作和贸易往来造成了很大的阻碍，为了有效开展国际贸易，减少因产品质量问题及产品责任问题产生的经济贸易争端，竞争和保持良好的经济效益。质量管理和质量标准的国际化成了世界各国的需要。

（三）生产经营者提高经济效益和竞争力的需要、顾客的需要

琳琅满目的商品为顾客提供了较多的选择机会，与此同时，从顾客的角度出发，能够被顾客所接受的产品必然是可以满足顾客的需要，符合顾客心中对该产品的期望的，否则就不会予以考虑。生产经营者为了提高竞争力，争夺市场份额，就必须不断地提高产品的质量。

产品的种类以及顾客的需求都各不相同，在这其中仅仅满足某一产品或者是某一顾客的需求而制定的标准显然是毫无意义的，这就要求所要实行的质量标准体系能够满足绝大多数顾客对产品的需求和期望，这些期望和需求被显示在产品的规范标准中，企业组织遵从这些规范标准，再对其加以完善，形成一套完整可行的质量保证体系，就具备了强大的竞争力，始终能够满足顾客的需要。

ISO 9000 系列标准的颁布，得到了世界各国的普遍关注和广泛应用，使不同国家、不同企业之间在经贸往来中有了共同的语言、统一的认识和共同遵守的规范，对推动国际贸易和经济发展起着重要的作用。

二、ISO 9000 质量体系的作用

ISO 9000 标准是国际社会上关于产品质量保证方面的指南。企业组织实施该标准可以有提高自身经济效益和市场竞争力，加速与国际接轨的速度，加大市场份额等作用。概括说来，主要有以下几方面的作用：一是强化质量管理、保护消费者利益。二是节省了第二方审核的精力和费用提高组织的运作能力。目前第二方审核的经常开展有两个很大的弊端：一是一个供方往往有多个客户，如果每个客户都要求进行第二方审核，这将给供方带来沉重的负担；二是需方也需支付相当的费用进行第二方审核。但是如果供方拥有了 ISO 9000 的认证证书，各个客户就没有必要再对第一方进行审核，这样，不管是对供方还是对客户都可以节省大量的精力或费用。三是有利于增进国际贸易，获得国际贸易“通行证”消除技术壁垒。四是有利于开拓国际市场。五是有利于组织的持续改进和持续满足顾客的需求、期望。

六是扩大销售并获得更大利润。

三、ISO 9000 质量体系的八项质量管理原则

ISO 9000 标准在 ISO 9000 系列标准中占有十分重要的地位，它是 ISO 9001 和 ISO 9004 的指导思想和理论基础，对有效地理解、掌握和使用这两项标准是不可缺少的前提和基础。2008 版 ISO 9000 标准采用 2005 版的 ISO 9000 质量管理体系，且 2008 版质量体系中的质量原理并未发生改变，仅仅在后者的基础上对一些解释说明类的定义做了进一步的说明而已。

八项质量管理原则是根据现代科学的管理理论和实践总结的指导思想和方法，是企业组织在实施质量管理中必须遵循的准则，是 ISO 9000 标准的理论基础体现并渗透在标准的每一部分或每一条款里。由此可以看出八项质量管理原则的重要性。

八项质量管理原则实施的要点如下所示。

（一）以顾客为关注焦点

组织的存在和发展依存于其顾客，因此组织应理解并满足顾客的需求并争取超过顾客的期望。顾客对组织所提供的产品和服务所做出的购买决策和实际购买选择。纵观世界五百强的成功企业，无一不是将满足顾客放在首要位置。从产品的开发、制作到最后的市场销售，每一个环节都能考虑到顾客的需求，这就是这些企业得以成功的根本之一。组织要存在，并得到发展，就不仅要理解和确定顾客当前的要求，也必须理解和确定顾客未来的需求，通过持续满足顾客的需求求得发展。

（二）领导作用

领导作用是指最高管理者具有决策和领导一个组织的关键性的作用。为了营造员工充分参与组织发展的环境，要求组织的领导者采取相应具体措施确保建立适当的质量方针和质量目标，确保关注顾客要求，确保建立和实施一个有效的质量管理体系决定保持改进的措施。

（三）全员参与

各级人员是组织之本，组织的质量管理不仅需要最高领导者的正确领导还有赖于组织的全员参与。只有他们的充分参与，才能使他们的才干为组织带来收益。

(四)过程方法

将相关的资源和活动作为过程来进行管理,可以更高效地达到预期的结果。任何过程都包括输入、输出、活动三要素,组织者经过精心策划每一个过程,任何过程的进行都要达到预期的输出。要确保过程的有效性,提高过程的运行效率,依赖于控制的有效和高效。这就要求将过程和过程网络作为一种控制论系统来看待,借助于控制论的概念和方法进行分析。

(五)管理的系统方法

管理的系统方法实质上是指用系统的方法去实施管理。“系统”是指将组织中为实现目标所需的全部的相互关联或相互作用的一组要素予以综合考虑,要素的集合构成系统。

系统方法的重点是过程。运用系统工程的方法对过程实施系统管理,不仅可以促进目标的实现,而且由于各个过程的协调运作,还可以缩短周期,减少浪费,降低成本。

(六)持续改进

持续改进是一个组织永恒的目标,是指为改善产品特性提高用于设计、生产和交付产品的过程的有效性和效率性开展的活动,也就是增强满足要求的能力的循环活动。

组织应建立持续改进的机制,使组织能适应外界环境变化的要求提高竞争力。在此过程中,组织内部要建立目标以指导、实施并跟踪产品的质量、过程方法以及系统中每一个独立过程的改善过程。

(七)基于事实的决策方法

正确的决策需要管理者用科学的方法,以事实和正确的信息为基础。这就要求组织做到:明确规定收集信息的种类、途径和职责;保证信息的准确性;使需要信息者能及时获得相关的信息。

因此基于事实的正确决策对企业组织而言是非常重要的一部分,管理层人员要充分认识其重要性。

(八)与供方的互利关系

通过与供方互利的关系,增强组织和供方创造价值的能力。企业组织从最初的材料加工到最后的产品成型过程中有着一系列的活动,通常情况下都是由企业组织分工合作而完成。因此企业组织与供方的关系是相互依存的。

组织与供方的沟通交流非常重要，双方的通力合作不仅使双方创造价值的能力都得到增强，而且使双方最后获得的经济利益更多。因此企业组织应用该原则是十分必要的。

四、ISO 9000 质量体系的建立与实施

企业贯彻 ISO 9000 标准，必须对整个标准体系的建立以及实施的过程有一个详细的计划。

（一）质量管理体系建立的组织策划

质量管理体系建立前期的工作如下所示。

1. 领导决策，统一思想，达成共识

建立和实施质量体系的关键是企业管理者的重视和直接参与。企业主要领导建立起 ISO 9000 体系的意识要统一，向员工表明最高管理层推进的决心。若是管理者的意见尚未一致，做出的决策恐怕也是朝令夕改，无法有效地建立质量管理体系。因此只有管理者的认识一致，做出正确的决策，才能建立起有效的质量管理体系。

2. 组织落实，成立领导小组和精干的工作班子

领导小组和班子的成员应包括与企业质量管理有关的各个部门的人员，任命管理者代表具体负责质量管理体系的建立和实施，代表要有一定威信、熟悉认证的要求。

3. 拟订贯彻标准工作计划，实施培训

质量管理体系是现代质量管理和质量保证的结晶，要真正领会这套标准并付诸实施，就必须制定全面而周密的实施计划。然后对贯彻标准的班子和成员进行培训，使员工了解质量管理体系的内容及实施质量管理体系的意义。

（二）质量管理体系的总体设计

1. 质量管理体系现状的调查与评价

一个组织的质量管理体系，既要适应组织内部的管理的需求，又要符合外部质量管理体系证实的要求。所以，建立质量管理体系之前，要对企业组织的现状进行调查与评价。

2. 确定质量方针和质量目标

一个企业组织的质量方针和质量目标不仅应与组织的宗旨和发展方向相一致,而且应能体现顾客的需求和期望。

要想制定出符合质量追求的质量方针,企业组织必须要以市场调研情况以及组织的发展方向为依据,要充分考虑到顾客对质量的追求。质量方针也是规范全体员工质量行为的准则。

质量目标是企业在一定时期内应达到的质量目标,包括产品质量、工作质量、质量体系等方面的目标。

3. 完善组织机构合理进行职能分配

组织机构是一个组织人员的职责、权限和相互关系的有序安排。在分析了组织的现状,并且识别了建立质量管理体系所必须开展的活动以后,就要对资源进行合理的配制,确定组织结构,使每一个员工都被赋予与自己能力相对应的职责与权限。

职能分配是指将所选择的质量体系要素分解成具体的质量活动,系统的识别并确定为实现质量目标所需的过程。具体分解到一个过程应该包含哪些子过程和活动,再将其分解到具体职责岗位上,明确这些责任部门以及负责人。职能分配不仅包括人力资源的分配,还包括对自然资源、信息资源以及合作者资源的合理分配。

(三)质量管理体系文件的编制

质量管理体系文件是质量体系具体条款的体现,也是企业组织可以实施质量管理的依据,因此编制文件是建立质量管理体系中最为关键的一步在此体系中最重要的一项工作就是程序文件和质量手册的编制。质量手册具有唯一性,它指明了企业组织的质量方针起到了纲领的作用。

(四)质量管理体系的实施、运行

质量体系的实施运行实质上是指执行质量体系文件并达到预期目标的过程,其根本问题就是把质量体系中规定的职能和要求,按部门、按专业、按岗位加以落实并严格执行。

第二节　ISO 14000 环境管理体系

一、ISO 14000 环境管理体系的产生和发展

环境保护是指人类为解决现实的或潜在的环境问题，协调人类活动与环境的关系，保护社会经济的可持续发展为目的而采取的各种行动的总称。

环境管理是指在环境容量容许的条件下，以环境科学技术为基础，运用法律、经济、行政、技术和教育等手段对人类影响环境的活动进行调节和控制，规范人类的环境行为，其目的是为了协调社会经济发展与环境关系，保护和改善生活环境和生态环境，防治污染和其他公害，保护人体健康，促进社会经济的可持续发展。环境管理已逐步发展成为一个专门的管理学科，作为解决环境问题的管理方式。

在环境管理的发展过程中，各国制定的法律法规的标准不统一，在国际贸易中产生技术壁垒，不利于国际贸易的发展。因此，国际标准化组织于 20 世纪 90 年代设立了“环境与战略咨询组（SAGE）”，并于 20 世纪 90 年代中期成立了 ISO/TC 207 环境管理技术委员会，开展环境管理体系和措施方面的标准化工作。国际标准化组织（ISO）推出的 ISO 14000 环境管理系列标准，提供了有效的管理模式和管理工具，起到了规范组织的环境行为的作用，得到了世界各国自愿实施环境管理体系的响应。

二、ISO 14000 的主要内容

目前已颁布的 ISO 14000 环境管理系列标准主要由环境管理体系标准和产品环境标志标准两个部分组成。

环境管理体系标准是针对企业环境管理需求制定的，包括环境管理体系标准和环境审核标准。环境管理体系标准是通过环境管理中相关的管理要素来规范企业和环境行为，对企业的环境管理活动提出基本要求；环境审核标准是评价企业环境管理体系的方法标准，是评价工具；而环境行为评价则是评价企业的实施环境管理体系的最终结果，评价其适用性和有效性。

产品环境标志标准是针对企业产品生产需求制定的。包括生命周期分析标准，这是确定产品的环境标准的理论基础和依据；而产品标准中环境指

标则是评价产品环境标志的标准。

三、ISO 14000 环境管理体系的建立与实施

建立环境管理体系对于不同组织而言，由于其组织特性和原有基础的差异，其过程不尽相同。但总体而言，组织建立环境管理体系应包括领导者决策和承诺、前期的准备、初始环境评审、体系策划和设计、体系内文件编制、体系的试运行、体系内部审核和管理评审、环境管理体系申请认证等几个阶段。

（一）领导决策与准备工作

1. 领导决策

组织建立环境管理体系首先需要领导做出决策。因为建立环境管理体系不仅需要人力、物力，还需要大量的财力的支援，因此必须取得高层领导的支持。环境管理体系建立的起点和获得成功的关键在于最高管理层的决心和对环境的承诺。高层领导应注意对环境的明确承诺，在环境管理中应用持续改进等管理原则，消除环境污染，力争达到环境管理体系的标准要求。

2. 任命管理者代表

最高层管理者可以任命管理者代表，明确其职责是定期进行环境管理体系的内部审核；向最高管理者汇报环境管理体系的运行情况，保证此项工作的领导作用。

3. 组建工作班子

从组织内部各个部门抽调一批既掌握技术又懂管理的员工组成工作班子。其主要任务是初始环境评审及建立环境管理体系。

4. 人员培训

为了有效地实施 ISO 14000 环境管理体系，企业应针对不同情况对员工进行培训。培训的主要内容是 ISO 14000 标准的培训，包括文件建立和控制技能的培训、环境因素识别和评估技能的培训、检查技能和检查员资格的培训等。

（二）初始环境评审

初始环境评审的目的是为了了解企业的环境现状和环境管理现状，对现状的评审的目的是为了找出企业中薄弱之处和问题所在，评审的结果是

企业建立和实施环境管理体系的基础,是对质量进行制订改进计划的基础。

一般要经过四个步骤,包括准备工作、现场调查和客观证据的收集、分析与评价及初始环境评审报告的编写。

1. 准备工作

(1)建立初始环境评审小组。在人员构成上要考虑是否能够充分满足评审工作的需要,同时要对评审组成员进行必要的培训,使全组成员对初始评审的目的、范围、评审要求、评审方法、表格的填写,以及相关的法规和标准的要求等有较一致的理解。

(2)编制评审计划表或评审大纲及各种表格。评审计划是指导评审小组完成评审任务的指导性文件,要求内容详细、具体,同时要经过企业领导审批。评审计划一般应包括:评审时间;评审范围;每一部门或岗位评审的重点内容;访问对象和评审方法;评审组内分工。

(3)收集有关信息和资料。主要是指法规、记录、报告和规章制度的收集。在收集过程中,力求齐全、系统,但要有目的、有重点。具体由初始评审的任务和大纲的要求而定。

2. 现场调查,收集客观证据

只有信息收集往往不能满足初始评审的需要。因此,在实际运作中,现场调查可与调查表同时进行使用,也可交替使用。一般情况下,用调查表收集汇总全面的信息,对关键环节采用现场调查,保证既全面覆盖又突出重点。

可选用的现场调查方法有:现场采访、面谈、实地测量与检查、基准参照和问卷调查。

3. 分析与评价

汇总与组织的活动、产品或服务相关的法律条文,分析组织遵守法规的情况。分析环境因素识别、环境因素登记、重要环境因素判定并确定优先顺序。其他方面的分析、评价,如规章制度、管理经验等。

4. 编写初始环境评审报告

初始环境评审报告应包含 7 个方面的内容:一是概述部分。组织概况、初始评审的目的、初始评审的范围、评审时间(起止时间)和参加评审的人员及分工情况。二是评审工作的全过程概述。评审的实施经过(概述)和程序或计划的执行情况。三是组织的环境状况(评价性概述)。四是存在的问题。已有或潜在的重大环境因素及其影响和法律、法规的遵守情况。五是关于建立和完善环境管理体系的建议,对领导承诺和制定环境方针的建议,对制定环境目标、指标的建议及其他建议。六是结论。七是附件,包括:环境法律、法规及其他要求清单,环境因素清单及重要环境因素清单,环境因素登记及其他资料、信息。

(三)环境管理体系策划

在初始环境评审基础上,对环境管理体系的总体框架及主要管理内容进行策划,制定出环境方针、环境目标、指标、管理方案等,确定环境管理组织机构和职责,确定环境管理体系文件的构成并编写出环境管理体系认证工作实施计划。

1. 环境方针的制定

环境方针是企业在环境管理工作中重要的宗旨,应体现企业最高管理者对环境问题的指导思想。制定环境方针时应遵循一定的原则,即环境方针应与企业所处环境区域相适应,应反映企业的特点,体现企业在一定时期内的奋斗目标:要有针对性;环境方针是动态的,随着客观条件的改变,要不断更新企业的环境方针;制定环境方针时,要使企业员工及相关方易于理解。

2. 制定环境目标和指标

企业为了具体落实环境方针中的承诺,需要确定企业的具体环境目标和指标。环境管理体系目标和指标应有以下内容:列出需要解决的重要环境因素的环境目标和指标的要求;实现目标和指标的措施和实施方案;主要的责任人及经费预算;实施进度表等。

3. 环境管理实施方案

环境管理实施方案是实现环境目标和指标的实施方案,是对初始评审中的重要环境因素提出具体的解决办法。一般包括项目计划书、所需的资源清单、管理方案的实施进度表等。

4. 组织结构和职责

企业为了实现其制定的环境方针,应在组织上予以保证,在组织结构上要做到合理分工、相互协作、明确各自的职责和权限,做到事事有人负责。

(四)环境管理体系文件的编写

环境管理体系文件是企业实施环境管理工作的文件,必须遵照执行。编制管理文件时要遵循以下原则:该说到一定要说到,说到的一定要做到,运行的结果要留有记录。环境管理体系文件一般分为三个层次:环境管理手册;环境管理体系程序文件;环境管理体系其他文件(作业指导书、操作规程等)。

(五)管理体系审核

环境管理体系审核是企业建立和实施环境管理体系的重要组成部分,是评价企业环境管理体系实施效果的手段。环境管理体系审核按其目的不同可分为内部审核和外部审核,外部审核又分为合同审核和第三方认证。

内部审核是由组织的成员或其他人员以组织的名义进行的审核,为组织提供了一种自我检查、自我监督和自我完善的机制,并可为有效的管理评审和采取必要的纠正预防及改进措施提供信息,为企业申请外部审核做准备。

合同审核是在某一合同或多个合同要求的情况下,需方对供方环境管理体系的审核,以判断供方的环境管理体系是否符合要求。

第三方审核是指由胜任的认证机构对企业进行的审核。审核的依据是标准中规定的审核准则,按照审核程序实施审核,根据审核的结果对受审核方的环境管理体系是否符合审核规则的要求给予书面保证,即合格证书。

第三节 ISO 22000 食品安全管理体系

一、ISO 22000 食品安全管理体系的产生

随着经济全球化的快速发展,国际食品贸易的数额也在急剧增加。对食品来说,从其他国家进口而来的食品是否安全成了各国关心的问题,为了保证本国消费者的权益,各个国家针对进口食品纷纷出台法律,但由于各国的法律政策不统一,不利于贸易的进行。为了能够有一个便捷的国际食品贸易市场,在丹麦标准协会的倡导下,21 世纪初,国际标准化组织(ISO)计划开发一个适合审核的食品安全管理体系标准,即《ISO 22000——食品安全管理体系要求》,简称 ISO 22000 国际标准。

二、ISO 22000 食品安全管理体系的四要素

食品安全与食品链中食源性危害的存在状况有关。为了确保整个食品

链直至最终消费的食品安全，ISO 22000 标准的编制结合了普遍认同的食品安全管理体系四要素：相互沟通、体系管理、前提方案和危害分析与关键控制点（HACCP）原理。

（一）相互沟通

要保证提供给消费者的食品是安全的，以确保符合法律法规和顾客的要求，必须在整个食品链各个环节上对食品危害实施有效的控制。这需要食品链上各组织之间对危害的识别和控制有一个共同的认识，需要通过各组织之间有效的沟通达成共识。

（二）体系管理

在结构化的管理体系框架中，建立、运行和更新最有效的食品安全管理体系并将其纳入组织的整体管理活动中，可减少风险并为组织和相关方带来最大利益。

体系管理是建立实施食品安全管理体系所需方针、目标、组织机构、确定各部门和各类人员的职责、识别过程、制定程序、提供资源、运用 PDGA 的方法实施管理。

（三）前提方案

为了建立、实施和控制食品安全管理体系，GB/T 22000—2006 按照逻辑顺序，重新界定了控制措施，分为如下三组。

1. 管理基本条件和活动的前提方案（PRP）

该方案的选择不以控制具体确定的危害为目的，而是为了保持一个清洁的生产、加工和操作环境。其表现形式是法律、法规、强制性要求或组织针对运行规模和性质而规定的程序或指导书，如 GMP、SSOP、基础设施设备的养护维修计划、各种作业指导书和检验指导书等。

2. 操作性前提方案（OPRP）

OPRP 是 PRP 的一种特例，管理的危害是经过危害分析后确定的一小部分，并且这一小部分非常的关键，需要进行重点管理。

3. HACCP 计划

管理那些通过危害分析识别并确定有必要予以控制的危害，应用关键控制点的方法使其达到可接受水平的控制措施。

（四）HACCP 原理

HACCP 原理克服了传统的食品安全控制方法（现场检验和终产品测

试)的缺陷,可以使组织将精力集中到加工过程中最易发生安全危害的环节上,将食品控制的重点前移,使控制更加有效。

三、ISO 22000 食品安全管理体系的要求

食品安全问题涉及食品的生产者、经营者、消费者和市场管理者(包括政府)等各个层面,贯穿于食品原料的生产、采集、加工、包装、储藏、运输和食用等各个环节,每个环节都可能存在安全隐患。三鹿奶粉事件说明,在生产加工环节的接缝处最容易逃避监管,从而出现严重的食品安全事故。因而必须从源头上做好食品安全工作,有一个较完善的食品安全管理体系,涵盖整个食品产业链。

(一)总要求

食品安全管理体系要求与时俱进,不断更新,使建立的文件符合市场,满足消费者对食品安全的要求。

以下几方面是确保食品安全管理体系时应考虑的:一是对可能出现的危害有合理的预期,能够提前制定出应对策略,以便在整个过程中不出现对消费者的伤害。二是在食品安全管理体系中要注重整个过程的沟通,充分调动员工的参与积极性,增加生产链中的相互理解,减少沟通不到位而对食品安全带来的隐患。三是对已建立的食品安全管理体系,根据实际情况和市场的变化需求,更新文件,必要时可调整评价方法;当体系发生重大变更时,应调整评价的频次。

组织应识别在食品安全管理体系中有哪些产品和过程来源于组织外部,应对这些产品和过程进行控制。控制措施应考虑管理体系对食品安全的影响程度,并形成文件。

对于某些小型企业,由于不具备本身加工的能力,可能需要通过外部的某些过程提供产品,但是使用从外部提供的过程或产品,在使用前应予以确认。

(二)文件和记录要求

组织应规定为建立、实施、保持和更新食品安全管理体系所需的文件(包括相关记录),有统一的标准,方便行动,证实组织体系运行情况的符合性,以及在组织内共享信息;因此,文件的制定本身不是目的,它是为组织带来增值效应的一项活动。

不同组织,食品安全管理体系形成文件具有差别,不同的组织规模以及不同的人员能力,对文件的详略程度要求不同。

在本标准中,要求形成文件的程序共有九条。①文件控制;②记录控制;③操作性前提方案;④处置受不合格影响的产品;⑤纠正措施;⑥纠正;⑦潜在不安全产品的处置;⑧召回;⑨内部审核。

除上述要求形成文件的程序外,还有一些地方要求形成文件,如食品安全方针和目标,操作性前提方案,HACCP 计划,原料、辅料及产品接触材料的信息,终产品特性,危害分析,关键限值选定的合理性证据,潜在不安全产品的处置、监视和测量的控制等。

四、安全产品的策划与实现

(一)产品实现的策划

为了对产品实现的过程负责,需要对其做出策划和规定,能够对食品生产过程进行有效管理。以便对食品加工的过程以及生产环境进行有效控制。某公司对于产品实现这一过程,策划了与顾客有关的过程、采购、检验、生产过程、成品检验及交付过程几大部分,其中生产过程包括毛仁清洁粗加工、精加工手选检验、精加工检验三大部分。

策划包括验证程序的建立和控制措施组合的确认。

(二)与顾客有关的过程

1. 与产品有关的要求的确定

根据顾客的订货要求及电话/口头订单等予以确定:顾客明示的产品要求和规定的产品要求;关于产品的价格方面的要求、支持哪些服务以及具有哪些使用功能方面的要求;顾客在购买产品时没有指出某些确定的要求,但是产品本身规定的质量及用途必须要符合要求。

除了以上的保证要求外,对于生产的产品相关的法律法规必须遵循,以及本公司承诺的任何附加要求。

2. 与产品有关的要求的评审

在接受订单之前,必须对其进行评审,以确保以下内容:产品要求得到规定;与以前不一致的合同或订单要求得到解决;评价结果及评价所引起的任何必要措施的记录;本公司有能力满足规定的要求。

评审的方式如下所示:一是常规合同:顾客需求在本公司生产能力范围

之内，贸易部依据顾客的协议、电话/口头订单对其需求加以确定后，总经理签字视为合同评审。二是特殊合同：顾客需求已超出本公司日常生产能力范围，由贸易部组织综合部、生产部、采购部进行会签评审，并予以记录。

产品要求发生变更时，由贸易部按评审要求对合同的变更组织评审，并将变更有关信息传递到相关部门。及时向生产部传递合同信息，合同评审及合同更改评审记录由贸易部保存。

3. 沟通

贸易部负责与顾客的沟通，确定并实施与顾客的有效沟通安排：一是产品信息由贸易部负责向顾客提供。二是由贸易部负责顾客的问询、访问、参观考察的接待，合同订单的处理，包括对其修改。三是顾客对产品提出的意见和不满，由贸易部负责组织接待并按《纠正措施控制程序》处理。

（三）采购

1. 采购过程

本公司不具备最终产品原材料的生产能力，原材料均需对外采购，采购的过程中，要保证原材料的质量。

依据采购产品对最终产品质量、安全卫生影响程度分为 A、B 两类。A 类：主要物资，如花生仁。B 类：辅助物资，如包装、标签等。

采购产品服务供方选择的原则：依据采购供方提供符合要求产品的能力评价和选择。

A、B 类物资：具有合法的资质证明材料；具有提供批量产品的生产能力；具有产品质量的保证能力；合理的价格；产品通过质量管理体系认证（ISO 9001）或通过安全卫生管理体系认证（HACCP）的供方优先选用。

评价方式及内容：对提供 A 类产品的服务供方，采取供方调查和样品鉴定的形式进行评价。

样品鉴定：采购部经理通知服务供方提供样品进行检验，或供方提供由国家认可的法定机构出具的产品检验报告，以此对供方的产品质量做出评价。

合格供方的选择与审批：采购部经理根据《供方评价表》，会同总经理、综合部对供方的供货能力和质量保证能力进行综合分析、比较，选择出合格供方，并填写《合格供方名录》，同一类产品可选择多个合格供方。

合格供方的控制与重新评价：建立合格供方的档案，对列入《合格供方名录》的供方建立其档案并采取下列方法进行控制。

每年年底由采购部经理组织综合部对在册的合格供方进行全面评价一次，评价依据为：一是对供方的产品质量、价格、交货情况及问题的处理进行评价。二是对供方的质量、安全卫生管理体系进行审核并对其按计划提供所需产品能力进行评价。三是调查供方的财务状况、服务和支持能力。

2. 采购信息

采购人员在采购商品时，要根据确定的采购信息进行商品选购，尤其是对供货方产品质量的把关，对产品的生产过程、设备程序等都要积极把关。除此之外，采购信息还包括采购的物资类别、型号、等级、质量要求、验收标准、加工、数量、交付情况等，在采购前或与供方沟通之前，确保规定的采购要求是充分与适宜的。

采购部经理依据《生产任务》（合同）、库存情况、市场行情编制《采购计划》，报总经理批准。采购物品在《合格供方名录》范围中采购。如遇特殊情况，需要在《合格供方名录》外采购，需报请总经理批准，方可实施采购。对供方日常供货情况填写质量、安全卫生状况记录，并纳入合格供方档案，作为年底组织相关部门对供方考核的依据，对不合格供方取消合格供方资格。

3. 采购产品的验证

采购物资的验证依据该物资的重要程度可采取验证或检验的方式，采购物资由库管员进行验证后由综合部进行质量检验，检验合格后方可放行接收产品。验证内容包括采购物资的品种、产地、数量或生产厂家、合格证明材料等。

综合部质量检验部门对原料按照原料接收准则的要求进行进货检验。如果发现采购原料的指标不符合原料接收准则的要求，应立即报告采购部经理，经过评估可采取退货或让步接收的方式处理。采用让步接收时应由质量检验部门、采购部、生产部三方进行评估，最后由食品安全小组组长作出处理意见，并填写《让步接收通知单》，一式三份。一份留采购部，作为以后供方评价的依据；一份留质量检验部门，以提醒质量检验部门对使用该批原料生产的产品加大抽样频率，重点加强检验，确保产品质量；另一份由生产部留存，以提醒生产部使用该批原料进行加工时加强过程控制，适当调整工艺参数或要求，提醒重点工序的操作人员增强质量意识，以确保产品质量。

4.危害分析

危害分析在食品安全的策划中占有重要作用，对食品安全管理体系的顺利实施有很大帮助。

在危害分析的过程中，首先要对食品生产过程中的整个材料，包括原材料、食品接触的材料以及食品的辅料都要严格把关，分析可能存在的危害；其次要对食品可能存在的潜在危害进行分析，具体到种类和可能在哪类食品中出现，以方便食品生产时的针对性；最后在食品生产的终端，要最终检测是否符合国家的法律对食品的要求，或者企业对食品制定的标准，以最终满足消费者的使用安全要求。

五、食品安全管理体系文件的编制

（一）食品安全方针和相关目标的编制

食品安全质量是食品质量的核心。人们绝不能以牺牲食品的安全质量为代价，片面地追求食品的感官质量。因此只有在技术上确有必要、经过风险评估证明安全可靠的食品添加剂，才能被允许使用。必须本着不用、慎用、少用原则；能不用的就不用；能少用的就少用。确需使用食品添加剂的，必须按标准使用食品添加剂，食品生产者应该按照食品卫生安全标准合理的使用食品添加剂，科学的选择种类及用量。

对此，为了保证相应的食品安全，需要有相应的食品方针政策。食品方针政策由领导者制定后，进行实行、跟进、推动。它与质量方针一样，应是其总方针的组成部分，并与其保持一致；它既可以与组织的质量方针合二为一，也可以不同于质量方针。

1.食品安全方针的编写要求

（1）在内容上应满足下列要求。与组织相适宜，应识别组织在食品链中的地位与作用，还应考虑组织的产品、性质、规模等，确保食品安全方针与组织的特点相适应；不同的组织在食品链中的作用不同，产品不同，其经营的宗旨也各不同，相应的食品安全方针也各有不同。

符合相关的食品安全法律法规要求及与顾客商定的食品安全要求，组织可根据政府有关食品安全的方针和目标制定自己的食品安全方针。为确保沟通的有效进行，应在方针中阐述沟通。

（2）在管理上应满足下列要求。方针通常使用容易理解的语言来表达，确保组织的各层次进行宣贯，宣贯方式通常是培训、研讨、文件传阅等方式，确保组织的所有员工均能理解方针的含义，了解方针与其活动的关联性，以便大家明确努力的方向，行动协调一致，有效地实施并保持方针。

对方针的适宜性进行评审，根据组织的实际情况以及持续改进的要求决定是否需要发生重大变更，如组织性质、产品等发生变化时也需对方针进行评审。应形成文件，按文件进行控制和管理。

2. 食品安全目标的编写要求

食品安全方针为食品安全目标的制定提供基本框架。制定的食品安全目标应不仅可测量（定量或定性），而且应支持食品安全方针，应注意目标与方针之间的关联性，并保持一致，通过目标实现方针。目标除了可以直接体现食品安全的要求外，还可以是与食品安全相关的质量和环境等方面的内容（如污水处理系统），但以支持食品安全方针为宗旨。为了实现目标，组织应当规定相应的职责和权限、时间安排、具体方法，并配备适应的资源。

（二）食品安全管理手册的编写

食品安全管理手册是食品企业开展食品安全管理活动的基础，是食品企业应长期遵循的文件。组织的管理手册应根据 ISO 22000 标准要求及有关法律规则和其他要求而编制。手册应包括食品安全管理体系范围的说明，引用的程序文件和管理体系中各过程的相互作用的描述。

食品安全管理手册具体包括前言部分、正文部分和附录部分。

1. 前言部分

（1）手册批准令。手册批准令应概括说明食品安全管理手册的重要性，手册发布及执行时间，本企业最高管理者签字等事项。

（2）手册的管理及使用说明。为保证食品安全管理手册管理的严肃性和有效性，本章应规定食品安全管理手册的编制、发放、修订等程序，保证手册的受控。具体包括手册管理的目的、适用范围、职责、编制和审批、手册发放、手册控制、手册修订、手册的再版、手册的宣贯、相关记录及文件等内容。

（3）食品安全方针目标发布令。主要包括本公司的食品安全方针及内涵、食品安全目标、食品安全承诺等内容，最后由总经理签字发布。

（4）企业概况。主要介绍本企业或公司的规模、性质、地址、产品种类、联系方式等内容。

（5）食品安全小组组长任命书。主要说明任命食品安全小组组长的依据及其主要职责和权限，并且由本组织的最高管理者签字。

2. 正文部分

食品安全管理手册正文部分应按照 ISO 22000:2005 标准框架结合自己的企业情况进行编写。

3. 附录部分

包括程序文件清单、HACCP 计划表等。

（三）食品安全管理程序文件的编写

1. ISO 22000:2005 标准要求的形成文件的程序

ISO 22000:2005 标准要求的形成文件的程序有 9 个，分别是文件控制程序、记录控制程序、操作性前提方案程序、处置不安全产品程序、应急准备与相应程序、纠正程序、纠正措施程序、撤回程序、内部评审程序。

2. 程序文件的编写要求

每个程序文件应包括：活动目的和适用范围，应做什么，由谁来做，何时、何地以及如何去做；应使用什么材料，涉及的文件以及相关记录。

（四）必备文件

1. 作业指导书

作业指导书一般包括作业目的、适用范围、职责、定义、作业程序、支持性文件、记录等内容。

2. HACCP 计划

HACCP 计划一般包括以下内容。

（1）产品描述。一般包括产品名称、产品执行标准、包装方式、净含量、食用方式、产品特性、保存期限、加工方式、保存条件、销售对象等内容。

（2）原料描述。一般包括原料名称、执行标准、制定依据、感官要求、理化指标等内容。

（3）配料描述。一般包括配料名称、执行标准、制定依据等内容。

（4）工艺流程图。流程图是危害分析的依据，从原辅料验收、加工直到贮存，建立清楚、完整的流程图，覆盖所有的步骤。流程图的精确性对危害分析是关键，因此，流程图列出的步骤必须在现场进行验证，以免疏忽某一步骤而疏漏了安全危害。

（5）工艺步骤描述。主要对工艺各步骤进行详细描述。

（6）HACCP 计划表。HACCP 计划表中包括需要制定关键控制点的：关键限值、监控程序、纠正措施、记录及验证。

3. 验证报告

当 HACCP 计划制订完毕,并进行运行后,由 HACCP 小组成员,按照 HACCP 原理去进行验证,并以书面报告的形式附在 HACCP 计划的后面。

验证报告包括:①确认。获取制订 HACCP 计划的科学依据。②CCP 验证活动。监控设备校正记录复查、针对性取样检测、CCP 记录等复查。③HACCP 系统的验证。审核 HACCP 计划是否有效实施及对最终样品的微生物检测。

4. ISO 22000:2005 标准所要求的记录

记录是一种特殊的文件。其特殊性表现在记录的表格是文件,一旦填写内容作为提供所完成活动的证据,从而成为记录,形成的记录是不能够改动的。

在规定的时限和受控条件下,保持适当的记录是组织的一项关键活动。在已考虑产品预期用途和在食品链中期望的保质期的情况下,组织应基于保持的记录做出决策。记录格式可结合企业实际进行设计。

第五章

基于 HACCP 的食品安全管理体系

20 世纪 60 年代初,美国最早使用 HACCP 理念控制太空食品安全。20 世纪 90 年代,中国引入 HACCP,历经十余年的推广,我国在 HACCP 研究与应用领域已走在世界前列,对提高我国食品企业的食品安全控制水平发挥了巨大作用。

第一节 HACCP 体系概述

一、HACCP 的产生与发展

HACCP 的概念起源于 20 世纪 60 年代末,由美国皮尔斯堡(PILLSBURY)公司和美国陆军纳提克(NATICK)实验室,以及美国航空航天局(NASA)共同提出,主要是为了开发太空食品,确保宇航员的食品安全。其发展大致分为两个阶段(创立阶段和应用阶段),经历了 HACCP 概念的提出、HACCP 概念的局部应用、HACCP 体系应用准则的形成、HACCP 体系的广泛推广和被采纳及不同种类食品的 HACCP 模式的提出等过程,并随时代而不断发展。

目前,HACCP 推广应用较好的国家有:加拿大、泰国、越南、印度、澳大利亚、新西兰、冰岛、丹麦、巴西等,这些国家大部分是强制性推行采用 HACCP。HACCP 体系的推广应用涵盖了饮用牛乳、奶油、发酵乳、乳酸菌饮料等近 30 个领域。

HACCP 作为国际公认的现代食品安全控制方式,在 20 世纪 90 年代被引入中国,经过 20 余年的推广,有关 HACCP 的研究和应用领域都已走在世界前列，对提高我国食品企业的食品控制水平发挥了巨大作用。目前，中国已初步形成了门类齐全、结构相对合理、具有一定配套性和完整性的HACCP标准体系，涉及水产品、肉及肉制品、速冻方便食品、罐头、果汁和蔬菜汁类、餐饮业、乳制品、饲料等，基本涵盖了食品生产、加工、流通和最终消费的各个环节。

二、HACCP与GMP、SSOP的关系

根据《食品卫生通则》附录《HACCP体系及其应用准则》和美国FDA的HACCP体系应用指南中的论述，GMP、SSOP是制订和实施HACCP计划的基础和前提条件。国家认监委在21世纪初第3号公告中发布的《食品生产企业危害分析和关键控制点（HACCP）管理体系认证管理规定》中也明确规定："企业必须建立和实施卫生标准操作程序。"这充分说明，SSOP文件的制定和实施对HACCP计划是至关重要的。

国家颁布GMP法规的目的是要求所有的食品生产企业确保生产加工出的食品是安全卫生的。HACCP计划的前提条件以及HACCP计划本身的制订和实施共同组成了企业的GMP体系。HACCP是执行GMP法规的关键和核心，SSOP和其他前提计划是建立和实施HACCP计划的基础。

第二节 HACCP体系的基本原理

HACCP原理克服了传统的食品安全控制方法（现场检验和终产品测试）的缺陷，可以使组织将精力集中到加工过程中最易发生安全危害的环节上，将食品控制的重点前移，使控制更加有效。

一、进行危害分析

（一）危害分析

危害分析是收集信息和评估危害及导致其存在的条件的过程，通过分析以往资料、现场实地观测、实验采样检测等方法，鉴定与食品生产各阶段（从原料生产到消费）有关的潜在危害性，以便决定哪些对食品安全有显著意义。同时对各危害发生的可能性及发生后的严重性进行估计，确定显著

危害,并制定具体有效的预防和控制措施。

危害分析包括三个方面内容:明确危害,危害评估并确认显著危害,提出显著危害的预防控制措施。

(二)危害评估并确认显著危害

为了保证分析时的清晰明了,危害分析时需要填写危害分析表。

当然,并不是所有识别的潜在危害都必须放在 HACCP 中来控制,在确定潜在危害后,要对这些潜在危害进行危害评估,旨在确定哪些危害对食品安全是显著危害,必须在 HACCP 计划内予以控制。

若经评估某一危害如果同时具备以上两个特性,则该危害被确定为显著危害,显著危害必须被控制。如果可能性和严重性缺少一项,则不要列为显著危害。危害分析还应该避免分析出过多的危害导致顾此失彼,不能抓住重点,失去了实施 HACCP 的意义。

总之,HACCP 计划仅针对显著危害,而且仅针对能实施适当控制措施的显著危害。进行危害分析时必须考虑加工企业无法控制的各种因素,例如,产品的销售环节、运输、食用方式和消费群体等。这些因素应在食品包装形式和文字说明中加以考虑,以确保食品的消费安全。

二、确定关键控制点

根据美国全国食品微生物限量咨询委员会的定义,通过采取特别预防措施对 CCP 进行控制,使食品安全危害能被控制、消除或减少到可以接受的一个水平。一个关键控制点是某一点、步骤或工序,因此应根据所控制的危害的风险与严重性仔细地选定 CCP,且这个控制点须是真正关键的。确定某个加工步骤是否为 CCP 不是容易的事。因为每个显著危害都必须加以控制,但产生显著危害的点、步骤或工序不一定都是 CCP。一个“判断树”可帮助简化这一任务。区分控制点(CP)与关键控制点(CCP)是 HACCP 概念的关键。一个独特见解,它优先考虑的是风险并注重尽最大可能实行控制。

三、建立关键限值

为更切合实际,需要详细地描述所有的关键控制点。确定了 CCP,也就是确定了要控制什么,还应明确将其控制到什么程度才能保证产品的安全,也就是确定关键限制(CL)。通常情况下,确立临界限值时应包括被加工产品的内在因素和外部加工工序两方面的要求。

四、建立关键控制点的监控系统

监测是对已确定的 CCP 进行观察(观察检查)或测试,从而判定它是否得到完全控制(或是否发生失控)。当一个 CCP 发生偏离时,通过监测可以很快查明何时失控,以便及时采取纠偏行动。另外,监测还可帮助指出失控的原因,没有有效的监测和数据或信息的记录,就没有 HACCP 体系。

五、建立纠正程序

由于不同食品 CCP 都可能出现的偏离的差异,因此必须在 HACCP 中每两个 CCP 建立专门的纠正措施。纠正措施的目的是使 CCP 重新受控。纠正措施既应考虑眼前需解决的问题,又要提供长期的解决办法。如果出现偏差,查明偏差的产品批次,并立即采取保证这些批次产品安全性的纠正措施。

HACCP 计划应包含一份独立的文件,其中所有的偏离和相应的纠正措施要以一定的格式记录进去。这些记录可以帮助企业确认再发生的问题和 HACCP 计划被修改的必要性。

六、建立验证程序

一旦建立起 HACCP 体系,每个工厂需将其提供给具有管辖权的认证或监督机构获得批准。验证是指除监控外,用以确定是否符合 HACCP 计划所采用的方法、程序、测试和其他评价方法的应用。但是,与监测步骤上的使用生产线上数据、信息进行检查不同,所有的关键控制点和监视的记录随后将由检查人员审核,只要严格遵照安全加工规范就容易获得通过,整个 HACCP 体系才能在按规定有效运转。

七、建立记录保存程序

企业在实行 HACCP 体系的全过程中需有大量的技术文件和日常的工作监测记录,建立有效的记录保持程序,有助于及时发现问题和准确分析问题,使 HACCP 原理得到正确的运用。

第三节　HACCP 体系的建立和实施

一、建立 HACCP 体系的前提条件

(一)获得管理层的认可和支持

国外 HACCP 的应用实践表明,HACCP 是由企业自主实践,政府积极推行的行之有效的食品安全管理技术。实施 HACCP 取得成功的关键在于全力投入,有管理方面的参与以及具备相当的人力资源是实施 HACCP 的基础。最高领导给予的强有力的持续支持和领导是 HACCP 得以研究、建立以及实施的必要条件,只有管理层大力支持,HACCP 小组才能得到必要的资源,HACCP 体系才能发挥作用。

(二)建立必要的技术支持体系

HACCP 的实施应在对人体健康危险性研究的科学证据指导下进行,对具体产品的 HACCP 研究需要多学科技术支持,充分得到各方面和各学科人员的参与、支持与协助,并广泛收集有关文献技术资料。可以说,HACCP 不是单个人或单学科能解决的,而是建立在众多基础学科上的科学,是不断发展的科学。如果缺乏某一领域的专家或人员的介入,可能导致整个 HACCP 计划的失败。

(三)教育与培训

从事培训员工的教员应是 GMP、SSOP、HACCP 方面的专家,应当非常熟悉并能正确理解各项卫生规范和 HACCP 原理。培训形式根据企业的实际情况可采取集中培训、个别培训、送出去或请进来等。培训、考核合格后的人员才能从事 HACCP 体系的实施工作。人员是一个企业成功实施 HACCP 体系的前提条件。教育和培训工作对于一个成功的 HACCP 计划的实施是非常重要的。

(四)建立和实施必备的前提计划

实施 HACCP 体系的目的是预防和控制所有与食品相关的安全危害,HACCP 体系作为全面质量控制体系中的一部分,必须建立在现行的良好操

作规范(GMP)和可接受的卫生标准操作程序(SSOP)的基础上,通过这两个程序的有效实施确保食品生产设施等基本条件满足要求以及对食品生产环境的卫生进行控制,否则,就有可能导致生产不安全食品。除此之外,食品企业单位在实施 HACCP 计划前还应有相应的一些前提计划做保证,它们也是 HACCP 体系建立和有效实施的基础。前提计划中还应包括以下计划或程序:①基础设施设备保障维护计划;②原辅料采购安全计划;③产品包装、储存、运输和销售防护计划;④产品标识、可追溯性保障计划和召回程序;⑤应急预案和响应程序;⑥人员培训计划;⑦以上各前提计划的纠正监控程序;⑧以上各前提计划的记录保持程序。

二、HACCP 计划的制订与实施

各个企业由于产品特性的不同,为此 HACCP 计划的制订也将有差异。在制订 HACCP 计划过程中可参照常规的基本步骤。

(一)组建 HACCP 实施小组

HACCP 的实施包括 12 个步骤。这一步骤可以在制定 GMP、SSOP 等前提条件前完成。

实施小组的主要职责是:负责编写 HACCP 体系计划文件、制订 HACCP 体系实施计划、监督实施 HACCP 体系计划、审核关键限值及其偏离的偏差、完成 HACCP 体系计划的内部审核、执行验证和修改 HACCP 体系计划、对企业的其他员工进行 HACCP 体系培训等。

HACCP 计划小组的任务是收集资料,核对、评估技术数据,制定、修改和验证 HACCP 计划,并对 HACCP 计划的实施进行监督,以保证 HACCP 计划的每个环节能顺利地执行。

(二)产品描述

对产品(包括原料和半成品)及其特性、规格与安全性等进行全面描述,尤其对以下内容要做出具体定义和说明:①原辅料(商品名称、学名和特点);②成分(如蛋白质、氨基酸、可溶性固形物等);③理化性质(包括水分活度、pH、硬度、流变性等);④加工方式(如产品加热及冷冻、干燥、盐渍杀菌程度);⑤包装系统(如密封、真空、气调、标签说明等);⑥储运(冻藏、冷藏、常温储藏等)和销售条件(如干湿与温度要求等);⑦所要求的储存期限(如保质期、保存期、货价期)。

(三)确定关键控制点

通常情况下,判断一个点、步骤或工序是否是 CCP,我们可以通过 CCP 判断树来进行判断,但是 CCP 判断树并不是唯一的工具。通过 CCP 判断树中提出的四个问题,能够帮助你在加工工序中找出关键控制点。但是要记住判断树不能代替专业知识。

(四)建立关键限值

建立的关键限值必须具有可操作性,在实际操作中,一般使用比关键限值更严格的操作限值来进行操作以保证关键限值不被突破。

1. 定义

关键限值(CL):区分可接受或不可接受的判断标准。它用来区分安全与不安全,若超过 CL,即意味着 CCP 失控,产品可能存在潜在的危害。

在操作者在实际工作中,应制定比关键限值更严格的标准操作限值,一旦发现可能趋向偏离 CL、但又没有发生时,就采取调整加工,使 CCP 处于受控状态,而不需要采取纠正措施。建立 CL 应做到合理、适宜、适用和可操作性强。

2. 建立操作限值

关键限值确定后,就可以建立操作限值(OL)。建立 OL 的目的是为了避免偏离 CL。偏离 OL 就说明关键控制点有失控的趋势,一旦偏离 CL 的结果就是 CCP 失控,从而引起食品安全危害产生,出现产品返工或造成废品。这些措施称为加工调整。只有在超出关键限值时才需要采取纠偏行动。

第四节　HACCP 体系在食品生产中的应用

一、HACCP 在速冻蔬菜生产中的应用

速冻蔬菜是将新鲜蔬菜经过加工处理后,利用低的温度使之快速冻结并贮藏在-18 ℃中或以下,达到长期贮存的目的。它比其他加工方法更能保持新鲜蔬菜原有的色泽、风味和营养价值,是现代先进的加工方法。

(一)生产工艺流程

原料选择→分框→整理(清选、挑选、整理、切分)→半成品验收→去毛

发→两道漂洗→杀青→两道冷却→沥水→结冻→假包装、冷藏→换包装挑选→内包装→冷藏。

(二)危害因素分析

1. 原料验收

由于速冻蔬菜所用的原料都来自田间新鲜蔬菜,这些蔬菜可能含有一些致病菌,如大肠杆菌、沙门氏菌、志贺氏菌、金黄色葡萄球菌、蜡样芽孢杆菌和单核细胞增生李斯特氏菌等,还可能含有寄生虫。另外,在蔬菜的生长过程中可能还会有农药残留,会存在环境中的化学污染物,还可能有金属杂质混入。

2. 杀青

杀青是通过一定的温度来钝化蔬菜中的酶活性,防止蔬菜变色,但是对于那些即食的速冻蔬菜,杀青还必须起到杀死或降低致病菌的目的。假如杀青的时间和温度控制不当,会导致致病菌残活。

3. 金检

金检的主要目的是检测出在田间或加工过程中混入的金属块。如果金属探测仪控制不当可能造成金属杂质混入产品。

4. 生产卫生状况

生产过程中用的水源一定要符合卫生标准,要防止交叉污染的发生。从业人员要有良好的个人卫生习惯,防鼠、防虫、防蝇的设施要完善。如果生产的卫生状况达不到上述要求,可能会对最终的产品造成安全危害。

(三)关键控制点及相应的控制方法

1. CCP1:原料验收

原料的质量是决定速冻蔬菜质量的重要因素,而原料中的农药残留是一个显著危害,需要重点控制。通常可以通过建立自己的种植基地的方法来控制农药使用的数量和频率,也可以通过配备先进的农药残留检测设备,并加大抽检量和频率的方法来加以控制。

2. CCP2:杀青

杀青主要目的是让天然酶失活,让蔬菜保持其特有的颜色。但是对一些即食型的蔬菜,杀青也是杀死其中致病菌的关键因素。

由于蔬菜的大小、形状、加热传导性和天然酶的含量不同,所以通常杀青温度和时间靠经验的积累,进而设定关键限值来加以控制。但是要注意定时对杀青机上的表盘温度计进行校准。

3. CCP3:金检

金属探测器是利用电磁诱导方式检出金属的精密仪器,它的感度受许多因素的影响,例如,金属的种类、金属的形状、产品的特性、通道的大小以及通道内金属通过通道的位置等;此外,对于放置的环境也有要求,例如,接近磁场的地方、温度低于0 ℃或高于40 ℃或湿度较大(85%或以上)或者周边有相同探测频率的金属检测器在使用中等都会对仪器的感度造成影响。

二、HACCP 在熟肉制品中的应用

(一)建立 HACCP 工作小组

企业应建立专门的 HACCP 工作小组进行制定、修改、监督实施及验证 HACCP 计划。HACCP 工作小组必须对所有员工进行 HACCP 基础知识和本岗位 HACCP 计划的培训,以确保所有员工能够理解和正确执行 HACCP 计划。

(二)低温熟肉制品产品描述

肉制品的品种较多,主要分为高温加热和低温加热处理两大类。由于低温加热处理的产品易出现食品安全问题。

根据《熟肉制品卫生标准》(GB 2726—2016)确定产品的重要安全指标包括亚硝酸盐、复合磷酸盐和苯并芘、铅、无机砷、镉、总汞,才能保证产品质量。

(三)绘制与验证工艺流程

熟肉制品加工工艺环节较多,应制定每一个加工环节的标准操作程序,才能保证 HACCP 系统有效实施。

1. 接收原料肉

原料肉生产厂应具有生产许可证、营业执照、国家定点屠宰证明(猪肉)。原料肉生产厂应提供原料肉的检疫证明、出厂检验合格证,以确保原料肉的标识符合《食品标签通用标准》(GB 7718—1994)的规定。从供应商购买原料肉,还应索取供应商的生产许可证,供应商的原料肉来源必须稳定。对于新的原料肉的来源,应到养殖基地进行实地考察,确认养殖是在良好的条件下进行,严格按有关规定使用兽药。原料肉的运输车应为冷藏车;清洁、无污染并提供车辆消毒证明。对每批原料肉依照原料验收标准验收

合格后方可接收。

2. 接收辅料和食品添加剂

辅料和食品添加剂生产厂应具有生产许可证、营业执照。产品应具有出厂检验证明,以确保符合相应的国家标准,无国标的产品应符合相应的行业标准或企业标准,并提供标准文本。产品的标识符合《食品标签通用标准》的规定。香辛料应无霉变、无虫蛀、无杂物、气味正常。

3. 接收包装材料

包装材料生产厂应具有生产许可证、营业执照。产品应具有出厂检验证明,保证符合相应的国家标准,无国标的产品应符合相应的行业标准或企业标准,并提供标准文本。从供应商购买包装材料,还应同时索取供应商的卫生许可证。对每批包装材料依照包装材料验收标准验收合格后方可接收。

4. 储存原料肉

原料肉一般为用透湿性小的包装材料包装的冷冻肉。经过冷冻后的肉品放置温度在-18 ℃以下,有轻微空气流动的冷藏间内。应保持库温的稳定,库温波动不超过1 ℃。冻肉堆垛存放在清洁的垫木上,减少冻肉与空气的接触面积。

冷冻肉长期储存后肉质会产生水分蒸发、脂肪氧化及色泽变化。冷冻肉的储存期限取决于冷藏温度、湿度、肉类入库前的质量和肉的肥度。当温度在-18 ℃以下时,牛羊肉储存期不超过12个月,猪肉储存期不超过8个月。

5. 储存辅料和食品添加剂

辅料和食品添加剂应储存在常温、通风、干燥、洁净、无异味、无污染的专用库房中,有特殊要求的应放在符合要求的库房中储存。不合格产品应单独存放。

6. 储存包装材料

包装材料应储存在常温、通风、干燥、洁净、无异味、无污染的专用库房中。动物肠衣应储存在有肠衣专用盐的密闭桶中,储存温度为0~20 ℃。

7. 称量和配制辅料

所使用的计量器具必须与称量辅料所要求的精度相符合,且经过计量器具检定。按配方称取各种辅料和食品添加剂,进行记录后分别置于容器中。对称量后的辅料和食品添加剂进行核对后配制。少量使用的食品添加剂和辅料用水溶解后使用。葱、姜等农作物清洗后使用。花椒、八角等香辛料装入清洁的纱布布包中，煮后的料水用于配料。

8. 腌制

把切好一定规格的肉块与腌制剂混合均匀，放到 0 ~ 4 ℃的冷库进行腌制肉温不应超过 7 ℃，腌制时间为 18 ~ 24 h。在腌肉的上层加盖防护层(一般为不锈钢板或100 目的纱网)，控制氧化。如腌制时间过长，温度过高，造成微生物繁殖增加，易使肉腐败。

9. 绞制

绞肉机的刀刃一定要锋利，且与绞板配合松紧适度。防止肉的温度上升，控制绞制前肉焰的温度，绞制后肉焰温度不宜超过 10 ℃。绞肉机应每隔 2 h 清洗一次，生产停产后、开工前彻底清洗。

10. 再加工

每批内包装破损的产品，保证无污染、无异物，去除包装材料进行再加工。

11. 搅拌

这个阶段将需要的香辛料加入，料水的温度<30 ℃。按工艺要求，搅拌均匀。搅拌时间、搅拌真空应符合工艺要求。搅拌后出馅温度为 2 ~ 8 ℃。搅拌好后，放入专用容器中，并用专用布盖严上口，专用布每日都应清洗。再运送至灌装处，要防止异物掉入。原料肉配比重量符合工艺要求，辅料配比重量符合工艺要求。

12. 灌装

控制灌装车间温度为 18 ~ 20 ℃。控制肉馅在灌装间停留时间和肉馅温度。要用专用布将灌肠机的上口盖严，防止上口有异物落入。将肠衣皮在温水中充分洗净，并仔细检查肠皮上有无异物，灌装出的肠类制品，尽快按规定间距放到架杆上，防止产品堆积，而压破肠皮，肉馅溢出。一旦肉馅溢出，应及时将案上的肉馅清理干净，并仔细将肠皮、线头等异物摘出，方可做回馅使用。过程中严防刀片、剪刀等工具落入肉馅中。三明治火腿灌装后立即装入定型的模具中，模具应符合食品用容器卫生要求。烤肠灌装后应立即结扎。

13. 热加工

按规定数量将三明治火腿装入热加工炉进行蒸煮，摆放整齐。按工艺要求控制产品蒸煮的温度、时间及控制产品的中心温度。

烤肠进行烤制加工时，首先，用流动水对肠体进行冲洗；然后，推入烤箱中进行烤制干燥，在烤制过程中要注意时间和温度控制；待烤至表面干爽后，迅速推入蒸煮炉中进行蒸煮，在蒸煮过程中要注意时间、温度、产品中心温度控制，以免发生肠体爆裂；蒸煮成熟后进行烟熏，控制烟熏的时间，烟熏材料采用含树脂少的硬木。也可使用另一种工艺：用自动烟熏炉对产品进行烤制干燥，蒸煮烟熏，其间要注意时间、温度和产品中心温度的控制。

14. 冷却

将三明治火腿尽快装入冷却池中进行冷却。按工艺要求控制冷却水温度、冷却时间、产品中心温度。冷却后在0～5 ℃室温下将模具脱除。将烤肠进行晾制冷却后装袋，真空包装。有专用晾制间，按工艺要求控制晾制时间。按规格装袋、封口，真空度符合要求。

15. 贴标、包装

控制包装车间温度<20 ℃。贴标签前除去肠体上的污物。去污的用具也应定期清洗消毒。产品感官符合要求，标识内容应符合相应规定。

16. 成品储存

产品按先后顺序入库、出库，产品码放高度低于1 m，离地、隔墙存放，0～7 ℃条件下储存。

17. 运输、销售

装货物前车厢清洗、消毒，车厢内无不相关物品存在，0～7 ℃冷藏运输和销售。

第六章

膳食结构中的不安全因素

人类首先发现膳食结构与疾病及健康关系密切的是在第二次世界大战时期。当时食物严重匮乏，尤其是肉类、奶类与蛋类。人们体内普遍缺乏蛋白质与必需脂肪酸，因而免疫功能低下，导致各类慢性传染病的发生，如肺结核与肝炎等。后来随着经济复苏，人民生活水平逐步提高，食物供应日渐充裕，膳食中的蛋白质与脂肪大量增加，随之而来的是与摄取高脂肪、高饱和脂肪酸有关的心、脑血管疾病和恶性肿瘤发病率的上升。由此，人民开始认识到膳食结构模式与健康及各种疾病的发病率、死亡率密切相关。

第一节　人体必需的营养素及功能

为维护人类的生长发育与健康，人体至少需要七大类营养素，即蛋白质、碳水化合物、脂肪、维生素、矿物质、水及膳食纤维等共计40多种营养素。它们都是我们必须拥有的营养素。各种食物所含的营养成分不尽相同，没有一种食物能提供人体所需的全部营养素。因此人类膳食必须包括多种食物，才能得到所需的多种营养素。

一、蛋白质

蛋白质是一切生命的物质基础，是细胞组分中含量最丰富、功能最多的高分子物质。蛋白质(Proteins)是由20多种氨基酸通过肽键连接起来的具有生命活力的生物大分子，其相对分子质量可达到数万甚至百万，并具有复杂的立体结构。它是生物体细胞和组织的基本组成成分，是各种生命活动中起关键作用的物质。蛋白质除主要含碳、氢、氧、氮四种元素外，有的蛋白质还含硫和磷,此外蛋白质中还含有铁、铜、锌、碘等微量元素。

(一)蛋白质的食物来源与分类

1. 蛋白质的食物来源

蛋白质的食物来源可分为动物性蛋白质和植物性蛋白质两大类。前者营养价值优于后者,是人类优质蛋白质的主要来源。

动物性蛋白质主要来自各种肉类、乳类和蛋类等。肉类主要包括禽、畜和鱼的肌肉,蛋白质含量在15% ~22%,主要有肌浆蛋白、肌纤蛋白、肌质蛋白三类,是人体蛋白质的重要来源。乳类一般含蛋白质3.0% ~3.5%,主要有酪蛋白、乳清蛋白、乳白蛋白、乳球蛋白,氨基酸组成均比较平衡,常作为参考蛋白质,蛋类含蛋白质11% ~14%,卵黄中主要有卵黄蛋白、卵黄脂磷蛋白、卵黄高磷蛋白等,卵白中主要有卵清蛋白等,总体上氨基酸组成比较平衡,也常作为参考蛋白质。

植物性蛋白质主要来自大豆、谷类和花生等。谷类含蛋白质10%左右。其中小麦含蛋白质8%,主要是谷蛋白和麦醇溶蛋白;大米含蛋白质6% ~8%,主要是米谷蛋白;玉米含蛋白质10%左右,以玉米醇溶蛋白为主。谷类的蛋白质含量不太高,但由于是人们的主食,所以仍然是膳食蛋白质的主要来源。豆类含有丰富的蛋白质,特别是大豆含蛋白质高达36% ~40%,氨基酸组成也比较合理,是植物性蛋白质中好的蛋白质来源。

2. 蛋白质的分类

食品营养学根据蛋白质营养价值的高低进行分类,分为以下三种。

(1)完全蛋白质(complete proteins)。这是一类优质蛋白质,其中所含的必需氨基酸种类齐全、数量充足、比例适当,不但能维持人体生命和健康,还能促进儿童的生长发育。例如,奶、蛋、鱼、肉、大豆中的蛋白质都属于完全蛋白质。

(2)不完全蛋白质(incomplete proteins)。这类蛋白质所含氨基酸种类齐全,但其中某些氨基酸的数量不足,比例不适当,若在饮食中作为唯一的蛋白质来源时,虽然能够维持生命,但是不能促进生长发育,如小麦和大麦的麦胶蛋白。

(3)半完全蛋白质(semi-incomplete proteins)。半完全蛋白质所含必需氨基酸种类不全,缺少一种或几种人体必需的氨基酸。当仅用这种蛋白质为唯一蛋白质来源时,它不能维持生命,也不能促进生长发育,如玉米中的玉米胶蛋白，动物结缔组织、蹄筋胶质及动物皮中的胶原蛋白。

（二）必需氨基酸模式

氨基酸是构成蛋白质的基本单位，人体蛋白质就是由许多氨基酸以肽键连接在一起组成的。每种蛋白质各自有其独特的氨基酸组成模式和特殊功能，这些氨基酸以不同的种类、数量、排列顺序和空间结构构成种类繁多、功能各异的蛋白质。构成人体蛋白质的氨基酸有20余种，但绝大多数蛋白质只由20种氨基酸组成。

作为蛋白质基本组成成分，氨基酸在人体营养和生理上占有重要地位。我们每天从食物中摄取的蛋白质，在胃肠道中，经过各种消化酶的作用，最终被分解为氨基酸，然后经小肠黏膜上皮细胞被吸收。氨基酸的主要作用，一是作为合成或修补组织蛋白质的基本材料；二是合成或转变为其他氨基酸，如苯丙氨酸可转变为酪氨酸、蛋氨酸可合成为半胱氨酸等；三是进入氨基酸的分解代谢过程；四是用来合成蛋白质以外的含氮化合物，如嘌呤、肌酸等；五是在代谢过程中释放出能量，供机体需要。

生物体中绝大多数蛋白质都是由20种具有不同侧链的氨基酸组成的。根据机体氨基酸的来源，营养学上氨基酸分为必需氨基酸、条件必需氨基酸及非必需氨基酸。必需氨基酸是指那些不能在体内合成或合成量很少、不能满足机体需要的氨基酸，必须由食物蛋白质提供。它们是缬氨酸、亮氨酸、异亮氨酸、苏氨酸、色氨酸、甲硫氨酸（蛋氨酸）、苯丙氨酸和赖氨酸，共8种。另外，组氨酸为婴儿所必需，因此婴儿的必需氨基酸为9种。人体没有它们就无法合成所需的蛋白质，因此必须经常食用那些含有各种必需氨基酸的食物。

构成人体各种组织蛋白质的氨基酸间有一定比例，为了满足蛋白质合成的要求，膳食蛋白质所提供的必需氨基酸除数量充足外，各种必需氨基酸之间应有一个适宜的比例。这种必需氨基酸之间相互搭配的比例关系称为必需氨基酸模式或氨基酸计分模式。

膳食蛋白质中EAA的模式越接近人体蛋白质组成，被人体消化吸收后，就越易被机体利用，以满足合成机体蛋白质的需要，其营养价值就越高。如果一种氨基酸过多或过少，都会影响另一些氨基酸的利用，所以当EAA供给不足或不平衡时，机体蛋白质的合成就会受到影响。鸡蛋和人奶的氨基酸很接近人体需要量，故通常将这类蛋白质称为参考蛋白质。

(三)蛋白质的生理功能

蛋白质是组成一切器官和细胞的重要成分之一,它除了提供机体部分能量外,还参与体内的一切代谢活动,没有蛋白质,就没有生命。蛋白质的生理功能主要体现在以下几个方面。

(1)人体的蛋白质含量仅次于人体中水的含量,约占体重的1/5。除脂肪和骨骼以外,其他组织中蛋白质含量比碳水化合物和脂类都多,是构成各种组织的主要有机成分。蛋白质是机体结构如皮肤、韧带、肌膜、肌肉、膜及器官的核心成分。机体生长发育需要蛋白质组成细胞组织。如胶原蛋白和弹性蛋白在骨骼、肌腱和结缔组织中起支架作用,核蛋白在细胞生长和增殖中起作用。

(2)人体中的蛋白质不断地在新陈代谢过程中进行组织的更新和修复。几乎所有的细胞都要经过不断的死亡和更新,红细胞的寿命只有3~4个月,消化道黏膜细胞只能存活3天。活细胞内部,自身的蛋白质也处在不断合成和分解之中,食物中的蛋白质可以支持所有的细胞更新和机体的生长发育。

(3)酶是活细胞中最重要的蛋白质之一。单个细胞中就有成千上万种酶,它们催化特定的化学反应按一定的顺序和方向进行。含氮激素的化学本质是蛋白质或其衍生物,如生长激素、促甲状腺素、肾上腺素、胰岛素等。机体还可用酪氨酸合成黑色素,而色氨酸是血清素和烟酸的合成原料。蛋白质帮助机体运输所需的各种物质,如脂肪、矿物质和氧。蛋白质构成血液凝固因子及提供网架以供血液凝固。

(4)机体细胞内、外体液的渗透压必须保持平衡,而电解质和蛋白质的调节对维持该平衡起重要作用。当人摄入蛋白质不足时,血浆蛋白浓度降低,渗透压下降,水无法全部返回血液循环系统而积蓄在细胞间隙内,出现水肿。同时,蛋白质分子中有羧基和氨基,属两性物质,能与酸或碱进行化学反应,维持血液酸碱平衡。

(5)人体的免疫物质主要由白细胞、抗体、补体等构成,合成它们需要充足的蛋白质。吞噬细胞的作用与摄入蛋白质的数量有密切关系,大部分吞噬细胞来自骨髓、脾、肝、淋巴组织,体内缺乏蛋白质,这些组织显著萎缩,制造白细胞、抗体和补体的能力大为下降,使人体对疾病的免疫力降低,易于感染疾病。

(6)当碳水化合物和脂肪所供能量不足,或蛋白质摄入量超过体内蛋白质更新的需要时，蛋白质也能提供能量。不过这不是蛋白质的主要功能。

（四）食物蛋白质营养学评价

对食物蛋白质营养进行评价可以参考含量、消化吸收率、净利用率、蛋白质功效比、氨基酸评分、蛋白质的互补作用与膳食调配等指标。

1. 含量

含量是营养价值的基础，一般以微量凯氏定氮法测定。食物粗蛋白含量=食物含氮量×6.25。若要准确计算不同食物的蛋白质含量，则可以用不同的系数求得。食物的粗蛋白含量：大豆30% ~40%为最高，畜、禽、鱼、蛋类10% ~20%，粮谷类8% ~10%，鲜奶类1.5% ~3.8%。

2. 消化吸收率

消化吸收率指食物蛋白质在消化道内被分解、吸收的程度，分为真消化吸收率和表观消化吸收率。真消化吸收率大于表观消化吸收率。在实际应用中往往用表观消化吸收率，以简化实验，并使所得消化吸收率具有一定的安全性。由于动物性食物中的蛋白质消化吸收影响因素较植物性的要少，动物性蛋白质的消化吸收率一般高于植物性蛋白质。消化率的影响因素很多，不仅与食物来源有关，也与人的消化功能等有关。

3. 净利用率

蛋白质的净利用率定义为机体的氮驻留量与氮食入量之比，它表示蛋白质实际被利用的程度。因为考虑了蛋白质在消化、利用两个方面的因素，因此更为全面。食物蛋白质在消化过程中可能受到各种因素作用而影响其消化率，通常用蛋白质净利用率来反映食物中蛋白质实际被利用的程度，即机体利用的蛋白质占食物中蛋白质的百分比。

4. 蛋白质功效比

蛋白质功效比值是指每摄入1 g蛋白质所增加的体重，用来表示蛋白质在体内被利用的程度。出于所测蛋白质主要被用来提供生长之需要，所以该指标被广泛用作婴儿食品中蛋白质的评价。

5. 氨基酸评分

氨基酸评分是指食物蛋白质的必需氨基酸评分模式与推荐的理想模式或参考蛋白质的模式（通常以鸡蛋蛋白质或人奶蛋白质）的比值，是目前广为应用的一种食物蛋白质营养价值评价方法，用来反映食物蛋白质的构成和利用的关系。不仅适用于单一食物蛋白质的评价，还可以用于混合食物蛋白质的评价。

6. 蛋白质的互补作用与膳食调配

为了提高植物性蛋白质的营养价值，往往将两种或两种以上的食物混合食用，使它们之间相对不足的必需氨基酸互相补偿，从而接近人体氨基酸模式，以提高食物蛋白质利用率的作用，称为蛋白质互补作用。蛋白质的互补作用在平衡膳食、饮食调配、菜单设计、烹饪原料的选择配料等方面具有重要的实践意义。调配膳食时，遵循的原则是动物性和植物性食物之间混合效果最好，搭配的种类越多越好，同时食用最好。

（五）蛋白质的摄入

按能量计算，普通成人蛋白质提供能量占膳食总能量的合理比例为10%～12%，儿童和青少年为12%～14%。在保证每日蛋白质合理摄入的同时，必须保证其他供热营养素的能量供给，才能发挥蛋白质应有的作用。

蛋白质摄入量过多或过少对健康都有危害。蛋白质缺乏在成人和儿童中都有可能发生，尤以处于生长阶段的儿童更为敏感。对成人来讲，蛋白质长期摄入不足可引起体力下降、水肿、抗病力减弱等；儿童的蛋白质摄入不足表现为腹部和腿部水肿、虚弱、表情淡漠、生长滞缓、头发变色变脆易脱落、易感染其他疾病等。蛋白质，尤其是动物性蛋白质，摄入过多对人体同样有害。正常情况下人体不储存蛋白质，所以必须将过多的蛋白质脱氨分解，由尿排出体外，加重了肾脏的负担。过多的动物性蛋白质的摄入，也造成含硫氨基酸摄入过多，这样可加速骨骼中钙质的流失，易产生骨质疏松。

二、脂肪

脂类（lipids）主要是由碳、氢、氧三种元素组成，有的含有少量的磷、氮等元素。脂类的共同特点是：不具有水溶性而具有脂溶性；本身也可溶解其他脂溶性物质，如脂溶性维生素等。

（一）脂肪的食物来源与分类

1. 脂肪的食物来源

膳食中的脂肪主要来源于食用油脂、动物性食物和坚果类食物。

食用油脂中含有约1.0%的脂肪，日常膳食中的植物油主要有豆油、花生油、菜籽油、芝麻油、玉米油、棉籽油等，主要含不饱和脂肪酸，并且是人体必需脂肪酸的良好来源。

动物性食物中以畜肉类脂肪含量最为丰富，在水产品、奶油等中也较多，动物脂肪相对含饱和脂肪酸和单不饱和脂肪酸多，多不饱和脂肪酸含量较少。猪肉的脂肪含量在30% ~90%，但不同部位中的含量差异很大（只在腿肉和瘦肉中脂肪含量较少，约10%）。牛肉、羊肉中的脂肪含量要比猪肉低很多，如瘦牛肉中的脂肪含量仅为2% ~5%，瘦羊肉中的脂肪含量只有2% ~4%。动物内脏（除大肠外）的脂肪含量皆较低，但胆固醇的含量较高。禽肉一般含脂肪量较低，大多在10%以下。鱼类脂肪含量也基本低于10%，多数在5%左右，且其脂肪含不饱和脂肪酸多。蛋类以蛋黄中的脂肪含量为高，约占30%，胆固醇的含量也高，全蛋中的脂肪含量仅为10%左右，其组成以单不饱和脂肪酸为多。

植物性食物中的坚果类（如花生、核桃、瓜子、榛子等）的脂肪含量较高，最高可达50%以上，不过其脂肪的组成大多以亚油酸为主，所以是多不饱和脂肪酸的重要来源。

另外，含磷脂丰富的食品有蛋黄、瘦肉、脑、肝脏、大豆、麦胚和花生等。含胆固醇丰富的食物是动物的内脏、脑、蟹黄和蛋黄，肉类和乳类中也含有一定量的胆固醇。

2. 脂类物质的分类

脂类可分为中性脂肪和类脂两大类。中性脂肪包括油和脂。一般油在常温下呈液态，而脂在常温下呈固态，日常食用的动植物油脂均属此类。中性脂肪是由一分子甘油和三分子脂肪酸组成的三酰甘油酯，亦称甘油三酯，占食物中脂类物质的98%。油脂的性质与组成它们的脂肪酸有很大关系。类脂是一种在某些理化性质上与中性脂肪相似的物质，种类很多，主要包括磷脂、糖脂和固醇等。

（二）脂肪酸

脂肪酸是构成脂肪、磷脂及糖脂的基本物质，多数脂肪酸在人体内均能合成。根据化学结构不同，脂肪中的脂肪酸可分为饱和脂肪酸、不饱和脂肪酸。根据饱和脂肪酸分子中碳原子个数的多少又可分为低级饱和脂肪酸、高级饱和脂肪酸。按其空间结构不同分为顺式脂肪酸、反式脂肪酸。

1. 饱和脂肪酸

脂肪酸的碳链中不含双键的为饱和脂肪酸。动植物油脂中所含的饱和脂肪酸主要有硬脂酸、软脂酸、花生酸和月桂酸等、软脂酸常与硬脂酸一起存在于所有的脂肪中,多数动物油含有丰富的软脂酸,牛、羊脂中含量可达20%~25%,花生油里含有大量的花生酸,椰子油中含有较多的月桂酸。

食物中的饱和脂肪酸可影响血浆中胆固醇的含量,增加肝脏合成胆固醇的速度,提高血胆固醇的浓度。过多地摄取饱和脂肪酸会增加患冠心病的风险。

2. 不饱和脂肪酸

碳链之间有不饱和链存在的脂肪酸为不饱和脂肪酸,主要有油酸、亚油酸、亚麻酸、花生四烯酸、二十碳五烯酸(EPA)和二十二碳六烯酸(DHA)。

不饱和脂肪酸对人体健康虽然有很多益处,但不可忽视的是它在人体内容易产生脂质过氧化反应,因而产生自由基和活性氧等物质,对细胞和组织可造成一定的损伤。此外,系列多不饱和脂肪酸还有抑制免疫功能的作用。

3. 必需脂肪酸

必需脂肪酸是指机体内不能合成,但又是生命活动所必需,一定要由膳食供给的一些多不饱和脂肪酸,如n-6系列中的亚油酸、n-3系列中的α-亚麻酸、花生四烯酸等。

必需脂肪酸的生理功能有:组织细胞的组成成分,对线粒体和细胞膜的结构特别重要:与胆固醇结合,保证其在体内运转与进行正常代谢;保护肌肤,迅速修复X射线引起的一些损伤:合成前列腺素不可缺;其他,如α-亚麻酸与动物的视力、脑发育和行为有关。

(三)类脂

类脂是一种在某些理化性质上与脂肪相似的物质,可溶于脂肪和脂肪溶剂,类脂的种类很多,主要有磷脂、糖脂和胆固醇等,也包括脂溶性维生素和脂蛋白。营养学上特别重要的是磷脂和胆固醇这两类化合物。

1. 磷脂

磷脂(phospholipids)是指甘油三酯(脂肪)中一个或两个脂肪酸被含磷酸的其他基因所取代的一类脂类物质。其中最重要的磷脂是卵磷脂(lecithin),它是由一个含磷酸胆碱基因取代叶油三酯中一个脂肪酸而形成的。这种结构使它具有亲水性和亲脂性双重特性。

磷脂不仅是生物膜的重要组成成分,而且对脂肪的吸收和转运以及储存脂肪酸、特别是不饱和脂肪酸起着重要作用磷脂主要含于蛋黄、瘦肉、脑、肝和肾中，机体自身也能合成所需要的磷脂。磷脂按其组成结构可以分为两类：磷酸甘油酯和神经鞘磷脂。前者以甘油为基础，后者以神经鞘氨醇为基础。人体除自身能合成磷脂外，每天从食物中也可以得到一定量的磷脂。磷脂的缺乏会造成细胞膜结构受损，使毛细血管的脆性和通透性增加，皮肤细胞对水的通透性增高，引起水代谢紊乱，产生皮疹等。

2. 固醇类

固醇是一类含有多个环状结构的脂类化合物。固醇可分为动物固醇和植物固醇。

动物固醇中的胆固醇是脑、神经、肝、肾、皮肤等细胞膜的重要成分，人体内 90% 的胆固醇存在于细胞之中。胆固醇还是人体内许多重要活性物质的合成材料，如胆汁、性激素、肾上腺素和维生素 D 等，对人体健康十分重要。胆固醇广泛存在于动物性食品之中，动物内脏含胆固醇丰富，尤其脑中含量最高，蛋类含量也较高，其次为蛤贝类，多数鱼类和奶类含量较低。人体自身也可以利用内源性胆固醇，所以一般不存在胆固醇缺乏。相反，流行病学调查和实验研究都证实，血中胆固醇浓度愈高，越容易发生高脂血症、动脉粥样硬化、冠心病等心血管疾病，人们往往关注体内过多胆固醇的危害性。

植物固醇能够干扰食物中胆固醇在肠道的吸收（外源性）和胆汁分泌的胆固醇的重吸收（内源性），促进胆固醇排泄，具有降低人体血清胆固醇水平，预防心、脑血管疾病的功能。植物固醇主要存在于麦胚油、大豆油、菜籽油、燕麦油等植物油中。

（四）脂类的生理功能

脂类对于维持生命和人体健康具有极其重要的作用，是人体三大宏量营养素之一。蛋白质的生理功能主要体现在以下几个方面。

1. 脂肪的主要功用是氧化释放能量，供给机体利用

1 g 脂肪在体内完全氧化所产生的能量约为 37.7 kJ，比糖和蛋白质产生的能量多 1 倍以上。体内储存脂肪作为能源比储存糖要经济。人在饥饿时首先动用体脂供能，避免体内蛋白质的消耗。当机体摄入的能量过多或不能被及时利用时，则以脂肪形式贮存在体内。

2. 脂类广泛存在于人体内

脂肪主要分布在皮下结缔组织、腹腔大网膜及肠系膜等处，常以大块脂

肪组织的形式存在,一般可达体重的10%~20%。类脂是细胞的构成原料,与蛋白质结合成为细胞膜及各种细胞器膜的脂蛋白。它们广泛分布于血液、淋巴、脑髓、脏器、肾上腺皮质、胆囊、皮脂腺等。

3.一些脂肪组织较为柔软

存在于器官组织间,使器官与器官间减少摩擦,保护机体免受损伤。臀部皮下脂肪也很多,可以久坐而不觉局部劳累。足底也有较多的皮下脂肪,使步行、站立而不致伤及筋骨。脂肪不易传热,故能防止散热,可维持体温恒定,还有抵御寒冷的作用。

脂肪不仅是脂溶性维生素的重要来源,还能作为脂溶性维生素的溶剂,促进其吸收。脂肪在胃中停留时间较长,因此,富含脂肪的食物具有较高的饱腹感。脂肪还增加膳食的色、香、味,促进食欲。

(五)脂肪的营养价值评价

对食物脂肪营养进行评价可以参考必需脂肪酸的含量、消化率、脂溶性维生素的含量、脂类的稳定性等指标。

1. 必需脂肪酸的含量

必需脂肪酸中亚油酸在人体内能转变为亚麻酸和花生四烯酸。故多不饱和脂肪酸中最为重要的是亚油酸及其含量。亚油酸能明显降低血胆固醇,而饱和脂肪酸却显著增高血胆固醇。一般植物油中亚油酸含量高于动物脂肪,其营养价值优于动物脂肪,但椰子油、棕榈油,其亚油酸含量很低,饱和脂肪酸含量高。

2. 消化率

脂肪的消化率与其熔点密切相关,熔点高于50 ℃的脂肪不易消化,熔点越低,越容易消化,如在室温下液态的脂肪消化率可高达97%~98%。在正常情况下,一般脂类都是容易消化和吸收的。婴儿膳食中的乳脂吸收最为迅速。食草动物的体脂,含硬脂酸多,较难消化。植物油的消化率相当高。

3. 脂溶性维生素的含量

脂溶性维生素为维生素A、维生素D、维生素E、维生素K。脂溶性维生素含量高的脂肪其营养价值也高。维生素A和维生素D存在于多数食物的脂肪中,以鲨鱼肝油的含最为最多:奶油次之;猪油内不含维生素A和维生素D。所以猪油营养价值较低,维生素E广泛分布于动植物组织内,其中以植物油类含量最高。麦胚油中维生素E含量高达1 194 μg/g,而鸡蛋内维生素 E 含量仅为 11 μg/g。

4. 脂类的稳定性

脂类稳定性的大小与不饱和脂肪酸的多少和维生素 E 含量有关。不饱和脂肪酸是不稳定的，容易氧化酸败。维生素 E 有抗氧化作用，可防止脂类酸败。

（六）脂类的参考摄入量

在一般情况下，脂肪的摄入量以占总热能的 20% ~30% 为宜，儿童、青少年则应高于此比例。一般认为，必需脂肪酸的摄入量应不少于总热能的 3%，饱和脂肪酸在热能当中的比例不超过 10%，胆固醇每日的摄入量在 300 mg以下。

三、碳水化合物

碳水化合物也称糖类，是由碳、氢、氧三种元素组成的有机物。碳水化合物是人体必需的营养素之一，也是三大产能有机化合物之一，主要通过绿色植物的光合作用而形成，占植物干重的 50% ~80%，在植物组织中以能源物质（如淀粉）和支持结构（如纤维素）的形式存在；在动物体内也有碳水化合物存在，约占动物干重的 2%，在动物组织中主要以糖原、乳糖、核糖的形式存在。

（一）碳水化合物的食物来源与分类

1. 碳水化合物的食物来源

碳水化合物的膳食来源较为丰富，主要来源于植物性食物，如粮谷类（70% ~75%）、根茎类蔬菜、薯类（20% ~25%）、豆类（50% ~60%）；食糖也是碳水化合物的一个来源，主要是蔗糖；水果和蔬菜中也含有一定量的单糖，另外还含有果胶和膳食纤维。

2. 碳水化合物的分类

按照 FAO/WHO 的分类，糖是指能够准确测定的碳水化合物，包括单糖、双糖、低聚糖和多糖。

单糖是指分子结构中含有 3 ~6 个碳原子的糖，食物中的单糖主要有葡萄糖、果糖和半乳糖。葡萄糖以单糖的形式存在于天然食品中较为少见，人体中利用的葡萄糖主要由淀粉水解而来，此外，还可来自蔗糖、乳糖的水解。果糖主要存在于水果和蜂蜜中，食物中的果糖吸收进入体内后，经肝脏转变成葡萄糖被人体利用,也有一部分转变为糖原、乳酸和脂肪。半乳糖很少以单糖形式存在于食品中,而是乳糖的重要组成成分。半乳糖在人体中也是先转变为葡萄糖后才被利用。

双糖是由两分子单糖缩合而成,溶于水,但不能直接被人体所吸收,必须经过酸或酶的水解作用生成单糖后方能被人体吸收。常见的天然存在于食物中的双糖有蔗糖、麦芽糖和乳糖等,蔗糖在甘蔗、甜菜和蜂蜜中含量较多,日常食用的砂糖、绵白糖、红糖都是蔗糖,提取自甘蔗、甜菜等。麦芽糖一般在植物中含量很少,在谷物种子发出的芽中麦芽糖含量较多,尤其在麦芽中含量最多。麦芽糖在饴糖、高粱饴、玉米浆中大量存在,是食品工业中重要的糖质原料。乳糖是哺乳动物乳汁中的主要成分,通常人乳中约含7%,它是婴儿食用的主要碳水化合物。乳糖对婴儿的重要意义在于它能够维持肠道中最适合的菌群比例,并促进对钙的吸收。故在婴儿食品中可添加适量的乳糖。

低聚糖又名寡糖,是近十几年国际上颇为流行的一类有营养保健功能的甜味剂,是2~10个单糖以糖苷键连接的化合物。自然界中仅有少数几种植物含有天然的功能性低聚糖。例如,洋葱、大蒜、天门冬、菊苣根和洋蓟中的低聚果糖,大豆中的大豆低聚糖。低聚糖具有促使人体肠道内固有的有益细菌双歧杆菌增殖、抑制肠道内腐败菌的生长,防止腹泻和便秘,保护肝脏、降低血清胆固醇、降低血压、增强机体免疫力,促进B族维生素等营养物质的吸收,利于乳制品中乳糖和钙的吸收等生理功能。

多糖是由10个以上单糖分子失水后以糖苷键组合而成的大分子糖。营养学上具有重要作用的多糖有三种:糖原(glycogen)、淀粉(starch)和纤维(fiber)。多糖一般不溶于水,无甜味,在酸或碱的作用下,依水解程度不同而生成糊精,完全水解时的最终产物为单糖。食物中的多糖一部分可被人体消化吸收,如淀粉、糊精;而另一部分则不能,如纤维素、半纤维素,木质素,果胶等。食物中经常存在的多糖有淀粉和纤维素。

(二)碳水化合物的生理功能

人体内碳水化合物的功能与其在体内的存在形式有关。碳水化合物在体内有两种形式;葡萄糖糖原和含糖复合物。

碳水化合物的生理功能主要表现在以下方面。

(1)碳水化合物对机体的主要作用是提供能量,是人类获取能量的最经济和最主要的来源。由碳水化合物提供的葡萄糖可很快被机体吸收代谢并提供能量以满足机体的需要。每克葡萄糖在体内氧化可以产生16.7 kJ的能量。维持人体健康所需要的能量中,55%～65%由碳水化合物提供。糖原是肌肉和肝脏碳水化合物的贮存形式,肝脏约贮存机体内1/3的糖原。一旦机体需要,肝脏中的糖原即分解为葡萄糖以提供能量。碳水化合物在体内释放能量较快,供能也快,是神经系统和心肌的主要能源,也是肌肉活动时的主要燃料,对维持神经系统和心脏的正常供能,增强耐力,提高工作效率都有重要意义。

(2)碳水化合物在体内仅占人体干重的2%左右,但它参与体内重要的代谢活动,例如糖脂是细胞膜与神经组织的组成部分,糖蛋白是许多重要功能物质,如酶、抗体、激素的一部分,核糖和脱氧核糖是遗传物质RNA和DNA的主要成分之一。

(3)当碳水化合物摄入充足时,可增加体内肝糖原的贮备,机体抵抗外来有毒物质的能力增强。肝脏中的葡萄糖醛酸能与这些有毒物质结合,排出体外,起到解毒作用,具有保护肝脏的功能。

(4)脂肪在体内代谢也需要碳水化合物的参与。脂肪在体内代谢产生的乙酰辅酶A必须与草酰乙酸结合进入三羧酸循环中才能被彻底氧化产生能量,而草酰乙酸是由葡萄糖代谢产生,如果碳水化合物摄取不足,脂肪氧化不全而产生过量酮体,引起酮血症。因而足量碳水化合物具有抗生酮作用。

(5)非淀粉多糖如纤维素、半纤维素、果胶、抗性淀粉、功能性低聚糖等是一类不能被机体小肠消化利用的多糖类物质,但能刺激肠道蠕动,增加结肠内的发酵,发酵产生的短链脂肪酸和肠道双歧杆菌群增殖,有利于正常消化,促进肠道的健康。

(6)碳水化合物是机体最直接最经济的能量来源,当摄入充足时,机体首先利用它提供能量,减少了蛋白质作为能量的消耗,使更多的蛋白质用于组织的构建和再生。

(三)碳水化合物的摄入

膳食中的蛋白质、脂肪和碳水化合物三者都是提供能量的营养素,其中碳水化合物供能比例远大于其他两种供能营养素。

碳水化合物是人类最容易获得的能源物质。但摄入量并无具体数值,其摄入量应根据人体的能量需要，结合经济水平和饮食习惯来确定。中国营养学会推荐，我国成人每日碳水化合物摄入量应满足其产能量占人体每日能量总需求的60%～65%。

碳水化合物摄入量过多或过少均不利于健康。过多则容易引起肥胖，过少则会造成能量不足，甚至造成疾病发生。

四、维生素

维生素是维持人体生命活动必需的一类低分子有机化合物，各种维生素的物理性质和化学结构虽然不同，但都对人体健康起着至关重要的作用。

维生素的共同特点如下：一是维生素是人体代谢不可缺少的成分，均为有机化合物，都是以本体（维生素本身）的形式或可被机体利用的前体（维生素原）的形式存在于天然食物中。二是维生素在体内不能合成或合成量不足，也不能大量储存于机体的组织中，虽然需要量很小，但必须由食物供给。三是在体内不能提供热量，也不能构成身体的组织，但具有特殊的代谢功能。四是人体一般仅需少量的维生素就能满足正常的生理需要。但若供给不足，就会影响相应的生理功能，严重时会产生维生素缺乏病。

由上可见，维生素与其他营养素的区别在于它既不供给机体热能，也不参与机体组成，只需少量即可满足机体需要，但绝对不可缺少。缺乏维生素的任何一种，都会引起疾病。

维生素的种类很多，根据其溶解性可分为脂溶性维生素和水溶性维生素两大类。脂溶性维生素只能够溶解储存在脂肪组织中，故排泄率不高，可在体内长期大量地储存，长期摄入过多可在体内蓄积以致引起中毒。脂溶性维生素包括维生素A、维生素D、维生素E、维生素K。水溶性维生素可以轻易地溶于体内水溶液中，产生毒害作用的可能性很小，摄入过量一般不会引起中毒，但常会干扰其他营养素的代谢。体内缺乏水溶性维生素的可能性较大。补充维生素必须遵循合理的原则，不宜盲目加大剂量。水溶性维生素包括维生素B_1、维生素B_2、烟酸、维生素B_6、维生素B_{12}、叶酸、泛酸、胆碱、生物素及维生素C等。

（一）维生素A

维生素A又叫视黄醇，是人类最早发现的维生素，是指含有视黄醇结构，并具有其生物活性的一大类物质，包括视黄醇，视黄醛。天然存在于动物性食物中的维生素 A 是相对稳定的,同样条件下,植物食物中的胡萝卜素较易破坏。当食物中含有磷脂、维生素 E、维生素 C 或其他抗氧化物质存在时,均有助于保护维生素 A 与胡萝卜素的稳定性,但油脂酸败时,其中的维生素 A 破坏严重。

1. 维生素 A 的食物来源

人体从食物中获得维生素 A 主要有两类:一类是来自动物性食物的维生素 A,多数以酯的形式存在于动物肝脏,奶及其未脱脂的制品、禽蛋类、肾脏、鱼卵等食物;另一类来自植物性食物的维生素 A 原即各类胡萝卜素。含量丰富的有菠菜、冬寒菜、芹菜叶、苜蓿、豌豆苗等绿色蔬菜,另外红心甜薯、胡萝卜、青椒、南瓜、马铃薯、杧果,杏、西红柿、柿子等黄色,红色蔬菜水果中含量也较高。

除膳食来源外,维生素 A 补充剂也常使用,如市售强化维生素 A 食品等,但使用剂量应低于推荐摄入量的 1.5 倍。

2. 维生素 A 的分类

维生素 A 有维生素 A_1和维生素 A_2两种,它们纯属于动物代谢的产物。维生素 A_1为视黄醇,主要存在于哺乳动物和海洋鱼类的肝脏中;维生素 A_2为脱氢视黄醇,主要存在于淡水鱼中。维生素 A_2的生物活性约为维生素 A_1的 40%。

3. 维生素 A 的生理功能

维生素 A 以 11-顺式视黄醛的形式参与构成视觉细胞内感光物质视紫红质,影响人体暗适应能力,而视黄酸具有促进眼睛各组织结构的正常分化和维持正常视觉的作用。

细胞内视黄酸及其代谢产物与视黄酸受体/类维生素 AX 受体(RAR/RXR)特异性结合,激活 DNA 某一序列,引起 DNA 转录和蛋白质的合成,合成的蛋白质可以调节机体多种组织细胞的生长和分化,包括神经系统、心血管系统,眼睛、四肢和上皮组织等。

维生素 A 在糖蛋白合成中发挥重要作用,而细胞连接、细胞黏附、细胞聚集和受体识别等功能与细胞膜表面的糖蛋白密切相关。可能机制是视黄醇与 ATP 结合成视黄基磷酸酯,在 GDP-甘露糖存在条件下,视黄基磷酸酯转变为视黄醇-磷酸-甘露醇的糖酯,后者进一步将甘露糖转移到糖蛋白上,形成甘露糖-糖蛋白。糖蛋白糖苷部分的变化则改变细胞膜表面的功能。

维生素 A 通过调节细胞免疫和体液免疫来提高免疫功能,可能与增强巨噬细胞和自然杀伤细胞的活力以及改变淋巴细胞的生长或分化有关。此外维生素 A 促进上皮细胞的完整性和分化,也有利于抵抗外来致病因子的作用。

4. 维生素 A 的参考摄入量

一般情况下,正常成年人只要采用合理营养,不易发生维生素 A 缺乏。有些情况下,如劳动强度大、精神紧张程度高及某些特殊生理状态,对维生素 A 需要量增大,可出现缺乏表现。

(二)维生素 D

维生素 D 指具有钙化醇生物活性的一类物质,属于类固醇的衍生物。维生素 D 溶于脂肪及脂溶剂,对热、碱较稳定。在 130 ℃加热 90 min,其活性仍能保存,故通常的烹调加工不会造成维生素 D 的损失。维生素 D 在酸性环境中易分解,故脂肪酸败可引起其中的维生素 D 的破坏。过量辐射线照射可形成少量具有毒性的化合物。

1. 维生素 D 的食物来源

经常晒太阳是人体获得充足有效的维生素 D_3的最好来源,特别是婴幼儿、特殊的地面下工作人员。动物性食品是天然维生素 D 的主要来源,含脂肪高的海鱼和鱼卵、动物肝脏、蛋黄、奶油等含量均较多;瘦肉、奶含量较少,故许多国家在鲜奶和婴儿配方食品中强化维生素 D。鱼肝油是维生素 D 的丰富来源,含量高达 8 500 IU/100 g,其制剂可作为婴幼儿维生素 D 的补充剂,在防治佝偻病上有很重要的意义。

2. 维生素 D 的分类

维生素 D 以维生素 D_2(麦角钙化醇)及维生素 D_3(胆钙化醇)最为常见,二者结构相似,维生素 D_2比维生素 D_3在侧链上多一个双键和甲基。

维生素 D_2是酵母菌或植物中的麦角固醇经日光或紫外线照射后的产物,能被人体吸收,故麦角固醇也称维生素 D_2原。维生素 D_3是机体皮下的 7-脱氢胆固醇在紫外线照射下转变而成,故 7-脱氢胆固醇称为维生素 D_3原。因此,经常晒太阳是人体获得维生素 D_3的最好来源。

维生素 D_2和 D_3皆为白色晶体,化学性质比较稳定,在中性和碱性溶液中能耐高温,且不易被氧化,通常的贮藏加工不影响其生理活性。但维生素 D 在酸性溶液中逐渐分解,脂肪酸败也可引起其破坏。

3. 维生素 D 的生理功能

维生素 D 的主要作用是促进钙、磷在人体肠道中的吸收，维持血清中钙、磷浓度的稳定，促进骨骼和牙齿的钙化，保证正常的生长发育，作用于心脏、肌肉、大脑、造血和免疫器官，参与调节细胞代谢或分化。$1,25-(OH)_2-D_3$，通过调节基因转录调节细胞的分化、增殖和生长。$1,25-(OH)_2-D_3$可促进干细胞向破骨细胞的分化，抑制纤维细胞，淋巴细胞以及肿瘤细胞的增殖；$1,25-(OH)_2-D_3$可促进皮肤表皮细胞的分化并阻止其增殖，对皮肤疾病具有潜在的治疗作用。维生素 D 还可降低患抑郁症的风险。

（三）维生素 E

维生素 E 又名生育酚，是所有具有生育酚生物活性化合物的总称。它与脂类的消化吸收有着密切关系，故影响脂肪吸收的因素也影响维生素 E 的消化吸收。

1. 维生素 E 的食物来源

维生素 E 在自然界中广泛存在，主要来源于各种油料种子及植物油中。谷类、坚果、肉、奶、蛋及鱼肝油中也含有。几乎所有绿色植物中均含有，但维生素 E 最好的来源为谷物胚芽油。

2. 维生素 E 的分类

维生素 E 包括 4 种生育酚和 4 种生育三烯酚共 8 种化合物，即 α、β、γ、δ 生育酚和 α、β、γ、δ 生育三烯酚。虽然维生素 E 的这 8 种化合物的化学结构极为相似，但其生物学活性却相差甚远。其中 α-生育酚的生物活性最高，是自然界中分布最广泛、含量最丰富、活性最高的维生素 E 的形式，所以通常以 α-生育酚作为维生素 E 的代表。

3. 维生素 E 的生理功能

抗氧化作用维生素 E 是一种很强的抗氧化剂，在体内保护细胞免受自由基损害。促进蛋白质更新合成维生素 E 可促进某些酶蛋白合成，降低分解代谢酶（如 ONA 酶、RNA 酶等）的活性。

保持红细胞完整性人类膳食中维生素 E 含量低，可引起红细胞数量减少和生存时间缩短。预防衰老维生素 E 可减少随年龄增长而造成的细胞代谢产物脂褐素的形成，改善皮肤弹性，减缓性腺萎缩速度，提高机体免疫能力，与动物生殖功能和精子生成有关。

4. 维生素 E 的参考摄入量

不同年龄人群对维生素 E 需要量不同。另外，维生素 E 摄入量应考虑多不饱和脂肪酸的摄入量。一般每多摄入 1 g 多不饱和脂肪酸，应多摄入 0.4 mg维生素 E。

（四）维生素 B_1

维生素 B_1 又称硫胺素，是由被取代的嘧啶和噻唑环通过亚甲基相连组成的。硫胺素存在于大多数天然食品中，纯品为无色针状结晶。

1. 维生素 B_1 的来源

维生素 B_1 普遍存在于各类食品中，小麦胚粉和干酵母中含量最高，谷类、豆类、肉类和动物内维生素 B_1 含量也较多，但蔬菜水果中不高。谷类过分精制加工，烹调前淘洗过度、加碱、高温等均可使硫胺素有不同程度的损失。

维生素 B_1 广泛分布于体内各组织，总量约 30 mg，骨骼肌、心、肝、肾和脑中浓度较高。维生素 B_1 生物半衰期为 9.5 ~ 18.5 d。如膳食中缺乏维生素 B_1 周后体内的含量则下降而影响健康。

2. 维生素 B_1 的生理功能

维生素 B_1 是糖代谢中辅羧酶的重要成分。焦磷酸硫胺素（TPP）是维生素 B_1 的活性形式，是糖类代谢中氧化脱羧酶的辅酶，参与糖代谢中 α-酮酸的氧化脱羧作用。维生素 B_1 若缺乏，糖代谢至丙酮酸阶段就不能进一步氧化，造成丙酮酸在体内堆积，降低能量供应，影响人体正常的生理功能，并对机体造成广泛损伤。因此，维生素 B_1 是体内物质代谢和热能代谢的关键物质。

维生素 B_1 对神经生理活动有调节作用。神经组织能量不足时，会出现相应的神经肌肉症状，如多发性神经炎、肌肉萎缩及水肿，甚至会影响心肌和脑组织功能。维生素 B_1 还与心脏活动、维持食欲、胃肠道的正常蠕动及消化液的分泌有关。

（五）叶酸

叶酸也称蝶酰谷氨酸，是含有蝶酰谷氨酸结构的一类化合物的统称，因最初是从菠菜叶中分离提取，故称为叶酸。

1. 叶酸的食物来源

叶酸广泛存在于各种动植物食品中。含量丰富的食品有动物肝脏、豆类(黄豆)坚果及深色绿叶蔬菜、胡萝卜、南瓜、某些水果、酵母等。食物经长时间储存后烹调,叶酸损失较多。

2. 叶酸的生理功能

四氢叶酸是体内一碳单位转移酶的辅酶,分子内部 N^5、N^{10}两个氮原子能携带一碳单位。这些辅酶的主要作用是把一碳单位从一个化合物传递到另一个化合物上。一碳单位在体内参与多种物质的合成,如嘌呤、胸腺嘧啶核苷酸等。

当叶酸缺乏时,DNA 合成受到抑制,骨髓幼红细胞 DNA 合成减少,细胞分裂速度降低,细胞体积变大,造成巨幼红细胞贫血。

叶酸可促进各种氨基酸间的相互转变,如使丝氨酸转变成甘氨酸,使苯丙氨酸形成酪氨酸,组氨酸形成谷氨酸,高半胱氨酸形成蛋氨酸等,从而在蛋白质中起重要作用。叶酸还可通过蛋氨酸代谢影响磷脂、肌酸、神经介质的合成。

3. 叶酸的参考摄入量

叶酸每日摄入量维持在 3.1 ug/kg 的水平可保证体内有适量储备,在此基础上,无叶酸摄入仍可维持 3 ~ 4 个月不出现缺乏症。叶酸的摄入量以膳食叶酸当量(DFE)表示。当叶酸补充剂与食物的叶酸混合使用时,应以 DFE 计算平均需要量(EAR),再根据 EAR×1.2 确定 RNI。

五、矿物质

矿物质是存在于人体内,除碳、氢、氧、氮元素以外的其他所有元素的统称。人体已发现有 20 余种必需的矿物质,占人体重量的 4% ~5%。

其主要生理功能:构成组织和细胞的重要成分,如骨骼和牙齿,大部分是由钙、磷和镁组成,而软组织含钾较多;维持正常渗透压和酸碱平衡,矿物质对体液中的矿物质离子调节细胞膜的通透性;参与神经活动和肌肉收缩等;构成酶的辅基,激素、维生素、蛋白质和核酸等的成分,或作为多种酶系统的激活剂,参与许多重要的生理功能等。

(一)钙

钙是人体最丰富的矿物质。人体含钙量出生期为 28 g,成熟期为 1 000 ~1 200 g,组成体重的 1.5% ~2.0%。大约 99% 的钙集中在骨骼和牙齿内,因此骨被誉为钙库。其余约 1% 分布在体液和软组织中。

1. 钙的食物来源

奶与奶制品含钙丰富,吸收率也高,是理想的钙来源。水产品中小虾皮含钙特别多,其次是海带。豆和豆制品以及油料种子和蔬菜含钙也不少,特别突出的有黄豆及其制品、黑豆、赤小豆及各种瓜子、芝麻酱等。硬水中含有相当量的钙,也是一种钙的来源。

2. 钙的生理功能

钙是构成骨骼和牙齿的主要成分,起支持和保护作用,成年人体内约含钙 1200 g,其中 99% 集中在骨骼与牙齿中。混溶钙池的钙维持细胞在正常生理状态下,它与镁、钾、钠等离子保持一定的比例,使组织表现适当的应激性。正常情况下,骨骼中的钙在破骨细胞的作用下不断释放,进入混溶钙池;同时混溶钙池中的钙又不断沉积于成骨细胞中,因此使骨骼不断更新,保持机体钙的动态平衡。

钙可参与神经递质的释放,神经肌肉的兴奋、神经冲动的传导,激素的分泌、血液的凝固等多项神经肌肉活动。

Ca^{2+}能与细胞膜表面的各种阴离子亚部位结合,调节受体结合和离子通透性。神经、肝、红细胞和心肌等的细胞膜上都有钙结合部位,当 Ca^{2+} 从这些部位释放时,膜的结构和功能发生变化。

许多参与细胞代谢与大分子合成和转变的酶(如腺苷酸环化酸、鸟苷酸环化酶、酪氨酸羧化酶和色氨酸羧化酶等)都受钙离子的调节。

(二)磷

磷是人体必需的常量矿物质之一,成人体内含磷约为 600 ~ 700 g,占体重的 1% 左右。其中的 85% ~ 90% 与钙一起以羟磷灰石结晶形式储存在骨骼和牙齿中,约 10% 的磷用于构成软组织,其余的分布于肌肉、皮肤神经等组织及膜的成分中。

1. 磷的食物来源

动物性食物和植物性食物中均含有丰富的磷,瘦肉、鱼、禽、蛋、乳、豆类等均是磷的良好来源。谷类种子中的磷主要以植酸形式存在,它与钙结合而难以利用。

2. 磷的生理功能

人体内的磷与钙一起作用于骨骼与牙齿的形成、细胞的生长、心肌的收缩,并作用于肾的功能。对维生素的利用和将食物转变成能量也起帮助作用。人体内必须保持钙、磷、镁三者的平衡,如果这一平衡被破坏,任何一种矿物质过多或过少,都会对身体产生不良影响。维生素 D 可帮助磷的吸收,过量的磷能影响钙的吸收。磷也是软组织结构的重要成分,许多结构蛋白、细胞膜上的磷脂及细胞内的 DNA 和 RNA 均含有磷。

（三）铁

铁是人体极为重要的必需微量元素之一,也是人体必需微量元素含量最多的一种。人体含铁总量为 4 ~ 5 g,其中 60% ~70% 在血红蛋白中,肌红蛋白含铁 3% ~5%,细胞色素酶等含铁约为其总量的 1%,其余则以铁蛋白或含铁血黄素形式贮存于肝、脾、骨髓等处备用。

1. 铁的食物来源

动物性食品肉类(如肝脏、瘦猪肉、牛羊肉等)以及动物血不仅含铁丰富而且吸收率很高,但鸡蛋和牛乳的铁吸收率低。植物性食物中则以黄豆和小油菜、芹菜、鸡毛菜、萝卜缨、荠菜等铁的含量较高,而且黄豆的铁不仅含量较高且吸收率也较高,是铁的良好来源。

2. 铁的生理功能

铁为血红蛋白与肌红蛋白、细胞色素 A 以及一些呼吸酶的成分,参与体内氧与二氧化碳的转运、交换和组织呼吸过程。血红蛋白是由一个球蛋白与四个铁卟啉组成,与氧进行可逆性的结合,使血红蛋白具有携带氧的功能;肌红蛋白是由一个血红素和一个球蛋白组成,肌红蛋白的基本功能是在肌肉组织中起转运和贮存氧的作用。细胞色素为含血红素的化合物,其在线粒体内具有电子传递作用,对细胞呼吸和能量代谢具有重要意义。

红细胞中含铁约占机体总铁的 2/3。缺铁可影响血红蛋白的合成,甚至影响 DNA 的合成及幼红细胞的增殖。铁与维持正常免疫功能有关,研究发现缺铁可引起淋巴细胞减少和自然杀伤细胞活性降低。铁与抗脂质过氧化有关,随着铁缺乏程度增高,脂质过氧化损伤加重,铁的缺乏还可使具有抗脂质过氧化作用的卵磷脂胆固醇酰基转移酶活性下降。

（四）锌

锌主要在小肠内吸收,进入小肠黏膜,随血流进入门脉循环,分布于机体各器官与组织。成人体内锌含量为 2 ~ 2.5 g,存在于所有组织中。血液中的锌 3% 在白细胞中,75% ~88% 在红细胞中,其余在血浆中。人们平均每天从膳食中摄入 10 ~ 15 mg 的锌,吸收率一般为 20% ~30%。

1. 锌的食物来源

不论动物性还是植物性的食物，都含有锌，但食物中的锌含量差别很大，吸收利用率也不相同。一般来说，贝壳类海产品，红色肉类、动物内脏类都是锌的极好来源；干果类、谷类胚芽和麦麸也富含锌。干酪、虾、燕麦、花生酱、花生、玉米等为良好来源。含量较少者包括动物脂肪、植物油、水果、蔬菜、奶汤、白面包和普通饮料等。

2. 锌的生理功能

锌对生长发育、智力发育、免疫功能、物质代谢和生殖功能等均具有重要的作用。

体内约有200多种含锌酶，其中主要的含锌酶有超氧化物歧化酶、苹果酸脱氢酶、碱性磷酸酶乳酸脱氢酶等，这些酶在参与组织呼吸、能量代谢及抗氧化过程中发挥重要作用。锌为维持RNA多聚酶、DNA多聚酶及逆转录酶等活性所必需的微量元素。

锌参与蛋白质合成及细胞生长、分裂和分化等过程，与生长发育有密切关系。锌可直接参与基因表达调控从而影响生长发育。锌还促进性器官和性机能的正常发育。

锌对于保证免疫系统的完整性是必需的。缺锌可引起胸腺萎缩、胸腺激素减少、T细胞功能受损及细胞介导的免疫功能改变。锌可与细胞膜上各种基团、受体等作用，增强膜稳定性和抗氧自由基的能力。

（五）硒

人体含硒总量为14～21 mg。硒广泛分布于除脂肪以外的所有组织中，其浓度以肝、胰、肾、心、脾、牙釉质和指甲中最高，脂肪组织最低。

1. 硒的食物来源

食物中硒含量受产地土壤中硒含量的影响而有很大的地区差异。我国目前食物中硒的供给量一般不足。一般来说，海产品、肾、肝、肉和整粒的谷类是硒的良好来源，植物性食物中以花豆、豌豆、干蘑菇、小麦胚粉含量较高。

2. 硒的生理功能

硒是谷胱甘肽过氧化酶（GSH-Px）的重要组成成分。GSH-Px是维护健康、防治某些疾病所必需的，在体内具有抗氧化功能、清除体内脂质过氧化物、阻断活性氧和自由基的损伤作用。它能特异性地催化还原型谷胱甘肽转化为氧化型谷胱甘肽,促进有毒的过氧化物还原为无毒的化合物,从而对细胞膜有保护作用,以维持细胞的正常功能。

机体缺硒可以引起以心肌损害为特征的克山病,硒的缺乏还可以引起脂质过氧化反应增强,导致心肌纤维坏死,心肌小动脉和毛细血管损伤。研究发现高硒地区人群中的心血管病发病率较低。

硒与金属有较强的亲和力,能与体内重金属,如汞、镉、铅等结合成金属硒蛋白质复合物而起解毒作用,并促进金属排出体外。硒几乎存在于所有免疫细胞中,硒增加血液中的抗体含量,起到提高免疫功能的作用。人群流行病学调查发现硒缺乏地区的肿瘤发病率明显增高。硒还具有促进生长、保护视觉及抗肿瘤的作用。研究发现,硒缺乏可引起生长迟缓及神经性视觉损害,由糖尿病性白内障引起的失明经补硒可改善视觉功能。

(六)镁

成人体内含镁 20～30 g,约占人体质量的 0.05%。其中,60%～65% 以磷酸盐和碳酸盐的形式存在于骨骼和牙齿中,约 27% 存在于软组织中,另有 6%～7% 存在于其他细胞中。镁主要存在干细胞内,细胞外液中的镁不超过 1%。

1. 镁的食物来源

镁广泛存在于各种食物中,但食物中镁含量差异大。小麦、燕麦、大麦、豆类、花生、坚果和酵母是镁的良好来源。乳、肉、蛋等含量较低,精制的糖、酒、油脂等则不含镁。

2. 生理功能

镁在物质代谢与能量代谢中具有重要作用,作为多种酶的激活剂,参与体内 300 多种酶促反应。如体内镁离子浓度降低可以阻止脱氧核糖核酸(DNA)的合成和细胞生长,影响蛋白质的合成与利用,血浆白蛋白和免疫球蛋白含量降低。

与钙、钾、钠一起,和相应的负离子协同,维持体内的酸碱平衡和神经肌肉的应激性。镁与钙相互制约以保持神经肌肉兴奋与抑制的平衡,血清镁浓度下降,镁、钙失去平衡,则易出现激动、心律不齐、神经肌肉兴奋性极度增强,幼儿可发生癫痫、惊厥。严重缺镁还可出现震颤性谵妄等症状。

骨盐是构成骨与牙的重要材料。镁的不足会使大量的钙流失,所以镁对于防治骨骼发育不良、蛀牙、骨质疏松等均有间接的作用。

镁可以预防高胆固醇饮食所引起的冠状动脉硬化；缺镁易发生血管硬化、心肌损害、死于心脏病者，心肌中镁的含量比正常人少 40%。软水地区居民心血管疾病发病率高，与软水中含镁少有关。补充镁盐可减少心肌梗死的死亡率。临床上用硫酸镁治疗多种心脏病，防止血栓形成。

硫酸镁溶液可使奥狄括约肌松弛，促使胆囊排空，具有利胆作用，碱性镁盐可中和胃酸。镁离子在肠道中吸收缓慢，促使水分滞留，具有导泻作用。血浆镁的变化可直接影响甲状旁腺素的分泌，当血浆镁增加时可抑制甲状旁腺素分泌，血浆镁水平下降则可兴奋甲状旁腺，使镁从组织转移至血中。甲状旁腺素过多可引起血清镁降低，尿镁增加。

六、水

水是所有营养素中最重要的一种，人若断水 3 天或失去体内水分的 1/5 将很快导致死亡，水占体重的百分比因年龄增大而减少，如胚胎约含水 98%，新生儿约 75%，成人为 65%，老年人体内水分仅占体重的 50%。水在体内主要分布于细胞内和细胞外，人体内不同组织含水量不一样，以血液中最多，脂肪组织中较少。女性体内脂肪较多，水分含量不如男性高：成人肌肉发达而体型健美的人其水分所占比例高于体脂多的胖体型者。

（一）水的来源

人体水分主要来源于食物中的水、饮水补充、代谢水三方面。各种食物含水量差别较大。饮水补充因气温、活动、生活习惯不同而异，成人每日饮水、汤、乳或其他饮料约1 200 mL。来自体内的代谢水是由碳水化合物、脂肪、蛋白质代谢时产生的水，约 200 mL/d ~ 400 mL/d。

（二）水的生理功能

1. 构成人体组织

水是构成人体组织的最大量和最重要的成分，人的体液占体重的 65% 左右，其主要成分是水。水在人体内的含量与性别、年龄等有关，年龄越小，含水量越多。水不均匀地分布在身体各组织内，肌肉、心脏、肝脏、肾脏、肺脏和脾脏含水量在 60% ~ 80%，骨头也含有 20% 左右的水。如因病不能喝水，或因腹泻、呕吐、发热使水排出或消耗量增多，都会损害人体健康。

2. 促进体内物质代谢过程

水参与各种营养素的代谢过程，水能溶解食物中水溶性营养素和各种代谢产物，有助于体内各种生化反应的酶解，体内进行氧化、还原、合成、分解等反应均须在溶液中进行。水在体内形成体液循环运送代谢物质和营养物质，如血液运送氧，以及体内代谢产物二氧化碳、尿素、尿酸等废物排泄。总之，营养物质的消化、吸收和排泄，激素和酶等生化过程都离不开水。

3. 维持消化吸收功能

食物进入胃肠后，必须依靠消化器官分泌消化液，包括胃液、胰液、肠液、胆汁，才能进行消化吸收，而消化液的90%是水。

4. 维持体温

体内各种细胞在水的帮助下，利用氧气代谢分解生热营养素，放出能量维持体温在37 ℃左右的正常范围。当外界温度高时，体热可随水分经皮肤出汗散发。

5. 机体的润滑剂

水是关节、肌肉及内脏器官的润滑剂，对人体组织器官起一定保护作用。

6. 食品的富含成分

水是食物的重要成分，对食品的性状，如鲜度、硬度，流动性、膨润性、浸透性、呈味性，保藏和加工都起着重要作用。水分还是微生物繁殖的重要因素。

（三）水的推荐摄入量

人体每日所需要的水量，随年龄、环境温度和劳动强度等因素的不同而有差异。年龄越大单位体重需要的水量相对越少。为维持体内水的恒定，摄入的水量必须能够补充经呼吸、皮肤蒸发和尿、粪等途径排出的水量，以保持水平衡。人体对水分的需要和代谢，有一整套复杂而完善的调节机制以维持体内水的平衡。在某些病理情况下，水的摄入或排出超过了机体的调节能力，就会出现水肿或脱水。

七、膳食纤维

膳食纤维主要是不能被人体消化道内消化酶所消化且不被人体吸收利用的多糖。膳食纤维被誉为人类的第七大营养素。

（一）膳食纤维的食物来源及分类

1. 膳食纤维的食物来源

膳食纤维含于谷、薯、豆类及蔬菜、水果等植物性食品中。常见的几种食物膳食纤维含量(每 100 g 含膳食纤维量):大豆 15.5 g、玉米(黄,干)14.4 g、燕麦片 13.2 g、海带(鲜)11.3 g、小麦 10.8 g、花生 7.7 g、菠菜 3.0 g、胡萝卜 2.3 g、芹菜 2.1 g、苹果 1.8 g。

植物成熟度越高其纤维含量也就越多。谷类加工越精细则所含膳食纤维就越少。随着我国人民生活水平的提高,食物越来越精细,蔬菜和豆类的摄入量也在减少,这是应该注意的。特别应强调的是,应多吃谷类为主的主食,多吃富含膳食纤维的食物,以预防一些慢性疾病的发生。

2. 膳食纤维分类

按水溶性可分为水溶性膳食纤维与非水溶性膳食纤维。

水溶性膳食纤维主要包括果胶、藻胶、豆胶和树胶等,常存在于植物细胞液和细胞间质中。大麦、豆类、胡萝卜、柑橘、亚麻、燕麦和燕麦糠等食物中都含有丰富的水溶性膳食纤维。水溶性膳食纤维可减缓消化速度和最快速排泄胆固醇,使血液中的血糖和胆固醇控制在最理想的水平。

非水溶性膳食纤维主要包括纤维素、半纤维素和木质素 3 种。其存在于植物细胞壁中,常见于食物中的小麦糠、玉米糠、芹菜、金针菇、果皮和根茎蔬菜中。

(二)膳食纤维的生理功能

1. 降胆固醇作用

大多数可溶性膳食纤维可降低人血浆胆固醇水平及动物血浆胆固醇和肝胆固醇水平,这类纤维包括果胶、欧车前、魔芋葡甘聚糖及各种树胶。富水溶性纤维的食物如燕麦麸、大麦、荚豆类和蔬菜等的膳食纤维摄入后,几乎都是降低 LDL-C,而 HDL-C 降低很少或不降低。

2. 改善血糖生成反应

许多研究表明,摄入某些可溶性纤维可降低餐后血糖升高的幅度并提高胰岛素敏感性。补充各种纤维使餐后葡萄糖曲线变平的作用与纤维素的黏度有关,黏度可以延缓胃排空速率,延缓淀粉在小肠内的消化或减慢葡萄糖在小肠内的吸收。

3. 改善肠道菌群,维持体内的微生态平衡

膳食纤维可改变肠道系统中微生物群系的组成,具有改善肠内菌群功能及加速有毒物质的排泄和解毒作用。膳食纤维虽然不能被人体消化吸收,但能为肠道菌群提供发酵底物,被正常存在于人体肠道中的微生物所分

解。膳食纤维可被大肠内有益菌发酵成乙酸、乳酸等有机酸，降低肠道 pH 值。膳食纤维有利于诱导肠道菌群中的好气性微生物的生长，抑制厌氧菌的生长和繁殖，改善肠道菌群比例，一方面，可增加肠道中有益菌群如双歧杆菌等的优势，减少有害菌活动所产生的有毒物质，防止肠道黏膜萎缩，维持肠道微生态平衡和健康；另一方面，有利于肠道有益菌合成维生素 B_3、维生素 B_6、维生素 K、生物素（维生素 B_7）等维生素以供人体利用。

4. 预防高脂血症和高血压等心脑血管疾病

膳食纤维具有吸附胆汁液、胆固醇、变异原等有机分子的功能，所以膳食纤维对降低人体血浆和肝脏组织胆固醇水平有着显著作用。在脂类代谢过程中，膳食纤维可以抑制或延缓胆固醇与片油三酯在淋巴中的吸收，从而维持体内血脂和脂蛋白代谢的正常进行。能降低血清和肝脏中的胆固醇，从而预防高血压、心脏病和动脉硬化。大量临床观察表明，增加饮食中可溶性膳食纤维的含量，可明显地降低人体血液中总胆固醇和低密度脂蛋白胆固醇的浓度，具有减少和预防心血管疾病的作用。

（三）膳食纤维的推荐摄入量

膳食纤维主要是不能被人体吸收代谢产生能量的多糖。这类多糖主要来自植物细胞壁的复合碳水化合物。推荐参考摄入量如下。

国际相关组织推荐的膳食纤维素日摄入量为：美国防癌协会推荐标准为每人每天 30～40 g，欧洲共同体食品科学委员会推荐标准为每人每天 30 g。世界粮农组织建议正常人群摄入量：每人每日 27 g。中国营养学会提出中国居民摄入的食物纤维量及范围：低能量组（7 531.2 kJ）为每日 25 g；中等能量组（10 041.6 kJ）为每日 30 g；高能量组（11 715.2 kJ）为每日 35 g。

第二节　人体正常膳食结构

膳食结构指居民消费的食物种类及其数量的相对构成，一般可以根据各类食物所能提供的能量及各种营养素的数量和比例来衡量膳食结构的组成是否合理，一个地区的膳食结构受经济发展状况、人口和农业资源、人民消费能力、人体营养需要和民族传统饮食习惯等多种因素制约，膳食结构也不尽相同。

膳食结构不仅反映人们的饮食习惯和生活水平高低,同时也反映一个民族的传统文化、一个国家的经济发展以及一个地区的环境和资源等多方面的情况。从膳食结构的分析上也可以发现该地区人群营养与健康、经济收入之间的关系。由于影响膳食结构的这些因素是在逐渐变化的,所以,膳食结构不是一成不变的,通过适当的干预可以促使其向更利于健康的方向发展。但是,这些因素的变化一般是很缓慢的,所以一个国家、民族或人群的膳食结构具有一定的稳定性,不会迅速发生重大改变。

一、不同类型膳食结构的特点

膳食结构类型的划分有许多方法,但最重要的依据仍是动物性和植物性食物在膳食构成中的比例,以膳食中动物性、植物性食物所占的比重,以及能量、蛋白质、脂肪和碳水化合物的供给量作为划分膳食结构的标准,可将世界不同地区的膳食结构分为以下 4 种类型。

(一)动植物食物平衡的膳食结构

植物性和动物性食品消费量比较均衡,能量蛋白质、脂肪摄入量基本上符合营养标准,膳食结构较为合理,以日本为代表。动物性蛋白质占蛋白质总量的一半,而水产品蛋白质又占动物蛋白质的一半,这是日本膳食结构的一大优势。能量、脂肪的供给水平低于欧美发达国家,能量构成中,碳水化合物占 59.2%,脂肪占 26%,蛋白质占 14.8%,基本合理,既保留了东方人膳食的一些特点,同时又吸取了西方膳食的一些长处。

(二)以动物性食物为主的膳食结构

膳食构成以动物性食物为主,属于营养过剩型的膳食。这是多数欧美发达国家,如美国、两欧、北欧诸国的典型膳食结构。其以提供高能量、高脂肪、高蛋白质、低纤维为主要特点,人均日摄入蛋白质 100 g 以上,脂肪 130 ~ 150 g,能量高达 3 300 ~3 500 kJ。食物摄入特点是:粮谷类食物消费量小,人均每年 60 ~ 75 kg;动物性食物及食糖的消费量大,人均每年消费肉类 100 kg左右,奶和奶制品 100 ~150 kg,蛋类 15 kg,食糖 40 ~60 kg。

与以植物性为主的膳食结构相比,营养过剩是此类膳食结构国家人群所面临的主要健康问题心脏病、脑血管病和恶性肿瘤已成为西方人的三大死亡原因,尤其是心脏病死亡率明显高于发展中国家。

(三)以植物性食物为主的膳食结构

膳食构成以植物性食物为主,动物性食物为辅,大多数发展中国家如印度、巴基斯坦、孟加拉国和非洲一些国家等属此类型。食物摄入特点是:谷物食品消费量大,动物性食品消费量小,年人均仅 10~20 kg;动物性蛋白质一般占蛋白质总量的10%~20%,低者不足10%;植物性食物提供的能量占总能量近90%。

该类型的膳食能量基本可满足人体需要,但蛋白质、脂肪摄入量均低,来自动物性食物的营养素,如铁、钙、维生素 A 摄入不足。营养缺乏病是这些国家人群的主要营养问题,人的体质较弱,健康状况不良,劳动生产率较低。但从另一方面看,以植物性食物为主的膳食结构,膳食纤维充足,动物性脂肪较低,有利于冠心病和高脂血症的预防。

(四)地中海膳食结构

地中海式饮食可帮助降低罹患心脏病、中风、认知障碍(如阿尔茨海默症)的风险。营养学家发现生活在欧洲地中海沿岸的意大利、西班牙、希腊、摩洛哥等国居民心脏病发病率很低,普遍寿命长,且很少患有糖尿病、高胆固醇等现代病,这与该地区的饮食结构有着密切关系。食物摄入特点是:膳食富含水果、蔬菜、五谷杂粮;以橄榄油作为地中海饮食的核心,用于烹饪、烘烤食品和调拌沙拉、蔬菜;以坚果、豆类、种子丰富菜肴的美味与口感;添加大量多样的香料是地中海美食的一大特色,每日少量、适量食用酸奶或奶酪也是地中海膳食的一个特点;地中海海域盛产沙丁鱼,还有含类似营养的贝壳类海鲜;地中海地区居民烹调鸡蛋的主要方式是用于烘烤食品;适量饮酒、饮水等。

该类型的膳食结构中水果、蔬菜、五谷杂粮有利于促进健康,控制体重:富含单不饱和脂肪酸的橄榄油有助于降低胆固醇水平,防止心肌梗死等心脏疾病的发生;豆类蛋白对癌症、肾病及糖尿病等的治疗也有帮助;香料的运用减少烹饪中油盐的用量,使菜肴变得清淡健康;酸奶、奶酪类食品中的钙能促进骨骼健康;鱼虾等海鲜可以给食用者提供大量健康的蛋白质等。

地中海地区居民心脑血管疾病发生率很低,已引起了西方国家的注意,并纷纷参照这种膳食模式改进自己国家的膳食结构。

二、中国居民平衡膳食宝塔

我国曾先后开展过多次全国营养调查、全国高血压流行病学调查、糖尿病抽样调查等，这对于了解我国城乡居民膳食结构和营养水平及其相关慢性疾病的流行病学特点及变化规律，评价城乡居民营养与健康水平，制定相关政策和疾病防治措施发挥了积极的作用。随着生活水平的提高，我国城乡居民的膳食、营养状况有了明显改善，营养不良和营养缺乏患病率继续下降，但是我国仍面临着营养缺乏与营养过度的双重挑战。

人体合理膳食应当遵循以下原则：满足身体的各种营养需要；对人体无毒无害；易于消化吸收；科学的膳食方式。

（一）中国居民平衡膳食宝塔

《中国居民膳食指南》专家委员会针对我国居民膳食的主要缺陷按平衡膳食的原则，推荐了中国居民各类食物的适宜消费量，并以宝塔的形式表达，为“中国居民平衡膳食宝塔”。平衡膳食宝塔提出了一个营养上比较理想的膳食模式。

第一类为谷薯类及杂豆，包括米、面、杂粮、马铃薯、甘薯、木薯等。

第二类为蔬菜、水果类，包括鲜豆、根茎菜、叶菜、茄果等。

第三类为动物性食物，包括肉、禽、鱼、奶等。

第四类为豆类及其制品，包括大豆及其他豆类。

第五类为纯热能食物，包括动植物油、食用糖及酒类。

同时为使能量摄入量与消耗量维持动态平衡，还给出了一些运动建议，提出人们每天应行走 6 000 步。如果身体条件允许，人们最好每天进行 30 min 中等强度的运动。

（二）膳食宝塔建议的食物量

膳食宝塔建议的各类食物摄入量都是指食物可食部分的生重。各类食物的重量不是指某一种具体食物的重量，而是指一类食物的总量，因此，在选择具体食物时，实际重量可以在食物互换表中查询。例如，建议每日 300 g 蔬菜，可以选择 100 g 油菜、50 g 胡萝卜和 150 g 圆白菜，也可以选择 150 g 韭菜和 150 g 黄瓜。

1. 谷薯类及杂豆

谷类包括小麦面粉、大米、玉米、高粱等及其制品，如米饭、馒头、烙饼、玉米面饼、面包、饼干、麦片等。薯类包括红薯、马铃薯等，可替代部分粮食。杂豆包括大豆以外的其他干豆类，如红小豆、绿豆、芸豆等。谷类、薯类及杂豆是膳食中能量的主要来源。建议量是以原料生重计算的，如面包、切面、馒头应折合成相当的面粉量来计算，而米饭、大米粥要折合成相当的大米来计算。

谷类、薯类和杂豆食物的选择要重视多样化、粗细搭配，适量选择一些全谷类制品，谷类杂粮能够比精米精面粉提供更多的膳食纤维，因此，建议每次摄入 50 ~ 100 g 的粗粮或全谷类制品，每周 5 ~ 7 次。

2. 蔬菜类和水果类

蔬菜和水果经常放在一起，因为它们有许多共性。蔬菜、水果是胡萝卜素和维生素 C 的良好来源，也是维生素 B、叶酸、钙、磷、钾、镁、维生素 K、叶黄酸、膳食纤维的重要来源，胡萝卜素在体内能转变为维生素 A，是我国人民膳食中维生素 A 的主要来源。同时，水果、蔬菜体积大、热量少，在减体重膳食中尤为重要。

饮食中要注意品种的选择。蔬菜和水果终究是两类食物，各有优势，不能完全相互替代。尤其是儿童，不可只吃水果不吃蔬菜。蔬菜、水果的重量按市售鲜重计算。

另外还要注意蔬菜颜色的搭配。一般来说，红、绿、黄色较深的蔬菜和深色水果含营养素比较丰富，所以应多选用深色蔬菜和水果，应占总水果蔬菜量的 1/2 以上。

3. 肉类、鱼类、蛋类

肉类、鱼类、蛋类是优质蛋白质、脂溶性维生素及矿物质的良好来源，所含的氨基酸在人体能更好地被利用，弥补谷物赖氨酸的不足。

肉类包括畜肉、禽肉及内脏，肉类中的铁的利用率较高。不过，这类食物尤其是猪肉含脂肪较高，可以以鱼、鸡肉、牛肉替代。鱼、虾及其他水产品含脂肪很低，有条件可以多吃一些，海产鱼中不饱和脂肪酸有降血脂、防止血栓形成的作用（海产品含有丰富的 DHA、EPA）。

4. 奶制品类

奶类有牛奶、羊奶和马奶等，奶品中除含丰富的优质蛋白质、维生素外，含钙量高且利用率也高。最常见的是牛奶，每 100 mL 牛奶含钙 100 ~ 120 mg。制品包括奶粉、酸奶、奶酪等，不包括奶油、黄油。建议每日摄入量为鲜奶 300 g、酸奶 360 g、奶粉 45 g，有条件的可以多吃一些。婴幼儿要尽可能选择符合国家标准的配方奶制品。饮奶多者、中老年人群、超重者和肥胖者建议选择脱脂或低脂奶。乳糖不耐症患者可以食用酸奶或者低乳糖奶及其制品。

豆类是我国的传统食品，其优质蛋白质的含量高，应大力提倡豆类尤其是大豆及其制品的生产和消费。

5. 油和盐

油脂是脂肪，是三大产能营养素之一。盐含有人体所需矿物质，都是人体所必需的，应适量摄入。大量的研究及调查资料表明，高油脂和高盐的食物容易引起心脑血管等疾病，对健康有害，在饮食中应控制其摄入量。减少油脂特别是动物性脂肪的摄入，摄入量不要超过25 g/日。WHO建议每人每天食盐摄入量不超过6 g；中国营养学会建议的摄入量为每人每天6 g。

（三）中国居民平衡膳食宝塔的参考价值

膳食对健康的影响是长期的结果。应用平衡膳食宝塔需要自幼养成习惯并坚持不懈，只有如此，才能充分体现其对健康的重大促进作用。

1. 确定自己的食物需要

中国居民平衡膳食宝塔以下简称“宝塔”，建议的每人每日各类食物适宜摄入量范围适用于一般健康成人，应用时要根据个人年龄、性别、身高、体重、劳动强度、季节等情况适当调整。

例如，年轻人、劳动强度大的人需要能量高，应适当多吃些主食；年老、活动少的人需要能量少，可少吃些主食。从事轻微体力劳动的成年男子如办公室职员等，可参照中等能量膳食来安排自己的进食量；从事中等强度体力劳动者如钳工、卡车司机和一般农田劳动者可参照高能量膳食进行安排；不参加劳动的老年人可参照低能量膳食来安排。女性一般比男性的食量小，因为女性体重较轻及身体构成与男性不同。女性需要的能量往往比从事同等劳动的男性低200 kcal或更多些。

平衡膳食宝塔建议的各种食物摄入量是一个平均值和比例。每日膳食中应当包含宝塔中的各类食物，各类食物的比例也应基本与膳食宝塔一致。日常生活无须每天都样样照着“宝塔”推荐量吃。重要的是，一定要经常遵循宝塔各层各类食物的大体比例。

2. 合理搭配一日三餐

一日三餐中食物量的分配及间隔时间应与作息时间和劳动状况相匹配，一般早、晚餐各占30%，午餐占40%为宜，特殊情况可适当调整。通常上午的工作学习都比较紧张，营养不足会影响学习工作效率，所以早餐应当吃好。早餐除主食外，至少应包括奶、豆、蛋、肉中的一种或几种，并搭配适量蔬菜和水果。

3. 调配丰富多彩的膳食

人们吃多种多样的食物不仅是为了获得均衡的营养，也是为了使饮食更加丰富多彩以满足人们的口味享受。假如人们每天都吃同样的50 g肉、40 g豆，难免久食生厌，那么合理营养也就无从谈起了。

宝塔包含的每一类食物中都有许多的品种，虽然每种食物都与另一种不完全相同，但同一类中各种食物所含营养成分往往大体上相似，在膳食中可以进行互换(同类互换就是以粮换粮、以豆换豆、以肉换肉。例如，大米可与面粉或杂粮互换，馒头可以和相应的面条、烙饼、面包等互换；大豆可与相当量的豆制品或杂豆类互换；瘦猪肉可与等量的鸡、鸭、牛、羊、兔肉互换；鱼可与虾、蟹等水产品互换；牛奶可与羊奶、酸奶、奶粉和奶酪等互换)。应用“宝塔”应当把营养与美味结合起来，按照同类互换、多种多样的原则调配一日三餐。

4. 要因地制宜充分利用当地资源

我国幅员辽阔，各地的饮食习惯及其物产不尽相同，只有因地制宜充分利用当地有限资源，才能有效应用“宝塔”。例如，牧区奶源丰富，可适当提高奶类摄取量；渔区可适当提高鱼的摄取量及其他水产品的摄取量；农村山区则可以利用山羊或者花生、瓜子、核桃、榛子等资源。在某些情况下，由于地域或物产有限无法采用同类互换时，也可以暂时用豆类替代乳类、肉类，或者用蛋类代替鱼、肉类，不得已时可以用花生、瓜子、榛子、核桃等干坚果替代肉、鱼、奶等动物性食物。

第三节　与膳食不平衡有关的疾病

一、营养过剩相关疾病

(一)肥胖

肥胖的界定：常体现为体重超过相应身高所确定的标准值的20%以上。肥胖虽然以体重超标定义，但超重并不一定是肥胖，肥胖必须是机体的脂肪组织增加导致体重超标。

肥胖是一种营养素不平衡的表现，因为多余的食物被转化为脂肪储存，而不是用于能量消耗和代谢。大量的研究表明，肥胖有明显的遗传性。一般来说，有遗传倾向的人，不仅容易出现能量过剩，而且为过剩的能量所转化的脂肪提供了储存场所，因而较其他人更容易发胖。在胚胎期，由于孕妇能量摄入过剩，可能造成婴儿出生时体重较重；出生后不正当的喂养方式、偏食、进食速度快、食量大、吃零食、喜食油腻和甜食等都可能是造成肥胖的原因。另外，随着人民生活水平不断提高，人们膳食中动物性食品、脂肪等高热能食品摄入明显增加，这也会导致能量摄入大于支出，从而引起肥胖。

1. 肥胖症的症状

肥胖症患者的身体脂肪分布有性别差异，男性以腹部肥胖为主，女性以均匀型肥胖为主。肥胖还有自幼肥胖和成年后肥胖之分，前者以脂肪细胞数量增加为主，后者以脂肪细胞体积增大为主。肥胖可直接或间接导致全身多系统和器官的并发症，包括肥胖导致体重增加引起的应力变化和胰岛素抵抗导致的代谢综合征等，同时也会损害患者的心理健康。

肥胖症的常见症状为：多食善饥，腹胀便秘。喜甜食、肉食，常吃零食，饮啤酒，喜饮高糖饮料，爱吃汉堡包、炸薯片等，不爱活动，怕热多汗，嗜睡，鼾声响。日常生活不能自理，常觉头晕、头胀及头痛，智力减退，反应迟钝。女性月经量少，不定时，甚而闭经；男性则表现为阳痿。在体征上表现为：脸圆，颈项短粗。有的呈全身性肥胖，或上半身肥胖，或呈腹凸腰圆或臀部大。重度肥胖，特别是男性青少年可有乳房肥大或阴茎短小的表现。严重者可出现脸色灰黑，唇发绀。皮肤易磨损，易患皮炎或皮癣。下肢水肿，甚至静脉曲张、血液循环不良而使关节附近的皮肤呈黑色。

2. 肥胖的危害

肥胖虽然不会直接导致死亡，但因肥胖引起的某些疾病却威胁着人类生命。

(1)肥胖对儿童的危害

1)对内分泌及免疫系统的危害。肥胖儿童的生长激素和泌乳素处于正常的低值、甲状腺素 T3 增高、性激素水平异常、胰岛素增高、糖代谢障碍。胰岛素增多是肥胖儿童发病机制中的重要因素，肥胖儿童往往有糖代谢障碍，超重率越高，越容易发生糖尿病。肥胖儿童免疫功能明显紊乱，细胞免疫功能低下。

2)对心血管系统的危害。肥胖可导致儿童全身血黏度增高，血脂和血压增高,心血管功能异常。肥胖儿童有心功能不全、动脉粥样硬化的趋势。

3)对生长、智力和心理发育的危害。肥胖儿童能量摄入往往超过标准,普遍存在着营养过剩的问题,但也常常有钙、锌摄入不足的现象。调查表明肥胖儿童骨龄均值大于对照组,男女第二性征发育均显著早于对照组。智商明显低于对照组,反应速度、阅读量以及大脑工作能力等指标均值低于对照组。心理上倾向于抑郁、自卑和不协调等。

(2)肥胖对成年人的危害

1)肥胖与某些癌症的关系。研究发现肥胖与许多癌症的发病率呈正相关,肥胖妇女患子宫内膜癌、卵巢癌、宫颈癌和绝经后乳腺癌等激素依赖性癌症的危险性较大;另外,结肠癌和胆囊癌等消化系统肿瘤的发生也与肥胖有关。

2)肥胖与糖尿病。流行病学研究证明,腹部脂肪堆积是发生Ⅱ型糖尿病的一个独立危险因素,常表现为葡糖耐量受损,对胰岛素有抵抗性,而随着体重的下降,葡糖的耐量改善,胰岛素分泌减少,胰岛素抵抗性减轻。

3)对消化系统的影响。肥胖者易出现便秘、腹胀等症状。肥胖者的胆固醇合成增加,从而导致胆汁中的胆固醇增加,使患胆结石的危险性增高。肥胖者发生胆结石的危险是非肥胖者的 4 ~5 倍,而上身性肥胖发生胆结石的危险性则更大。

4)对循环系统的影响。肥胖者血液中甘油三酯和胆固醇水平升高,血液的黏滞系数增大,动脉硬化与冠心病发生的危险性增高;肥胖者周围动脉阻力增加,血压升高,易患高血压病。

5)对呼吸系统的影响。胸壁、纵隔等脂肪增多,使胸腔的顺应性下降,引起呼吸运动障碍,表现为头晕、气短、少动嗜睡,稍一活动即感疲乏无力,称为呼吸窘迫综合征。

3. 肥胖症的合理膳食

减少碳水化合物特别是食糖的摄入量,热源应当多用淀粉类食物,同时,还应改掉不良的饮食习惯,如暴饮暴食、吃零食、偏食等。不要随便增加餐次,不要吃零食。控制总热能的投入量,使能量代谢呈现负平衡,可促进脂肪的动员,有利于降低体重。

增加一定的运动量或劳动量。积极运动可防止体重反弹,还可改善心肺功能,产生更多、更全面的健康效益,需要有一定的饱腹感的食物,特别是膳食纤维类,适当提高蛋白质的供应量。

治疗肥胖症以控制饮食及增加体力活动为主,不能仅靠药物,长期服药不免发生副作用,且未必能持久见效。当饮食及运动疗法未能奏效时,可采用药物辅助治疗。

总结起来,即少热量、少碳水化合物,特别是少食糖、少食脂肪,多摄入高蛋白质、高纤维食物,多锻炼。

(二)高血压

高血压是一种常见的以体循环动脉血压增高为主的临床综合征。一般可分为原发性高血压和继发性高血压两种,其中以前者占绝大多数。对于迄今原因尚未完全阐明的高血压称为原发性高血压。病因明确,血压升高只是某些疾病的一种表现,称为继发性高血压。原发性高血压是一种常见病、高发病,近些年来原发性高血压在我国呈上升趋势。除遗传因素和精神紧张外,膳食与营养因素被认为与高血压有密切关系。

1. 膳食因素与原发性高血压的关系

脂肪与碳水化合物摄入过多,导致机体能量过剩,使身体变胖,血脂增高,血液的黏滞系数增大,外周血管的阻力增大,血压上升。

食盐摄入量与高血压显著相关。食盐摄入高的地区高血压发病率也高,限制食盐摄入可降低高血压发病率。食盐摄入过多,导致体内钠潴留,而钠主要存在于细胞外,使胞外渗透压增高,水分向胞外移动,细胞外液包括血液总量增多。血容量的增多造成心输出量增大,血压增高。

大量研究发现少量饮酒(相当于14~28 mL酒精)者的血压比绝对禁酒者还要低,但每天超过42 mL酒精者的血压则显著升高。

2. 高血压的合理膳食

高血压的营养治疗要适量控制能量及食盐量,降低脂肪和胆固醇的摄入水平,控制体重,防止或纠正肥胖,利尿排钠,调节血容量,保护心、脑、肾血管系统的机能。应采用低脂、低胆固醇、低钠、高维生素、适量蛋白质和能量的饮食。

(1)限制总能量。控制体重在标准体重范围内,体重增加对高血压的治疗大为不利,肥胖者应节食减肥。

(2)脂肪与胆固醇。多吃海鱼,海鱼含有不饱和脂肪酸,能使胆固醇氧化,从而降低血浆中胆固醇含量,还可延长血小板的凝聚时间,抑制血栓形成,防止脑卒中。植物油中含有较多的亚油酸,对增加微血管的弹性、预防血管破裂有一定作用,每天供给 40 ~ 50 g 为宜。应限制动物脂肪的摄入。如长期食用高胆固醇食物,可引起高脂蛋白血症,促使脂质沉积,加重高血压,故胆固醇每天的供给量为 30 ~ 40 g。

(3)蛋白质。蛋白质代谢产生的有害物质可引起血压波动,摄入应适量。选用高生物价优质蛋白质,按 1 g/kg 补给,动物蛋白质与植物蛋白质各占 50%。

(4)矿物质和微量元素。食盐含大量钠离子,吃盐越多,高血压患病率越高,应限制摄入。限钠应注意补钾,应供给含钾丰富的食物或钾制剂,富含钾的食物进入人体可以对抗钠所引起的升压和血管损伤作用。钙对治疗高血压有一定疗效,多吃含钙丰富的食物,即使部分人不给降压药,也可使血压恢复正常。

(5)碳水化合物。含膳食纤维高的食物,如淀粉、糙米、标准粉、玉米、小米等均可促进肠道蠕动,加速胆固醇排出,对防治高血压有利;而葡萄糖、果糖及蔗糖等均有升高血脂之忧,故应少用。

(6)维生素。大剂量维生素 C 可使胆固醇氧化为胆酸排出体外,改善心脏机能和血液循环。多吃新鲜蔬菜和水果,有助于高血压的防治。其他水溶性维生素,如维素 B_6、维生素 B_1、维生素 B_2 和维生素 B_{12},均应及时补充,以防缺乏症。

二、营养缺乏相关疾病

(一)蛋白质—能量营养缺乏

蛋白质—能量营养缺乏(protein-energy malnutrition,PEM)是指由于蛋白质、热能缺乏所造成的不同综合征的总称。因食物供应不足所引起的原发性蛋白质能量营养缺乏多发生在饥饿、战争时期或贫困的国家和地区的人群中;因疾病等因素所引起的继发性蛋白质能量缺乏则散发在世界各地的各类人群中。

蛋白质—能量营养缺乏对幼儿主要表现为生长发育的障碍(幼儿患病的主要原因是母乳喂养时间短、早产、断奶后营养没跟上、胎儿期母亲营养欠佳);对于成人表现为肌肉萎缩、皮下脂肪消失、体重下降、头发稀且易脱落、指甲粗糙变形、耐力下降(成人主要是由于体内蛋白质消耗过多,补充不足)。

对于蛋白质—能量营养缺乏的预防,最主要的是因地制宜地供给高蛋白、高能量的食品。临床治疗期间,在采取抗感染、调整水盐平衡、抗心衰等治疗措施的同时,营养治疗是十分重要的。营养治疗的原则是:蛋白质和能量的摄入应高于正常需要量,注意补充液体,矿物质的补充应为低钠、足量的钾和镁及适量的铁;补充多种维生素,尤其应注意维生素 A 和维生素 C 的补给,饮食摄入量应从小量开始,随着生理机能的适应和恢复,逐渐增加,并应少量多餐,根据患者年龄及病情可采用流质、半流质或软食等,饮食最好经口供给,否则采用肠外营养。

(二)维生素缺乏病

1.维生素 A 缺乏

维生素 A 缺乏可由膳食中维生素 A 及其前体的摄入不足引起,也可因某些因素干扰了维生素 A 的吸收、运输以及在肝中的储存所致。由于维生素 A 是由一种在肝脏中合成的特殊蛋白质运转的,所以蛋白质营养缺乏和肝脏疾病均可促使维生素 A 的缺乏。

(1)维生素 A 缺乏的症状。维生素 A 缺乏病以儿童及青年较多见,男性多于女性,其病变可累及视网膜、上皮、骨骼等组织以及免疫、生殖功能。

1)眼部症状。患者常感眼部不适、发干、有烧灼感并伴畏光、流泪;球结膜干燥时,失去正常光泽和弹性,透亮度减低,并可见毕脱氏斑,当眼球向左右转动时可出现球结膜的皱褶。夜盲及干眼症维生素 A 缺乏的早期表现是暗适应能力下降,严重时可致夜盲症。由于角膜、结膜上皮、泪腺等的退行性变,可引起角膜干燥、发炎、软化、溃疡、角质化等变化。严重的角膜损伤可致失明。

2)皮肤症状。维生素 A 缺乏引起上皮组织分化不良,易引起皮肤粗糙、干燥、鳞状角化。严重时出现毛囊上皮角化,毛囊性丘疹,因其外表与蟾蜍的皮肤相似,又称“蟾皮症”。

3)生殖功能。维生素 A 缺乏,可影响女性受孕和怀胎,或导致胎儿畸形和死亡;男性精子减少,性激素合成障碍,从而影响生殖功能。

4)骨骼系统。维生素 A 缺乏时,在儿童可表现为骨组织停止生长,发育迟缓。出现齿龈增长与角化,影响牙釉质发育,使牙齿停止生长。

5)免疫功能。维生素 A 缺乏可使机体细胞免疫功能低下,各器官的黏膜黏液分泌减少,引起黏膜失去滋润和柔软性,易于细菌侵入,尤其在儿童易致呼吸系统疾病发生。

(2)维生素A缺乏的预防。摄入含维生素A及胡萝卜素丰富的食物。动物性食品中肝脏、鱼类、蛋类、肉类、禽类、奶类及其制品含维生素A丰富；深绿色蔬菜、胡萝卜、番茄、红薯等食物中β胡萝卜素含量较高。经常吃含维生素A及胡萝卜素丰富的食物，养成不偏食、不挑食的习惯，可预防维生素A缺乏。

有条件的地方可选用维生素A强化食品，必要时适当选用膳食补充剂，以提高维生素A的摄入量。开展对婴幼儿、儿童、孕妇、乳母等易感人群维生素A营养状况的监测，包括暗适应能力、眼部症状、血清视黄醇含量等方面，及时发现亚临床的缺乏者，及时给予纠正。近年来研究表明，在维生素A缺乏地区，每年或半年1次口服30万单位视黄醇油滴，可以起到预防作用。

2. 维生素D缺乏

钙、磷代谢中，维生素D起重要的调节作用，所以维生素D缺乏病的发生与钙、磷代谢有密切的关系，对机体的影响是全身性的，其突出的表现是佝偻病和骨软化症的发生。对正常成年人来说，平衡营养加上充足户外活动，一般不会发生维生素D缺乏。维生素D缺乏病主要发生在受日光照射不足，并缺少食物维生素D来源的人群中，特别在婴幼儿(主要是人工喂养)、孕妇、哺乳期妇女及老年人当中更为多见。

(1)维生素D缺乏的症状。维生素D缺乏的危害主要是造成钙、磷吸收和利用障碍，从而引发佝偻病或软骨病。佝偻病多发生于婴幼儿，主要表现为神经精神症状和骨骼的变化。

1)神经精神症状。表现为多汗、夜惊、易激惹等，特别是入睡后头部多汗，由于汗液刺激，患儿经常摇头擦枕，形成枕秃或环形脱发。

2)骨骼表现。骨骼的变化与年龄、生长速率及维生素D缺乏的程度等因素有关。可出现颅骨软化，肋骨串珠、胸廓畸形(1岁以内的患儿易形成赫氏沟，2岁以上患儿可见有鸡胸、漏斗胸)、四肢及脊柱上下肢因承重而弯曲变形等病症。

3)其他表现。发育不良、神情呆滞、呼吸运动受限制、容易继发肺部感染和消化系统功能障碍。

骨软化症发生于成人，多见于妊娠多产的妇女及体弱多病的老人。最常见的症状是骨痛、肌无力和骨骼压痛。患者步态特殊，被称为“鸭步”或“企鹅”姿态。

(2)维生素 D 缺乏的预防。贯彻“系统管理,综合防治,因地制宜,早防早治”的原则,从围产期开始,以 1 岁内小儿为重点对象,并应系统管理到 3 岁。从孕妇妊娠后期(7 ~9 个月)开始,胎儿对维生素 D 和钙、磷需要量不断增加,要鼓励孕妇晒太阳,食用含维生素 D、钙、磷和蛋白质的食品,有低钙血症和骨软化症的孕妇应积极治疗。对冬春妊娠或体弱多病的孕妇,可于妊娠 7 ~9 个月给予维生素 D 制剂,同时服用钙剂。

新生儿应提倡母乳喂养,尽早开始晒太阳。尤其对早产儿、双胎、人工喂养儿及冬季出生小儿,可于生后 1 ~2 周开始给予维生素 D 制剂强化。除提倡母乳外,有条件地区,人工喂养者可用维生素 A、维生素 D 强化牛奶喂哺。有低钙抽搐史或以淀粉为主食者,应适量补钙。

3. 维生素 B_1 缺乏

维生素 B_1 缺乏病是由于机体维生素 B_1(又称硫胺素)不足或缺乏所引起的全身疾患,临床上习惯称为脚气病。此病多发生在以精米为主食的地区。治疗及时可完全恢复。

(1)维生素 B_1 缺乏的症状。维生素 B_1 缺乏病的危害可因发病年龄及受累系统不同而异。

1)神经系统症状。婴儿神经麻痹从颅神经开始,神智淡薄、嗜睡、颈头后仰、手不抓握、不哭等,年长患儿与成人相似,情感、心理精神状况异常,如神经质、急躁、忧郁、注意力不集中。

2)消化道症状。多见于维生素 B_1 摄入量持续 3 个月以上不能满足机体的需要的患者,可出现感觉疲乏无力、烦躁不安、易激动、头痛、恶心、呕吐、食欲减退、胃肠功能紊乱、下肢倦怠、酸痛,多数出现肝大。

3)心血管系统症状。严重时可侵犯心脏,心悸、气促、心动过速,严重心力衰竭等,下肢水肿为湿性脚气病。

4)婴儿脚气病。多发生于出生数月的婴儿。病情急、发病突然,患儿初期有食欲不振、呕吐、兴奋、腹痛、便秘、水肿、心跳快、呼吸急促及困难,继而喉头水肿,形成独特的喉鸣。晚期可发生发绀、心力衰竭、肺充血及肝瘀血,严重时出现脑充血、脑高压、强直痉挛、昏迷直至死亡,症状开始至死亡 1 ~2 d,治疗及时可迅速好转。

(2)维生素缺乏的预防。加强粮食加工的指导,防止谷物碾磨过细导致硫胺素的耗损是预防维生素缺乏病的重要措施;纠正不合理的烹调方法,如淘米次数过多、煮饭丢弃米汤、烹调食物加碱等,以减少维生素 B_1 的损失;改变饮食习惯，如食物多样化、经常食用一些干豆类和杂粮、用新鲜食物代替腌制食物等以增加维生素氏的摄入。不吃有抗硫胺素因子的食物，避免对维生素的破坏。

维生素 B_1强化食品，采用维生素强化措施，把维生素 B_1强化到米、面制品、啤酒等食物中，提高食品维生素的含量，满足人体每日的需要。开展对婴幼儿、儿童、孕妇、乳母等易感人群的监测，及时发现亚临床的缺乏者，给予纠正。生长期青少年、妊娠期妇女、哺乳期妇女、重体力劳动者、高温环境下生活及工作者或是患慢性腹泻、消耗性疾病时，应注意增加维生素的摄入量。酗酒者需戒酒并适时补充维生素 B_1。

预防维生素 B_1缺乏，关键在于加强营养知识的普及和教育，使居民能注意到食物的选择与调配。瘦肉及内脏维生素含量较为丰富，豆类、种子或坚果类等食物也是硫胺素的良好来源，应多选择食用。

4.维生素 C 缺乏

维生素 C 缺乏能引起坏血病，所以，维生素 C 缺乏病主要是指坏血病。但维生素 C 缺乏不仅能引起坏血病，还与炎症、动脉硬化、肿瘤等多种疾患有关。

（1）维生素 C 缺乏的症状。

1）一般症状。起病缓慢，维生素 C 缺乏需 3～4 个月方可出现症状。早期无特异性症状，病人常有面色苍白、倦怠无力、食欲减退、抑郁等表现。儿童表现易激怒，体重不增，可伴低热、呕吐、腹泻等症状。

2）出血症状。皮肤瘀点为其较突出的表现，随着病情进展，病人可有毛囊周围角化和出血，齿龈常肿胀出血，也可有鼻衄并可见眼眶骨膜下出血引起眼球突出。偶见消化道出血、血尿、关节腔内出血、甚至颅内出血。病人可颅内出血，突然发生抽搐、休克，以致死亡。

3）贫血症状。由于长期出血，且维生素 C 不足可影响铁的吸收，从而引起缺铁性贫血。

4）骨骼症状。长骨骨膜下出血或骨干骺端脱位可引起患肢疼痛，导致假性瘫痪。婴儿的早期症状之一是四肢疼痛呈蛙状体位，对其四肢的任何移动都会使其疼痛以致哭闹。

5）其他症状。由于胶原蛋白合成障碍，伤口愈合不良。免疫功能受损，容易发生感染。

（2）维生素 C 缺乏的预防。注意摄入富含维生素 C 的新鲜水果和蔬菜，如辣椒、韭菜、油菜、柑橘、橙、猕猴桃等。食物中的维生素C在烹调加热、遇碱或金属时易被破坏而失去活性;蔬菜切碎、浸泡、挤压、腌制,也致维生素C损失,所以应注意合理烹调加工。

偏食、对食物禁忌、嗜酒引起的慢性酒精中毒,以及人工喂养的婴儿都易发生维生素C缺乏,应定期监测其维生素C营养状况,必要时进行营养干预。提倡母乳喂养,孕妇及乳母应多食含维生素C的食物;人工喂养婴儿需及早添加含维生素C丰富的食物。

(三)矿物质缺乏病

1. 铁缺乏病

循环血液中血红蛋白量低于正常时称为贫血。贫血时,一般伴有红细胞数量或红细胞体积减小。贫血的原因很多,其中由于体内铁的缺乏而影响正常血红蛋白的合成所引起的缺铁性贫血为最常见,可发生于各年龄组,尤多见于婴幼儿及生育年龄妇女。

(1)铁缺乏病的症状。

1)常见症状。症状和贫血的严重程度相关,常有疲乏无力、心慌、气短、头晕,严重者出现面色苍白、口唇黏膜和睑结膜苍白、肝脾轻度肿大等。严重缺铁性贫血可引起贫血性心脏病,易发生左心心力衰竭。

2)影响身体发育与智力发育。缺铁的幼儿可伴近期和远期神经功能和心理行为障碍,烦躁、易激怒、注意力不集中,学龄儿童学习记忆力降低。

3)活动和劳动耐力降低。细胞内缺铁,影响肌肉组织的糖代谢使乳酸积聚以及肌红蛋白量减少,使骨骼肌氧化代谢受影响。

4)免疫功能。多见于小儿,表现为淋巴细胞数目减少,免疫功能下降,中性粒细胞杀菌功能受影响,过氧化物酶活性降低,吞噬功能有缺陷。缺铁易发生感染,但也有认为缺铁患者补铁后感染反而增多。成人铁缺乏容易导致疲劳、倦怠、工作效率和学习能力降低、机体处于亚健康状态。

5)消化道系统。严重缺铁性贫血可致黏膜组织变化和组织营养障碍,出现口腔炎、舌炎、舌乳头萎缩。75%缺铁性贫血患者有胃炎表现,而正常人仅29%,可呈浅表性胃炎及不同程度萎缩性胃炎,伴胃酸缺乏。

6)皮肤系统。毛发干枯脱落,指(趾)甲缺乏光泽、变薄、脆而易折断,出现直的条纹状隆起,重者指(趾)甲变平,甚至凹下呈勺状(反甲),是严重缺铁性贫血的特殊表现之一。这种体征现在很少见。

7)神经精神系统。尤其是小儿,约 1/3 患者出现神经痛,周围神经炎,严重者可出现颅内压增高,视盘水肿,甚至误认为颅内肿瘤。有些铁缺乏患者有异食癖,有嗜食泥土、墙泥、生米等怪癖,而在用铁剂治疗后,这些怪癖的症状可以消失。异食癖不仅是缺铁的特殊表现之一,且又可使食物中铁吸收障碍,加重了缺铁性贫血。

8)抗寒能力降低。可能是由于甲状腺激素代谢异常。

9)其他危害。缺铁性贫血也可导致月经紊乱,但是月经过多既是缺铁原因,也可以是缺铁的后果,有时很难区别。大约 10% 的患者有轻度脾肿大,机制不详,铁剂治疗后可缩小,但注意排除其他疾病引起的脾肿大。吞咽困难或吞咽时有梗塞感亦为缺铁的特殊症状之一。这种症状的发生大概与咽部黏膜萎缩有关,在我国很少见,但在北欧和英国的中年妇女患者中较多见。

(2)铁缺乏病的预防。摄入富含铁的食物,主要有动物血、肝脏、鸡胗、牛肾、大豆、黑木耳、芝麻酱、瘦肉、红糖、蛋黄、猪肾、羊肾、干果等。同时注意避免摄入干扰铁吸收的食物,如菠菜、咖啡、茶叶等。

改进膳食习惯和生活方式,以增加铁的摄入和生物利用率,足量摄入参与红细胞生成的营养素,如维生素 A、维生素 B_2、叶酸、维生素$_{12}$等。

对高危人群,如婴幼儿、早产儿、孪生儿、妊娠妇女、胃切除者及反复献血者,可使用口服铁剂预防铁缺乏。在高危人群中也可采用铁强化食品(主要是谷类食品)来预防缺铁的发生。加强健康教育,指导人们科学、合理地膳食是最有效、最经济的预防措施。

2. 硒缺乏病

硒缺乏会导致克山病。补充硒后可预防克山病的发生。另外,还发现大骨节病也与缺少硒有密切关系。

(1)硒缺乏病的症状。克山病多发生在生长发育的儿童期,以 2 ~6 岁为多见,同时也见于育龄期妇女。主要侵犯心脏,出现心律失常、心动过速或过缓及心脏扩大,最后导致心功能衰竭,心源性休克。

大骨节病主要病变是骨端的软骨细胞变性坏死,肌肉萎缩,影响骨骼生长发育,发病也以青少年为多。

(2)硒缺乏病的预防。在缺硒地区,根据实际情况,给农作物适当喷洒硒剂叶面肥或追施含硒化肥,以提高粮食中硒的含量。

硒含量较高的食物有淡水鱼和海鱼(如大马哈鱼、金枪鱼、箭鱼和鳝鱼等），龙虾、小虾、贝类等海产品；牡蛎、动物内脏（肝、肾等）；小麦、荞麦、黄豆等谷物类，牛、羊肉类。中等含量的食物有干果、大蒜、萝卜、大葱、葵花子、葡萄干、啤酒酵母、禽类、乳制品、鸡蛋、水果、蔬菜等。成人每天摄取300～500 μg即可满足需求。

有些食品中硒含量高，但人对其吸收并不高。因此硒的正确摄取方法是多吃强化补充有机硒的食品。富含维生素A、C、E的食品有助于硒的吸收。在严重缺硒地区，可采用人为补硒的方法，如在有关部门或医务人员的指导下，饮食各种含硒的饮料和食品，必要时服用亚硒酸钠等药剂，千万不能盲目补硒，以免造成硒中毒。

3. 碘缺乏病

碘是人体不可缺少的一种营养素，当摄入不足时，机体会出现一系列的障碍。这些障碍，可以统称为碘缺乏病。在这一系列的障碍中，地方性甲状腺肿（简称地甲肿）与地方性克汀病（简称地克病）是两种已熟知的碘缺乏病，前者主要见于成年人，后者则发生于胎儿和儿童。

（1）碘缺乏病的症状。缺碘性克汀病是胚胎时期和出生后早期碘缺乏与甲状腺功能低下所造成的中枢神经系统发育分化障碍结果。以智力障碍、生长发育迟滞严重、性发育落后为主要特点。其他表现可见聋哑、斜视、运动功能障碍等。缺碘性甲状腺肿是一种地方性流行疾病，主要由于缺碘，引起甲状腺增生肿大，退行性病变。可导致胎儿死亡、畸形、流产、早产。成人体力和劳动能力下降。

（2）碘缺乏病的预防。多吃含碘食物，如海藻、海带等海产品。孕妇妊娠末3～4个月可加服用碘化钾（1%溶液每日10～12滴），或肌肉注射碘油2 mL/次。

由政府大力推行碘化食盐消灭地方性甲状腺肿，全国各地已普遍进行了单纯性甲状腺肿的普查和防治工作，特别是推广碘盐以后，地方性克汀病也随之消灭，单纯性甲状腺肿发病率已大大降低。

（四）贫血

贫血指单位体积的外周血中红细胞数、血红蛋白浓度低于同年龄、性别和地区的正常值。可由多种原因引起。虽然意外的出血会使人贫血，但更常见到的原因却是细胞中红细胞太少或带氧的血红蛋白过少所引起的。红细胞、血红蛋白及酶的制造，几乎需要任何一种营养素，如果缺乏其中数种，经常会引起贫血。

营养性贫血可分为营养性小红细胞(缺铁性)贫血、巨幼红细胞(维生素B_{12}、叶酸缺乏)贫血和缺铜性贫血。

1. 缺铁性贫血

缺铁性贫血是一种常见的营养缺乏病。体内贮存铁耗竭,血红蛋白合成减少所引起的贫血。由于铁摄入不足、吸收不良或损耗过多,影响血红素合成所致。

人体贫血时面色苍白,口唇黏膜和眼结膜苍白,重者可出现食欲不振、心率增快、心脏扩大等:婴幼儿严重贫血时可出现肝、脾和淋巴结肿大等。化验可见血红蛋白较红细胞数减少更明战,常在6% ~10%,属低血色素性小红细胞性贫血。

为预防缺铁性贫血,婴儿应及时添加富含铁质的辅助食品,孕妇与乳母应补充足量的铁,多吃富含维生素C的食品,以帮助铁的吸收。由于植物性食品中铁的吸收率一般较低,动物性食品的铁吸收率较高,所以应多食用动物性食品,如动物肝脏、动物血、肉与肉制品、鱼和鱼制品等。此外,也可食用铁强化食品,如铁强化面粉、食盐、固体饮料等。

2. 巨幼红细胞贫血

维生素B_{12}和(或)叶酸等造血原料缺乏,导致骨髓中出现巨幼红细胞的一种贫血。巨幼红细胞是一种形态及功能均有显著变异的细胞,不仅影响红细胞造血,粒细胞及巨核细胞也易受累。

维生素B_{12}缺乏可引起巨幼红细胞性贫血和神经系统的损害;叶酸缺乏除引起巨幼红细胞性贫血外,还有舌炎、口炎性腹泻等。在我国,多是因叶酸缺乏所致的巨幼红细胞性贫血,以山西、陕西、河南和山东等地比较多见。

预防巨幼红细胞性贫血主要应保证食物中有一定量的叶酸与维生素B_{12}。叶酸广泛存在于绿叶蔬菜中,肝脏、小麦胚芽含量最丰富。而动物性食物中富含维生素B_{12},特别是草食动物的肝、心和肾,其次为肉、蛋、奶类。因食物中与蛋白质结合的维生素B_{12}只有在胃液的作用下才能游离出来,其吸收需要胃黏膜细胞分泌的一种糖蛋白即内因子的协助,所以对胃酸缺乏者应考虑注射维生素B_{12}。

3. 缺铜性贫血

铜缺乏时发生的不同程度的贫血。铜为构成含铜酶的重要成分。这些酶的主要功能是参与氧化还原反应、组织呼吸、铁的吸收和利用、红细胞生成、保持骨骼和胶原组织的正常结构和功能等。

铜缺乏时可产生寿命短的异常红细胞。缺铜性贫血主要表现为面色苍白、四肢无力、食欲不振、腹泻、肝脾肿大、生长停止、肌张力减退和精神萎靡等。

预防缺铜性贫血，关键是补充足够量的铜铁元素。因铜在人体内不能贮存，故必须每天从外界摄取，方能奏效。补充方法有食补和药补，以食补为佳。可适当多食些含铁铜较丰富的食物，如肝、肾、心等动物内脏，牡蛎和鱼虾等水产物，荞麦、红薯等粗粮，核桃、葵花子和花生等坚果类，以及豆制品、蘑菇和黑木耳等。另外，减少食用含糖量高的食品，因糖代谢过程中需消耗一定量的铜，过多食用会导致铜缺乏。对贫血患儿，父母应严格限制其进食过量的糖果、饼干等高糖食品。

第四节 膳食营养与人体健康

营养是维持人体生命的先决条件，是保证身心健康的物质基础，也是人体康复的重要条件。

一、促进生长发育

生长是指细胞的繁殖、增大和细胞数目的增加，表现为全身各部分、各器官和各组织的大小、长短和质量的增加；发育指身体各系统、各器官和各组织功能的完善。

影响生长发育的因素是多方面的，其中营养占有重要地位。人体细胞的主要成分是蛋白质，新的组织细胞的构成、繁殖和增大都离不开蛋白质，所以蛋白质是儿童生长发育的重要物质。此外，碳水化合物、脂肪和钙、磷、锌、碘、维生素 D 等营养素也是影响生长发育的重要物质基础。

二、促进优生

优生是计划生育的一项重要内容。营养供给是影响优生的因素之一。在怀孕初期，孕妇就应注意到先天营养对婴儿体质的重要性。世界上有些地区，由于母亲的饮食缺乏营养，导致胎儿畸形、流产、死产，以及分娩时的各种问题发生率很高，营养不良胎儿在学龄期容易发生精神和智力上的缺陷。母亲如每日摄入适量的营养物质，就能使胎儿正常生长，后天发育良好。

三、增进智力

营养状况对早期儿童的智力影响极大。一些贫困地区的孕妇由于营养不良，其子女的学习领会能力明显地受到不利的影响。儿童时期是大脑发育最快的时期，需要有足够的营养物质，如DHA（二十二碳六烯酸）、卵磷脂和蛋白质等。特别是蛋白质的供应，如果蛋白质摄入不足，就会影响大脑的发育，阻碍大脑的智力开发。

四、增强免疫力

营养状况对机体免疫系统的功能状态有重要影响。营养不良者的免疫功能常低于正常人，从而导致人体特别容易受各种疾病的侵犯。单种营养素缺乏或过多都会对机体的免疫功能产生影响，应注意营养素全面均衡的摄取，如维生素A、维生素B_6、维生素E和维生素C等都有提高机体免疫功能的作用。

五、防治疾病

营养充足的人通常与疾病做斗争的能力更强，因为营养过程可以帮助机体处于最佳状态。合理营养可以增进健康，保持人体的精力旺盛，而营养不良（营养不足或营养过剩）则可引起疾病。营养不良一方面与营养摄取不当有关，另一方面也与缺乏正确的营养知识有关。普及营养知识、合理摄取营养，对于防治疾病具有重要意义。

六、延年益寿

人体的衰老是自然界的必然过程，注意摄取均衡营养有利于延缓衰老，达到健康长寿的目的。机体代谢机能随年龄的生长而失调，人在45岁以后进入初老期，若45岁以前就会出现两鬓斑白、耳聋眼花和记忆力减退等现象。老年人特别需要有针对性地补充营养，避免能量和动物脂肪的过多摄入，防止高血压、脑血管病、冠心病和糖尿病等疾病的产生和复发，应多吃蔬菜、水果等清淡食物，注意营养的合理搭配，以达到延年益寿的目的。

第七章

食品安全的危害种类

第一节　生物性危害

生物性危害、化学性危害和放射性危害被认为是影响食品安全的最主要危害因素。生物性危害包括细菌、霉菌及其毒素、病毒、寄生虫等引起的食源性疾病最为普遍,由此而引起的食品安全性事件时有发生,已发展为世界性关注的食品安全问题;由甲醛、甲醇、亚硝酸盐、重金属、有机磷农药、苏丹红、瘦肉精、三聚氰胺、化学防腐剂等引发的化学性污染屡见不鲜;由于科学技术的进步,出现了转基因食品、辐照食品等,这些食品的安全性至今仍存有争议。因此,对于从事食品质量检验、监管的工作人员来说,深入地研究分析影响食品安全的危害因素并加以防范控制是至关重要的。

一、细菌

细菌是单细胞原核生物,不仅种类多,生理特性多种多样,而且适合各种环境的细菌都有。

细菌性食物中毒是指摄入含有细菌或细菌毒素的食品而引起的。细菌性食物中毒占食物中毒的7%以上,在公共卫生上占有重要地位。常见的致病菌有:沙门氏菌、副溶血性弧菌、变性杆菌、致病性大肠杆菌、蜡样芽孢杆菌、李斯特菌、空肠弯曲杆菌、金黄色葡萄球菌肠毒素及肉毒梭菌毒素等。

二、霉菌及其毒素

霉菌是菌丝体比较发达而又缺少较大的子实体的一种真菌,是丝状真菌的俗称。真菌食物中毒主要以霉菌性食物中毒为主。霉菌在自然界中分布极广,有 45 000 多种,特别是在阴暗、潮湿和温度较高的环境中,更有利于它们生长。有许多霉菌对人类是有益的,但也有少数菌对人类是有害的,其产生的毒素致病性很强。能产生各种孢子,很容易污染食品。

霉菌毒素是霉菌产生的一种有毒的次生代谢产物,霉菌污染引起食品的食用价值降低,甚至不能食用。布勒曼(Bullerman)曾列出了在各种食品中可能出现的霉菌毒素。据统计,目前已知的霉菌毒素大约有 200 多种,对人类危害较大、致病性霉菌毒素主要有黄曲霉毒素、赭曲霉毒素、杂色曲霉素、圆弧偶氮酸、3-硝基丙酸等。

(一)黄曲霉毒素

1. 黄曲霉毒素的来源与分布

黄曲霉毒素是由黄曲霉和寄生曲霉等菌种在生长繁殖过程中产生的次生代谢产物,是 20 世纪最被人注目的一种霉菌毒素。黄曲霉毒素在化学上是蚕豆素的衍生物,已明确结构的有十多种,其中以 B_1 毒性最强,产量最多。黄曲霉毒素对食品的污染及程度受地区、季节因素、作物生长、收获、储藏不同条件的影响,实验表明,黄曲霉毒素在温度 28 ℃ ~32 ℃、相对湿度 80% 以上时,产生的量最高,所以我国南方及温湿地区在春夏两季易发生黄曲霉毒素中毒,有的作物甚至在收获前、收获期或是储存期就已经被黄曲霉毒素污染了。

黄曲霉毒素是分布范围最广的霉菌之一,在全世界几乎无处不在,其中玉米、花生和棉籽油最易受到污染,其次是稻谷、小麦、大麦和豆类。20 世纪 60 年代中期,美国艾奥瓦大学的西塞姆(Seum)等人对当年从埃及市场上购买的坚果、调味品、草药以及谷物等进行了 AFT 污染情况调查,结果发现无壳花生检出率高达 100%,调味品检出率为 40%,草药检出率为 29%,谷物检出率为 21%。

黄曲霉毒素相对分子质量是 312 ~346。它难溶于水、己烷、石油醚,可溶于甲醇、乙醇、氯仿、丙酮、二甲基甲酰等有机溶液。它是目前最强的化学致癌物,致癌作用比已知的化学致癌物都强,是氰化钾的 10 倍。

2. 黄曲霉毒素的毒性与危害

黄曲霉毒素中毒症状可分为三种类型。

(1)急性和亚急性中毒,短时间内摄入量较大,迅速造成肝细胞变性、坏死,在几天或几十天内死亡。

(2)慢性中毒,少量持续摄入黄曲霉毒素可引起肝脏纤维细胞增生,甚至肝硬化等慢性损伤。体质量减轻,生长缓慢,母畜不孕或产仔减少等。

(3)致癌性,长期持续摄入较低剂量或短期摄入较大剂量的黄曲霉毒素,可诱发动物的原发性肝癌。

(二)赭曲霉毒素

1. 赭曲霉毒素的来源与分布

赭曲霉毒素是曲霉属和青霉属的一些菌种产生的一组次级代谢产物,包括赭曲霉毒素 A、B、C、D 和 α,赭曲霉毒素 A 是自然界中食品的主要天然污染物,能毒害所有的家畜家禽和人类,因此对人类的健康和畜牧业的发展都有很大的危害。赭曲霉毒素是一种肝脏毒和肾脏毒,能引起变性坏死等病理变化,毒素引起肾病的人的死亡率可达到22%。

赭曲霉毒素的分布范围较广,国内外均有分布,几乎可在所有谷物中分离到,是谷物、大豆、咖啡豆和可可豆中常见的天然污染物。赭曲霉毒素 A 在食品中的污染率在一些国家为2% ~30%。

2. 赭曲霉毒素的毒性与危害

赭曲霉毒素的毒性较强,当人畜摄入被这种毒物污染的食品和饲料后,就会发生急性或慢性中毒。不同动物种属对赭曲霉毒素敏感性不同。如大鼠经口喂 20 mg/kg 的赭曲霉毒素,就会产生急性中毒。鸡食含有赭曲霉毒素 1 ~2 mg/kg 的饲料,种蛋孵化率会降低。赭曲霉毒素的毒性特点是造成肾小管间质纤维结构和机能异常而引起肾营养不良性病、肾小管炎症、肾小球透明样变等。

(三)杂色曲霉毒素

1. 杂色曲霉毒素的来源与分布

杂色曲霉毒素主要是曲霉属的杂色曲霉和构巢曲霉的最终代谢产物,也是黄曲霉和寄生曲霉合成黄曲霉毒素过程后期的中间产物。20 世纪 50 年代被分离出来,证明是一组化学结构相似的化合物,目前已知有十多种衍生物。产生杂色曲霉毒素的菌种有杂色曲霉、构巢曲霉、焦曲霉、两端芽离蠕孢曲霉和鲜绿青霉等。现已发现有 20 多种曲霉能够产生杂色曲霉毒素,其中杂色曲霉和构巢曲霉产毒菌株占 80% 以上,而且产毒量很高。杂色曲霉在自然界分布很广,如空气、土壤、腐败的植物体和储存的粮食中均能检出。

2.杂色曲霉的毒性与危害

杂色曲霉毒素是一种毒性很强的肝及肾脏毒素,能引起动物肝和肾的坏死,有强致癌作用。它可通过污染食品使人发生中毒,产生对人和动物的急性、慢性毒性和致癌性。

(四)3-硝基丙酸

1.食品中3-硝基丙酸的来源与分布

3-硝基丙酸是曲霉属和青霉属的少数菌种产生的有毒代谢产物。黄曲霉、米曲霉、白曲霉、酱油曲霉、链霉菌、节菱孢等都能产生3-硝基丙酸。此外,某些高等植物中也含有3-硝基丙酸。如我国从变质甘蔗及中毒变质甘蔗中分离到的节菱孢能产生3-硝基丙酸。3-硝基丙酸流行于我国河北、河南、山东及山西等省的变质甘蔗中。

2.3-硝基丙酸的毒性与危害

3-硝基丙酸导致的甘蔗中毒在我国北方常有发生,20世纪70年代—80年代间变质甘蔗中毒共发生183起,中毒人数825人,死亡人数78人,其主要表现为发病急,潜伏期短;中毒者多为儿童;中枢神经系统受损,严重者1~3 d内死亡。有的患者留有终生残废的后遗症,严重者生活能力受到影响。

三、病毒

它是一类比细菌更小,能通过细菌的过滤器,只含一种类型的核酸与少量蛋白质,仅能在敏感的活细胞内以复制方式进行增殖的非细胞生物。

病毒属于寄生微生物,只能在寄主的活细胞中复制,不能通过人工培养基繁殖。因此,人和动物是病毒复制、传播的主要来源。病人的临床症状最明显时是病毒传播能力最强的时候。病毒携带者多处于传染病的潜伏期,在一定情况下向外传播,因此具有更大的隐蔽性。受病毒感染的动物可通过各种途径传播给人,其中大多通过污染的动物感染给人的,我们经常听到的口蹄疫病毒、狂犬病病毒、禽流感病毒、H1N1甲型流感病毒均如此。

四、寄生虫

它是指营寄生生活的动物,其中通过食品感染人体的寄生虫称为食源性寄生虫,主要包括原虫、节肢动物、吸虫、绦虫和线虫,其中后三者统称为蠕虫。食物在所存在的环境中有可能被寄生虫和寄生虫卵污染,食源性寄生虫病是由摄入含有寄生虫幼虫或虫卵的生的或未经彻底加热的食品引起的一类疾病,严重危害人类的健康和生命。

第二节　化学性危害

随着化学合成食品添加剂、化学药品、化学试剂及其他一些化学物质的广泛使用,食品的化学性污染问题也越来越受到人们的普遍重视。由于一些化学物质在食品加工、储藏、运输等过程中可能进入人体而造成损害,因此,掌握化学物质性质、污染食品途径,进行有效的预防和控制,是提高食品安全与卫生和保证人体健康的重要手段。

一、食品添加剂

(一)食品添加剂的分类

在《食品、药品与化妆品法》中,将食品添加剂分成以下 32 类:抗结剂和自由流动剂;抗微生物剂;抗氧剂;着色剂和护色剂;腌制和酸渍剂;小麦粉处理剂;成型助剂;熏蒸剂;保湿剂;膨松剂;润滑和脱模剂;非营养甜味剂;营养增补剂;营养性甜味剂;氧化剂和还原剂;pH 值调节剂;加工助剂;气雾推进剂、充气剂和气体;整合剂;溶剂和助溶剂;稳定剂和增稠剂;表面活性剂;表面光亮剂;增效剂;组织改进剂。

(二)常用食品添加剂

1. 防腐剂

防腐剂的主要作用是抑制微生物的生长和繁殖,以延长食品的保存时间,抑制物质腐败。

(1)苯甲酸及其盐类

毒性:动物实验表明,用添加 1% 苯甲酸的饲料喂养大白鼠 4 代,对成长、生殖无不良影响;用添加 8% 苯甲酸的饲料喂养大白鼠 13 d 后,有 50% 左右死亡;还有的实验表明,用添加 5% 苯甲酸的饲料喂养大白鼠,全部都出现过敏、尿失禁、痉挛等症状,而后死亡。苯甲酸的大鼠经口 LD_{50} 为 2.7 ~

4.44 g/kg,最大安全剂量(MNL)为0.5 g/kg,犬经口 LD_{50}为2 g/kg。

使用:苯甲酸类防腐剂可以用于酱油、醋等酸性液态食品的防腐,可配制50%的苯甲酸钠水溶液,按防腐剂与食品质量1∶500的比例均匀加到食品中。如苯甲酸与对羟基苯甲酸乙酯复配使用,可适当降低两者的用量,先用乙醇溶解,将生酱油加热至80 ℃杀菌,然后冷却至40 ℃~50 ℃,把混合防腐剂加入,搅拌均匀。

低盐酸黄瓜、泡菜,苯甲酸类防腐剂最大使用量为0.5 g/kg,可在包装与装坛时按标准溶解和分散到泡菜水中。低糖的蜜饯等,苯甲酸类防腐剂的最大使用量也为0.5 g/kg。该类产品应根据生产工艺,设计加入方案,一般在最后的工艺步骤中加入。由于有糖渍与干燥工艺,应防止添加量不够或添加过量。

(2)山梨酸及其盐类

毒性:以添加4%、8%山梨酸的饲料喂养大鼠90 d,4%剂量组未发现病态异常现象;8%剂量组出现肝脏微肿大,细胞轻微变性。以添加0.1%、0.5%和5%山梨酸的饲料喂养大鼠100 d,对大鼠的生长、繁殖、存活率和消化均未产生不良影响。山梨酸的大鼠经口 LD5Q 为10.5 g/kg,MNL 为2.5 g/kg。山梨酸钾的大鼠经口 LD5。为4.2~6.17 g/kg。

2. 面粉增白剂

面粉增白剂的有效成分为过氧化苯甲酰,它是我国20世纪80年代末从国外引进并开始在面粉中普遍使用的食品添加剂,面粉增白剂主要是用来漂白面粉,同时加快面粉的后熟。

过氧化苯甲酰的急性毒性 LD_{50}为7 710 mg/kg(大鼠经口)。中国的国家标准中规定面粉中过氧化苯甲酰的最大使用量为0.06 g/kg。

各国的标准:中国批准的最大添加量,60 mg/kg;美国批准的最大添加量,按生产需要添加,不限量;加拿大批准的最大添加量,150 mg/kg;菲律宾批准的最大添加量,150 mg/kg;日本批准的最大添加量,300 mg/kg。不少国家的添加量都比中国高。

二、农药、兽药残留

农药残留是指农药使用后残存于生物体、农副产品和环境中的农药原体、有毒代谢物、降解物和杂质的总称。农药在现代农业生产中成为“双刃剑”,一方面为减少农作物因受病虫害造成的损失做出巨大贡献;另一方面随着化学农药种类的不断增多,滥用农药问题日趋严重,造成食品中的农药残留大大超出国家或国际规定的标准,致使农药急性中毒和慢性中毒事件屡有发生。

兽药残留是指用药后蓄积或存留于畜禽机体或产品中原型药物或其代谢产物,包括与兽药有关的杂质的残留。一般以 mg/L 或 μg/g 计量。随着生活水平的不断提高,人们对动物性食品的需求日益增长,给畜牧业带来前所未有的繁荣和发展。但是,由于普遍热衷于寻求提高动物性食品产量的方法,往往忽略了动物性食品的安全问题,其中最重要的是化学物质在动物性食品中的残留及其对人类健康的危害问题。兽药在减少疾病和痛苦方面起到了重要的作用,但是它们在食品中的残留使兽药的应用产生了问题。

(一)农药污染食品的途径

1. 直接污染

农作物直接施用农药:为防治农作物病虫害而施用农药,直接污染施用作物。农药对农作物的污染有表面污染和内部污染两种。渗透性农药黏附于蔬菜、水果等作物表面,施药时向农作物喷洒的农药有 10% ~20% 附着于农作物的植株上。而内吸收性农药可进入作物体内,在粮食等作物体内运动、残留,造成污染,如甲拌磷、乙拌磷、内吸磷等。这些农药的杀虫剂机理就是通过植物的根、茎、叶等处渗入植物组织内部,遍布植物的全部组织之中,当害虫食用植物组织时将害虫杀死。一般来讲,蔬菜对农药的吸收能力是根菜类>叶菜类>果菜类。此外,施药次数越多,施药浓度越大,时间间隔越短,作物中的残留量越大。所以,农药在食用作物上的残留受农药的品种、浓度、剂型、施药次数、施药方法、施药时间、气象条件、植物品种以及生长发育阶段等多种因素影响。

熏蒸剂的使用也可导致粮食、水果、蔬菜中农药残留,给饲养的动物使用杀虫剂、杀菌剂时,农药可在动物体内残留。粮食、水果、蔬菜等食品在储藏期间为防治病虫害、抑制生长、延缓衰老等而使用农药,可造成食品上的农药残留。

运输和储存中混放,食品在运输中由于运输工具、车船等装运过农药未予以彻底清洗,或食品与农药混运,可引起农药对食品的污染。此外,食品在储存中与农药混放,尤其是粮仓中使用的熏蒸剂没有按规定存放,也可导致污染。

果蔬经销过程中用药造成污染，水果商为了谋求高额利润，低价购买七八成熟的水果，用含有 SO_2 的催熟剂和激素类药物处理后，就变成了色艳、鲜嫩、惹人喜爱的上品，价格可提高 2 ~3 倍。如从南方运回的香蕉大多七八成熟，在其表面涂上一层含有 SO_2 的催熟剂，再用 30C ~40 ℃的炉火熏烤后储藏 1 ~2 d，就变成上等香蕉。

2. 间接污染

(1) 土壤污染。农药进入土壤的途径主要有三种：一是农药直接进入土壤，包括施用于土壤中的除草剂、防治地下害虫的杀虫剂、与种子一起施用以防治苗期病害的杀菌剂等，这些农药基本上全部进入土壤；二是防治田间病虫草害施于农田的各类农药，其中相当一部分农药进入土壤，研究证实，不同种类的蔬菜从土壤中吸收农药的能力是不同的。最容易从土壤中吸收农药的是胡萝卜、黄瓜、菠菜等，番茄、茄子、辣椒等蔬菜类吸收能力较差。此外，芋头、山药等也易从土壤中吸收农药。

(2) 水体污染。

1) 大气来源。在喷雾和喷粉使用农药时，部分农药弥散于大气中，并随气流和沿风向迁移至未施药区，部分随尘埃和降水进入水体，污染水生动植物，进而污染食品。

2) 水体直接施药。这是农药的重要来源。为防治蚊子、杀灭血吸虫寄主、清洗鱼塘等在水面直接喷洒杀虫剂，为消灭水渠、稻田、水库中的杂草使用的除草剂，绝大多数农药直接进入水环境中，其中的一部分在水中降解，另外部分残留在水中，对水生生物造成污染，进而污染食品。

3) 农药厂污染。农药厂排放的废水会造成局部地区水质的严重污染。

4) 农田农药流失是水体农药污染的主要来源。农业生产中，农田普遍使用农药，其用量很大，种类很多，范围很广，成为农药污染的主要来源，农药可通过多种途径进入水体，如降雨、地表径流、农田渗透、水田排水等。通常，对于水溶性农药，质地轻的砂土、水田栽培条件、使用农药时期降雨量大的地区容易发生农药流失而污染环境，反之则轻。

3. 大气污染

根据距离农业污染点远近距离的不同，空气中农药的分布可分为三个带：第一带是导致农药进入空气的药源带，可进一步分为农田林地喷药药源带和农药加工药源带。这一带中的农药浓度最高。第二带是空气污染带，是指由于蒸发和挥发作用，施药目标上和土壤中的农药向空气中扩散，在农药施用区相邻的地区形成的。第三带是大气中农药迁移最宽和浓度最低的地带，此带可扩散到离药源数百里甚至上千公里。如：当飞机喷药时，空气中农药的起始浓度相当高，影响的范围也大，即第二带的距离较宽，以后浓度不断下降，直至不能检出。

（二）食品中农药残留及允许量标准

为了防治病虫草害，人们把农药洒入农田、森林、草原、水体，这些直接落到害虫上的农药还不到用量的1%，10%～20%会落在作物上，其余散布在大气、土壤和水体中，通过各种途径污染食品，最终造成对人体的危害。

1. 食品中有机氯农药的再残留限量标准

有机氯农药化学性质稳定，在外界环境中广泛残留，通过食物链最终进入人体，并在人体内蓄积。由于有机氯农药的半衰期长，有些品种的半衰期可达10年以上，所以目前世界各国虽然已广泛停用，但在一些食品中仍可能存在有机氯农药残留。因此，我国的食品安全国家标准中明确限定了有机氯农药在食品中的再残留限量。

2. 食品中有机磷农药的最大残留限量标准

有机磷农药为神经性毒剂，对人体健康有一定的危害，并且由于有机磷农药应用范围广，污染机会多，因此某些食品需要进行有机磷农药残留量的检验。

（三）兽药残留

1. 兽药残留的种类

兽药种类繁多，按用途分类主要包括：抗生素类、合成抗生素类、抗寄生虫药、生长促进剂、杀虫剂。抗生素和合成抗生素统称微生物药物，是主要的药物添加剂和兽药残留，约占药物添加剂的60%。

2. 兽药残留的来源及其危害

造成兽药残留的原因是动物性产品的生长链长，包括养殖、屠宰、加工、储存运输、销售等环节，任何一个环节操作不当或监控不力都可能造成药物残留，而畜禽养殖环节用药不当是造成药物残留的最主要原因。另外，加工、储存时超标使用色素与防腐剂等，也会造成药物的残留。有些兽药残留有致癌、致畸、致突变作用。

3. 兽药残留的监测和控制

食品中兽药残留的监控有几个目标，如下所示：一是符合国内或国际食品安全标准。二是建立有效的许可制度及其他的控制措施。三是兽药残留及违禁药物的检测及获取相关证据。四是评估消费者饮食中摄入的兽药残留量。

世界卫生组织已将兽药残留列入今后食品安全性问题中的重要问题之一。为了控制动物性食品中的兽药残留,可采取以下措施:一是加强药物的合理使用规范;二是严格规定休药期和制定动物性食品药物的最大残留限量;三是加强监督检测工作;四是合适的食品食用方式。

三、化学污染物

食品化学污染物主要有:来自生活生产环境中的污染物,如有害元素、化合物毒素等,以及来自工具、容器、包装材料以及涂料等融入食品中的原料成分、单体、助剂等。

有害有毒金属元素及其化合物在自然界普遍存在,常称之为重金属。危害较大的有害元素有汞、镉、砷、镉、钼、铜等。重金属及其化合物侵入机体,与机体内某些成分结合,超过体内降解平衡能力后浓缩,并发挥其毒性作用。重金属对机体的毒性与其化学形态、侵入机体的途径、进入机体后的浓度、存在部位、与生物成分的结合状态、排泄速度、金属间的相互作用有关。

(一)有毒金属的污染来源及毒性

1.汞

它有以下几个来源。

(1)土壤。其广泛存在于地质岩石中,由于物理化学分解作用,不断向地球海洋环境释放天然汞。土壤中汞的形态包括:离子吸附态和共价吸附态,分可溶性汞、难溶性汞。硫化汞是属于难溶性的,被认为是土壤汞化物转化的最终产物。土壤中的汞,在一定的土壤 pH 值范围内,能以零价态元素汞或金属汞形式存在。

(2)水源。海水中富含金属汞,其浓度随深度的增加而增加。经吸附和沉淀的作用,河湖中汞大部分保留在沉淀物中。水体中的汞主要来自制碱工业、塑料工业、电池工业和电子工业排放的废水。

(3)农作物。植物也含有汞,其中,根部要大于茎、叶和籽实。

(4)空气。大气中的汞来源于金属矿物的冶炼、煤和石油的燃烧、工厂排放的废气。

毒性：汞中毒可导致出现功能代谢障碍，汞对组织的毒性还表现在汞与金属硫蛋白结合成复合物，当这种复合物达到一定量时，引起上皮细胞损伤，特别是对肾小管和肠壁上皮细胞的损伤，导致肾衰竭、内皮细胞出血，此外，汞对神经系统的影响表现在汞作用于血管及内脏感受器，抑制大脑皮质的兴奋，导致神经症状，出现运动神经中枢和反射活动的协调紊乱。

2. 镉

它有以下几个来源。

(1)自然界。镉广泛存在于自然界，可通过作物根系的吸收进入植物性食品，并通过饮水与饲料移行到动物，使畜禽类食品中含有镉，但由于自然本底较低，食品中镉的含量不高。

(2)工业污染。冶炼金属矿物会排出大量的镉，工业区冶炼厂附近空气中镉的沉积率远远高于非工业区域，随着工业活动不断地加强，镉扩散对环境污染的压力将越来越大。

(3)食品容器和包装材料的污染。镉是合金、釉彩、颜料和电镀层的组成成分，由这些材料制成的食品容器具，在盛放食品特别是酸性食品时容易移到食品中。

毒性：镉急性中毒可引起呕吐、腹泻、头晕、意识丧失甚至肺气肿等症状；慢性中毒可对肾脏、呼吸器造成损伤；引起骨骼畸形、骨折等，导致病人骨痛难忍，并在疼痛中死亡；还可引起致癌致突变。

(二)亚硝酸盐类化合物的污染来源及毒性

亚硝酸盐除化工合成产品外，在自然生物界存留量较少，在特定的条件下主要由硝酸盐转化而来。硝酸盐的毒性较小，有毒的是亚硝酸盐，主要的亚硝酸盐包括亚硝酸钠、亚硝酸钾。它有以下几个来源。

1. 氮肥的污染

化学合成的氮肥在作物农田的施用量要多于其他肥料，氮肥中的硝酸盐在土壤微生物的作用下能转化成亚硝酸盐。

2. 食品加工过程中产生的亚硝酸盐

这主要是微生物还原菌的作用，把硝酸盐转化为亚硝酸盐。这类微生物还原菌广泛分布在土壤、水域等自然环境中，一旦遇到有利于其滋生繁殖的条件，就将其中的硝酸盐转化为亚硝酸盐。如食物原料及其加工后的食品长期堆积或加工、运输、储存过程中，被硝酸盐还原菌侵染。在适宜温度下，硝酸盐还原菌得以大量繁殖，使食品内的硝酸盐转化为亚硝酸盐。

3. 动物体内的转化

动物采食的饲料或饮水中若含有较多的硝酸盐，也会引起亚硝酸盐的中毒。

毒性：亚硝酸钠有较强毒性，人食用0.2～0.5 g就可能出现中毒症状，如果一次性误食3 g，就可能造成死亡。亚硝酸钠中毒的特征表现为发绀，症状体征有头痛、头晕、乏力、胸闷、气短、心悸、恶心、呕吐、腹痛、腹泻，口唇、指甲及全身皮肤、黏膜发绀等，甚至抽搐、昏迷，严重时还会危及生命。此外，亚硝酸钠还是致癌物质。

（三）二噁英的污染来源及毒性

二噁英这个化学名词现在已经成为环境界和国际媒体关注的热点。这类毒性很大的有机物最初是在化工产品的副产物中发现的。

它的来源如下：一是二噁英基本上不会天然生成，主要来自城市垃圾和工业固体废物焚烧时生成。二是含氯化学品及农药生产过程可能伴随产生。三是在纸浆和造纸工业的氯气漂白过程中也可以产生二噁英，并随废水或废气排放出来。四是就目前来看，垃圾焚烧排放的二噁英类所占比例是很大的。

毒性：二噁英可经皮肤、黏膜、呼吸道、消化道进入机体内。大量动物实验表明，二噁英中毒可引起心力衰竭、癌症等。

第三节　物理性危害

物理性危害是指食品中的异物，可以定义为任何消费者认为不属于食物本身的物质，而有些异物与食物原料本身有关，如肉制品中的骨头渣，它是食物的一部分，还有糖和盐中的结晶时常被误认为是碎玻璃。所以，异物一般被分为自身异物和外来异物，自身异物是指与原材料和包装材料有关的异物；外来异物是指与食物无关而来自外界并与食物合为一体的物质。也可以如此描述物理性危害，即任何尖利物可引起人体伤害、任何硬物可造成牙齿损坏和任何可堵塞气管使人窒息之物。外来异物包括：昆虫、污物、珠宝、金属片(块)、木头、塑料、玻璃等。

物理性危害——蟑螂。蟑螂是世界上最古老的昆虫种群,距今有三亿五千万年历史,蟑螂有边吃边吐边排泄的恶习并分泌臭液。蟑螂无所不吃:除人类的食物外,还有书籍、皮革、衣服、肥皂等;还吃粪便、动物尸体及腐败有机物。蟑螂无处不在:常出入阴沟、垃圾堆和厕所等处。蟑螂传播疾病和致癌物质,它至少携带 40 多种致病菌(包括麻风分枝杆菌、鼠疫杆菌、志贺氏痢疾杆菌等,也是肠道病重要的传播媒介)、10 多种病毒、7 种寄生虫卵、12 个种属的霉菌,携带黄曲霉菌的检出率为 29% ~50% 、其分泌物和粪便中含有多种致癌物质。

物理性危害——金属、玻璃等。从很多食品生产商、零售商和政府相关机构得到的数据,消费者投诉最多的就是食品中的异物。尽管是在最佳管理模式下,产品中也难免会含有一些意外物质。所以,食品中的异物问题成为所有生产商和零售商都非常关心的一个问题。媒体对消费者权利的大量报道和民众越来越热衷于诉讼,使得人们越来越关注食品安全问题。

食品污染物是指非有意添加到食品中,会危及食品的安全性或适用性的任何生物物质、化学试剂、外来异物或其他物质。食品安全危害可能是食品本身所固有的,也可能是外来污染物。

食品的固有属性和加工方法涉及食品安全危害,如食品配方以及食品在加工过程中有可能产生食品安全危害或被污染。产品配方可能涉及食品安全的问题有:pH 值与酸度、防腐剂、水分活度和配料。加工技术中的热加工、冷冻、发酵、辐照和包装系统不当都有可能涉及食品安全危害。

第八章

食品采样与样品处理

第一节　食品样品的采集

样品是一批食品的代表，是分析工作的对象，是决定一批食品质量的主要依据。所采取的样品必须能够反映出整批被检产品的全部质量内容，因此样品必须具有代表性。否则即使以后的一系列分析工作再严格、精确，其分析结果也毫无意义，甚至会得出错误的结论。从大量的分析对象中抽取有代表性的一部分供分析化验用，这项工作称为样品的采集，简称采样。采样的具体要求如下：①采集的样品要均匀、具有代表性，能反映全部被测食品的组成、质量及卫生状况；②有时要确定食品的腐败程度时，亦可取其腐败、污染或可疑部分；③采样中避免成分逸散或引入杂质，应保持原有的理化指标；④认真填写采样记录，写明采样单位、地址、日期、样品批号、采样条件、包装情况、采样数量、检验项目及采样人等。

一、样品的分类

由于食品的种类不同，食品的组成成分、成分含量、分布都不一致，因此即使是同一种类的食品，由于品种的产地、成熟期、加工方法及储存的条件、时间等的不同，食品中的成分及其含量也会有一定的差异。同一品种食品不同部位成分含量也不尽一致。因此，要从一批食品中采取代表整批质量的样品，必须使用正确的采取方法，遵守一定的采样规则，同时，还必须防止成分的逸散及其他物质的污染。

按照样品采集的过程可依次得到检样、原始样品和平均样品三类。

(一)检样

由整批食物的各个部分所抽取的样品称为检样。检样的多少,按该产品标准中检验规则所规定的抽样方法和数量执行。

(二)原始样品

将许多份检样综合在一起称为原始样品。原始样品的数量是根据受检物品的特点、数量和满足检验的要求而定。

(三)平均样品

将原始样品按照规定方法经混合平均,均匀地分出一部分,称为平均样品。原始样品经过处理再抽取其中一部分供分析检验用的样品。

二、采样的步骤

采样一般分为以下三个步骤:①获取检样;②将所有获取的检样集中在一起,得到原始样品;③将原始样品经技术处理后,均匀抽取其中的一部分供分析检验用。

三个步骤(抽样、集中、均样)对应三类样品(检样、原始样品、平均样品),采样的过程便是“检样→原始样品→平均样品→试样”的过程,如图8-1所示。不同质量的检样单独作为原始样品、平均样品、试样,单独进行分析。

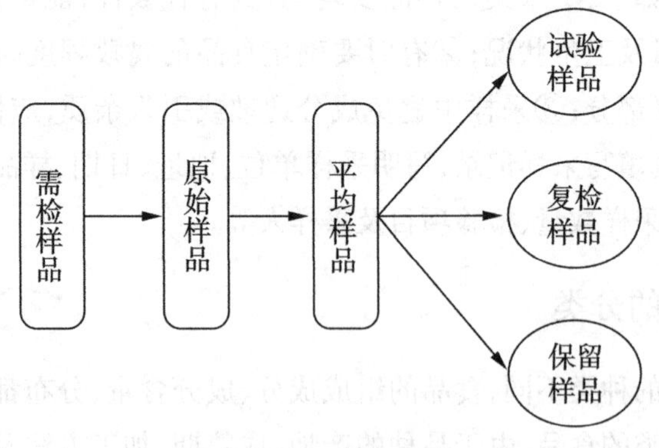

图8-1 采样步骤

三、采样的数量

采样数量应能反映该食品的卫生质量和满足检验项目对取样量的需

求，样品应一式三份，分别供检验、复验、备查或仲裁，一般散装样品每份不少于0.5 kg。具体采样方法因分析对象的性质而异。

四、采样的方法

样品的采集一般分为随机抽样和代表性取样两类。随机抽样是指均衡地、不加选择地从全部产品的各个部分取样，要保证所有物料各个部分被抽到的可能性均等。代表性取样，是用系统抽样法进行采样，根据样品随空间（位置）、时间变化的规律，采集的样品能代表其相应部分的组成。

随机取样可以避免人为倾向，但是对不均匀样品，仅用随机抽样法是不够的，必须结合代表性取样，从有代表性的各个部分分别取样，才能保证样品的代表性。

具体的取样方法，因分析对象的不同而异，举例如下。

（一）粮食、油料类物品的采样

对于粮食、油料类物品，先将原始样品充分混合均匀，进而分取平均样品或试样的过程，称为分样。分样常用的方法有“四分法”和自动机械式。

（二）散装固体食品

可根据堆放的具体情况，先划分为若干等体积层，然后在每层的四角和中心分别用双套回转取样管采集一定数量的样品，混合后按四分法缩分至所需数量。

（三）肉类、水产、果品、蔬菜等组成的不均匀食品

主要有两种：一种是在被检物有代表性的各部位（肌肉、脂肪等）分别采样，经捣碎、混匀后，再缩减至所需数量。另一种是先将分析对象混合后再采样。有的项目还可在不同部位分别采样、测定。

（四）小包装食品（罐头、瓶装饮料等）

根据批号连同包装一起采样。同一批号取样数量，250 g以上包装不得少于3件，250 g以下包装不得少于6件，然后从每一件中取出1～2瓶（袋），混匀后取出少部分作平均样品。

第二节　食品样品的制备

一、概述

样品的制备是指对所采集的样品进一步粉碎、混匀、缩分等过程。由于用一般方法取得的样品数量较多、颗粒过大且组成不均匀，因此，必须对采集的样品加以适当的制备，以保证样品完全均匀，使任何部分都具有代表性，并满足分析对样品的要求。

国家标准 GB/T 5009.1—2003《食品卫生检验方法(理化部分)》对食品样品采样量和检验方法都有具体规定和要求，但对如何进行样品预处理前的样品制备方法介绍得不详细。许多检测机构存在直接取样进入样品预处理，没有对样品进行缩分及均质处理的现象。虽然现在食品加工工艺在不断提高，但一些小型规模的食品加工单位，存在加工过程中添加剂等混合不均匀、被测成分在同一样品中分布不均匀的现象。样品在预处理之前未进行准备(尤其是固体样品)，得到的检测结果代表性不强。

样品的制备是为了使被测定成分在样品中均匀分布，使样品具有代表性。对样品进行缩分，是便于样品均质。常用的缩分方法有：瓜果常采用“米”字形分割再横切的方法；粮食采用“圆锥状”循环反复 1/2 缩分的方法，直到缩分至满足检测需要为止，形状不规则的可采用等分法缩分样品；还可以采用对角线法、棋盘法等缩分方法。

为了缩分后的总体试样均匀，即均质，一般必须根据水分含量、物理性质和混匀操作间的关系，并考虑不破坏待测成分的条件，用以下方法混匀：①粉碎、过筛；②磨匀；③溶于溶液，加热使其成为液体，搅拌。一般含水分多的新鲜食品(如蔬菜、水果等)用研磨方法混匀；水分少的固体食品(如谷类等)用粉碎方法混匀；液态食品容易溶于水或适当的溶剂，使其成为溶液，以溶液作为试样。

食品分析中还应注意在均质时样品成分的变化。碳水化合物、蛋白质、脂肪、灰分、无机物主成分、食品添加剂、残留农药、无机物等是比较稳定的，用前述方法干燥、粉碎或研磨时试样成分不会有多大变化。而新鲜食品中的微量有机成分、维生素、有机酸、胺类等很容易减少或增加，原因是被自身的酶分解或因微生物增殖。所以在对样品均质处理时要加入酶抑制剂，而且研磨样品时要在5 ℃以下，可防止上述两种情况的发生。

二、常规食品样品的制备

制备时，根据待测样品的性质和检验项目的要求，可以采取不同的方法进行，如摇动、搅拌、研磨、粉碎、捣碎、匀浆等。具体制备方法因产品类型不同有如下几种。

（一）液体、浆体或悬浮液体

样品可摇匀，也可以用玻璃棒或电动搅拌器搅拌，使其均匀，然后采取所需要的量。

（二）互不相溶的液体

如油和水的混合物，应先使不相溶的各成分彼此分离，再分别进行采样。

（三）固体样品

先将样品制成均匀状态，具体操作可采用切细（大块样品）、粉碎（硬度大的样品，如谷类）、捣碎（质地软含水量高的样品，如果蔬）、反复研磨（初性强的样品，如肉类）等方法将样品研细并混合均匀。常用工具有粉碎机、组织捣碎机、研钵等。然后用四分法采集制备好的均匀样品。

需要注意的是，样品在制备前必须先除去不可食用部分：水果除去皮、核；鱼、肉膏类除去鳞、骨、毛、内脏等。

（四）罐头

水果类罐头在捣碎前要先清除果核；鱼类罐头、肉禽罐头应先剔除骨头、鱼刺及调味品（葱、姜、辣椒等）后再捣碎、混匀。

上述样品制备过程中，还应注意防止易挥发成分的逸散和避免样品组成及理化性质发生变化，尤其是做微生物检验的样品，必须根据微生物学的要求，严格按照无菌操作规程制备。

三、测定农药残留量时样品的制备

（一）粮食

充分混匀后用四分法取20 g粉碎，全部过0.4 mm标准筛。

（二）蔬菜、水果

洗去泥沙并除去表面附着水，依当地食用习惯，取可食用部分沿纵轴剖开，各取1/4，然后切碎、混匀。

（三）肉、禽、蛋类

肉类除去皮和骨，将肥瘦肉混合取样；禽类去毛及内脏，洗净并除去表面附着水，纵剖后将半只去骨的禽肉绞成肉泥状；蛋类去壳后全部混匀。每份样品在检测农药残留量的同时还应进行粗脂肪的测定，以便必要时分别计算其中的农药残留量。

（四）鱼

每份鱼样至少三条，去鳞、头、尾及内脏后，洗净并除去表面附着水，纵剖取每条的一半，去骨、刺后全部绞成肉泥状，混匀。

第三节　食品样品的保存

样品采集后，应储存于适当的容器中，原则是容器不能与样品的主要成分发生化学反应。为防止吸水或失水，常用玻璃、塑料、金属等容器保存，最好放在避光处。

样品采集后，为了防止水分或其挥发性成分散失，以及其他待测成分的变化，应尽快分析，尽量减少保存时间。如不能马上分析，则需妥善保存，不能使样品出现受潮霉变、挥发、风干、变质、成分分解等现象，以确保样品的外观和化学组成不发生任何变化，保证测定结果的准确性。特殊情况下，可加入不影响分析结果的防腐剂或冷冻干燥保存。样品的保存归纳为4个字：净、密、冷、快。①净。将样品放在洁净容器内，周围环境也应保持干燥整洁。②密。尽可能放在密闭的环境中保存，防止易挥发成分的逸散，易分解的要避光保存。③冷和快。易腐败变质的要低温保存，保存时间也不能太长，尽快分析。

保存的方法是将制备好的平均样品装在密封、洁净的容器内（最好用具磨口塞的玻璃瓶，切忌使用带橡皮垫的容器），置于避光处。样品应按不同的检验项目妥善包装、保管。保存方法根据样品可能的变化而定：易腐败变质的样品应保存在0～5 ℃的冰箱中；易失水的样品应先测定水分，使用时可根据需要和测定要求选择。

一、冷藏

短期保存温度一般以 0～5 ℃为宜。

二、干藏

可根据样品的种类和要求采用风干、烘干、升华干燥等方法。其中升华干燥又称为冷冻干燥，它是在低温及高真空度的情况下对样品进行干燥（温度：-100～-30 ℃，压强：10～40 Pa），所以食品的变化可以降至最低程度，保存时间也较长。

三、罐藏

不能及时处理的鲜样，在允许的情况下可制成罐头储藏。例如，将一定量的试样切碎后，放入乙醇（$\varphi=96\%$）中煮沸 30 min（最终乙醇含量应在 78%～82% 的范围内），冷却后密封，可保存一年以上。

四、其他

特殊情况下，可加入不影响分析结果的防腐剂保存。一般检验后的样品还需保留一个月，以备复查，保留期从检验报告单签发之日起开始计算；易变质食品不予保留。保留样品应加封存放于适当的容器中及地方，并尽可能保持其原状，对易变质的食品不能保存时，可不保留样品，但应事先对送验单位说明。对感官不合格的样品可直接定为不合格产品，不必进行理化检验。最后，存放的样品应按日期、批号、编号摆放，以便查找。

第四节　食品样品的预处理方法

根据食品的种类、性质不同，以及不同检测方法的要求，预处理的手段有不同方法。

一、溶解法

水是常用溶剂，能溶解很多糖类、部分氨基酸、有机酸、无机盐等。酸碱能溶解某些不溶性糖类、部分蛋白质。有机溶剂如乙醚、乙醇、丙酮、氯仿、四氯化碳、烷烃等,多用于提取脂肪、单宁、色素、部分蛋白质等有机化合物。实际检测中应根据“相似相溶”的原则,选用合适的有机溶剂。有机相中存在的少量水,如果对检测有影响,可以用无水氯化钙、无水硫酸钠脱水。

二、有机物破坏法

在测定食品或食品原料中金属元素和某些非金属元素(如砷、硫、氮、磷等)的含量时常用这种方法。这些元素有的是构成食物中蛋白质等高分子有机化合物本身的成分,有的则是因受污染而引入的,并常常与蛋白质等有机物紧密结合在一起。

测定食品中无机成分的含量需要在测定前破坏有机结合体,被测元素以简单的无机化合物形式出现,从而容易被分析测定。有机物破坏法是将有机物在强氧化剂的作用下经长时间的高温处理,破坏其分子结构,有机质分解呈气态逸散,而被测无机元素得以释放。该法除常用于测定食品中微量金属元素之外,还可用于检测硫、氮、氯、磷等非金属元素。根据具体操作不同,又分为干法和湿法两大类。

各类方法又因原料的组成及被测元素的性质不同而有许多不同的操作条件,选择的原则应是:①方法简便,使用试剂越少越好;②方法耗时间越短,有机物破坏越彻底越好;③被测元素不受损失,破坏后的溶液容易处理,不影响以后的测定步骤。

(一)干法灰化

通过高温灼烧将有机物破坏。除汞外的大多数金属元素和部分非金属元素的测定均可采用此法。具体操作是将样品置于电炉上加热,使其中的有机物脱水、炭化、分解、氧化,再放在高温炉中灼烧灰化,直至残灰为白色或灰色为止,所得残渣即为无机成分。对有些元素的测定必要时可加助灰化剂。

样品在用高温电炉灰化以前,必须先在电热板上低温炭化至无烟(预灰化),然后移入冷的高温电炉中,缓缓升温至预定温度(500~550 ℃),否则样品因燃烧而过热导致金属元素挥发。如果同时灰化许多试样,应常变换坩埚在高温电炉中位置,使样品均匀受热,防止样品局部过热。应保证瓷皿的釉层完好,因为使用有蚀痕或部分脱釉的瓷皿灰化试样时,器壁更易吸附金属元素，形成难溶的硅酸盐而导致损失。灰化前，可加入灰化助剂，常用的有 HNO_3、H_2O_2、H_2SO_4、$(NH_4)_2SO_4$、$(NH_4)_2HPO_4$ 等，HNO_3 可促进有机物氧化分解，降低灰化温度，后几种使易挥发元素转变为挥发性较小的硫酸盐和磷酸盐，从而减少挥发损失。如个别试样灰化不彻底，有炭粒，取出放冷，再加硝酸，小火蒸干，再移入高温电炉中继续完成灰化。有时可添加氧化镁、碳酸盐、硝酸盐等助剂，它们与灰分混杂在一起，使炭粒不被覆盖，但应做空白试验。

该法的优点是：①基本不加或加入很少的试剂，故空白值低；②因灰分体积很小，因而可处理较多的样品，可富集被测组分；③有机物分解彻底，操作简单。

该法的缺点是：①所需时间长；②因温度高易造成汞、砷、锑、铅等易挥发元素的损失；③坩埚对被测组分有吸留作用，使测定结果和回收率降低。

（二）湿法消化

湿法是在酸性溶液中，向样品中加入硫酸、硝酸、过氯酸、过氧化氢、高锰酸钾等氧化剂，并加热消煮，使样品中的有机物质完全分解、氧化，呈气态逸出，待测组分转化为无机物状态存在于消化液中。

该法的优点是：①有机物分解速率快，所需时间短；②由于加热温度低，可减少金属挥发逸散的损失。

该法的缺点是：①耗用试剂较多，在做样品消化的同时，必须做空白试验；②某些混酸对消解后元素的光谱测定存在干扰，例如，当溶液中含有较多的 $HClO_4$ 或 H_2SO_4 时会对元素的石墨炉原子吸收测定带来干扰，测定前将溶液蒸发至近干可除去此类干扰；③湿法消解时间长，比如猪肉含油脂比较多，相对蔬菜来说比较难消化，茶叶消解过程中会产生气泡，途中需取下冷却一下，白酒、黄酒在消解前需先浓缩至小体积；④消化过程中，产生大量有毒气体，操作需在通风柜中进行，此外，在消化初期，产生大量泡沫易冲出瓶颈，造成损失，故需操作人员随时照管，操作中还应控制火力，注意防爆。

湿法破坏根据所用氧化剂不同，分为如下几类。

1. 硫酸-硝酸法

将粉碎好的样品放入 250 ~ 500 mL 凯氏烧瓶中（样品量可称 10 ~ 20 g），如图 8-2 所示。加入浓硝酸 20 mL，小心混匀后，先用小火使样品溶化，再加浓硫酸 10 mL，渐渐加强火力，保持微沸状态并不断滴加浓硝酸，至溶液透明不再转黑为止。每当溶液变深时，立即添加硝酸，否则会消化不完全。待溶液不再转黑后，继续加热数分钟至冒出浓白烟，此时消化液应澄清透明，消化液放冷后，小心用水稀释，转入容量瓶，同时用水洗涤凯氏烧瓶，洗液并入容量瓶，调至刻度后混匀，供待测用。

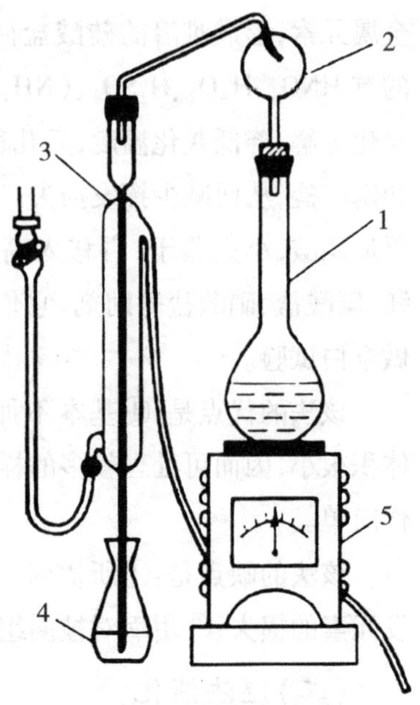

图 8-2　湿法消解装置

1-凯氏烧瓶；2-定氮球；3-直形冷凝管及导管；4-收集瓶；5-电炉

2. 高氯酸(过氧化氢)-硫酸法

取适量样品于凯氏烧瓶中，加适量浓硫酸，加热消化至呈淡棕色，放冷，加数毫升高氯酸(或过氧化氢)，再加热消化，重复操作至破坏完全，放冷后以适量水稀释，小心转入容量瓶定容。

3. 硝酸-高氯酸法

取适量样品于凯氏烧瓶中，加数毫升浓硝酸，小心加热至剧烈反应停止后，再加热煮沸至近干，加入 20 mL 硝酸-高氯酸(1∶1)混合液。缓缓加热，反复添加硝酸-高氯酸混合液至破坏完全，小心蒸发至近干，加入适量稀盐酸溶解残渣。如果有不溶物过滤，滤液于容量瓶中定容。

消化过程中注意维持一定量的硝酸或其他氧化剂，破坏样品时做空白，以校正消化试剂引入的误差。

4. 高氯酸-硝酸-硫酸法

称取粉碎好的样品 5～10 g，放入 250～500 mL 凯氏烧瓶中，用少许水湿润，加数粒玻璃珠，加 3∶1 的硝酸-高氯酸混合液 10～15 mL，放置片刻，小火缓缓加热，反应稳定后放冷，沿瓶壁加入 5～10 mL 浓硫酸，继续加热至瓶中液体开始变成棕色时，不断滴加硝酸-高氯酸混合液(3∶1)至有机物分解完全。加大火力至产生白烟，溶液应澄清，无色或微黄色。操作中注意防爆。放冷后容量瓶定容。

(三)压力密闭消解法

压力密闭消解法可以克服常压湿法消化法的一些缺点，该法用得最普遍的压力密闭消解装置是一个带盖的聚四氟乙烯溶样罐，外面紧套一个带有螺旋丝扣的不锈钢外套，可以耐受较高的压力。聚四氟乙烯溶样罐可以耐强酸、强碱，耐250 ℃以下的温度和大多数强氧化剂，消解时所取样品和试剂都比常压湿法消化法少得多，所以成本低廉。由于是在密闭容器内压力消解，试剂的利用率高。在较高的温度和压力下，氧化性酸与样品的作用加快，使样品分解更加完全，而且消解溶液不会污染环境也不会被环境所污染。目前，利用上述混合消解试剂进行消解食品、动植物等生物样品的报道很多，压力密闭消解法已经得到了较广泛的应用。

压力密闭消解法的缺点是速度较慢，因紧固不锈钢外套、升温和降温都需要一定的时间。由于是由容器的外部至里传递热量，恒温一定时间后，仍需要在恒温箱中慢慢降温，因此，完成一个生物样品的消解需要6 ~8 h。如果密闭容器密闭不严，消解过程中逸出的酸蒸汽会腐蚀不锈钢外套并可能造成较大的误差。随着科学技术的迅猛发展，人们利用微波加热技术溶样，使传统的样品消解方法发生了很大的变化。

（四）微波压力消解法

微波压力消解法是一种利用微波为能量对样品进行消解的新技术，以其快速、节省能源、易于实现自动化等优点而被广泛应用，被认为是“理化分析实验室的一次技术革命”。美国公共卫生组织已将该法作为测定金属离子时消解植物样品的标准方法。

由于金属反射微波能，因此微波压力消解法所用的容器多是全聚四氟乙烯塑料或全玻璃的，而且，微波快速加热技术与压力溶样技术相结合，使它们的优点得到充分发挥。微波压力消解一般采用2 450 MHz的频率，工作时，根据情况准确称取少量样品（通常为0.100 0 ~0.500 0 g）于消解容器内，加入少量消解试剂（通常为1.0 ~2.0 mL上述混合酸），密封后置于微波炉内于一定的功率档进行消解。这时，样品在介质中进行及时深层“内加热”，使消解反应瞬时间就在高于100 ℃的密闭容器中快速进行。同时，微波产生的交变磁场导致容器内样品与消解试剂分子高速振荡，使反应界面不断更新，消解时间大为缩短。例如，压力密闭消解法完成一个生物样品的消解需要6 ~8 h，同样条件下用微波压力消解法只需2 ~3 min即可。而且，微波炉的转盘上一次可以放置约20个消解容器，因此，工作效率可以提高2 ~3个数量级，适用于大批样品的快速消解。

目前,国内外不少企业已生产出了功能较为齐全的实验室专用微波炉,如MDS-2003F型非脉冲式功率自动变频控制微波消解仪,可通过计算机实现温度、压力、功率的无级闭环控制和非脉冲式微波连续加热。MD&2002AT型温度、压力双重控制微波消解仪设置有智能化的安全保护装置,通过人机对话设置和控制用户所需要的消解温度、压力、功率和消解时间等参数及其样品消解方式,工作既方便又快速。

微波压力消解法具有其他溶样方法不具备的突出优点,近年来得到了迅猛的发展和应用,用来消解并测定水中的CODM,和食品原料、产品以及动植物组织中的铜、锌、钙、铅、镉、铁、锰等微量元素。利用微波压力消解法消解样品时应注意以下事项:①微波炉炉门要及时关好,谨防微波泄漏,对操作者造成伤害;②在满足需要的情况下样品称量尽可能少些并尽量少加消解溶剂,以加快消解速度并确保安全;③尽可能用高沸点的硫酸或硫酸-硝酸混酸消解,慎重使用高氯酸;④微波炉内的能量分布是不均匀的,转盘中心的样品升温较快,为克服这种温度差异的“热点”效应,转盘中心处不要放样品;⑤当消解样品个数较少时,一部分微波能反射回波导管和磁控管,影响微波炉的使用寿命。此时,转盘中心应放置一小杯水(约100 mL),以保护转盘和微波炉。

(五)紫外线分解法

紫外线分解法也是一种破坏样品中有机物的预处理技术,属氧化分解法,在光解过程中通常加入过氧化氢,提供羟基自由基,破坏残留的有机基体以加速有机物的降解。所用的紫外光源由高压汞灯提供,温度控制在80~90 ℃,对面粉和充分磨细、过筛、混匀的植物样品,通常称取试样量不超过0.3 g,置于石英管中,加入1.0~2.0 mL过氧化氢后,用紫外线光解1~2 h就能将样品中的有机物完全分解。这种分解法可以测定生物样品中的铜、锌、钴、镉、磷酸根、硫酸根等物质。

当需测定样品中Mn^{2+}、I^-、NO_2^-和SO_3^{2-}等易被氧化的成分时,不宜用该法。由于该法只用极少的试剂,污染少、试剂空白值低、回收率高。有报道称,测定植物样品中的Cl^-、Br^-、SO_4^{2-}、PO_4^{3-}、Cd^{2+}、Pb^{2+}、Cu^{2+}、Zn^{2+}、CO_2^+等离子时,称取50~300 mg磨碎或匀化的植物样品置于石英管中,加入1~2 mL过氧化氢(30%)后,用紫外光光解60~120 min即可将其完全消解。测定橄榄油、花生油、豆油、葵花油及人造黄油中的无机阴、阳离子时,称取1 000 mg

植物油或油脂样品，与2 mL乙醇（95%）、2 mL水及0.5 g KOH混合均匀，在50 ℃皂化30 min。再加入100 μL过氧化氢（30%），紫外光解30～60 min可将皂化后的样品完全消解。

三、蒸馏法

蒸馏法是利用被测物质中各种组分挥发性的不同进行分离的一种方法。该方法可以除去干扰物质，也可以用于被测组分的蒸馏逸出，收集馏出液进行分析（如啤酒酒精含量的测定）。

（一）常压蒸馏

常压蒸馏为一般蒸馏方式，多数沸点较高、热稳定性好的成分采用这种方式。加热方式根据蒸馏物的沸点和特性不同可以选择水浴、油浴或直接加热。如图8-3所示。

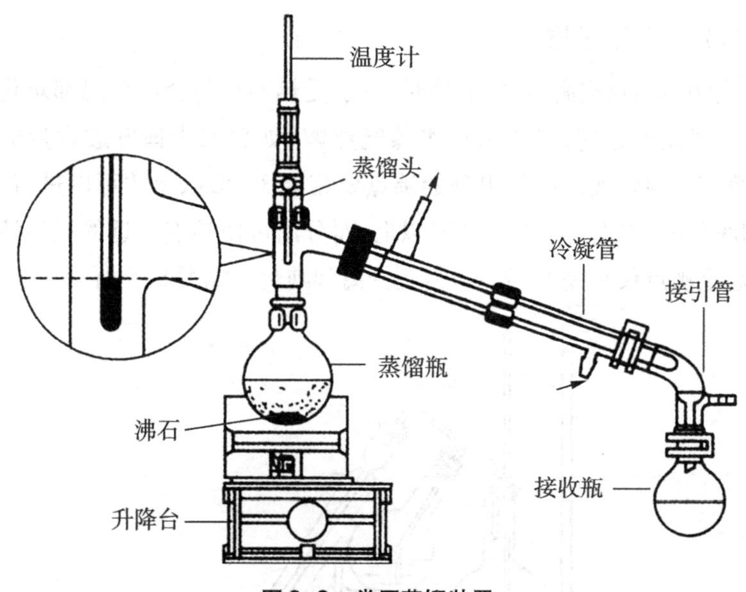

图8-3　常压蒸馏装置

（二）减压蒸馏

有很多化合物，特别是天然提取物，在高温条件下极易分解，因此须降低蒸馏温度，其中最常用的方法就是在低压条件下进行蒸馏。在实验室中常用水泵来达到减压的目的。减压蒸馏装置如图8-4所示。

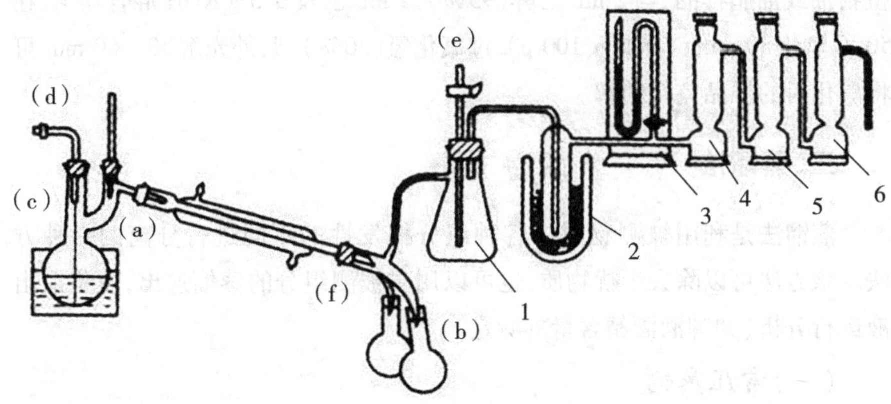

图 8-4　减压蒸馏装置

(a)减压蒸馏瓶;(b)接收器;(c)毛细管;(d)调气夹;(e)放气活塞;(f)接液管
1-缓冲瓶装置;2-冷却装置;3～6-净化装置

（三）水蒸气蒸馏

某些物质沸点很高,直接加热时,由于受热不均匀会出现局部炭化或出现在沸点时发生分解,可以采用水蒸气蒸馏(如食醋中挥发酸含量的测定等)。蒸馏时混合液体中各组分的沸点要相差 30 ℃以上才可以进行分离,而要彻底分离,沸点要相差 110 ℃以上,而分馏可使沸点相近的互溶液体混合物(甚至沸点仅相差 1～2 ℃)得到分离和纯化。如图 8-5 所示。

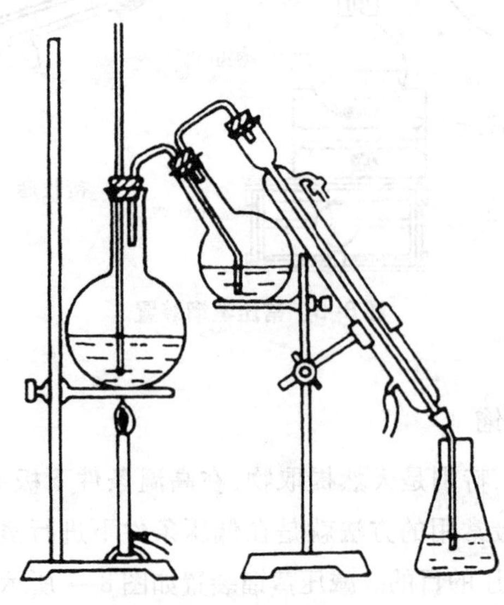

图 8-5　水蒸气蒸馏装置

（四）分馏

应用分馏柱将几种沸点相近的混合物进行分离的方法称为分馏。在分馏柱内，当上升的蒸汽与下降的冷凝液互相接触时，上升的蒸汽部分冷凝放出热量使下降的冷凝液部分汽化，两者之间发生热量交换，其结果，上升蒸汽中易挥发组分增加，而下降的冷凝液中高沸点组分（难挥发组分）增加，如此继续多次，就等于进行了多次的气液平衡，即达到了多次蒸馏的效果。这样靠近分馏柱顶部易挥发物质的组分比率高，而在烧瓶里高沸点组分（难挥发组分）的比率高。这样只要分馏柱足够高，就可将这种组分完全彻底分开。如图 8-6 所示给出了分馏装置。

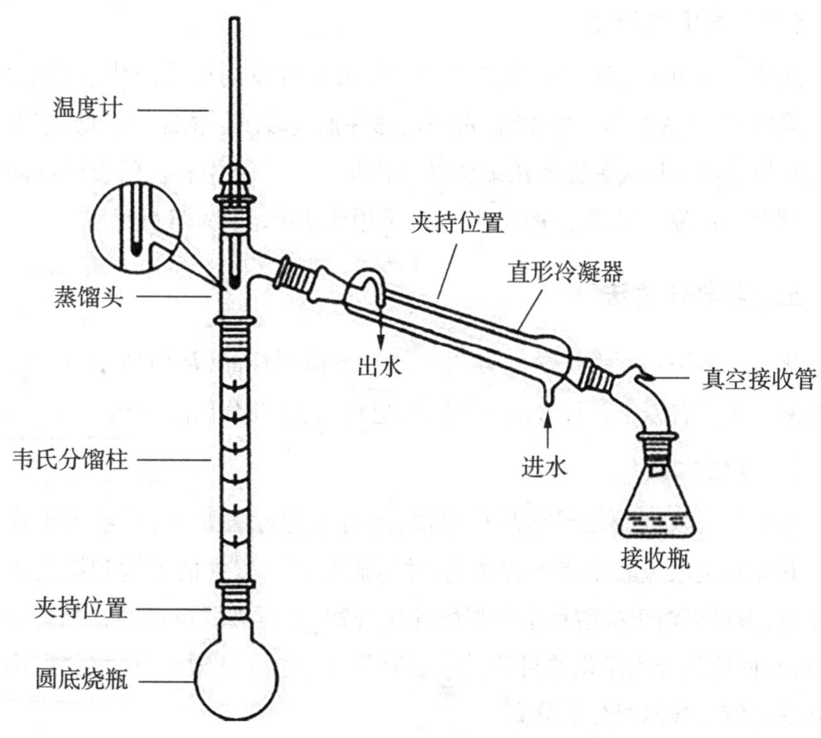

图 8-6　分馏装置

四、浓缩法

食品样品经提取、净化后，有时净化液的体积较大，在测定前需进行浓缩，以提高被测成分的浓度。常用的浓缩方法有常压浓缩法和减压浓缩法两种。

当食品试液中被测组分的量极少，浓度很稀且低于检测限时不能产生显著的测定信号，被测组分不可能被检出。这时，为满足测定方法灵敏度的需要，保证食品分析工作的顺利进行，测定之前就需要对试液进行浓缩富集，以提高被测组分的浓度。浓缩富集法有常压和减压等方法。

（一）常压浓缩法

此法主要用于待测组分为非挥发性的样品净化液的浓缩，通常采用蒸发皿直接挥发；溶剂可以回收重复使用，以降低测定成本。该法快速、简便，是较常见的浓缩方法。

（二）减压浓缩法

此法主要用于待测组分为热不稳定性或易挥发的样品净化液的浓缩，通常采用 K-D 浓缩器。浓缩时，水浴加热并抽气减压。浓缩温度低、速度快和被测组分不易损失是减压浓缩法的突出优点。食品中有机磷农药的测定（如甲胺磷、乙酰甲胺磷含量的测定）多采用此法浓缩样品净化液。

五、化学分离法

化学分离法是利用化学的方法来处理被检测样品，从而便于目的组分的检测。主要有以下几种方法：磺化法、皂化法、沉淀分离法、掩蔽法等。

（一）磺化法

本法是用浓硫酸处理样品提取液，能有效地除去脂肪、色素等干扰杂质。其原理是浓硫酸能使脂肪磺化，并与脂肪和色素中的不饱和键发生加成反应，形成可溶于硫酸和水的强极性化合物，不再被弱极性的有机溶剂所溶解，从而达到分离净化的目的。此法简单、快速、净化效果好，但仅适用于对强酸稳定的被测组分的分离。

用浓硫酸处理样品，引进典型的极性官能团——SO_3使脂肪、色素、蜡质等干扰物质变成极性较大，能溶于水和酸的化合物，与那些溶于有机溶剂的待测成分分开。该法进行农药分析时只适用于在强酸介质中稳定的农药，如有机氯农药六六六、DDT 残留物的测定。

（二）皂化法

本法是用热碱溶液处理样品提取液，以除去脂肪等干扰杂质。使油脂被碱皂化，由憎水性变成亲水性，这时油脂中那些被测定的非极性物质就能较容易地由非极性或较弱极性的溶剂提取出来。

原理如下：

酯 + 碱 → 酸或脂肪酸盐 + 醇

常用碱为 NaOH 或 KOH，NaOH 直接用水配制，而 KOH 易溶于乙醇溶液。此法仅试用于对碱稳定的组分，如维生素 A、维生素 D 等提取液的净化。

用于白酒中总酯的测定，用过量的 NaOH 将酯皂化掉，过量的碱再用酸滴定，最后由用碱量来计算总酯含量。

用于植物油皂化价的测定，评价油脂中游离脂肪酸的含量，皂化价高表示含游离脂肪酸量大。

（三）沉淀分离法

在试样中加入适当的沉淀剂，使被测组分沉淀下来或将干扰组分沉淀下来，再经过滤或离心把沉淀和母液分开。该法为常用的样品净化方法。例如，测冷饮中糖精钠含量时加入碱性硫酸铜，将蛋白质及其他干扰物、杂质沉淀出来，而糖精钠留在试液中，取滤液进行分析。

（四）掩蔽法

利用掩蔽剂与样液中干扰成分作用，使干扰成分转变为不干扰成分，即被掩蔽起来。样品中的干扰成分仍在溶液中，但失去了干扰作用。这种方法可以在不分离干扰成分的条件下消除其干扰作用，简化分析步骤，因而在食品分析中应用广泛，多用于络合滴定中金属元素的测定。

六、色谱分离法

食品分析常遇到样品中共存有理化性质十分接近的同分异构体或同系有机化合物。例如，各种氨基酸、维生素等，用其他方法测定时可能会相互干扰，很难用普通的方法排除。此时，可用色谱法分离，预处理后再进行测定。

色谱分离法是将样品中的组分在载体上进行分离的一系列方法，又称色层分离法。该类分离方法效果好，在食品分析检验中广为应用。色谱分离的方法很多，按流动相的状态可分为气相色谱（GC）和液相色谱（LC），流动相为超临界流体的称为超临界流体色谱（SFC）；按固定相状态分为气-固色谱(GSC)、气-液色谱(GLC)、液-固色谱(LSC)和液-液色谱(LLC)。按固定相使用的外形和性质可分为柱色谱(CC)、纸色谱(PC)和薄层色谱(TLC)。根据分离原理不同,还有如下分类。

(一)吸附色谱分离

利用固体固定相表面对样品中各组分吸附能力强弱的差异而进行分离分析的色谱法称为吸附色谱。该法使用的载体为聚酰胺、硅胶、硅藻土、氧化铝等吸附剂,经活化处理后具一定的吸附能力。利用吸附剂对不同组分的物理吸附性能的差异进行分离。吸附力相差越大分离效果越好。固定相为固体吸附剂,流动相为气体或液体。如食品中色素的测定,使用聚酰胺做吸附剂,经过滤、洗涤,再用适当的溶剂解吸,得到比较纯净的色素溶液。

(二)分配色谱分离

根据各组分在固定相和流动相间分配系数的不同进行分离分析的色谱法称为分配色谱。当溶剂渗透在固定相中并向上渗展时,分配组分就在两相中进行反复分配,进而分离。固定相一般由固体支持剂(担体)和固定液组成,流动相是气体或液体(与固定相不相溶)。如多糖类样品的纸上层析,样品经酸水解处理,中和后制成试液,滤纸上点样,用苯酚1%氨水饱和溶液展开,苯胺邻苯二酸显色,于105 ℃加热数分钟,可见不同色斑:戊醛糖(红棕色)、己醛糖(棕褐色)、己酮糖(淡棕色)、双糖类(黄棕色)。

(三)离子交换色谱分离

利用离子交换剂(固定相)对各组分的亲和力的不同而进行分离的色谱法称为离子交换色谱(IEC)。根据被交换离子的电荷可分为阳离子交换和阴离子交换。

阳离子交换:

$$R-H+M^{+}X^{-}\rightarrow R-M+HX$$

阴离子交换:

$$R-OH+M^{+}X^{-}\rightarrow R-X+MOH$$

该法可用于从样品溶液中分离待测离子,也可从样品溶液中分离干扰组分。分离操作可将样液与离子交换剂一起混合振荡或将样液缓缓通过事先制备好的离子交换柱,则被测离子与交换剂上的H^{+}或OH^{-}发生交换,或是被测离子上柱;或是干扰组分上柱,从而将其分离。

七、溶剂抽提法

同一溶剂中，不同的物质有不同的溶解度；同一物质在不同的溶剂中溶解度也不同。利用样品中各组分在特定溶剂中溶解度的差异，使其完全或部分分离即为溶剂提取法。常用的无机溶剂有水、稀酸、稀碱；有机溶剂有乙醇、乙醚、氯仿、丙酮、石油醚等。可用于从样品中提取被测物质或除去干扰物质。在食品分析中常用于维生素、重金属、农药及黄曲霉毒素的测定。

（一）浸提法

用适当的溶剂将固体样品中某种待测成分浸提出来，又称为“液-固萃取法”。该法应用广泛，如测定固体食品中脂肪含量用乙醚反复浸取样品中的脂肪，而杂质不溶于乙醚，再使乙醚挥发掉，称出脂肪的质量。

1. 提取剂的选择

提取剂应根据被提取物的性质来选择，对被测组分的溶解度应最大，对杂质的溶解度最小，提取效果遵从相似相溶原则。通常对极性较弱的成分（如有机氯农药）可用极性小的溶剂（如正己烷、石油醚）提取；对极性强的成分（如黄曲霉毒素 B_1）可用极性大的溶剂（如甲醇与水的混合液）提取。所选择的溶剂沸点宜为45～80 ℃。沸点太低，易挥发；沸点太高，不易提纯、浓缩，溶剂与提取物不好分离。

2. 提取方法

（1）振荡浸渍法。将切碎的样品放入选择好的溶剂系统中，浸渍、振荡一定时间使被测组分被溶剂提取。该法操作简单但回收率低。

（2）捣碎法。将切碎的样品放入捣碎机中，加入溶剂，捣碎一定时间。被测成分被溶剂提取。该法回收率高，但选择性差，干扰杂质溶出较多。

（3）索氏提取法。将一定量样品放入索氏提取器中。加入溶剂，加热回流一定时间，被测组分被溶剂提取。该法溶剂用量少，提取完全，回收率高，但操作麻烦，需专用索氏提取器。

（二）溶剂萃取法

利用被测组分与干扰物质在互不相溶的两溶剂相之间溶解度的差异，使被测组分与其他干扰物质相互分离，进而进行分析测定的方法称为溶剂萃取分析法，是样品预处理的常用方法。溶剂萃取法可以提高待测组分的浓度，使含量极少或浓度很低的痕量组分通过萃取富集于小体积中进行测定。例如，欲测定食品生产用水中的痕量农药，可取大量水样，用少量苯萃取。弃去水样后，收集苯层即可用适宜的方法进行测定。

1. 萃取剂的选择

萃取剂应对被测组分有最大的溶解度，对杂质有最小的溶解度，且与原溶剂不互溶；两种溶剂易于分层，无泡沫。

2. 萃取方法

经典的溶剂萃取法是用分液漏斗振荡的液-液法，一般需萃取 4 ~ 5 次方可分离完全。若萃取剂密度比较轻，且从水溶液中提取分配系数小或振荡时易乳化的组分时，可采用连续液体萃取器。

该法的优点是设备简单，操作方便，分离效果好。缺点是劳动强度大，速度慢，工作效率低，所用溶剂量较大且大多是易燃、易挥发的有毒有机化合物。近年来，利用超声波技术或微波技术等进行萃取的新方法克服了经典溶剂萃取法的不足，极大地提高了工作效率和灵敏度，适用于大批样品中痕量组分的预处理，从而得到了广泛的应用。

在食品分析中常用提取法分离、浓缩样品，浸取法和萃取法既可以单独使用也可联合使用。如测定食品中的黄曲霉毒素 B_1，先将固体样品用甲醇-水溶液浸取，黄曲霉毒素 B_1 和色素等杂质一起被提取，再用氯仿萃取甲醇-水溶液，色素等杂质不被氯仿萃取仍留在甲醇-水溶液层，而黄曲霉毒素 B_1 被氯仿萃取，以此将黄曲霉毒素 B_1 分离。

(三)超临界萃取

超临界流体萃取(supercritical fluid extraction，SFE)是一种全新的萃取技术，20 世纪 70 年代开始用于萃取工业生产中的有机化合物。它以超临界流体(SCF)(常用 CO_2)作为溶剂，从各组分共存的复杂样品中把待测组分提取出来的一种分离技术，可与色谱仪实现在线联用。已在食品功能性成分分析、食品添加剂分析和食品中农药残留检测等方面得到了广泛应用。

随着分析化学技术的发展，食品分析的要求越来越高，各种新的提取技术得到了迅速发展，如固相萃取、超声波辅助萃取、加速溶剂萃取、膜萃取、微波辅助萃取、亚临界水萃取等。这些技术不仅大大缩短了操作时间，而且保持了较高的萃取效率，同时也大大减少了有机溶剂的使用量。

八、灭酶法

在样品的预处理过程中，面临的一个问题就是酶的作用。通常情况下，如果某样品它所有成分的含量都已经确定了，这个时候就没有必要考虑酶灭活了。但是如果要分析检测一些样品中糖、脂肪、蛋白质等成分时，就要考虑酶的作用，必须采用一定的手段处理酶，使其失活，从而保证分析结果的稳定性和准确性。

无论什么时候，在对样品进行分析时，都应该尽可能采用新鲜的材料。这时采用一定的手段使酶灭活，以使目标化合物以最初的形式存在。通常来说，酶的活性受温度变化的影响比较大，所以常用的灭酶手段就是加热。例如，真菌中对热敏感的淀粉酶，通过相对较低的温度处理就可以达到使其灭活的目的；而一些细菌的淀粉酶耐热性就相对强一些，它可以承受面包烘烤温度。

对样品进行干燥时应该尽可能使用较低的温度、较短的时间，与此同时，样品表面积的扩大有利于干燥加快。通常来说，60 ℃真空干燥条件，如果样品中不含热敏感和挥发性成分，也可以采用加热到 70 ~ 80 ℃维持数分钟，采用加热条件，可以达到使大多数酶失活和破坏细胞的目的。

通常情况下，在干燥的过程中，酶失活的同时也伴随着维生素的损失，而蛋白质和脂肪的变化不大。此外，如果在干燥的过程中处理不小心，酸性食品中可能会发生焦糖化和糖转化反应，这可能会影响样品的分析。

第九章

食品一般成分的分析检验

第一节　水分含量和水分活度的测定

水是生物体生存所必需的，对生命活动具有十分重要的作用，它是机体中体温的重要调节剂、营养成分和废物的载体，也是体内化学作用的反应剂和反应介质、润滑剂、增塑剂和生物大分子构象的稳定剂。

一、水分含量分析

水的含量、分布和状态对食品的结构、外观、质地、风味、新鲜度及加工性能等均产生极大的影响，是决定食品品质的关键成分之一。水分含量测定是评价食品品质最基本、最重要的方法之一。

目前，食品中水分含量的分析方法主要包括常压干燥法、真空干燥法、蒸馏法、红外线干燥法以及卡尔·费休法，每种方法的适用范围有所不同。

（一）常压干燥法

1. 原理

利用食品中水分的物理性质，在 101.3 kPa（一个大气压），101～105 ℃条件下加热至恒量。采用挥发方法测定样品中干燥减失的质量，包括体相水、部分结合水，再通过干燥前后的称量数值计算出水分的含量。

2. 仪器

分析天平、组织捣碎机、研钵、具盖铝皿、电热鼓风干燥箱、干燥器。

3. 操作方法

（1）样品处理。一是固体样品。取有代表性的样品 200 g 左右。用研钵或切碎机捣碎、研细，混合均匀，置于密闭玻璃容器内。二是固液体样品。按固、液体比例，取有代表性的样品至少 200 g，用组织捣碎机捣碎，混匀，置于密闭玻璃容器内。

(2)样品测定。将洁净的铝皿连同皿盖置于(103±2) ℃鼓风电热恒温干燥箱内，加热 1 h 后，置于干燥器内冷却至室温，称量，直至恒量。称取约 5 g 试样，精确至 0.001 g，放置已知恒量的铝皿中，置于(103±2) ℃的鼓风电热恒温干燥箱内(皿盖斜放在皿边)，加热 1~4 h(加热时间长短视样品性质而定)，加盖取出。在干燥器内冷却 0.5 h，称量；再烘适当时间，称量，直至连续两次称量差不超过 2 mg，即为恒量。

4. 结果计算

$$水分含量(\%)=\frac{m_1-m_2}{m_1-m_3}\times 100$$

公式中，m_1 为干燥前样品与称量皿质量之和；m_2 为干燥后样品与称量皿质量之和；m_3 为称量皿质量。

5. 精密度

在重复性条件下获得的两次独立测定结构的绝对差不得超过算术平均值的 5%。

6. 说明及注意事项

样品要求水分是唯一的挥发物质。

(二)真空干燥法

真空干燥法也称为减压干燥法，该法适用于在较高温度下加热易分解、变质或不易出去结合水的食品，如糖浆、果糖、味精、麦乳精、高脂肪食品、果蔬及其制品的水分含量的测定。

1. 原理

利用食品中水分的物理性质，在达到 40~53 kPa 压力后加热至(60±5) ℃，采用减压烘干方法去除试样中的水分，再通过烘干前后的称量数值计算出水分的含量。

2. 仪器

①真空烘箱(带真空泵)。②扁形铝制或玻璃制称量瓶。③干燥器：内附有效干燥剂。④天平：感量为 0.1 mg。

在用减压干燥法测定水分含量时，为了除去烘干过程中样品挥发出来的水分，以及避免干燥后期烘箱恢复常压时空气中的水分进入烘箱，影响测定的准确度。整套仪器设备除必须有一个真空烘箱(带真空泵)外,还需设置一套安全、缓冲的设施,连接几个干燥瓶和一个安全瓶。

3. 操作方法

准确称取2~10 g(精确至0.000 1 g)试样于已烘至恒重的称量皿中,置于真空烘箱内,将真空干燥箱连接真空泵,打开真空泵抽出烘箱内空气至所需压力40~53.3 kPa,并同时加热至所需温度(60±5)℃,关闭真空泵上的活塞,停止抽气,使真空干燥箱内保持一定的温度和压力,经4 h后,打开活塞,使空气经干燥装置缓缓通入真空干燥箱内,待压力恢复正常后再打开。取出称量瓶,放入干燥器中0.5 h后称量,并重复以上操作至前后两次质量差不超过2 mg,即为恒重。

4. 结果计算

同常压干燥法。

5. 精密度

在重复性条件下获得的两次独立测定结果的绝对差值不得超过算术平均值的10%。

6. 说明及注意事项

(1)减压干燥法选择的压力一般为40~53 kPa,温度为(60±5)℃。但实际应用时可根据样品性质及干燥箱耐压能力不同而调整压力和温度,如AOAC法中的干燥条件为咖啡:3.3 kPa和98~100 ℃;乳粉:13.3 kPa和100 ℃;干果:13.3 kPa和70 ℃;坚果和坚果制品:13.3 kPa和95~100 ℃;糖和蜂蜜:6.7 kPa和60 ℃等。

(2)减压干燥时,自干燥箱内部压力降至规定真空度时起计算干燥时间,一般每次烘干时间为4 h,但有的样品需5 h,恒量一般以减量不超过0.5 mg时为标准,但对受热后易分解的样品则以不超过1~3 mg的减量为恒量标准。

真空条件下热量传导不好,称量瓶应直接放在金属架上以确保良好的热传导;蒸发是一个吸热过程,要注意由于多个样品放在同一烘箱中使箱内温度降低的现象,冷却会影响蒸发。但不能通过升温来弥补冷却效应,否则样品在最后干燥阶段可能会产生过热现象;干燥时间取决于样品的水分含量、样品的性质、单位质量的表面积、是否使用海砂,以及是否含有较强持水能力和易分解的糖类等因素。

（三）蒸馏法

蒸馏法主要包括两种方式，一是把试样放在沸点比水高的矿物油里有直接加热，使水分蒸发，冷凝后收集，测定其容积，现在已不使用；二是把试样与不溶于水的有机溶剂一同加热，以共沸混合蒸发的形式将水蒸馏出，冷凝后测定水的容积。这种方法称为共沸蒸馏法，是目前应用最广的水分蒸馏法，现予以介绍。

1. 原理

蒸馏法又称为共沸法，是依据两种互不相溶的液体组成的二元体系的沸点，比其中任一组分的沸点都低的原理，加热使之共沸，将试样中水分分离。根据水的密度和流出液中水的体积计算水分含量。

蒸馏法分为直接蒸馏和回流蒸馏两种方法。回流蒸馏只需比水的沸点略高的有机溶剂，一般选用甲苯、二甲苯或者苯。由于回流蒸馏对有机溶剂的沸点要求不高，且蒸馏温度较低，样品不易加热分解、氧化，是目前应用最广的蒸馏方法。

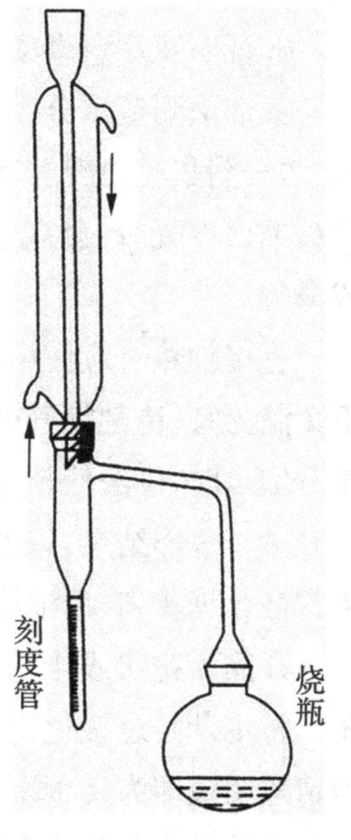

图 9-1 水蒸气蒸馏装置

2. 仪器与试剂

蒸馏烧瓶、冷凝管、接收瓶（带刻度）、精制甲苯或二甲苯。装置如图 9-1所示。

3. 操作方法

称取适量样品（含水量为 2 ~ 4.5 mL），放入 250 mL 蒸馏烧瓶中（若样品易爆沸，加入完全干燥的石英砂），加入约 100 mL 新蒸馏的甲苯或二甲苯，使样品浸没，连接冷凝管与水分接收管，从冷凝管顶端注入甲苯，装满水分接收管。加热使液体共沸，当蒸馏烧瓶中甲苯刚开始沸腾时，可看到从蒸馏瓶升起一团白雾，这是水在甲苯中的蒸汽，进入冷凝管后冷凝，流入接收管内。先慢慢蒸馏，控制溜出液 2 滴/s；待大部分水分被蒸馏出来后，加快蒸馏速度，溜出液 4 滴/s；当接收管内水的高度不再增加时，样品内的水分可视为完全被蒸馏出来。从冷凝管顶端加入甲苯冲洗，如果冷凝管壁附着有水珠，可用刷子或附有小橡皮头的铜丝将其擦下，刷子或铜丝在从冷凝管中取出前，用甲苯清洗。再蒸馏片刻至接收管上部及冷凝管壁无水珠为止，读取接收管水层体积。

4. 结果计算

$$\text{水分含量}(\%)=\frac{V}{m}\times\rho\times 100$$

公式中，ρ 为该温度下水的密度；V 为接收管内水的体积；m 为样品质量。

5. 精密度

在重复条件下获得的两次独立测定结果的绝对差值不得超过算术平均值的10%。

6. 说明及注意事项

蒸馏法测量水分产生误差的原因很多，如样品中水分没有完全蒸发出来，水分附集在冷凝器和连接管内壁，水分溶解在有机溶剂中，比水重的溶剂被馏出冷凝后，会穿过水面进入接收管下方，生成乳浊液，馏出水溶性的成分等。

直接加热时应使用石棉网，最初蒸馏速度应缓慢，以每秒钟从冷凝管滴下 2 滴为宜，待刻度管内的水增加不显著时加速蒸馏，每秒钟滴下 4 滴。没水分馏出时，设法使附着在冷凝管和接收管上部的水落入接收管，再继续蒸馏片刻。蒸馏结束，取下接收管，冷却到 25 ℃，读取接收管水层的容积。如果样品含糖量高，用油浴加热较好。

样品为粉状或半流体时，将瓶底铺满干净的海砂，再加样品及无水甲苯。将甲苯经过氯化钙或无水硫酸钠吸水，过滤蒸馏，弃去最初馏液，收集澄清透明液即为无水甲苯。

为改善水分的馏出，对富含糖分或蛋白质的黏性试样宜分散涂布于硅藻土上或放在蜡纸上，上面再覆盖一层蜡纸，卷起来后用剪刀剪成 6 mm×8 mm的小块；对热不稳定性食品，除选用低沸点溶剂外，也可分散涂布于硅藻土上。

为防止水分附集于蒸馏器内壁，需充分清洗仪器。蒸馏结束后，如有水滴附集在管壁，用绕有橡皮线并蘸满溶剂的铜丝将水滴回收。为防止出现乳浊液，可添加少量戊醇、异丁醇。

(四)红外线干燥法

1. 原理

以红外线发热管为热源，通过红外线的辐射热和直射热加热试样，高效迅速地使水分蒸发，样品干燥过程中，红外线水分测定仪的显示屏上直接显示出水分变化过程，直至达到恒定值即为样品水分含量。

2. 仪器

红外线水分测定仪有多种型号。如图 9-2 所为简易红外线水分测定仪，此仪器由红外线灯和架盘天平两部分组成。

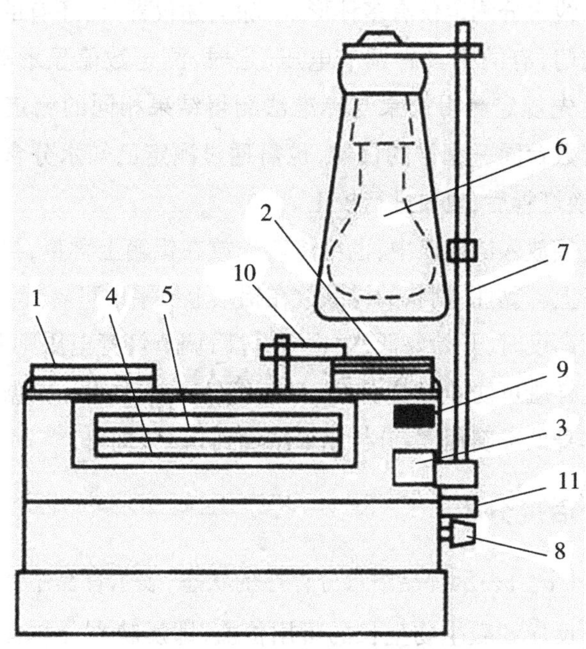

图 9-2　简易红外线水分测定仪

1-砝码盘；2-试样皿；3-平衡指针；4-水分指针；5-水分刻度；6-红外线灯管；7-灯管支架；8-调节水分指针的旋钮；9-平衡刻度盘；10-温度计；11-调节温度的旋钮

3. 操作方法

(1)仪器校正。将样品置样品皿上摊平，仪器自动校准内置砝码，在键盘上选择干燥温度，开始干燥。测定温度范围是 40～160 ℃，样品量的允许范围是 0～40 g，测定的精度为 0.1 mg。

(2)样品测定。准确称取适量(3～5 g)试样在样品皿上摊平，在砝码盘上添加与被测试样质量完全相等的砝码使达到平衡状态。调节红外灯管的高度及其电压(能使得试样在 10～15 min 内干燥完全为宜)，开启电源，进行照射电源，进行照射使样品水分蒸发，此时样品质量则逐步减轻，相应地刻度板的平衡指针不断向上移动，随着照射时间的延长，指针的偏移越来越大,为使指针回到刻度板零点位置,可移动装有重锤的水分指针,直至平衡指针恰好又回到刻度板零位,此时水分指针的读数即为所测样品的水分含量。

4. 说明及注意事项

市售红外线水分测定仪有多种形式,除上述仪器外,还有的与烘箱一样装有外圆筒与门,有的则具有调节电压、定时、测定数值显示等多种功能。但基本上都是先规定测得结果与标准法测得结果相同的测定条件后再使用。即使备有数台同一型号的仪器,也需通过测定已知水分含量的标准样进行校正,更换灯管后,也要进行校正。

试样可直接放入试样皿中,也可将其先放在铝箱上称量,再连同铝箔一起放在试样皿上。黏性、糊状的样品放在铝箔上摊平即可。

调节灯管高度时,开始要低,中途再升高;调节灯管电压则开始要高,随后再降低。这样既可防止试样分解,又能缩短干燥时间。根据测定仪的精密度与方法本身的准确程度,分析结果精确到0.1%即可。

二、水分活度分析

水分活度(a_w)表示食品中水分存在的状态,表示食品中所含的水分作为微生物化学反应和微生物生长的可用价值,即反映水分与食品的结合程度或游离程度。其值越小,结合程度越高;其值越大,结合程度越低。同种食品,水分质量分数越高,其 a_w 值越大,但不同种食品即使水分质量分数相同 a_w 值也往往不同。因此食品的水分活度是不能按其水分质量分数考虑的。

水分活度的分析方法如下所示。

(一)水分活度仪法

1. 原理

在一定温度下,用标准饱和盐溶液校正水分活度测定仪的 a_w 值,在相同条件下测定样品,利用测定仪上的传感器,根据样品上方的水蒸气分压,从仪器上读出样品的水分活度值。一般在20 ℃恒温箱内进行测定,以饱和氯化钡溶液(a_w =0.9)为标准校正仪器。

2. 仪器与试剂

水分活度测定仪、20 ℃恒温箱、镊子、研钵;氯化钡饱和溶液。

3. 操作方法

(1)仪器校正。将两张滤纸浸于 $BaCl_2$ 饱和溶液中,待滤纸均匀地浸湿后,用镊子轻轻地将其放在仪器的样品盒内,然后将具有传感器装置的表头放在样品盒上,轻轻地拧紧,移置于 20 ℃,回温箱中恒温 3 h 后,用小钥匙将表头上的校正螺丝拧动使 a_w 值读数为 0.9。重复上述操作再校正一次。

(2)样品测定。取试样经 15 ~ 25 ℃,回温后,果蔬类样品迅速捣碎或按比例取汤汁与固形物,肉和鱼等试样需适当切细,置于仪器样品盒内,保持平整不高出盒内垫圈底部。然后将具有传感器装置的表头置于样品盒上轻轻地拧紧,移置于 20 ℃,回温箱中,维持恒温放置 2 h 以后,不断从仪器表头上观察仪器指针的变化状况,待指针恒定不变时,所指示的数值即为此温度下试样的值。

(二)康卫氏皿扩散法

1. 原理

本法为 GB/T23490—2009 方法,在密封、恒温的康卫氏皿中,试样中的自由水与水分活度(a_w)较高和较低的标准饱和溶液相互扩散,达到平衡后,根据试样质量的变化量,求得样品的水分活度。

康卫氏皿扩散法适用于水分活度为 0.00 ~0.98 的食品的测量。

2. 仪器

①康卫氏皿(带磨砂玻璃盖):如图 9-3 所示;②称量皿:直径 35 mm,高 10 mm;③分析天平感量:0.000 1 g 和 0.1 g;④恒温培养箱:0 ~40 ℃,精度±1 ℃;⑤电热恒温鼓风干燥箱。

3. 样品制备

粉末状固体、颗粒固体和糊状样品取至少 20.00 g,代表性样品混匀,于密闭玻璃容器内。块状样品取可食部分至少 200 g,在 18 ~25 ℃,湿度 50% ~80% 的条件下,迅速切成约小于 3 mm×3 mm×3 mm 的小块,不得使用组织捣碎机,混匀后置于密闭的玻璃容器内。

将盛有试样的密闭容器、康卫氏皿及称量皿置于恒温培养箱内,于(25±1) ℃条件下,恒温 30 min。取出后立即使用及测定。

分别取 12.00 mL 溴化锂饱和溶液、氯化镁饱和溶液、氯化钴饱和溶液、硫酸钾饱和溶液于 4 只康卫氏皿的外室,用经恒温的称量皿迅速称取与标准饱和盐溶液相等份数的同一试样约 1.50 g,于已知质量的称量皿中(精确至

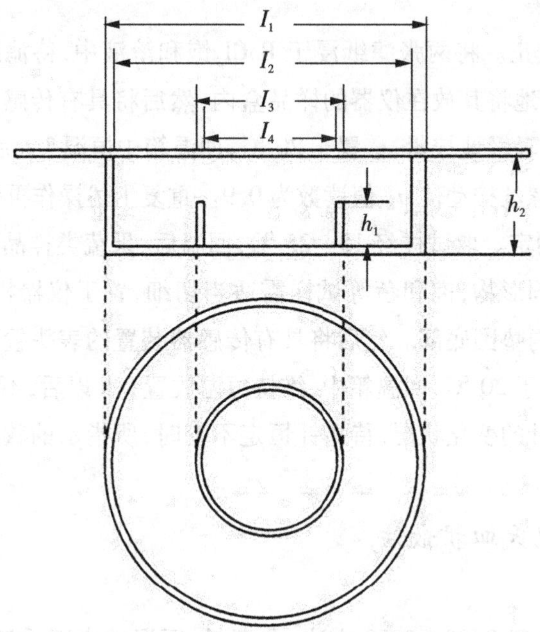

图 9-3　康卫氏皿的不意图

l_1-外室外直径 100 mm；l_2-外室内直径 92 mm；l_3-内室外直径 53 mm；l_4-内室内直径 45 mm；h_1-内室高度 10 mm；h_2-外室高度 25 mm

0.000 1 g)，放入盛有标准饱和盐溶液的康卫氏皿的内室。沿康卫氏皿上口平行移动盖好涂有凡±林的磨砂玻璃片，放入(25±1) ℃的恒温培养箱内。恒温 24 h，取出盛有试样的称量皿，加盖，立即称量(精确至 0.0001 g)。

预测定结果的计算：试样质量的增减量的计算为

$$m^* = \frac{m_1 - m}{m - m_0}$$

公式中，m^* 为试样质量的增减量；m_1 为 25 ℃扩散平衡后，试样和称量皿的质量；m 为 25 ℃扩散平衡前，试样和称量皿的质量；m_0 为称量皿的质量。

(4)试样的测定及结果计算。依据预测定结果，分别选用水分活度数值大于和小于试样预测结果值的饱和盐溶液各 3 种，各取 12.00 mL。注入康卫氏皿的外室。迅速称取与标准饱和盐溶液相等份数的同一试样约 1.50 g，于已知质量的称量皿中(精确至 0.000 1 g)，放入盛有标准饱和盐溶液的康卫氏皿的内室。沿康卫氏皿上口平行移动盖好涂有凡±林的磨砂玻璃片，放入(25±1) ℃的恒温培养箱内。恒温 24 h，取出盛有试样的称量皿，加盖，立即称量(精确至 0.000 1 g)。

第二节　灰分的测定

食品的组成非常复杂，除了大分子的有机物外，还含有许多无机物质，当在高温灼烧灰化时将会发生一系列的变化，其中的有机成分经燃烧、分解而挥发逸散，无机成分则留在残灰中。食品经灼烧后的残留物就叫灰分。所以，灰分是食品中无机成分总量的标志。

灰分测定内容包括总灰分、水溶性灰分、水不溶性灰分、酸不溶性灰分等。

一、总灰分分析

(一)原理

将一定量的样品经炭化后放入高温炉内灼烧，有机物中的碳、氢、氮被氧化分解，以二氧化碳、氮的氧化物及水等形式逸出，另有少量的有机物经灼烧后生成的无机物，以及食品中原有的无机物均残留下来，这些残留物即为灰分。对残留物进行称量即可检测出样品中总灰分的含量。

(二)操作条件的选择

1.灰化容器

测定灰分通常以坩埚作为灰化的容器。坩埚分为素烧瓷坩埚、铀坩埚、石英坩埚，其中最常用的是素烧瓷坩埚。它的物理和化学性质与石英坩埚相同，具有耐高温、内壁光滑、耐酸、价格低廉等优点。但它在温度骤变时易破裂，抗碱性能差，当灼烧碱性食品时，瓷坩埚内壁釉层会部分溶解，反复多次使用后，往往难以得到恒重。在这种情况下宜使用新的瓷坩埚，或使用铂坩埚等其他灰化容器。铂坩埚具有耐高温、耐碱、导热性好、吸湿性小等优点，但其价格昂贵，所以应特别注意使用规则。

近年来，某些国家采用铝箔杯作为灰化容器，比较起来，它具有自身质量轻、在 525 ~600 ℃范围内能稳定地使用、冷却效果好、在一般温度条件下没有吸潮性等优点。如果将杯子上缘折叠封口，基本密封好，冷却时可不放入干燥器中，几分钟后便可降到室温，缩短了冷却时间。

灰化容器的大小应根据样品的形状来选用，液态样品、加热易膨胀的含糖样品及灰分含量低、取样量较大的样品，需选用稍大些的坩埚，但灰化容器过大会使称量误差增大。

2. 取样量

测定灰分时，取样量应根据样品的种类、性状及灰分含量的高低来确定。食品中灰分的含量一般比较低，例如，谷类及豆类为1% ~4%，鲜果为0.2% ~1.2%，蔬菜为0.5% ~2%，鲜肉为0.5% ~1.2%，鲜鱼（可食部分）0.8% ~2%，乳粉5% ~5.7%，而精糖只有0.01%。所以，取样时应考虑称量误差，以灼烧后得到的灰分质量为10 ~100 mg来确定称样量。通常乳粉、麦乳精、大豆粉、调味料、鱼类及海产品等取1 ~2 g，谷类及其制品、肉及其制品、糕点、牛乳等取3 ~5 g，蔬菜及其制品、砂糖及其制品、淀粉及其制品、蜂蜜、奶油等取5 ~10 g，水果及其制品取20 g，油脂取50 g。

3. 灰化温度

灰化温度一般在500 ~550 ℃范围内，各类食品因其中无机成分的组成、性质及含量各不相同，灰化温度也有所不同。果蔬及其制品、肉及肉制品、糖及糖制品不高于525 ℃；谷类食品、乳制品（奶油除外）、鱼类、海产品、酒不高550 ℃；奶油不高于500 ℃；个别样品（如谷类饲料）可以达到600 ℃。灰化温度过高，会引起钾、钠、氯等元素的损失，而且碳酸钙变成氧化钙、磷酸盐熔融，将炭粒包裹起来，使炭粒无法氧化；灰化温度过低，又会使灰化速度慢、时间长，且易造成灰化不完全，也不利于除去过剩的碱（碱性食品）所吸收的二氧化碳。因此，必须根据食品的种类、测定精度的要求等因素，选择合适的灰化温度，在保证灰化完全的前提下，尽可能减少无机成分的挥发损失和缩短灰化时间。

4. 灰化时间

一般要求灼烧至灰分显白色或浅灰色并达到恒重为止。灰化至达到恒重的时间因样品的不同而异，一般需要灰化2 ~5 h。通常是根据经验在灰化一定时间后，观察一次残灰的颜色，以确定第一次取出冷却、称重的时间，然后再放入炉中灼烧，直至达到恒重为止。应该指出，有些样品，即使灰化完全，残灰也不一定显白色或浅灰色，例如，含铁量高的食品，残灰显褐色；含锰、铜量高的食品，残灰显蓝绿色。有时即使残灰的表面显白色内部仍然残留有炭粒。所以，应根据样品的组成、残灰的颜色，对灰化的程度做出正确的判断。

5. 加速灰化的方法

对于难灰化的样品，可以采取下述方法来加速灰化的进行：一是样品初步灼烧后，取出冷却，加入少量的水，使水溶性盐类溶解，被熔融磷酸盐所包裹的炭粒重新游离出来。在水浴上加热蒸去水分，置 120～130 ℃烘箱中充分干燥，再灼烧至恒重。二是添加硝酸、乙醇、过氧化氢、碳酸铵等，这些物质在灼烧后完全消失，不增加残灰质量。例如，样品经初步灼烧后，冷却，可逐滴加入硝酸(1∶1)4～5 滴，以加速灰化。三是添加碳酸钙、氧化镁等惰性不溶物，这类物质的作用纯属机械性的，它们与灰分混在一起，使炭粒不受覆盖。采用此法应同时做空白试验。

(三)操作方法

准确称量经过 1∶4 盐酸洗净、编号、恒重的瓷坩埚，在坩埚内准确称取经预处理后的样品适量，置于电炉或煤气灯上，半盖坩埚盖，小心加热。将样品炭化至无黑烟冒出，移入 500～600 ℃的高温炉中。坩埚盖斜倚在坩埚口上，关闭炉门，灼烧一定时间，打开炉门，将坩埚小心移至炉门口，冷却至红热退去(约 200 ℃)，移入干燥器中冷却至室温，准确称量。灰分应呈白色或浅灰色，无黑色碳粒存在。再将坩埚置高温炉中灼烧约 30 min。取出冷却，称量，直至达到恒重。

(四)结果计算

$$灰分(\%)=\frac{m_3-m_1}{m_2-m_1}\times 100$$

公式中，m_1 为坩埚质量；m_2 为样品加坩埚质量；m_3 为残灰加坩埚质量。

(五)说明及注意事项

灰分大于 10 g/100 g 的样品精确称取至 2.000 0～3.000 0 g；灰分含量小于 10 g/100 g，精确称取至 3.000 0～10.000 0 g。

炭化是为了防止在灼烧过程中，样品中的水分在高温下急剧蒸发，挟带少量样品飞扬，还可防止样品中的糖、蛋白质、淀粉在高温下发泡膨胀而溢出坩埚。注意控制温度，防止产生大量泡沫溢出坩埚和引起火苗燃烧。

把坩埚放入高温炉或从炉中取出时，应注意先在炉口停留片刻，使坩埚预热或预冷却，以防因温度剧变而致坩埚破裂。热的坩埚移入干燥器内，在冷却过程中会形成真空状态,使干燥器的盖子不易打开,此时应将干燥器的盖子向一边慢慢平行推移,防止由于空气的突然进入导致灰分的飞散。

重复灼烧至前后两次称量值的差不超过0.5 mg即可认为达到恒重。灰化后的灰分还可用于测定大多数的矿物元素。如果添加了助灰剂,则同时做一空白试验。

二、水溶性和水不溶性灰分分析

水溶性灰分和水不溶性灰分是根据它们在水中的溶解状态划分的。水溶性灰分主要是钾、钠、钙、镁等的金属氧化物及可溶性盐类。水不溶性化合物主要是铁、铝等的金属氧化物、碱土金属的碱式磷酸盐和混入原料半成品及成品中的泥沙等。

(一)原理

将测定所得的总灰分用适量的无离子水充分加热溶解,用无灰滤纸过滤,将滤渣及滤纸重新灼烧灰化至恒重,得到水不溶性灰分的含量,用总灰分的含量减去水不溶性灰分的含量即可得水溶性灰分的含量。

(二)仪器与试剂

同总灰分含量的测定。

(三)操作方法

先按总灰分的测定方法得到总灰分的含量,再向灰分中加入25 mL无离子水,加热至沸,使之充分溶解;选用无灰滤纸过滤,用适量热的无离子水分次洗涤坩埚、滤纸及残渣,洗涤用水量以最后总滤液量不超过60 mL为宜。将残渣连同滤纸移回原测总灰分用的坩埚中,置水浴上蒸发至近干,经炭化、灼烧、冷却、称量直至达到恒重。

(四)结果计算

按下式计算样品水不溶性灰分的含量:

$$\text{水不溶性灰分}(\%)=\frac{m_3-m_1}{m_2-m_1}\times 100$$

公式中,m_1为坩埚质量;m_2为样品加坩埚质量;m_3为不溶性灰分加坩埚质量。

按下式计算样品水溶性灰分的含量:

$$\text{水溶性灰分}(\%)=\text{总灰分}(\%)-\text{水不溶性灰分}(\%)$$

(五)说明及注意事项

①炭化要彻底。②过滤时应选择无灰滤纸。③加热和过滤时不要有损失。

三、酸不溶性灰分分析

向总灰分或水不溶性灰分中加入 25 mL 0.1 mol/L 盐酸。以下操作同水不溶性灰分的测定，按下式计算酸不溶性灰分的质量分数。

$$\text{酸不溶性灰分}(\%) = \frac{m_3 - m_1}{m_2 - m_1} \times 100$$

公式中，m_1 为坩埚质量；m_2 为样品加坩埚质量；m_3 为酸不溶性灰分加坩埚质量。

四、灰分的快速分析

测定灰分的常用标准方法是高温灰化法，该法只能得到粗灰分，且费时费力，耗能大。研究快速准确、省时省力的新灰化方法势在必行。

(一)微波快速灰化法

微波加热使样品内部分子间产生强烈振动和碰撞，导致加热物体内部温度急剧升高，不管样品是在敞开还是在密闭的容器内，用程序化的微波湿法消化器与马弗炉相比都缩短了灰化时间，同时可控制真空度和温度，如面粉的微波干法灰化只需 10 ~20 min。在一个封闭的系统中微波湿法灰化同样快速和安全。微波系统干法灰化约 40 mm 的效果相当于马弗炉中灰化 4 h，对植物样品(铜的测定除外)，用微波系统灰化 20 min 即可，显著加快分析速度。

(二)面粉灰分快速测定法

1. 近红外分析仪灰分测定

近红外技术(NIR)在近 30 年得到不断改进和发展，已成为一种具有良好性能的工具。20 世纪 80 年代中期，NIR 被国际谷物化学师协会(AACC)、国际粮食科技协会(ICC)接受，成为测定谷物成分的标准方法。其中灰分采用近红外测定法(瑞典 Perten 8620)进行分析(ICC 标准，第 202 号)。

近红外分析仪是用近红外范围的光照射样品，用光检测元件检测各段波长的光吸收特性，其优点是所需样品量少，重复性好，不用化学试剂，整个过程只需 20 s。

2. 电导法测定面粉中的灰分

利用面粉抽提液中可溶性离子的电导率测定面粉的灰分是一种快速测定方法,面粉抽提液中可溶性离子浓度与灰分存在着一定的关系。其影响因素主要为抽提温度、时间、抽提方法及底物。首要影响因素为抽提温度,建议控制温度为 30 ℃;抽提时间在一定范围内延长有利于电导率的测定,在 1 h 左右达到稳定;抽提方法中离心后静置 15 min,测定其上清液最佳,过滤对测定结果影响不大;蒸馏水对测定有影响,要求用重蒸馏水,也可结合超声波、微波辅助抽提技术,为未来建立电导率法快速测定面粉的灰分和有关仪器的研制提供理论依据。

第三节　酸类物质的测定

食品中的酸类物质包括有机酸、无机酸、酸式盐以及某些酸性有机化合物(如单宁、蛋白质分解产物等)。这些酸有的是食品中本身固有的,如果蔬中含有苹果酸、柠檬酸、酒石酸、醋酸、草酸,鱼肉类中含有乳酸等;有的是外加的,如配制型饮料中加入的柠檬酸;有的是因发酵而产生的,如酸奶中的乳酸。

酸度可分为总酸度、有效酸度和挥发酸度。

一、总酸度分析

总酸度是指食品中所有酸性物质的总量,包括离解的和未离解的酸的总和,常用标准碱溶液进行滴定,并以样品中主要代表酸的质量分数来表示,故总酸又称为可滴定酸度。

(一)原理

食品中的酒石酸、苹果酸、柠檬酸、草酸、乙酸等其电离常数均大于 10^{-8},可以用强碱标准溶液直接滴定,用酚酞作指示剂,当滴定至终点(溶液呈浅红色,30 s 不褪色)时,根据所消耗的标准碱溶液的浓度和体积,可计算出样品中总酸含量。

(二)仪器与试剂

组织捣碎机、水浴锅、研钵、冷凝管。

0.100 0 mol/L、0.010 00 mol/L、0.050 00 mol/L NaOH 标准滴定溶液，1%酚酞溶液。

0.1 mol/L NaOH 标准溶液：称取氢氧化钠（AR）120 g 于 250 mL 烧杯中，加入蒸馏水 100 mL，振摇使之溶解成饱和溶液，冷却后注入聚乙烯塑料瓶中，密闭，放置数日澄清后备用。准确吸取上述溶液的上层清液 5.6 mL，加新煮沸过并已冷却的无二氧化碳蒸馏水至 1 000 mL，摇匀。

标定：精密称取 0.4～0.6 g（准确至 0.000 1 g）经 105～110 ℃烘箱干燥至恒重的基准邻苯二甲酸氢钾，加 50 mL 新煮沸过的冷蒸馏水，振摇使其

溶解，加酚酞指示剂 2～3 滴，用配制的 NaOH 标准溶液滴定至溶液呈微红色 30 s 不褪色为终点。同时做空白试验。计算式如下：

$$c = \frac{m \times 1000}{(V_1 - V_2) \times 204.2}$$

公式中，c 为氢氧化钠标准溶液的浓度；m 为基准邻苯二甲酸氢钾的质量，V_1 标定时所耗用氢氧化钠标准溶液的体积；V_2 空白实验中耗用氢氧化钠标准溶液的体积；204.2 表示邻苯二甲酸氢钾的摩尔质量。

1%酚酞乙醇溶液：称取 1 g 酚酞溶解于 1 000 mL 95%乙醇中。

（三）操作方法

1. 样品处理

固体样品（如干鲜果蔬、蜜饯及罐头）。将样品用粉碎机或高速组织捣碎机捣碎并混合均匀。取适量样品（按其总酸含量而定），用 15 mL 无 CO_2 蒸馏水（果蔬干品须加 8～9 倍无 CO_2 蒸馏水）将其移入 250 mL 容量瓶中，在 75～80 ℃水浴上加热 0.5 h（果脯类沸水浴加热 1 h），冷却后定容，用干滤纸过滤，弃去初始滤液 25 mL，收集滤液备用。

含 CO_2 的饮料、酒类。将样品置于 40 ℃水浴上加热 30 min，以除去 CO_2，冷却后备用。

调味品及不含 CO_2 的饮料、酒类。将样品混匀后直接取样，必要时加适量水稀释（若样品浑浊，则需过滤）。

咖啡样品。将样品粉碎通过 40 目筛，取 10 g 粉碎的样品于锥形瓶中，加入 75 mL 80%乙醇，加塞放置 16 h，并不时摇动，过滤。

固体饮料。称取 5～10 g 样品，置于研钵中，加少量无 CO_2 蒸馏水，研磨成糊状，用无 CO_2 蒸馏水加入 250 mL 容量瓶中，充分振摇，过滤。

2. 样品测定

准确吸取上法制备滤液 50 mL，加酚酞指示剂 3 ~ 4 滴，用 0.1 mol/L NaOH 标准溶液滴定至微红色 30 s 不退，记录消耗 0.1 mol/L NaOH 标准溶液的体积(mL)。

(四)结果计算

$$总酸度 = \frac{c \times V \times K \times V_0}{m \times V_1} \times 100$$

公式中，c 为标准 NaOH 溶液的浓度；V 为滴定消耗标准 NaOH 溶液体积，m 为样品质量或体积；V_0 为样品稀释液总体积；V_1 为滴定时吸取的样液体积；K 为换算系数，即 1 mol NaOH 相当于主要酸的质量。

(五)说明及注意事项

食品中的酸是多种有机弱酸的混合物，用强碱滴定测其含量时滴定突跃不明显，其滴定终点偏碱，一般在 pH 值 8.2 左右，故可选用酚酞作终点指示剂。

对于颜色较深的食品，因它使终点颜色变化不明显，遇此情况，可通过加水稀释，用活性炭脱色等方法处理后再滴定。若样液颜色过深或浑浊，则宜采用电位滴定法。

样品浸渍、稀释之用水量应根据样品中总酸含量来慎重选择，为使误差不超过允许范围，一般要求滴定时消耗 0.1 mol/L NaOH 溶液不得少于 5 mL，最好在 10 ~ 15 mL。

二、有效酸度分析

有效酸度是指样品中呈游离状态的氢离子的浓度(准确地说应该是活度)，常用 pH 表示。常用的测定溶液有效酸度(pH)的方法有比色法和电位法(pH 计法)两种。

一是比色法。比色法是利用不同的酸碱指示剂来显示 pH，它具有简便、经济、快速等优点，但结果不甚准确，仅能粗略地估计各类样液的 pH。

二是电位法(pH 计法)。电位法适用于各类饮料、果蔬及其制品，以及肉、蛋类等食品中 pH 的测定。它具有准确度较高(可准确到 0.01 pH 单位)、操作简便、不受试样本身颜色的影响等优点，在食品检验中得到广泛的应用。

(一)电位法测定pH的原理

将玻璃电极(指示电极)和甘汞电极(参比电极)插入被测溶液中组成一个电池,其电动势与溶液的pH有关,通过对电池电动势的测量即可测定溶液的pH。

(二)酸度计

酸度计也称为pH计,它是由电计和电极两部分组成。电极与被测液组成工作电池,电池的电动势用电计测量。目前各种酸度计的结构越来越简单、紧凑,并趋向数字显示式。

(三)食品pH的测定

1.样品处理

(1)果蔬样品。将果蔬样品榨汁后,取其压榨汁直接进行测定。对于果蔬干制品,可取适量样品,加数倍的无CO_2蒸馏水,在水浴上加热30 min,再捣碎,过滤,取滤液进行测定。

(2)肉类制品。称取10 g已除去油脂并绞碎的样品,置于250 mL锥形瓶中,加入100 mL无CO_2蒸馏水,浸泡15 min(随时摇动)。干滤,取滤液进行测定。

(3)罐头制品(液固混合样品)。将内容物倒入组织捣碎机中,加适量水(以不改变pH为宜)捣碎,过滤,取滤液进行测定。对含CO_2的液体样品(如碳酸饮料、啤酒等),要先去除CO_2,其方法同"总酸度测定"。

2.样液pH的测定

用蒸馏水冲洗电极和烧杯,再用样液洗涤电极和烧杯。然后将电极浸入样液中,轻轻摇动烧杯,使溶液均匀。调节温度补偿器至被测溶液温度,按下读数开关,指针所指之值,即为样液的pH。测量完毕后,将电极和烧杯清洗干净,并妥善保管。

三、挥发性酸分析

挥发酸是指易挥发的有机酸,如醋酸、甲酸及丁酸等可通过蒸馏法分离,再用标准碱溶液进行滴定。挥发酸含量可用间接法或直接法测定。

一是间接法。间接法是先用标准碱滴定总酸度,将挥发酸蒸发去除后,再用标准碱滴定非挥发酸的含量,两者的差值即为挥发酸的含量。

二是直接法。直接法是用水蒸气蒸馏法分离挥发酸,然后用滴定方法测定其含量。直接法操作简单、方便,适合挥发酸含量较高的样品测定。

如果样品挥发酸含量很低,则应采用间接法。

(一)原理

样品经处理后,在酸性条件下挥发酸能随水蒸气一起蒸发,用碱标准溶液滴定,计算挥发酸的质量分数。

(二)仪器与试剂

1.仪器

蒸馏装置如图9-4所示,主要由水蒸气发生器、样品瓶、冷凝管、接收瓶以及电炉等组成。

2.试剂

①0.050 00 mol/L,0.010 00 mol/L氢氧化钠标准溶液;②磷酸溶液[ρ=10 g/(100 mL)];③10 g/L酚酞指示液;盐酸溶液(1+4);④0.005 000 mol/L碘标准溶液;⑤5 g/L淀粉指示液;⑥硼酸钠饱和溶液。

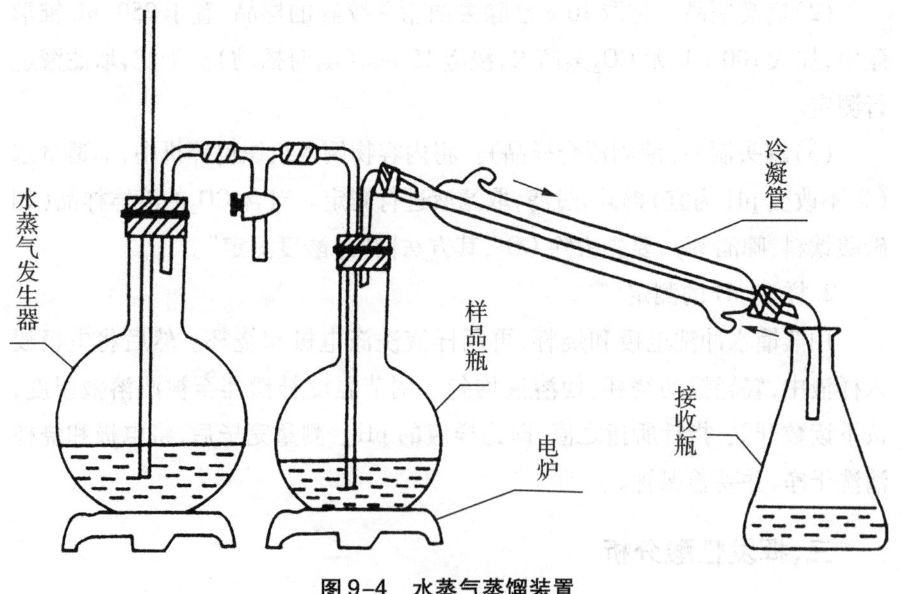

图9-4 水蒸气蒸馏装置

(三)操作方法

1.一般样品

安装好蒸馏装置。准确称取均匀样品2.00 ~3.00 g,加50 mL煮沸过的蒸馏水和1 mL磷酸溶液[ρ =10 g/(100 mL)]。连接水蒸气蒸馏装置,加热蒸馏至馏出液300 mL。馏出液加热至60~65 ℃,加入酚酞指示剂3~4滴,用0.100 0 mol/L氢氧化钠标准溶液滴定至微红色,30 s内不褪色为终点。

2.葡萄酒或果酒

以蒸馏的方式蒸出样品中的低沸点酸类即挥发酸,用碱标准溶液滴定,再测定游离二氧化硫和结合二氧化硫,通过计算与修正,得出样品中挥发酸含量。

(四)说明及注意事项

样品挥发酸若直接蒸馏,而不采用水蒸气蒸馏,则很难将挥发酸都蒸馏出来,因为挥发酸与水构成一定百分比的混溶体,并有固定的沸点。若采用水蒸气,则挥发酸和水蒸气是与水蒸气分压成比例地从溶液中一起被蒸馏出来,因而可加速挥发酸的蒸馏分离。

本方法适用于各类饮料、果蔬及其制品(如发酵制品、酒等)中总挥发酸含量的测定。溶液中加入磷酸可使结合态的挥发酸游离出来,使结果更准确。

第四节　脂类的测定

脂肪、蛋白质和糖类是自然界存在的三大重要物质,是食品的三大主要成分,脂类为人体的新陈代谢提供所需的能量和碳源、必需脂肪酸、脂溶性维生素和其他脂溶性营养物质,同时也赋予了食品特殊的风味和加工特性。脂肪是一大类天然有机化合物,它的定义为混脂肪酸甘油三酯的混合物。食品中的脂类主要包括脂肪(甘油三酸酯)和一些类脂化合物(如脂肪酸、糖脂、甾醇、磷脂等)。

脂肪在长期存放过程中易产生一系列的氧化作用和其他化学变化而变质。变质的结果不仅使油脂的酸价增高,而且由于氧化产物的积聚而呈现出色泽、口味及其他变化,从而导致其营养价值降低。因此,对油脂进行理化指标的检测以保证食用安全是必要的。

一、酸水解法

某些食品,其所含脂肪包含于组织内部,如面粉及其焙烤制品(面条、面包之类)；由于乙醚不能充分渗入样品颗粒内部，或由于脂类与蛋白质或碳水化合物形成结合脂，特别是一些容易吸潮、结块、难以烘干的食品，用索氏抽提法不能将其中的脂类完全提取出来，这时用酸水解法效果就比较好。即在强酸、加热的条件下，使蛋白质和碳水化合物水解，使脂类游离出来，然后再用有机溶剂提取。本法适用于各类食品中总脂肪含量的测定，但对含磷脂较多的一类食品，如鱼类、贝类、蛋及其制品，在盐酸溶液中加热时，磷脂几乎完全分解为脂肪酸和碱，使测定结果偏低，多糖类遇强酸易炭化，会影响测定结果。本方法测定时间短，在一定程度上可防止脂类物质的氧化。

(一)原理

将试样与盐酸溶液一起加热进行水解，使结合或包埋在组织内的脂肪游离出来，再用有机溶剂提取脂肪，回收溶剂，干燥后称量，提取物的质量即为样品中脂类的含量。

(二)仪器与试剂

100 mL 具塞刻度量筒，如图 9-5 所示。

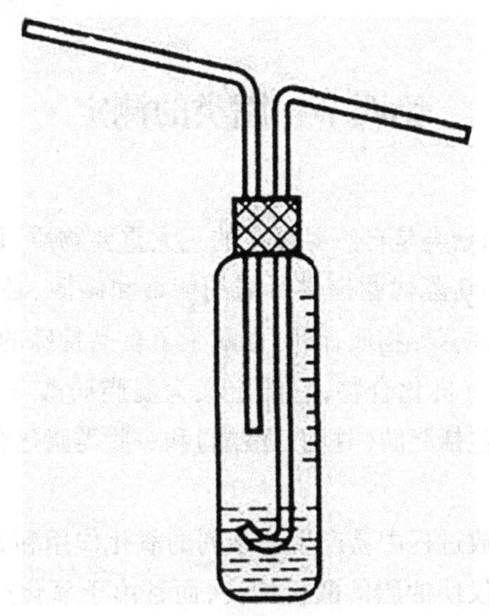

图 9-5　具塞刻度量筒

乙醇(体积分数 95%)、乙醚(无过氧化物)、石油醚(30～60 ℃)、盐酸。

(三)操作方法

1. 样品处理

(1)固体样品。精确称取约 2.0 g 样品于 50 mL 大试管中,加 8 mL 水,混匀后再加 10 mL 盐酸。

(2)液体样品。精确称取 10.0 g 样品于 50 mL 大试管中,加入 10 mL 盐酸。

2. 水解

将试管放入 70 ~ 80 t 水浴中,每隔 5 ~ 10 min 搅拌一次,至脂肪游离完全为止,约需 40 ~ 50 min。

3. 提取

取出试管加入 10 mL 乙醇,混合,冷却后将混合物移入 100 mL 具塞量筒中,用 25 mL 乙醚分次洗涤试管,一并倒入具塞量筒中,加塞振摇 1 min,小心开塞放出气体,再塞好,静置 15 min,小心开塞,用乙醚—石油醚等量混合液冲洗塞及筒口附着的脂肪,静置 10 ~ 20 min,待上部液体清晰,吸出上清液于已恒重的锥形瓶内,再加 5 mL 乙醚于具塞量筒内,振摇,静置后,仍将上层乙醚吸出,放入原锥形瓶内。

4. 回收溶剂、烘干、称重

将锥形瓶于水浴上蒸干后,于 100 ~ 105 ℃烘箱中干燥 2 h,取出放入干燥器内冷却 30 min 后称量,反复以上操作直至恒重。

(四)结果计算

$$\omega_{\text{湿基}} = \frac{m_2 - m_1}{m} \times 100\%$$

$$\omega_{\text{干基}} = \frac{m_2 - m_1}{m(100\% - M)} \times 100\%$$

公式中,ω 为脂类质量分数;m_2 为锥形瓶和脂类质量;m_1 空锥形瓶的质量;m 为试样的质量,M 为试样中水分的含量。

(五)说明及注意事项

固体样品必须充分磨细,液体样品必须充分混匀,以便充分水解。水解时应使水分大量损失,使酸浓度升高。

水解后加入乙醇可使蛋白质沉淀,降低表面张力,促进脂肪球聚合,还可以使碳水化合物、有机酸等溶解。用乙醚提取脂肪时,由于乙醇可溶于乙醚,所以需要加入石油醚,以降低乙醇在乙醚中的溶解度,使乙醇溶解物残留在水层,使分层清晰。

挥干溶剂后,残留物中如有黑色焦油状杂质,是分解物与水混入所致,将使测定值增大,造成误差,可用等量乙醚及石油醚溶解后过滤,再次进行挥干溶剂的操作。

二、索氏抽提法

(一)原理

经前处理的样品用无水乙醚或石油醚等溶剂回流抽提,使样品中的脂肪进入溶剂中,蒸去溶剂后的物质称为脂肪或粗脂肪。因为除脂肪外,还含有色素及挥发油、树脂、蜡等物质。抽提法所测得的脂肪为游离脂肪。本法适用于脂类含量较高,结合态脂类含量较少,能烘干磨细,不易吸湿结块样品的测定。

(二)仪器与试剂

索氏抽提器(图9-6)、恒温水浴锅、乙醚脱脂过的滤纸。

无水乙醚或石油醚、海砂。

(三)操作方法

1. 固体样品

精确称取2.00~5.00 g(可取测定水分后的样品),必要时拌以海砂,全部移入滤纸筒内。

2. 液体或半固体样品

称取5.00~10.00 g于蒸发皿中,加海砂约20 g,于沸水浴上蒸干后,于(100±5) ℃干燥,研细,全部移入滤纸筒内。蒸发皿及附有样品的玻棒。均用蘸有乙醚的脱脂棉擦净,并将棉花放入滤纸筒内。

将滤纸筒放入脂肪抽提器的抽提管内,连接已干燥至恒量的接收瓶,由抽提器冷凝管上端加无水乙醚或石油醚至瓶容积的2/3处,于水浴上加热,使乙醚或石油醚回流提取,一般抽提6~12 h。取下接收瓶,回收乙醚或石油醚,待接收瓶内乙醚剩1~2 mL时,在水浴上蒸干,再于(100±5) ℃干燥2 h,放干燥器内冷却0.5 h后称量,并重复操作至恒量。

(四)说明及注意事项

本法是经典分析方法,是国家标准方法之一,适用于肉制品、豆制品、谷

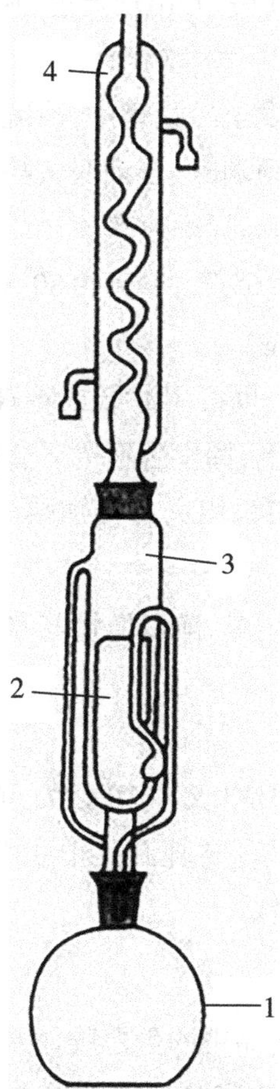

图 9-6　索氏抽提器

1-接收瓶;2-滤纸筒;3-抽提管;4-冷凝管

物、坚果、油炸果品和中西式糕点等粗脂肪的测定,不适用于乳及乳制品。

对含糖及糊精量多的样品,要先用冷水使糖及糊精溶解,经过滤除去,将残渣连同滤纸一起烘干,放入抽提管中。

样品必须干燥,因水分妨碍有机溶剂对样品的浸润。装样品的滤纸筒要严密,防止样品泄露。滤纸筒的高度不要超过回流弯管,否则,样品中的脂肪不能抽提,造成误差。

本法要求溶剂必须无水、无醇、无过氧化物,挥发性残渣含量低。否则水和醇可导致糖类及盐类等水溶性物质溶出,测定结果偏高;过氧化物会造成脂肪氧化。过氧化物的检查方法:取 6 mL 乙醚,加 2 mL 10 g/(100 mL) 碘化钾溶液，用力振摇，放 1 min 后，若出现黄色，则有过氧化物存在，应另选乙醚或处理后再用。

溶剂在接收瓶中受热蒸发至冷凝管中，冷凝后进入装有样品的抽提管。当抽提管内溶剂达到虹吸管顶端时，自动吸入接收瓶中。如此循环，抽提管中溶剂均为重蒸溶剂，从而提高提取效率。

提取时水浴温度：夏天约 65 ℃，冬天约 80 ℃，以 80 滴/min，每小时回流 6～12 次为宜，提取过程注意防火。

抽提是否完全可凭经验，也可用滤纸或毛玻璃检查。由抽提管下口滴下的乙醚滴在滤纸或毛玻璃上，挥发后不留下油迹表明已抽提完全。

挥发乙醚或石油醚时，切忌用火直接加热。放入烘箱前应全部驱除残余乙醚，防止发生爆炸。

反复加热因脂类氧化而增量，应以增量前的质量作为恒量。

三、罗紫-哥特里法

重量法中的罗紫-哥特里法（又称为碱性乙醚法）适用于乳、乳制品及冰淇淋中脂肪含量的测定，也是乳与乳制品中脂类测定的国际标准方法。一般采用湿法提取，重量法定量。

（一）原理

利用氨-乙醇溶液破坏乳品中的蛋白胶体及脂肪球膜，使其非脂肪成分溶解于氨-乙醇溶液中，从而将脂肪球游离出来，用乙醚-石油醚提取脂肪，再经蒸馏分离得到乳脂肪的含量。

（二）仪器与试剂

抽脂瓶（内径 2.0～2.5 cm，体积 100 mL）如图 9-7 所示。

石油醚（沸程为 30～60 ℃）、乙醚、乙醇、25%氨水（相对密度为 0.91）。

（三）操作方法

准确称取 1～1.2 g 样品，加入 10 mL 蒸馏水溶解（液体样品直接吸取 10.00 mL），置于抽脂瓶中，加入浓氨水 1.25 mL，盖好盖后充分混匀，置于 60 ℃水浴中加热 5 min，振摇 2 min 再加入 10 mL 乙醇后充分混合，于冷水中冷却后加乙醚 25 mL，用塞子塞好后振摇 0.5 min。最后加 25 mL 石油醚振摇 0.5 min，小心开塞放出气体。

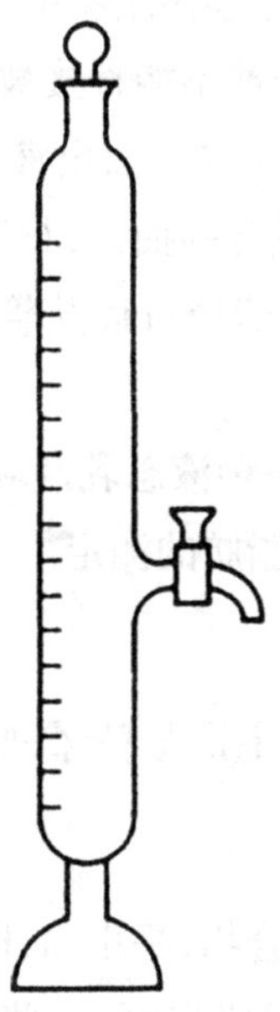

图 9-7　抽脂瓶

静置 30 min 使上层液体澄清后读取醚层的总体积(采用分液漏斗是要等上层液澄清后,将装废液的小烧杯置于漏斗下,并将瓶盖打开,旋开活塞,让下部的水层缓缓流出,水层完全放出后,关上活塞,从瓶口将澄清、透明的脂肪层倒至已恒重的干燥瓶中。用 5 ~10 mL 的乙醚洗涤分液漏斗 2 次或 3 次,洗液一并倒入倒烧瓶中,按上述方法回收乙醚并干燥)。放出醚层至已恒重的烧瓶中,记录放出的体积。蒸馏回收乙醚后,烧瓶放在水浴上赶尽残留的溶剂,置于(102±2) ℃的干燥箱中干燥 2 h,取出后再于干燥器内冷却 0.5 h 后称重,反复干燥至恒重(前后两次质量差<1 mg)。

(四)结果计算

$$\omega = \frac{m_1 - m_0}{m(V_1/V_0)} \times 100$$

公式中,ω 为样品中脂肪的质量分数(或质量浓度);m_1 为烧瓶与脂肪的质量;m_0 为烧瓶的质量,m 为样品的质量;V_1 为乙醚层的总体积;V_0 为放出乙醚层的体积。

(五)说明及注意事项

(1)罗紫-哥特里法适用于各种乳及乳制品的脂肪分析,也是 FAO/WHO 采用的乳及乳制品脂类定量分析的国际方法。

(2)由于乳类中的脂肪球被其中的酪蛋白钙盐包裹,并处于高度分散的胶体溶液中,所以乳类中的脂肪球不能直接被溶剂提取。

(3)操作时加入石油醚可以减少抽出液中的水分,使乙醚不与水分混溶,大大减少了可溶性非脂肪成分的抽出,石油醚还可以使分层更清晰。

(4)如果使用具塞量筒,澄清液可以从管口倒出,或装上吹管吹出上清液,但不要搅动下层液体。

(5)此方法除了可以用于各种液态乳及乳制品中脂肪的测定外,还可以用于豆乳或加水呈乳状食品中脂肪的测定。

第五节　碳水化合物的测定

碳水化合物也称为糖水化合物,是由 C、H、O 三种元素组成的一大类化合物,是人和动物所需热能的重要来源,一些糖与蛋白质、脂肪等结合生成糖蛋白和糖脂,这些物质都具有重要的生理功能。食品中的碳水化合物不仅能提供热量,而且还是改善食品品质、组织结构、增加食品风味的食品加工辅助材料。如变性淀粉、环糊精、果胶在食品工业中的应用越来越广泛,具有特别重要的意义。

在食品加工工艺中,糖类对食品的形态、组织结构、理化性质及其色、香、味等都有很大的影响,同时,糖类的含量还是食品营养价值高低的重要标志,也是某些食品重要的质量指标。碳水化合物的测定是食品的主要分析项目之一。糖类又分为总糖、还原性糖、蔗糖等,本节分别讨论各种糖类物质的测定方法。

一、总糖分析

许多食品中共存多种单糖和低聚糖,这些糖有的是来自原料,有的是生产过程中人为加入的,有的则是在加工过程中形成的(如蔗糖水解为葡萄糖和果糖)。对这些糖分别加以测定是比较困难的,通常也是不必要的。食品生产中通常需要测定其总量,这就提出了"总糖"的概念,这里所讲的总糖指具有还原性的(葡萄糖、果糖、乳糖、麦芽糖等)和在测定条件下能水解为还原性单糖的蔗糖的总量。

总糖是食品生产中常规分析项目。它反映的是食品中可溶性单糖和低聚糖的总量，其含量高低对产品的色、香、味、组织形态、营养价值、成本等有一定影响。总糖是麦乳精、乳粉、糕点、果蔬罐头、饮料等许多食品的重要质量指标。

总糖的测定通常以还原糖的测定方法为基础，常用的有蒽酮比色法和苯酚-硫酸法等。

（一）蒽酮比色法

1. 原理

单糖类遇浓硫酸时，脱水生成糠醛衍生物，后者可与蒽酮缩合成蓝绿色的化合物。以葡萄糖为例，反应式如下：

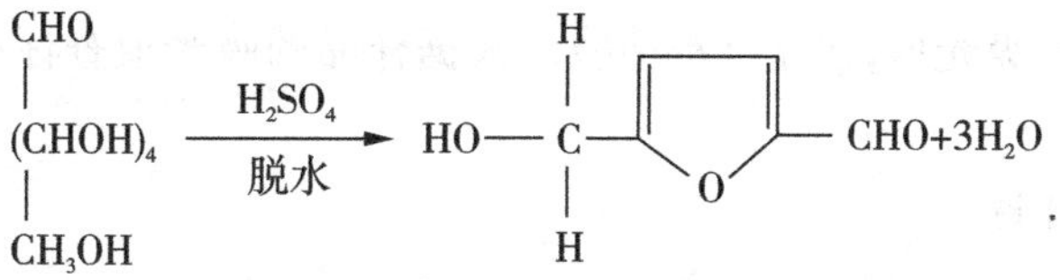

CHO
|
$(CHOH)_4$ —H_2SO_4 / 脱水→ HO—C(H)(H)—[呋喃环(O)]—CHO + $3H_2O$
|
CH_2OH

糖　　　　羟-甲基呋喃醛

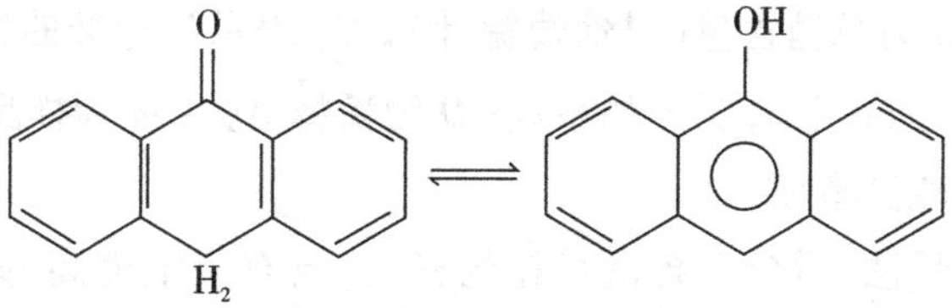

O　　　　OH

H_2

蒽酮　　　　蒽酚

H_3C　N^+　CH_3　N　S　CH_3　CH_3　还原 / 氧化　H_3C　H　N　S　N　CH_3　CH_3　CH_3

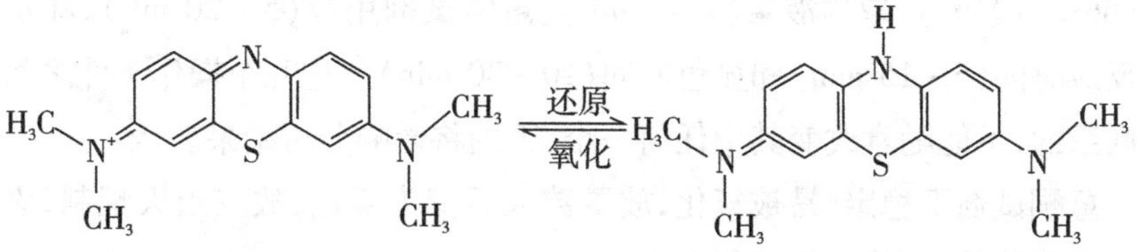

(蓝色氧化态)　　　　(无色还原态)

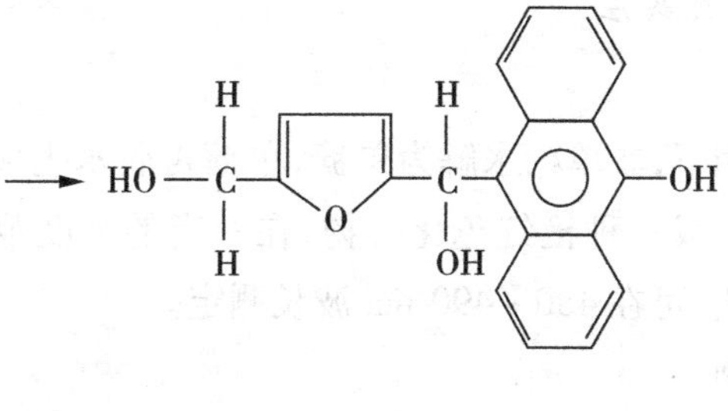

→ HO—C(H)(H)—[呋喃环(O)]—C(H)(OH)—[蒽环]—OH

当糖的量为 20 ~ 200 mg 时，其成色强度与溶液中糖的含量成正比，因此可以通过比色测定。

2. 试剂

葡萄糖标准溶液：准确称取 1.000 0 g 葡萄糖，用水定容到 1 000 mL，从中吸取 1 mL、2 mL、4 mL、6 mL、8 mL、10 mL 分别移入 100 mL 容量瓶中，用水定容，即得 10 μg/mL、20 μg/mL、40 μg/mL、60 μg/mL、80 μg/mL、100 μg/mL葡萄糖系列标准溶液。

3. 操作方法

吸取系列标准溶液，样品溶液（含糖 20 ~ 80 Mg/mL）和蒸馏水 2 mL 分别放入 8 支具塞比色管中，沿管壁各加入蒽酮试剂 10 mL，立即摇匀，放入沸水中准确加热 10 min，取出，迅速冷却至室温，在暗处放置 10 min 后，在 620 nm处测定吸光值，绘制标准曲线。根据样品的吸光值查标准曲线，求出糖含量。

4. 结果计算

$$\omega = \frac{c_A \times D \times 10^{-4}}{m}$$

公式中，ω 为总糖含量（以葡萄糖计）；C_A 表示从标准曲线查得的糖浓度；10^{-4}为将 μg/mL 换算为% 的系数；D 为稀释倍数；m 为样品的质量。

5. 说明及注意事项

该法是微量法，适合于含微量糖的样品，具有灵敏度高、试剂用量少等优点。该法按操作的不同可分为几种，主要差别在于蒽酮试剂中硫酸的浓度（66% ~95%）、取样液量（1 ~5 mL）、蒽酮试剂用量（5 ~20 mL）、沸水浴中反应时间（6 ~15 min）和显色时间（10 ~30 min）。这几个操作条件之间是有联系的，不能随意改变其中任何一个，否则将影响分析结果。

蒽酮试剂不稳定，易被氧化，放置数天后变为褐色，故应当天配制，添加稳定剂硫脲后，在冷暗处可保存 48 h。

（二）苯酚–硫酸法

1. 原理

在浓硫酸作用下，非单糖水解为单糖，单糖再脱水生成的糠醛或糠醛衍生物与苯酚缩合生成一种橙红色化合物，在一定的浓度范围内其颜色深浅与糖的含量成正比，可在 480 ~490 nm 波长测定。

2. 仪器与试剂

分光光度计、水浴锅、具塞试管、移液管。

80%苯酚溶液、100 mg/L葡萄糖储备液、浓硫酸。

3. 操作方法

取样品试液2 mL(含糖10～70 Mg)置于直径16～20 mm试管中，加入80%苯酚溶液0.05 mL，用快速移液管于10～20 s之内，迅速加入浓硫酸5 mL，摇匀，放置10 min后，置水浴25～30 ℃ 10 min，在最大吸收波长480 nm进行比色并记录吸光度。

测定样品的同时，对标准糖液与空白溶液分别做实验，测定方法同样品分析。

4. 说明及注意事项

此法简单、快速、灵敏、重现性好，基本不受蛋白质存在的影响，产生的颜色稳定时间在160 min以上。对每种糖仅需制作一条标准曲线。最低检出量为10 μg，误差为2%～5%。适用于各类食品中还原糖的测定，尤其是层析法分离洗涤之后样品中糖的测定。

该法可以测定几乎所有的糖类，但是不同的糖其吸光度大小不同：五碳糖常以木糖为标准绘制标准曲线，木糖的最大吸收波长在480 nm，适合测定木糖含量高的样品，如小麦麸、玉米麸；六碳糖常以葡萄糖为标准绘制标准曲线，葡萄糖的最大吸收波长在490 nm，软饮料、啤酒、果汁等可用此法测定其中的总糖。

苯酚有毒，硫酸有腐蚀性，需戴手套操作。

二、还原性糖分析

（一）直接滴定法

1. 原理

将适量的酒石酸铜甲、乙液等量混合，立即反应生成蓝色的氢氧化铜沉淀，生成的沉淀很快与酒石酸钾钠反应，络合生成深蓝色可溶的酒石酸钾钠铜络合物。试样经前处理后，在加热条件下，以亚甲蓝做指示剂，滴定标定过的碱性酒石酸铜溶液，样品中的还原糖与酒石酸钾钠铜反应，生成红色的氧化铜沉淀，微过量的还原糖会和亚甲基蓝反应，溶液中的蓝色会消失，即为滴定终点。根据样品液消耗体积计算还原糖含量。各步反应式（以葡萄糖为例）如下：

$$CuSO_4 + 2NaOH = Cu(OH)_2 \downarrow + Na_2SO_4$$

$$\longrightarrow HO-CH_2-(\text{C}_4H_2O)-CH(OH)-(\text{C}_{13}H_{8})=O + H_2O$$

蓝绿色化合物

$$Cu(OH)_2 + \begin{matrix} HO-CH-COONa \\ | \\ HO-CH-COOK \end{matrix} = Cu\begin{matrix} O-CH-COONa \\ | \\ O-CH-COOK \end{matrix} + 2H_2O$$

$$\begin{matrix} CHO \\ | \\ (CHOH)_4 \\ | \\ CHO \end{matrix} + 6\,Cu\begin{matrix} O-CH-COONa \\ | \\ O-CH-COOK \end{matrix} + 6H_2O = \begin{matrix} CHO \\ | \\ (CHOH)_3 \\ | \\ CHO \end{matrix} + 6\begin{matrix} COONa \\ | \\ CHHO \\ | \\ CHOH \\ | \\ COOK \end{matrix} + 3Cu_2O\downarrow + H_2CO_3$$

2. 仪器与试剂

酸式滴定管:25 mL,可调电炉:带石棉板。

盐酸(HCl)、硫酸铜($CuSO_4 \cdot 5H_2O$)、酒石酸钾钠($C_4H_4O_5KNa \cdot 4H_2O$)、亚甲基蓝($C_{16}H_{18}ClN_3S \cdot 3H_2O$)指示剂、氢氧化钠(NaOH)、乙酸锌[$Zn(CH_3COO)_2 \cdot 2H_2O$]、亚铁氰化钾[$K_4Fe(CN)_6 \cdot 4H_2O$]、葡萄糖($C_6H_{12}O_6$)、果糖($C_6H_{12}O_6$)、乳糖($C_6H_{12}O_6$)、蔗糖($C_{12}H_{22}O_{11}$)。

除非另有规定,本方法中所用试剂均为分析纯。

碱性酒石酸铜甲液:称取 15 g 硫酸铜及 0.05 g 亚甲基蓝,溶于水中并稀释至 1 000 mL。

碱性酒石酸铜乙液:称取 50 g 酒石酸钾钠、75 g 氢氧化钠,溶于水中,再加入 4 g 亚铁氰化钾,完全溶解后,用水稀释至 1 000 mL,贮存于橡胶塞玻璃瓶内。

乙酸锌溶液(219 g/L):称取 21.9 g 乙酸锌,加 3 mL 冰乙酸,加水溶解并稀释至 100 mL。

亚铁氰化钾溶液(106 g/L):称取 10.6 g 亚铁氰化钾,加水溶解并稀释至100 mL。

氢氧化钠溶液(40 g/L):称取4 g氢氧化钠,加水溶解并稀释至100 mL。

盐酸溶液(1+1):量取50 mL盐酸,加水稀释至100 mL。

葡萄糖标准溶液:称取1 g(精确至0.000 1 g)经过98% ~100%干燥2 h的葡萄糖,加水溶解后加入5 mL盐酸,并以水稀释至1 000 mL。此溶液每毫升相当于1.0 mg葡萄糖。

果糖标准溶液:称取1 g(精确至0.000 1 g)经过98 ~100 ℃干燥2 h的果糖,加水溶解后加入5 mL盐酸,并以水稀释至1 000 mL。此溶液每毫升相当于1.0 mg果糖。

乳糖标准溶液:称取1 g(精确至0.000 1 g)经过96% +2 ℃干燥2 h的乳糖.加水溶解后加入5 mL盐酸,并以水稀释至1 000 mL。此溶液每毫升相当于1.0 mg乳糖(含水)。

转化糖标准溶液:准确称取1.052 6 g蔗糖,用100 mL水溶解,转入具塞三角瓶中,加5 mL盐酸(1+1),在68 ~70 ℃水浴中加热15 min,放置至室温,转移至1 000 mL容量瓶中并定容至1 000 mL,每毫升标准溶液相当于1.0 mg转化糖。

3.操作方法

(1)样品处理

1)一般食品。称取粉碎后的固体试样2.5 ~5 g或混匀后的液体试样5 ~25 g,精确至0.001 g,置250 mL容量瓶中,加50 mL水,慢慢加入5 mL乙酸锌溶液及5 mL亚铁氰化钾溶液,加水至刻度,混匀,静置30 min,用干燥滤纸过滤,弃去初滤液,取续滤液备用。

2)酒精性饮料。称取约100 g混匀后的试样,精确至0.01 g,置于蒸发皿中,用氢氧化钠(40 g/L)溶液中和至中性,在水浴上蒸发至原体积的1/4后,移入250 mL容量瓶中,慢慢加入5 mL乙酸锌溶液及5 mL亚铁氰化钾溶液,加水至刻度,混匀,静置30 min,用干燥滤纸过滤,弃去初滤液,取续滤液备用。

3)含大量淀粉的食品。称取10 ~20 g粉碎后或混匀后的试样,精确至0.001 g,置250 mL容量瓶中,加200 mL水,在45 ℃水浴中加热1 h,并时时振摇。冷后加水至刻度,混匀,静置,沉淀。吸取200 mL上清液至另一个250 mL容量瓶中,慢慢加入5 mL乙酸锌溶液及5 mL亚铁氰化钾溶液,加水至刻度,混匀,静置30 min,用干燥滤纸过滤,弃去初滤液,取续滤液备用。

(2)碱性酒石酸铜溶液的标定。准确吸取碱性酒石酸铜甲液和乙液各5.0 mL,置于250 mL锥形瓶中。加水10 mL,加入玻璃珠2粒。从滴定管中滴加约9 mL葡萄糖标准溶液,加热使其在2 min内加热至沸,趁热以每2 s 1滴的速度继续用葡萄糖标准溶液滴定,直至蓝色刚好褪去为终点。记录消耗葡萄糖标准溶液的体积。平行操作3次,取其平均值。

计算每10 mL(甲液、乙液各5 mL)碱性酒石酸铜溶液,相当于葡萄糖的质量:

$$A = Vc$$

公式中,c为葡萄糖标准溶液的浓度;V为标定时消耗葡萄糖标准溶液的总体积;A为10 mL碱性酒石酸铜溶液相当于葡萄糖的质量。

(3)样品预测定。准确吸取碱性酒石酸甲液和乙液各5.0 mL,置于250 mL锥形瓶中。加水10 mL,加入玻璃珠2粒,加热使其在2 min内加热至沸,趁沸以先快后慢的速度从滴定管中滴加样液,滴定时须始终保持溶液呈沸腾状态。待溶液颜色变浅时,以每2 s 1滴的速度继续滴定,直至蓝色刚好褪去为终点。记录消耗样液的体积。

(4)样品测定。准确吸取碱性酒石酸铜甲液和乙液各5.0 mL,置于250 mL锥形瓶中。加水10 mL,加入玻璃珠2粒,从滴定管中加入比预测定时少1 mL的样液,加热使其在2 min内加热至沸,趁沸以每2 s 1滴的速度继续滴定,直至蓝色刚好褪去为终点。记录消耗样液的体积。同法平行操作3次,取其平均值。

4. 结果计算

$$\omega = \frac{A}{m \times \frac{V}{250} \times 1000} \times 100$$

公式中,ω为还原糖(以葡萄糖计)含量;m为样品质量;V为测定时平均消耗样液的体积;A为10 mL碱性酒石酸铜溶液相当于葡萄糖的质量;250表示样液的总体积。

(二)高锰酸钾滴定法

该法适用于各类食品中还原糖的测定,对于深色样液也同样适用。这种方法的主要特点是准确度高、重现性好,这两方面都优于直接滴定法。但操作复杂、费时,需查特制的高锰酸钾法糖类检索表。

1. 原理

将还原糖与一定量过量的碱性酒石酸铜溶液反应，还原糖使 Cu^{2+} 还原成 Cu_2O。过滤得到 Cu_2O，加入过量的酸性硫酸铁溶液将其氧化溶解，而 Fe^{3+} 被定量地还原成 Fe^{2+}，再用高锰酸钾溶液滴定所生成的 Fe^{2+}。根据所消耗的高锰酸钾标准溶液的量计算出 Cu_2O 的量。从检索表中查出与氧化亚铜量相当的还原糖的量，即可计算出样品中还原糖的含量。

2. 仪器与试剂

25 mL 古氏坩埚或 G_4 垂熔坩埚、真空泵或水力真空管。

碱性酒石酸铜甲液：称取 34.639 g 硫酸铜（$CuSO_4 \cdot 5H_2O$），加适量水溶解，加 0.5 mL 浓硫酸，再加水稀释至 500 mL，用精制石棉过滤。

碱性酒石酸铜乙液：称取 173 g 酒石酸钾钠和 50 g 氢氧化钠，加适量水溶液，并稀释至 500 mL，用精制石棉过滤，储存于具橡胶塞的玻璃瓶内。

精制石棉：取石棉，先用 3 mol/L 盐酸浸泡 2 ~ 3 h，用水洗净，再用 10 g/L 氢氧化钠溶液浸泡 2 ~ 3 h，倾去溶液，用碱性酒石酸铜乙液浸泡数小时，用水洗净，再以 3 mol/L 盐酸浸泡数小时，以水洗至不显酸性。然后加水振摇，使之成为微细的浆状纤维，用水浸泡并储存于玻璃瓶中，即可作填充古氏坩埚用。

硫酸铁溶液：称取 50 g 硫酸铁，加入 200 mL 水溶解后，慢慢加入 100 mL 硫酸，冷却加水稀释至 1 000 mL。3 mol/L HC1 溶液：30 mL 盐酸加水稀释至 120 mL 即可。

3. 操作方法

(1)样品处理

1)一般食品。称取粉碎后的固体试样 2.5 ~ 5 g 或混匀后的液体试样 5 ~ 25 g，精确至 0.001 g，置于 250 mL 容量瓶中，加水 50 mL，摇匀后加 10 mL 碱性酒石酸铜甲液及 4 mL 氢氧化钠溶液（40 g/L），加水至刻度，混匀。静置 30 min，用干燥滤纸过滤，弃去初滤液备用。

2)酒精性饮料。称取约 100 g 混匀后的试样，精确至 0.01 g 置于蒸发皿中，用氢氧化钠溶液（40 g/L）中和至中性，在水浴上蒸发至原体积的 1/4 后移入 250 mL 容量瓶中。加 50 mL 水，混匀。以下按“一般食品”中“加 10 mL 碱性酒石酸铜甲液”起依法操作。

3)含大量淀粉的食品。称取 10 ~ 20 g 粉碎或混匀后的试样，精确至 0.001 g，置于 250 mL 容量瓶中，加 200 mL 水，在 45 ℃水浴中加热 1 h，并时时振摇。冷后加水至刻度,混匀,静置。吸取 200 mL 上清液置于另一个 250 mL 容量瓶中,以下按“一般食品”中“加入 10 mL 碱性酒石酸铜甲液”起依法操作。

(2)样品测定。吸取 50.00 mL 处理后的试样溶液于 400 mL 烧杯内,加入 25 mL 碱性酒石酸铜甲液及 25 mL 乙液,于烧杯上盖一个表面皿,加热,控制在 4 min 内沸腾,再准确煮沸 2 min,趁热用铺好石棉的古氏坩埚或 G4 垂熔坩埚抽滤,并用 60 ℃热水洗涤烧杯及沉淀,至洗液不呈碱性为止。将古氏坩埚或 04 垂熔坩埚放回原 400 mL 烧杯中,加入 25 mL 硫酸铁溶液及 25 mL 水,用玻璃棒搅拌使氧化亚铜完全溶解,以高锰酸钾标准溶液[c(1/5$KMnO_4$ =0.100 0 mol/L)]滴定至微红色为终点。

同时吸取 50 mL 水,加入与测定试样时相同量的碱性酒石酸酮甲液、碱性酒石酸酮乙液、硫酸铁溶液及水,按同一方法做空白试验。

4. 结果计算

试样中的还原糖质量相当于氧化亚铜的质量,按下式进行计算:

$$\omega = (V - V_0) \times c \times 71.54$$

公式中,ω 为试样中还原糖的质量相当于氧化亚铜的质量;V 为测定用试样液消耗高锰酸钾标准溶液的体积;V_0 为试剂空白消耗高锰酸钾标准溶液的体积;c 为高锰酸钾标准溶液的实际浓度;71.54 为 1 mL 高锰酸钾标准溶液[c(1/5 $KMnO_4$)= 1.000 mol/L]相当于氧化亚铜的质量。

5. 说明及注意事项

该方法准确度和重现性都优于直接滴定法,但操作较为烦琐费时,需要使用专用的检索表。适用于各类食品中还原糖的测定,有色样液也不受限制。

所用的碱性酒石酸铜溶液与直接滴定法不同:

(1)碱性酒石酸铜甲液。称取 34.639 g 硫酸铜,加适量水溶解,加 0.5 mL硫酸,再加水稀释至 500 mL,用精制石棉过滤。

(2)碱性酒石酸铜乙液。称取 173 g 酒石酸钾钠、50 g 氢氧化钠,加适量水溶液,并稀释至 500 mL,用精制石棉过滤,贮存于胶塞玻璃瓶内。

所用碱性酒石酸铜溶液必须要过量,以保证煮沸后的溶液呈蓝色。必须控制好热源的强度,保证在 4 min 内加热至沸腾。

在过滤及洗涤氧化亚铜沉淀的整个过程中,应使沉淀始终在液面以下,避免氧化亚铜暴露于空气中而被氧化。生成的氧化亚铜用铺好石棉的古氏坩埚或 G_4垂熔坩埚抽滤,并用 60 ℃热水洗涤烧杯及沉淀,至洗涤液不呈碱性为止。

还原糖与碱性酒石酸铜溶液反应复杂，不能根据化学方程式计算还原糖含量，而需要利用检索表。

第六节　蛋白质及氨基酸的测定

蛋白质是食品中重要营养指标。各种不同的食品中蛋白质的含量各不相同，一般来说，动物性食品的蛋白质含量高于植物性食品，测定食品中蛋白质的含量，对于评价食品的营养价值、合理开发利用食品资源、指导生产、优化食品配方、提高产品质量具有重要的意义。蛋白质测定最常用的方法是凯氏定氮法和分光光度测定法。

鉴于食品中氨基酸成分的复杂性，对食品中氨基酸含量的测定在一般的常规检验中多测定样品中的氨基酸总量，通常采用酸碱滴定法来完成。

一、蛋白质的分析

（一）常量凯氏定氮法

1. 原理

样品与硫酸和催化剂一同加热消化，使蛋白质分解，其中碳和氢被氧化成二氧化碳和水逸出，有机氮转化为氨气转化为氨与硫酸结合成硫酸铵。然后加碱蒸馏，游离氨用硼酸吸收后再用盐酸或硫酸标准溶液滴定。根据消耗的标准酸溶液的物质的量计算样品中蛋白质的质量分数。

（1）消化。消化反应方程式如下：

$$2NH_2(CH_2)_2COOH+13H_2SO_4 \rightarrow (NH_4)_2SO_4+6CO_2+12SO_2+16H_2O$$

浓硫酸具有脱水性，使有机物脱水并炭化为碳、氢、氮。

浓硫酸又有氧化性，使炭化后的碳氧化为二氧化碳，硫酸则被还原成二氧化硫：

$$2H_2SO_4 + C = 2SO_2\uparrow + 2H_2O + CO_2\uparrow$$

二氧化硫使氮还原为氨，本身则被氧化为三氧化硫，氨随之与硫酸作用生成硫酸铵留在酸性溶液中：

$$H_2SO_4 + 2NH_3 = (NH_4)_2SO_4$$

(2)蒸馏。在消化完全的样品消化液中加入浓氢氧化钠使呈碱性,此时氨游离出来,加热蒸馏即可释放出氨气,反应方程式如下:

$$2NaOH + (NH_4)_2SO_4 \xlongequal{\Delta} 2NH_3\uparrow + Na_2SO_4 + 2H_2O$$

(3)吸收与滴定。蒸馏所释放出来的氨,用硼酸溶液进行吸收,硼酸呈微弱酸性($K_a = 5.8 \times 10^{-10}$),与氨形成强碱弱酸盐。待吸收完全后,再用盐酸标准溶液滴定,吸收及滴定反应方程式如下:

$$2NH_3 + 4H_3BO_3 = (NH_4)_2B_4O_7 + 5H_2O$$

$$(NH_4)_2B_4O_7 + 5H_2O + 2HCl = 2NH_4Cl + 4H_3BO_3$$

蒸馏释放出来的氨,也可以采用硫酸或盐酸标准溶液吸收,然后再用氢氧化钠标准溶液反滴定吸收液中过剩的硫酸或盐酸,从而计算出总氮量。

2.适用范围

此法可应用于各类食品中蛋白质含量的测定。

3.仪器与试剂

凯氏烧瓶(500 mL)、定氮蒸馏装置,如图9-8。

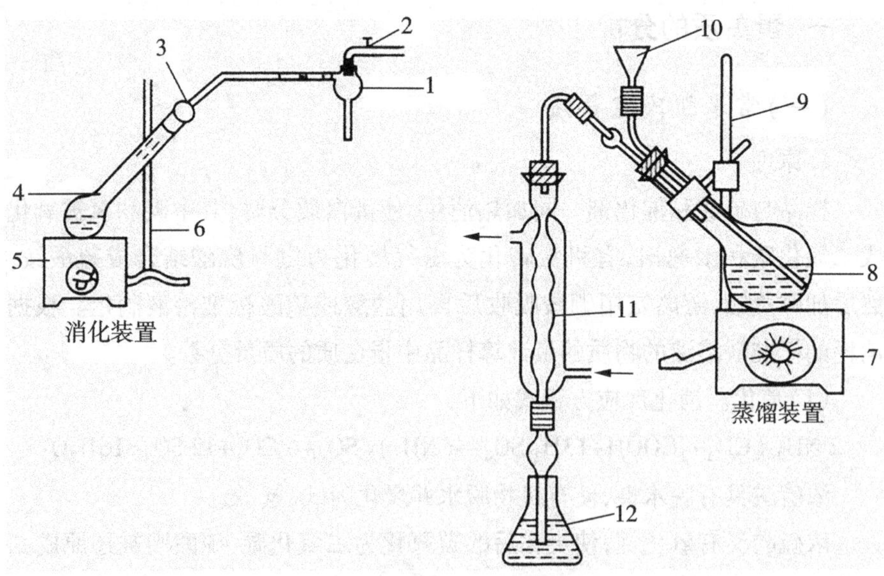

图9-8 凯氏定氮消化、蒸馏装置

1-水力真空管;2-水龙头;3-倒置的干燥管;4-凯氏烧瓶;5,7-电炉; 6,9-铁支架;8-蒸馏烧瓶;10-进样漏斗;11-冷凝管;12-吸收瓶

(1)浓硫酸、硫酸铜、硫酸钾。

(2)400 g/L 氢氧化钠溶液：称取 40 g 氢氧化钠加水溶解后，放冷，并稀释至 100 m。

(3)硫酸标准滴定溶液(0.050 0 mol/L)或盐酸标准滴定溶液。

(4)20 g/L 硼酸吸收液：称取 20 g 硼酸溶解于 1 000 mL 热水中，摇匀备用。

(5)甲基红乙醇溶液(1 g/L)：称取 0.1 g 甲基红，溶于 95% 乙醇中，用 95% 乙醇稀释至 100 mL。

(6)亚甲基蓝乙醇溶液(1 g/L)：称取 0.1 g 亚甲基蓝，溶于 95% 乙醇中，用 95% 乙醇稀释至 100 mL。

(7)溴甲酚绿乙醇溶液(1 g/L)：称取 0.1 g 溴甲酚绿，溶于 95% 乙醇，用 95% 乙醇稀释至 100 mL。

(8)混合指示液：2 份甲基红乙醇溶液与 1 份亚甲基蓝乙醇溶液临用时混合。也可用 1 份甲基红乙醇溶液(1 g/L)与 5 份溴甲酚绿乙醇溶液(1 g/L)临用时混合。

(9)甲基红-溴甲酚绿混合指示剂：5 份 2 g/L 溴甲酚绿 95% 乙醇溶液与 1 份 2 g/L 甲基红乙醇溶液混合均匀(临用时现混合)。

4. 操作方法

(1)样品处理。称取充分混匀的固体试样 0.2 ~ 2 g、半固体样品 2 ~ 5 g 或液体样品 10 ~ 20 g(约相当于 30 ~ 40 mg 氮)，精确至 0.001 g，移入干燥的 100 mL、250 mL 或 500 mL 定氮瓶中，加入 0.5 g 硫酸铜、10 g 硫酸钾及 20 mL硫酸，按图 9-8 安装消化装置，将瓶以 45°斜支于有小孔的石棉网上。小心加热，待内容物全部炭化，泡沫完全停止后，加强火力，并保持瓶内液体微沸，至液体呈蓝绿色并澄清透明后，再继续加热 0.5 ~ 1 h。取下放冷，小心加入 20 mL 水。放冷后，移入 100 mL 容量瓶中，并用少量水洗定氮瓶，洗液并入容量瓶中，再加水至刻度，混匀备用。同时做试剂空白试验。

(2)样品测定。按图 9-8 装好定氮蒸馏装置，向水蒸气发生器内装水至 2/3 处，加入数粒玻璃珠，加甲基红乙醇溶液数滴及数毫升硫酸，以保持水呈酸性，加热煮沸水蒸气发生器内的水并保持沸腾。

向接收瓶内加入 10.0 mL 硼酸溶液及 1 ~ 2 滴混合指示液，并使冷凝管的下端插入液面下，根据试样中氮含量，准确吸取 2.0 ~ 10.0 mL 试样处理液由小玻璃杯注入反应室，以 10 mL 水洗涤小玻璃杯并使之流入反应室内，随后塞紧棒状玻塞。将 10.0 mL 氢氧化钠溶液倒入小玻璃杯，提起玻塞使其缓缓流入反应室，立即将玻塞盖紧，并加水于小玻璃杯以防漏气。夹紧螺旋夹。开始蒸馏。

蒸馏 10 min 后移动蒸馏液接收瓶,液面离开冷凝管下端,再蒸馏 1 min。然后用少量水冲洗冷凝管下端外部,取下蒸馏液接收瓶。以硫酸或盐酸标准滴定溶液滴定至终点,其中 2 份甲基红乙醇溶液与 1 份亚甲基蓝乙醇溶液指示剂,颜色由紫红色变成灰色,pH 5.4;1 份甲基红乙醇溶液与 5 份溴甲酚绿乙醇溶液指示剂,颜色由酒红色变成绿色,pH 5.1。同时作试剂空白。

5. 结果计算

$$\omega = \frac{c(V_1 - V_2) \times 0.0140}{m \times \frac{V_3}{1000}} \times F \times 100$$

公式中, ω 为试样中蛋白质的含量; c 为 H_2SO_4或 HCl 标准溶液的浓度; V_1 为滴定样品吸收液时消耗 H_2SO_4或 HCl 标准溶液体积; V_2 为滴定空白吸收液时消耗 H_2SO_4或 HCl 标准溶液体积; m 为样品质量; V_3 为取消化液的体积,一般为 10 mL。F 为氮换算为蛋白质的系数:一般食物为 6.25;纯乳与纯乳制品为 6.38;面粉为 5.70;玉米、高粱为 6.24;花生为 5.46;大米为 5.95;大豆及其粗加工制品为 5.71;大豆蛋白制品为 6.25;肉与肉制品为 6.25;大麦、小米、燕麦、裸麦为 5.83;芝麻、向日葵为 5.30;复合配方食品为 6.25。

6. 说明及注意事项

所用试剂溶液应用无氨蒸馏水配制。消化时不要用强火,应保持缓沸腾,注意不断转动凯氏烧瓶,以便利用冷凝酸液将黏附在瓶壁上的固体残渣洗下并促进其消化完全。

样品中若含脂肪或糖较多时,消化过程中易产生大量泡沫,为防止泡沫溢出瓶外,在开始消化时应用小火加热,并不断摇动;或者加入少量辛醇或液状石蜡或硅油消泡剂,并同时注意控制热源强度。

(二)半微量凯氏定氮法

1. 原理

同常量凯氏定氮法。适用于含氮量低的试样。

2. 仪器

半微量凯氏定氮蒸馏装置如图 9-9 所示。

3. 分析方法

样品消化步骤同常量凯氏定氮法。

将消化完全的消化液冷却后,完全移入 100 mL 容量瓶,加蒸馏水定容,混匀备用。按图 9-9 装好定氮装置。向接收瓶内加 10 mL 硼酸溶液

(20 g/L)及1滴甲基红-溴甲酚绿混合指示剂,将冷凝管下端插入液面下。吸取10.00 mL样品消化定溶液,由小玻杯流入反应室,以10 mL水洗涤小玻杯。加入10 mL氢氧化钠溶液(4(8)g/L)使呈强碱性,立即将玻塞塞紧,并于小玻杯中加水以防止漏气。夹紧螺旋夹,开始蒸馏。蒸馏至吸收液中所加的混合指示剂变为绿色开始计时,继续蒸馏5 min后,将冷凝管尖端提离液面再蒸馏1 min,用蒸馏水冲洗冷凝管尖端后停止蒸馏。

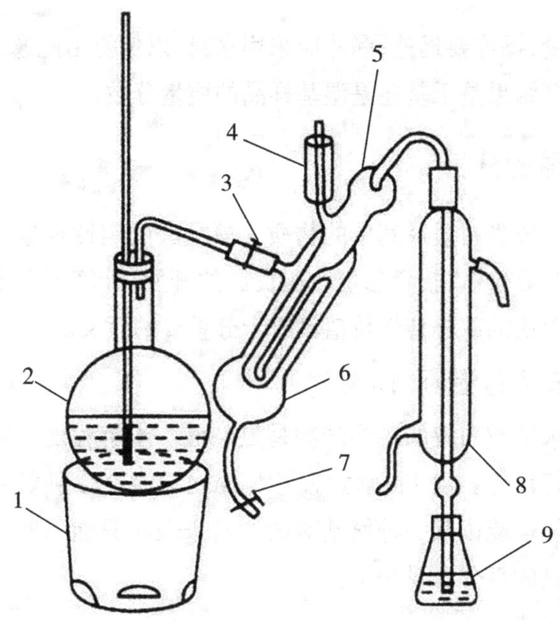

图9-9 半微量凯氏定氮蒸馏装置

1-电炉;2-水蒸气发生器;3-螺旋夹;4-小玻杯及棒状玻塞;5-反应室;6-反应室外层;7-橡皮管及螺旋夹;8-冷凝管;9-蒸馏液接收瓶

取下接收瓶,用0.050 0 mol/L盐酸标准溶液滴至灰色或蓝紫色为终点,同时做空白实验。结果按下式计算:

$$\omega = \frac{c \times (V_1 - V_2) \times \frac{M(\mathrm{N})}{1000}}{m \times \frac{10}{100}} \times F \times 100 = \frac{c \times (V_1 - V_2) \times M(\mathrm{N})}{m} \times F$$

公式中,ω为样品中蛋白质的含量;c为盐酸标准溶液的物质的量浓度;V_1为滴定样品吸收液时消耗盐酸标准溶液的体积;V_2为滴定空白吸收液时消耗盐酸标准溶液的体积；m 为样品质量；M(N) 为氮的基本计算单元，即氮的摩尔质量；F 为氮换算为蛋白质的系数。

4. 说明及注意事项

水蒸气发生器装水至2/3 体积处，加甲基橙指示剂数滴及硫酸数毫升使其始终保持酸性，可避免水中的氨被蒸出影响测定结果。

在蒸馏时，蒸气发生要均匀充足，蒸馏过程中不得停火断气，否则将发生倒吸。

加碱要足量，操作要迅速；漏斗应采用水封，以免氨由此逸出损失。

要清楚计算结果是干基还是湿基样品的质量分数。

二、氨基酸的分析

氨基酸是构成蛋白质最基本的物质。氨基酸的定性定量分析对于评价食品蛋白质的营养价值、新食品蛋白质资源的开发、计算蛋白质的相对分子质量和提供蛋白质的部分特性价值具有十分重要的意义。

(一)氨基酸总量的测定

蛋白质的水解或酶解的最终产物是氨基酸。水解程度可以通过测定氨基酸的含量进行评价。由于一种食品中同时可以存在多种氨基酸因此氨基酸总量的测定值不能以某一种氨基酸的含量来表示只能以所有氨基酸中所含的氨基酸态氮的百分含量表示。

1. 甲醛滴定法

(1)原理。由于氨基酸中的氨基($-NH_2$)可与甲醛结合从而使其碱性消失而具有酸性的羧基(-COOH)不能与甲醛结合从而导致氨基酸体系呈现酸性这样就可以用标准碱溶液来滴定羧基用酚酞或百里酚酞作指示剂根据标准碱的消耗量计算出氨基酸的总量。反应如下：

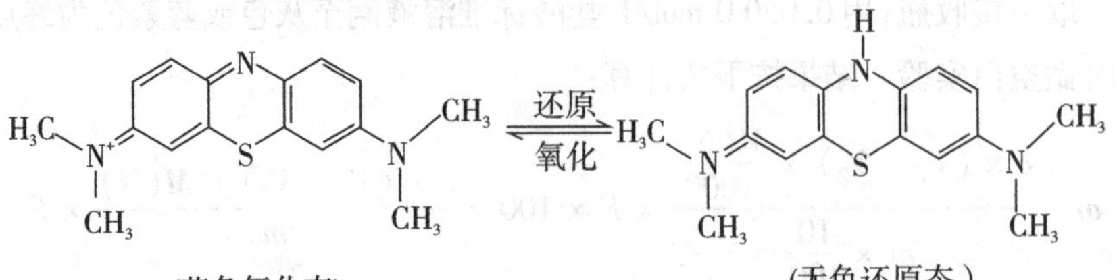

还原 / 氧化

(蓝色氧化态)　　(无色还原态)

(2)试剂。① 40% 中性甲醛溶液；② 1 g/L 百里酚酞乙醇溶液；③ 1 g/L 中性红 50% 乙醇溶液；④ 0.1 mol/L 氢氧化钠标准溶液。

(3)操作方法。称取样品 5.00 ~ 10.00 g(含氨基酸 20 ~ 30 mg)2 份,分别置于 250 mL 锥形瓶中,分别加入 50 mL 蒸馏水混匀。其中 1 份样液中加入 3 滴中性红指示剂用 0.1 mol/L 氢氧化钠标准溶液滴定至由红色变为琥珀色为终点;另一份加入 3 滴百里酚酞指示剂及中性甲醛 20 mL,摇匀静置 1 min,用 0.1 mol/L 氢氧化钠标准溶液滴定至淡蓝色为终点。分别记录两次所消耗氢氧化钠标准溶液的体积。

(4)结果计算

$$\omega = \frac{(V_2 - V_1) \times c}{m} \times \frac{M}{1000} \times 100$$

公式中 ω 为样品中氨基酸态氮的含量;V_1 为用中性红作指示剂时消耗氢氧化钠量;V_2 为用百里酚酞作指示剂时消耗氢氧化钠量;c 为氢氧化钠标准溶液的浓度;m 为样品质量;M 为 $1/2N_2$的摩尔质量。

(5)说明及注意事项。此法适用于测定食品中的游离氨基酸也可用于测定蛋白质水解程度。随着蛋白质水解度的增加滴定值也增加当蛋白质水解充分后滴定值不再增加。

此法较适宜检测浅色或无色样品。若样品颜色较深可用适量活性炭脱色后再测定也可改用电位滴定法。

脯氨酸与甲醛作用产生不稳定化合物使结果偏低;含有酚羟基的酪氨酸在滴定时会消耗一些标准碱液造成结果偏高。体系中若有铵盐存在也可与甲醛反应造成测定误差。也可改用电位滴定法。

液体样品可直接取用。固体样品应先进行粉碎然后在 50 ℃条件下用蒸馏水萃取约 0.5 h 取萃取液进行测定。

2. 茚三酮比色法

(1)原理。氨基酸在碱性溶液中与茚三酮反应,生成蓝紫色化合物,在 570 nm 波长处有最大吸收氨基酸含量,与蓝紫色化合物的颜色深浅在一定范围内成正比,可比色测定。反应式如下:

$$C_6H_4(CO)_2CH_2 \xrightarrow{H_2O} C_6H_4(CO)_2C(OH)_2 + R-CH(NH_2)-COOH \longrightarrow$$

茚三酮　　　　水合茚三酮

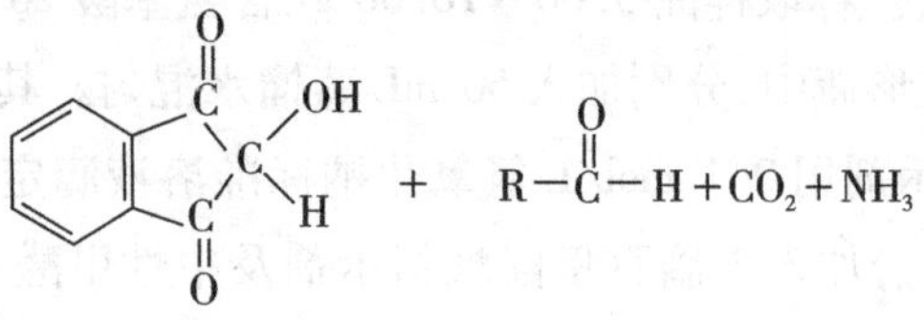

$$+\ R-\overset{O}{\overset{\|}{C}}-H+CO_2+NH_3$$

还原茚三酮

$$+NH_3 \longrightarrow$$

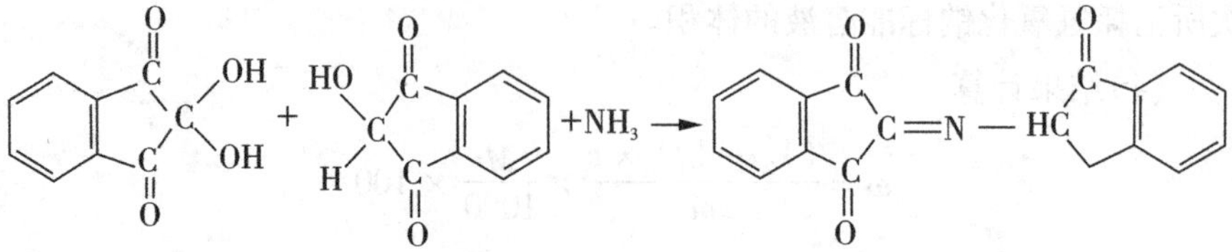

水合茚三酮　　还原茚三酮　　蓝紫色化合物

(2)仪器与试剂。分光光度计、天平(感量为 1 mg)。

氨基酸标准溶液:准确称取完全干燥的氨基酸 0.200 0 g 用蒸馏水溶解并定容至 100 mL 混匀。精确吸取此液 10.0 mL,于 100 mL 容量瓶中用蒸馏水定容至刻度,摇匀即得 200 μg/mL 氨基酸标准溶液。

20 g/L 茚三酮溶液:称取茚三酮 1 g 用 35 mL 热水溶解,加入 40 mg 氯化亚锡($SnCl_2 \cdot H_2O$)搅拌过滤(作防腐剂),收集滤液于 50 mL 容量瓶中冷暗处放置过夜。用蒸馏水定容至刻度摇匀备用。

磷酸盐缓冲溶液(pH 值 8.04):准确称取磷酸二氢钾(KH_2PO_4)4.535 0 g蒸馏水溶解定容至 500 mL;准确称取磷酸氢二钠(Na_2HPO_4)11.938 0 g用蒸馏水溶解定容至 500 mL。取磷酸二氢钾溶液 10 mL 与磷酸氢二钠溶液190 mL混合即为 pH 值 8.04 的缓冲溶液。

(3)操作方法

1)标准曲线绘制。精确吸取氨基酸标准液 0.0 mL、0.5 mL、1.0 mL、1.5 mL、2.0 mL、2.5 mL、3.0 mL 分别置于 7 支 25 mL 比色管中。加水补充至总体积约 4.0 mL。然后分别加入 20 g/L 茚三酮溶液和 pH 值 8.04 的磷酸盐缓冲溶液 1 mL 混合均匀。在 100 ℃沸水浴中加热 15 min。取出立即冷却至室温加水至刻度摇匀静置 15 min 后,在波长 570 nm 处进行比色以试剂空白为参比溶液,分别测定各管的吸光度值绘制吸光度—氨基酸浓度曲线。

2)样品测定

吸取澄清的样液 1 ~ 40 mL 按上述制作标准曲线的方法测定 570 nm 处的吸光度值。

(4)结果计算

$$\omega = \frac{m_0}{m \times 1000} \times 100$$

公式中 ω 为样品中氨基酸态氮的含量; m_0 为从标准曲线上查得的氨基酸的质量; m 为测定样品溶液相当于样品的质量。

(5)说明及注意事项。液体样品可直接取用,固体样品应先进行粉碎,然后用蒸馏水和5 g 活性炭加热煮沸过滤,用热水分几次洗涤活性炭,合并滤液于100 mL 容量瓶中定容备用。

茚三酮试剂常由于受到光照、温度、湿度等环境因素影响而被氧化呈现红色影响比色测定。使用前需要结晶处理。方法为:称取5 g 茚三酮溶于25 mL热水中加入0.25 g 活性炭轻轻摇动1 min,静置30 min 后用滤纸过滤。滤液置于冰箱中过夜。次日析出黄白色结晶抽滤用1 ~2 mL 冷水洗涤结晶。置于干燥器中干燥后装入棕黄色瓶中备用。

(二)氨基酸的分离分析方法

1. 氨基酸的自动分析仪法

(1)原理。氨基酸的组成分析现代广泛地采用离子交换法并由自动化的仪器来完成。其原理是利用各种氨基酸的酸碱性、极性和分子量等性质使用阳离子交换树脂在色谱柱上进行分离。当样液加入色谱柱顶端后采用不同的pH 值和离子浓度的缓冲溶液即可将它们依次洗脱下来即先是酸性氨基酸和极性较大的氨基酸其次是非极性的和芳香性氨基酸最后是碱性氨基酸;分子量小的比分子量大的先被洗脱下来洗脱下来的氨基酸可用茚三酮显色从而定量各种氨基酸。

定量测定的依据是氨基酸和茚三酮反应生成蓝紫色化合物的颜色深浅与各有关氨基酸的含量成正比。但脯氨酸和羟脯氨酸则生成黄棕色化合物故需在另外波长处定量测定。

阳离子交换树脂是由聚苯乙烯与二乙烯苯经交联再磺化而成。其交联度为8。

氨基酸分析仪有两种一种是低速型使用300 ~400 目的离子交换树脂;另一种是高速型使用直径4 ~6 的树脂。不论哪一种在分析组成蛋白质的各种氨基酸时都用枸橼酸钠缓冲液;完全分离和定量测定40 ~46 种游离氨基酸时则使用枸橼酸锂缓冲液。但分析后者时由于所用缓冲液种类多柱温也要变为3 个梯度,因此一般不能用低速型。

(2)仪器。氨基酸自动分析仪。

(3)操作方法。

1)样品处理。测定样品中各种游离氨基酸含量可以除去脂肪等杂质后,直接上柱进行分析。测定蛋白质的氨基酸组成时样品必须经酸水解使蛋白质完全变成氨基酸后才能上柱进行分析。

一是酸水解的方法。称取经干燥的蛋白质样数毫克加入 2 mL 5.7 mol/L盐酸,置于 110 ℃烘箱内水解 24 h,然后除去过量的盐酸,加缓冲溶液稀释到一定体积摇匀。取一定量的水解样品上柱进行分析。

如果样品中含有糖和淀粉、脂肪、核酸、无机盐等杂质,必须将样品预先除去杂质后再进行酸水解处理。

二是去糖和淀粉。把样品用淀粉酶水解然后用乙醇溶液洗涤得到蛋白质沉淀物。

三是去脂肪。先把干燥的样品经研碎后,用丙酮或乙醚等有机溶剂离心或过滤抽提得蛋白质沉淀物。

四是去核酸。将样品在 10% NaCl 溶液中 85 ℃加热 6 h,然后用热水洗涤过滤后将固形物用丙酮干燥即可。

五是去无机盐。样品经水解后含有大量无机盐时还必须用阳离子交换树脂进行去盐处理。其方法是用国产 732 型树脂,先用 1 mol/L 盐酸洗成 H 型然后用水洗成中性装在一根小柱内。将去除盐酸的水解样品用水溶解之后上柱并不断用水洗涤直至洗出液中无氯离子为止(用硝酸银溶液检查)。此时氨基酸全被交换在树脂上而无机盐类被洗去。最后用 2 mol/L 的氨水溶液把交换的氨基酸洗脱下来。收集洗脱液进行浓缩蒸干。然后上柱进行分析。

2)样品测定。经过处理后的样品上柱进行分析。上柱的样品量视所用自动分析仪的灵敏度而定。一般为每种氨基酸 0.1 μmol 左右(水解样品干重为 0.3 mg 左右)。对于一些未知蛋白质含量的样品水解后必须预先测定氨基酸的大致含量后才能分析否则会出现过多或过少的现象。测定必须在 pH 值 5 ~5.5、100 ℃下进行反应,时间为 10 ~15 min。生成的紫色物质在 570 nm 波长下进行比色测定,生成的黄色化合物在 440 nm 波长下进行比色测定。做一个氨基酸全分析一般只需 1 h 左右,同时可将几十个样品一道装入仪器自动按序分析,最后自动计算给出精确的数据。仪器精确度为 1% ~3%。

(4)结果计算。带有数据处理机的仪器测定,各种氨基酸的定量结果能自动打印出来,否则可用尺子测量峰高,或用峰高乘以半峰宽确定峰面积进而计算出氨基酸的精确含量。另外根据峰出现的时间可以确定氨基酸的种类。

(5)说明及注意事项。

1)显色反应用的茚三酮试剂随着时间推移,发色率会降低,故在较长时间测样过程中应随时采用已知浓度的氨基酸标液上柱测定,以检验其变化情况。

2)近年来出现的采用反相色谱原理制造的氨基酸分析仪,可使蛋白质水解出的17种氨基酸在12 min内完成分离且具有灵敏度高(最小检出量可达1 pmol)、重现性好及一机多用等优点。

2. 高效液相色谱法

高效液相色谱法适于分析沸点高、相对分子质量大、热稳定性差的物质和生物活性物质,已广泛用于氨基酸分析。因大多数氨基酸无紫外吸收及荧光发射特性,紫外吸收检测器(UVD)和荧光检测器(FD)又是HPLC仪的常用配置,因此,人们需将氨基酸进行衍生化使其可利用紫外吸收或荧光检测器测定。

氨基酸的衍生可分为柱前衍生和柱后衍生。柱后衍生需额外的反应器和泵常用于氨基酸分析仪。氨基酸的HPLC测定多采用柱前衍生法,这是因为比起柱后衍生法它的优点有:固定相采用C18或其他疏水物可分辨分子结构细小的差异;反相洗脱流动相为极性溶剂如甲醇、乙二腈等,避免对荧光检测的干扰可提高灵敏度及速度。

下面以Waters推出的AccQ-Tag法为例做介绍。

(1)原理。含蛋白质的样品用6 mol/L HC1水解并在110 ℃加热24 h,用内标α-氨基丁酸(AABA)稀释和过滤后取一小部分,用6-氨基喹啉-N-羟基丁二酰亚胺氨基甲酸酯(AQC)衍生用反相液相色谱分析。

(2)仪器与试剂。①高效液相色谱仪带紫外检测器、梯度洗脱、温控装置;②AccQ-Tag氨基酸分析柱;③脱气、溶剂过滤、混合等附件与装置;④Waters公司ACCQ-Flour试剂包衍生用;⑤流动相试剂:由乙腈、EDTA、H3PO4等试剂配成。

(3)操作方法。称取样品→置于水解试管中→加盐酸溶液→冷冻固化后抽真空→烧结封口→110 ℃下水解22 h→用水溶解→吸取溶解液1 ~2 mL

于蒸发试管中旋转蒸发至干(<50 ℃)→加入内标物(AABA)混合均匀→吸取一定量液加入 AQC 衍生试剂→密封后于 50 ℃下反应 10 min→进 HPLC 仪测定。分析结果由计算机打印出来。

(4)说明及注意事项。此法由美国 Waters 公司推出随机附带所需各种专用试剂包及附件操作简便、灵敏度高(可达 p mol ~ f mol 级)可同时测定各种氨基酸。

第十章

常见食品添加剂检测技术

第一节　食品中主要防腐剂的检测技术

食品行业中常用的防腐剂主要有:苯甲酸、山梨酸、脱氢乙酸、对羟苯甲酸、对羟苯甲酸乙酯、对羟苯甲酸丙酯、对羟苯甲酸丁酯、对羟苯甲酸异丙酯、对羟苯甲酸异丁酯、水杨酸、对苯二酚。这里我们以山梨酸与苯甲酸为例,简要说明苯甲酸、山梨酸及其盐的检测技术。

一、高效液相色谱法检测技术

(一)方法目的

掌握高相液相色谱仪的使用方法,了解高效液相色谱法测定食品中苯甲酸、山梨酸及其盐的原理和方法。

(二)检测原理

经过加温去除 CO_2和 C_2H_5OH 后,调节溶液 pH 至中性后过滤,最后进入高效液相色谱仪进行分离,根据保留时间和峰面积进行定性和定量。

(三)适用范围

此方法适用于果汁、汽水、配制酒等饮用品中的苯甲酸、山梨酸含量的测定。还可以同时检测糖精钠的含量。

(四)试剂材料

此方法所用的试剂应首选色谱纯、优级纯(GR),不低于分析纯(AR),水溶液使用纯水器制取。

(1) CH_3OH 经 0.5 μm 滤膜过滤。稀 $NH_3 \cdot H_2O$(1∶1)加水等体积混合。

(2) CH_3COONH_4 溶液(0.02 mol/L):称量 1.54 g CH_3COONH_4,加水 1 000 mL溶解,经 0.45Mm 滤膜过滤。

(3) 2% $NaHCO_3$ 溶液:称量 2 g $NaHCO_3$(GR),加水至 100 mL,振摇溶解。

(4)苯甲酸标准储备溶液:准确称量苯甲酸 0.1000 g,加 2% $NaHCO_3$ 溶液 5 mL,加热溶解,移入 100 mL 容量瓶中,加水定容至 100 mL,苯甲酸含量 1 mg/mL,为储备溶液。

(5)山梨酸标准储备溶液:准确称量山梨酸 0.1000 g,加 2% $NaHCO_3$ 溶液 5 mL,加热溶解,移入 100 mL 容量瓶中,加水定容至 100 mL,山梨酸含量 1 mg/mL,为储备溶液。

(6)苯甲酸、山梨酸标准混合溶液:取苯甲酸、山梨酸标准储备溶液各 10.0 mL,置 100 mL 容量瓶中,加水至刻度。此溶液含苯甲酸、山梨酸各 0.1 mg/mL。经 0.45pm 滤膜过滤。

(五)主要仪器设备

高效液相色谱仪,紫外检测器。

(六)方法步骤

1. 样品处理

(1)汽水:称量 5.00~10.0 g 试样,置小烧杯中,加温搅拌除去 CO_2,用 $NH_3 \cdot H_2O$(1∶1)将 pH 值调节到 7 左右,加水定容至 10~20 mL,经 0.45 μm滤膜过滤。

(2)果汁类:称量 5.00~10.0 g 试样,用 $NH_3 \cdot H_2O$(1∶1)将 pH 调节到 7 左右,加水定容至适当体积,离心沉淀,上清液经 0.45 μm 滤膜过滤。

(3)配制酒类:称量 10.0 g 试样,放入小烧杯中,水浴加热除去 C_2H_5OH,用 $NH_3 \cdot H_2O$(1∶1)将 pH 值调节到 7 左右,加水定容至适当体积,经 0.45 μm 滤膜过滤。

2. 高效液相色谱参考条件

YWG-C_{18} 4.6 mm×250 mm,10 μm 不锈钢柱;流动相为 CH_3OH -0.02 mol/L CH_3COONH_4 溶液(5∶95);流速为 1 mL/min;进样量 10 μL;紫外检测器(230 nm 波长,0.22AUFS)。

（七）结果参考计算

根据保留时间定性，外标峰面积法定量。试样中苯甲酸或山梨酸含量按下式进行计算：

$$X = A \times V_1 \times 1000/(m \times V_2 \times 1000)$$

式中，X 为试样中苯甲酸或山梨酸的含量；A 为进样体积中苯甲酸或山梨酸的质量；V_2 为进样体积；V_1 为试样稀释液总体积；m 为试样质量。

（八）方法分析与评价

（1）在有效数字处理方面，通常保留两位有效数字。在相同条件下重复进行的两次测定结果的绝对差值不得超过算术平均值的 10%。

（2）样品中如果存在 CO_2 或者酒精时应通过加热除去，含有脂肪和蛋白质的样品应先将脂肪和蛋白质除去，以防止 C_2H_5OH 提取时发生乳化。

（3）被测液的 pH 对测定结果和色谱柱的寿命都有一定的影响，pH 值>8 或 pH 值<2 时，被测组分的保留时间受到影响，仪器受到腐蚀。

（4）本方法可同时测定糖精钠。

（5）山梨酸的灵敏波长为 254 nm，在此波长测苯甲酸、糖精钠灵敏度较低，苯甲酸、糖精钠的灵敏波长为 230 nm，为照顾三种被测组分灵敏度，方法采用波长为 230 nm。

（6）对共存物进行干扰试验表明：蔗糖在 230 nm 处无吸收，柠檬酸吸收很小，在这一条件下，咖啡因和人工合成色素不被洗脱，因此它们的存在不会影响苯甲酸、山梨酸以及糖精钠的检测。

（7）检测样品中常会存在脂肪和蛋白质，这对检测来说是极其不利的因素。如果处理不干净会造成色谱柱灵敏度降低，影响检测的进行。对奶粉、月饼这样的高脂肪、高蛋白的样品可以 10% 钨酸钠溶液作为沉淀剂，效果较好，用 10% 亚铁氰化钾溶液和 20% 醋酸锌溶液则效果更理想。

二、气相色谱法检测技术

（一）方法目的

掌握气相色谱仪的使用方法，学会使用气相色谱法检测食品中的苯甲酸、山梨酸以及其盐的原理和方法。

（二）原理

待测样品经酸化处理后，采用乙酸提取苯甲酸和山梨酸，并用气相色谱氢火焰离子化检测器进行分离测定，在检测时与标准液做对比。检测出苯甲酸、山梨酸的量后，再计算出苯甲酸钠、山梨酸钾量。

（三）适用范围

色相色谱检测技术适用于酱油、果汁等食品中苯甲酸、山梨酸及其盐含量的测定，最低检出量为 1 μg。

（四）试剂材料

（1）乙醚（不含过氧化物），石油醚（30 ~ 60 ℃），优级纯 HCl，无水硫酸钠。

（2）4% NaCl 酸性溶液：在 4% NaCl 溶液中加入少量 HCl 与水的混合物（HCl：H_2O=1：1）进行酸化。

（3）山梨酸、苯甲酸标准溶液：准确称量山梨酸、苯甲酸各 0.200 g，放置于 100 mL 容量瓶中，用石油醚-乙醚（3：1）溶剂溶解稀释至刻度。此溶液为 2.0 mg/mL 山梨酸或苯甲酸。

（4）山梨酸、苯甲酸标准使用液：取适量山梨酸、苯甲酸标准溶液，以石油醚-乙醚（3：1）混合溶剂稀释至每毫升相当于 50 μg、100 μg、150 μg、200 μg、250 μg 山梨酸或苯甲酸。

（五）主要仪器设备

气相色谱仪：配有氢火焰离子化检测器。

（六）色谱参考条件

玻璃色谱柱，内径 3 mm，长 2 m，内装涂以 5%（质量分数）琥珀酸二甘醇酯（DEGS）与 1%（质量分数）磷酸（H_3PO_4）固定液的 60 ~ 80 目 Chro-mosorb WAW。载气为氮气，流速 50 mL/min（氮气和空气、氢气之比按各仪器型号不同选择各自的最佳比例条件）。进样口温度 230 ℃，检测器温度 230 ℃，柱温 170 ℃。

（七）方法步骤

1. 样品提取

称量 2.50 g 事先混匀的样品，放置于 25 mL 带塞量筒中，加 0.5 mL HCl-H_2O（1：1）酸化，用 15 mL、10 mL 乙醚提取两次，每次振摇 1 min，将上层乙醚提取液吸入另一个 25 mL 带塞量筒中。合并乙醚提取液。用3 mL 4% NaCl 酸性溶液洗涤两次，静置 15 min，用滴管将乙醚层通过无水硫酸钠滤入 25 mL 容量瓶中。加乙醚至刻度，混匀。准确吸取 5 mL 乙醚提取液于 5 mL 带塞刻度试管中，置 40 ℃水浴上挥干，加入 2 mL 石油醚-乙醚（3∶1）混合溶剂溶解残渣，备用。

2. 测定

（1）进样 2 μL 标准系列中各浓度标准使用液于气相色谱仪中，可测得不同浓度山梨酸、苯甲酸的峰高，以浓度为横坐标，相应的峰高值为纵坐标，绘制标准曲线。山梨酸的参考保留时间约为 173 s，苯甲酸的参考保留时间约为 368 s。

（2）进样 2 μL 样品溶液，测得峰高，然后与标准曲线比较定量。

（八）结果计算

$$X = m_1 \times V_1 \times 25 \times 1000 / (m_2 \times V_2 \times 5 \times 1000)$$

式中，X 为样品中山梨酸或苯甲酸的含量；m_1 为测定用样品溶液中山梨酸或苯甲酸的质量，V_1 为加入石油醚-乙醚（3∶1）混合溶剂的体积；V_2 为测定时进样的体积；m_2 为样品的质量；5 为测定时吸取乙醚提取液的体积；25 为样品乙醚提取液的总体积。

由测得苯甲酸的量乘以 1.18，即为样品中苯甲酸钠的含量。

（九）方法分析与评价

（1）计算结果保留两位有效数字。在重复条件下获得的两次独立测定结果的绝对差值不得超过算术平均值的 10%。

（2）样品处理时，酸化的目的是使苯甲酸钠、山梨酸钠转变为苯甲酸或山梨酸，便于乙醚提取。

（3）由测得苯甲酸的量乘以相对分子质量比 1.18，即为样品中苯甲酸钠含量；由测得山梨酸的量乘以相对分子质量比 1.34，即为样品中山梨酸钾的含量。

（4）通过无水硫酸钠层过滤后的乙醚提取液应达到去除水分的目的，否则乙醚提取液在 40 ℃挥发去乙醚后如仍残留水分会影响测定结果。如有残留水分必须将其挥发干，但会析出极少量白色 NaCl，当出现此情况时，应搅动残留的无机盐后加入石油醚-乙醚（3∶1）振摇，取上清液进样，否则 NaCl 会覆盖苯甲酸和山梨酸，使测定结果偏低。

（5）本方法回收率山梨酸为 81% ~98%，相对标准偏差 2.4% ~8.5%；苯甲酸的回收率为 92% ~102%，相对标准偏差 0.7% ~9.9%。

(6)气相色谱仪的操作按仪器操作说明进行。注意点火前严禁打开氮气调节阀,以免氢气逸出引起爆炸;点火后,不允许再转动放大调零旋钮。

三、薄层色谱法检测技术

(一)方法目的

掌握薄层色谱法测定食品中苯甲酸、山梨酸及其盐的原理及方法,了解食品安全监测技术与管理其适用范围。

(二)原理

试样酸化后,用乙醚提取苯甲酸、山梨酸。将试样提取液浓缩,点于聚酰胺薄层板上,展开、显色,根据薄层板上苯甲酸、山梨酸的比移值,与标准比较定性,并可进行概略定量。

(三)适用范围

本法适用于果酱、汽水、果汁、配制酒等食品中苯甲酸、山梨酸含量的测定。

(四)试剂材料

(1)石油醚(30~60 ℃),乙醚(不含过氧化物),聚酰胺粉:200 目,HCl-H_2O(1:1)。

(2)4% NaCl 酸性溶液:于 4% NaCl 溶液中加少量 HCl(1:1)酸化。

(3)展开剂:a. C_4H_9OH-NH_3-H_2O-无水 C_2H_5OH(7:1:2);异丙醇-$NH_3 \cdot H_2O$-无水 C_2H_5OH(7:1:2)。

(4)山梨酸标准溶液:准确称量 0.2000 g 山梨酸,用少量 C_2H_5OH 溶解后移入 100 mL 容量瓶中,并稀释至刻度,此溶液每毫升相当于 2.0 mg 山梨酸。

(5)苯甲酸标准溶液:准确称量 0.2000 g 苯甲酸,用少量 C_2H_5OH 溶解后移入 100 mL 容量瓶中,并稀释至刻度,此溶液每毫升相当于 2.0 mg 苯甲酸。

(6)显色剂:溴甲酚紫-50% C_2H_5OH 溶液(0.04%),用 0.4% NaOH 溶液调至 pH 为 8。

(五)主要仪器设备

吹风机;层析缸;10 cm×18 cm 玻璃板;10 μL、100 μL 微量注射器;喷雾器。

(六)方法步骤

1. 试样提取

称量2.50 g均匀的试样,放置于25 mL带塞量筒中,加0.5 mL $HCl-H_2O$(1∶1)酸化,用15 mL、10 mL乙醚提取两次,每次振摇1 min,将上层醚提取液吸入另一个25 mL带塞量筒中,合并乙醚提取液。用3 mL4% NaCl酸性溶液洗涤两次,静止15 min,用滴管将乙醚层通过无水硫酸钠滤入25 mL容量瓶中。加乙醚至刻度,混匀。吸取10.0 mL乙醚提取液分两次放置于10 mL带塞离心管中,在约40 ℃的水浴上挥干,加入0.10 mL C_2H_5OH溶解残渣,备用。

2. 测定

(1)聚酰胺粉板的制备:称量1.6 g聚酰胺粉,加0.4 g可溶性淀粉,加约15 mL水,研磨3~5 min,立即倒入涂布器内制成10 cm×18 cm、厚度0.3 mm的薄层板两块,室温干燥后,于80 ℃干燥1 h,取出,放置于干燥器中保存。

(2)点样:在薄层板下端2 cm的基线上,用微量注射器点1 mL、2 mL试样液,同时各点1 mL、2 mL山梨酸、苯甲酸标准溶液。

(3)展开与显色:将点样后的薄层板放入预先盛有展开剂的展开槽内,展开槽周围贴有滤纸,待溶剂前沿上展至10 cm,取出挥干,喷显色剂,斑点成黄色,背景为蓝色。试样中所含山梨酸、苯甲酸的量与标准斑点比较定量(山梨酸、苯甲酸的比移值依次为0.82,0.73)。

(七)结果参考计算

$$X = A \times V_1 \times 25 \times 1000/(m \times V_2 \times 10 \times 1000)$$

式中,X为试样中苯甲酸或山梨酸的含量;A为测定用试样液中苯甲酸或山梨酸的质量;V_1为加入C_2H_5OH的体积;V_2为测定时点样的体积;m为试样质量;1为测定时吸取乙醚提取液的体积;25为试样乙醚提取液总体积。

(八)方法分析与评价

(1)酸化处理样本的目的是让苯甲酸钠、山梨酸钾转化为苯甲酸和山梨酸,然后用有机溶剂提取。

(2)如果样品中含有CO_2、C_2H_5OH时必须加热除去,含有脂肪和蛋白质的样品应首先除去,以避免采用乙醚萃取时发生乳化。

(3)薄层色谱使用的溶剂应及时更换,以避免存放太久而引起性质的改变。

(4)用湿法制薄层,应在水平的台面上,否则会造成薄层厚度不一致;晾干应放在通风良好的地方,无灰尘,以防薄层被污染;烘干后应放在干燥器中冷却、贮存。

(5)展开前,展开剂应在缸中提前平衡 1 h,目的是维持缸内的蒸气压平衡,避免出现边缘效应。

(6)展开剂液层高度 0.5 ~1 cm 不能超过原线高度,展开至上端,待溶液前沿上展至 10 cm 时,取出挥干。

(7)在点样时最好用吹风机边点边吹干,在原线上点,直至点完一定量。且点样点直径不宜超 2 mm。

(8)本方法可用于食品中苯甲酸、山梨酸和糖精钠的检测,其优点是检测灵敏度高,缺点是操作烦琐、重现性较差。

(9)本方法最低检出量山梨酸为 3 μg,苯甲酸为 3 μg,回收率分别为 82% ~90% 、90% ~105% 。

第二节 食品中主要抗氧化剂的检测技术

食品用抗氧化剂是一类食品添加剂,其作用是防止或者延缓食品抗氧化的能力。近年来,我国在食品抗氧化剂的科研、开发和生产上取得了显著的成效。虽然食品抗氧化剂能够延缓食品被氧化的程度,但是它毕竟是添加剂,如果不按标准使用还会给人带来毒副作用,况且有的企业又不顾国家规定,违规添加。因此,食品中必须严格控制抗氧化剂的加入量。

丁基羟基茴香醚(BHA)、2,6-二叔丁基对甲酚(BHT)和叔丁基对苯二酚(TBHQ)都有抗氧化能力,在不同的油脂中它们的抗氧化能力也有所不同,如在植物油中,其抗氧化能力的顺序为:TBHQ>BHT>BHA;对动物油脂而言,抗氧化能力顺序为:TBHQ>BHA>BHT。

抗坏血酸是一种抗氧化剂,用于抑制水果和蔬菜切割表面的酶促褐变,同时还能与氧气反应,除去食品包装中的氧气,防止食品氧化变质。

下面介绍一下这几类抗氧化剂的检测方法。

一、高效液相色谱法检测

(一)BHA、BHT、TBHQ 的检测

1. 方法目的

学习和掌握高效液相色谱法检测食品中 BHA、BHT 和 TBHQ 的方法及样品前处理技术。

2. 适用范围

适用于植物油中 BHA、BHT 和 TBHQ 含量的测定。

3. 原理

样品中 BHA、BHT 和 TBHQ 经 CH_3OH 提取纯化,反向 C18 柱分离后,用紫外检测器 280 nm 检测,外标法定量。

4. 试剂

除非另有说明,均使用分析纯和二级水。①CH_3OH:色谱纯;②乙酸:色谱纯;③1 mg/mL 混合标样储备液:取 BHA、BHT 和 TBHQ 各 100 mg,用 CH_3OH 溶解并定容至 100 mL;④流动相:流动相 A 为 CH_3OH,流动相 B 为 1% 乙酸水溶液。

5. 主要仪器

分析天平,感量 0.0001 g;离心机,转速为 3000r/min;旋涡混合器;15 mL带塞离心管;0.45Mm 有机相滤膜;Nova-pakC_{18} 色谱柱(3.9 mm×150 mm);高效相液相色谱仪,带紫外检测器。

6. 操作步骤

(1)试样准备。

1)澄清、无沉淀物的液态样品。振摇装有实验样品的密闭容器,使样品尽可能均匀。

2)浑浊或有沉淀物的液态样品测定下列项目:①水分和挥发物;②不溶性杂质;③质量浓度;④任何需要使用未过滤的样品进行测定或加热会影响测定时。

剧烈摇动装有实验样品的密闭容器,直至沉积物从容器壁上完全脱落后,立即将样品转移至另一容器,检查是否还有沉淀物黏附在容器壁上,如果有,则需将沉淀物完全取出(必要时打开容器),且并入样品中。

测定所有的其他项目时,将装有实验样品的容器放置于 50 ℃ 的干燥箱

内,当样品温度达到50 ℃后按1)操作。如果加热混合后样品没有完全澄清,可在50 ℃恒温干燥箱内将油脂过滤或用热过滤漏斗过滤。为避免脂肪物质因氧化或聚合而发生变化,样品在干燥箱内放置的时间不宜太长。过滤后的样品应完全澄清。

3)固态样品:当测定2)中规定的①~④项时,为了保证样品尽可能均匀,可将实验室样品缓慢加温到刚好可以混合后,再充分混匀样品。

测定所有的其他项目时,将干燥箱温度调节到高于油脂熔点10 ℃以上,在干燥箱中熔化实验样品。如果加热后样品完全澄清。则按照1)进行操作。如果样品浑浊或有沉淀物,须在相同温度的干燥箱内进行过滤或用热过滤漏斗过滤。过滤后的样品应完全澄清。

(2)试液的制备。准确称量植物油样品约5 g(精确至0.001 g),放置于15 mL带塞离心管中,加入8 mL CH_3OH,旋涡混合3 min,放置2 min,以3000r/min离心5 min,取出上清液于25 mL容量瓶中,残余物每次用8 mL CH_3OH提取2次,将全部清液收集在25 mL容量瓶中,用CH_3OH定容,摇匀,经0.45 μm有机相滤膜过滤,滤液待液相色谱分析。

(3)色谱分析。取1 mg/mL混合标样储备液,用CH3OH稀释至10 μg/mL、50 μg/mL、100 μg/mL、150 μg/mL、200 μg/mL、250 μg/mL,标准使用液连同样品依次进样,进行液相色谱检测,建立工作曲线。

色谱条件:流速0.8 mL/min,进样量10 μL,柱温为室温,检测器波长280 nm。流动相A为CH_3OH,流动相B为1%乙酸水溶液。

7.结果计算

样品中BHA、BHT和TBHQ含量测定结果数值以毫克每千克(mg/kg)表示,按以下公式计算:

$$X = A \times \frac{V_1 \times D}{V_2} \times \frac{1000}{M}$$

式中,X为样品中BHA、BHT和TBHQ含量;A为将样品分析所得峰面积代入工作曲线,计算所得进样体积样品中BHA、BHT和TBHQ含量;V_1为加入流动相体积;V_2为进样量体积;D为样液的总稀释倍数;M为样品质量。

取平行测定结果的算术平均值为测定结果,结果保留一位小数。

8.精密度

在相同条件下进行两次独立测试获得的测定结果的绝对差值不得超过算术平均值的10%,以大于这两个测定值的算术平均值的10%的情况不超过5%为前提。

(二)D-异抗坏血酸钠的检测

1. 方法目的

掌握高效液相色谱法测定食品中D-异抗坏血酸钠含量的原理及方法。

2. 原理

试样中D-异抗坏血酸溶于偏磷酸溶液中,滤膜过滤后注入高效液相色谱仪中,测得峰高与标准比较定量。

3. 适用范围

罐头类食品、水产品及其制品、熟肉制品、果蔬汁(肉)饮料和葡萄酒等食品中D-异抗坏血酸钠含量的测定。

4. 试剂材料

①乙腈色谱纯,偏磷酸分析纯。

②4%偏磷酸溶液:取偏磷酸4 g,加水溶解成100 mL,如产生不溶物,需过滤。2%偏磷酸溶液:取偏磷酸2 g,加水溶解成100 mL,如产生不溶物,需过滤,阴暗处保存。

③标准液的制备:准确称量异抗坏血酸钠10 mg,放入100 mL棕色容量瓶中,用2%偏磷酸溶液溶解并加至刻度,作为标准液(此液1 mL相当于异抗血酸钠100 μg)。准确吸取标准液1 mL、2 mL、3 mL,分别加入10 mL棕色容量瓶中,再用2%偏磷酸溶液进行稀释至刻度。此液作为标准曲线用标准液(此液分别相当于异抗坏血酸钠10 μg/mL、20 μg/mL、30 μg/mL)。

5. 主要仪器设备

具有紫外可见分光检测器的高效液相色谱仪,超声波振荡器。

6. 方法步骤

(1)样品处理。

1)液体和半固体食品:一般准确称量相当于1～5 mg异抗坏血酸的样品20 g以下,放入100 mL棕色容量瓶中,再加入等量的4%偏磷酸溶液,然后加2%偏磷酸溶液至刻度。用0.45 μm滤膜过滤器过滤,将此溶液作为样品溶液。

2)粉状和固体食品:一般准确称量相当于1～5 mg异抗坏血酸的样品10 g以下,放入100 mL棕色容量瓶中,加入等体积的4%偏磷酸溶液,再加入60 mL 2%偏磷酸溶液成悬浊液。然后用超声波振荡提取15 min,用滤纸过滤，用100 mL 棕色容量瓶接收滤液。容器和残渣用10 mL 2%偏磷酸溶液分两次冲洗，洗液与滤液合并，再加2%偏磷酸溶液至刻度。此液用0.45 μm 滤膜过滤器过滤，将此溶液作为样品溶液。

(2)测定。

1)色谱条件：ODSC_{18}色谱柱：内径约为4.6 mm，长约250 mm；柱温50 ℃；洗脱液为乙腈-水-乙酸(83∶15∶2)；流速3.0 mL/min；测定波长：254 nm；进样量15 μL。

2)标准曲线：分别吸取15 μL 标准曲线用标准液，注入高效液相色谱仪中。用所测得的峰高，绘制标准曲线。

3)样品测定：准确吸取15 μL 样品溶液，注入高效液相色谱仪中。测得峰高，从标准曲线上求出样品溶液中异抗坏血酸钠的含量(μg/mL)，然后按公式计算样品中异抗坏血酸钠的含量(mg/100 g)。

7.结果参考计算

$$X = \rho \times 10/m$$

式中，X为异抗坏血酸钠含量；ρ为样品溶液的含量；m 为取样量。

8.方法分析与评价。计算结果保留两位有效数字，在相同条件下测量的两次独立测定结果的绝对差值不得超过算数平均值的10%。

二、气相色谱法检测

(一)方法目的

掌握气相色谱法测定 BHA 和 BHT 含量的方法。

(二)适用范围

糕点和植物油等食品中 BHA 和 BHT 的测定。

(三)原理

试样中的 BHA 和 BHT 用石油醚提取，通过色谱柱使 BHA 和 BHT 净化，浓缩后，经气相色谱分离，氢火焰离子化检测器检测，根据试样峰高与标准峰高比较定量。

(四)试剂

石油醚：沸程30～60 ℃。

二氯甲烷，分析纯。

二硫化碳，分析纯。

无水硫酸钠，分析纯。

硅胶 G：60～80 目，于 120 ℃活化 4 h，放干燥器中备用。

BHA、BHT 混合标准储备液：准确称量 BHA、BHT（纯度为 99%）各 0.1 g，混合后用二硫化碳溶解，定容至 100 mL 容量瓶中，此溶液为每毫升分别含 1.0 mg BHA、BHT，置冰箱保存。

BHA、BHT 混合标准使用液：吸取标准储备液 4.0 mL 于 100 mL 容量瓶中，用二硫化碳定容至 100 mL 容量瓶中，此溶液为每毫升分别含0.040 mg BHA，BHT，置冰箱中保存。

（五）主要仪器

气相色谱仪：附 FID 检测器。

蒸发器：容积 200 mL。

振荡器。

色谱柱：1 cm×30 cm 玻璃柱，带活塞。

气相色谱柱：柱长 1.5 m、内径 3 mm 的玻璃柱内装涂质量分数为 10% 的 QF-1Gas ChromQ（80～100 目）。

（六）操作步骤

1. 准备试样

称量 500 g 含油脂较多的试样，含油脂少的试样 1 000 g，然后用对角线取四分之二或六分之二，或根据试样情况选取有代表性试样，在玻璃乳钵中研碎，混匀后放置广口瓶内保存于冰箱中。

2. 提取脂肪

（1）含油脂高的试样：称量 50 g，混匀，放置于 250 mL 带塞锥形瓶中，加入石油醚 50 mL，放置 12 h 后用滤纸过滤，采用减压蒸馏的方法回收溶剂，留下脂肪备用。

（2）含油脂中等的试样：称量 100 g，混匀，放置于 500 mL 带塞锥形瓶中，加入石油醚 100～200 mL，放置 24 h，经过滤后采用减压蒸馏的方法回收溶剂，留下脂肪备用。

（3）含油脂少的试样：称量 250～300 g，混匀，放置于 500 mL。放置于 500 mL 带塞锥形瓶中，加适量石油醚浸泡试样，放置 24 h，经过滤后采用减压蒸馏的方法回收溶剂，留下脂肪备用。

3. 方法步骤

(1)色谱柱填充:在色谱柱底部铺垫少量的玻璃棉,再加入少量无水硫酸钠,将硅胶—弗罗里硅土(6+4)共10 g,通常采用石油醚湿法混合装柱,装柱完成后在柱顶加入少量无水硫酸钠。

(2)试样准备:称量脂肪0.50~1.00 g,量取25 mL石油醚,将脂肪溶于石油醚,然后移至色谱柱上。量取100 mL二氯甲烷,均分为五份,淋洗脂肪,得到淋洗液。采用减压浓缩的方法将淋洗液浓缩,在浓缩近干时,用二硫化碳定容至2.0 mL,得到的溶液即为待测液。

(3)植物油准备试样:称量混匀试样2.00 g,置于50 mL烧杯中,量取30 mL石油醚,倒入试样中,溶解后的试样转移到色谱柱上,由于烧杯壁上有少量的试样存在,因此还需用石油醚洗涤数次,同样转移至色谱柱上。量取100 mL二氯甲烷,均分为五份,经五次淋洗后得到淋洗液。采用减压浓缩的方法浓缩至近干,然后使用二硫化碳定容至2.0 mL,得到的溶液即为待测溶液。

4. 测定

将标准溶液和待测液各3.0 μL分别注入气相色谱仪,绘制色谱图,然后对比标准液与待测液的峰高和峰面积,计算出BHA和BHT的含量。

(七)结果计算

待测溶液BHA(或BHT)的质量按下式进行计算:

$$m_1 = \frac{h_i}{h_s} \times \frac{V_m}{V_i} \times V_s \times c_s$$

式中,m_1为待测溶液BHA(或BHT)的质量;h_i为注入色谱试样中BHA(或BHT)的峰高;h_s为标准使用液中BHA(或BHT)的峰高;%为注入色谱试样溶液的体积;V_m为待测试样定容的体积;V_s为注入色谱中标准使用液的体积;c_s为标准使用液的浓度。

食品中以脂肪计BHA(或BHT)的含量按下式进行计算:

$$X_1 = \frac{m_1 \times 1000}{m_2 \times 1000}$$

式中,X_1为食品中以脂肪计BHA(或BHT)的含量;m_1为待测溶液中BHA(或BHT)的质量;m_2为油脂(或食品中脂肪)的质量。

计算结果保留三位有效数字。两次测量结果的绝对差值不超过算数平均值的15%。

第三节　食品中合成着色剂的检测技术

着色剂(food colour)又称色素,是使食品着色和改善食品色泽的食品添加剂,可分为食用天然色素和食用合成色素两大类。食用色素广泛用于果汁、果酒、腌制品中,国家食品部门规定了食用色素的最大加入量。

食品中合成着色剂测定的国标方法有高效液相色谱法、薄层色谱法和示波极谱法等,这里详细介绍高效液相色谱法。

一、原理

食品中的合成色素可以采用聚酰胺吸附法或液—液分配法提取,将提取的合成色素制成水溶液注入高效液相色谱仪,经过反相色谱分离,通过峰面积比较进行定量分析或根据保留时间进行定性分析。

二、方法步骤

(1)试样处理:根据不同的食品采用不同的处理方法。

(2)色素提取:常用的有聚酰胺吸附和液—液分配两种提取方法。

(3)色谱条件:色谱柱,YWG—C_{18} 10 μm 不锈钢柱,4.6 mm(i. d)×250 mm。流动相,CH_3OH:CH_3COONH_4溶液(pH4,0.02 mol/L)。梯度洗脱,CH_3OH20% ~35%,3%/min;35% ~98%,9%/min;98%继续 6 min。流速,1 mL/min。紫外检测器,254 nm 波长。

(4)测定:取相同体积样液和合成着色剂标准使用液分别注入高效液相色谱仪,根据保留时间定性,外标峰面积法定量。

结果计算:

试样中着色剂的含量按下式进行计算:

$$X = \frac{m_1 \times 1000}{m_0 \times \frac{V_2}{V_1} \times 1000 \times 1000}$$

式中,X 为试样中着色剂的含量;m_1 为样液中着色剂的质量;V_2 为进样体积,V_1 为试样稀释总体积;m_0 为试样质量。

第四节　食品中水分保持剂的检测技术

一、概述

所谓水分保持剂是指在食品加工行业中为了提高产品稳定性，同时又能保持食品中水分，改善食品的色泽、风味等的一类物质。水分保持剂多用于肉制品和水产品的加工。

我国食品法规定的可用于肉制品水分保持的物质有 11 种，它们分别是磷酸氢二钠、六偏磷酸钠、三聚磷酸钠、焦磷酸钠、磷酸二氢钠、磷酸氢二钠、磷酸二氢钙、磷酸钙、焦磷酸二氢二钠、磷酸氢二钾和磷酸二氢钾。

水分保持剂的检测，一般采用离子色谱法，具体内容如下。

二、水分保持剂的检测

（一）前处理

称量 10 g（精确至 0.1 g）样品加去离子水 50 mL，超声提取 10 min。

将上述提取后的溶液转移至 100 mL 离心管中，离心 12 min（4000 r/min），将上清液倾至 100 mL 烧杯中，加入 5 mL 20% 的三氟乙酸水溶液，放置于冰箱中 4 ℃ 保持 30 min，倒入离心管中离心 12 min（4000 r/min）：再用 RP 小柱净化（2.5 mL），弃掉前 6 mL。取约 2 mL 至烧杯中，再用移液管准确移取 1 mL 溶液至 100 mL 容量瓶中，用水定容至刻度，用定量管满量程进样（定量管为 25 μL）。

（二）离子色谱测定条件（ICS-1500 离子色谱仪）

流动相：50 mL NaOH 溶液。流速：1.5 mL/min。抑制器电流：160 mA。色谱柱：AS11-HC。柱温：30 ℃。池温：35 ℃。进样阀转换时间：60 s。分析色谱柱：ASll-HC，250 mm×4 mm。保护柱：AG11-HC。抑制器：阴离子抑制器（4 mm）。电导检测器。

（三）仪器测定

分别准确注入 100 μL 样品溶液和标准工作溶液于离子色谱仪中，按上述的条件进行分析，响应值均应在仪器检测的线性范围之内。

(四)关键控制点和注意事项

多聚磷酸盐在水中不稳定,高温和酸性条件加速其解聚,可用 NaOH 将溶液调至碱性 pH>8;通常情况下,样品溶液在两个小时内进行分析,不要长时间放置。

第五节 食品中主要甜味剂的检测技术

一、甜味剂简介

甜味剂(sweetener)是指能够赋予食品甜味的、可食用的物质。甜味剂有天然甜味剂和人工合成甜味剂,人工合成甜味剂的甜度远高于天然甜味剂,食品中常用的人工合成添加剂有糖精及其钠盐、甜蜜素、安赛蜜、阿斯巴甜和三氯蔗糖等。

二、食品中糖精钠的测定

糖精钠($C_6H_4CONNaSO_2 \cdot 2H_2O$),又称为可溶性糖精或水溶性糖精。为无色至白色的结晶或结晶性粉末,无臭,微有芳香气。糖精钠易溶于水,在水中的溶解度随温度上升而迅速增加。摄入体内不分解,随尿排出,不供给热能,无营养价值。糖精钠的测定方法有多种,下面以高效液相色谱法与离子选择电极法检测为例。

(一)高效液相色谱法检测糖精钠

1. 原理

将样品加温除去二氧化碳和 C_2H_5OH,调节 pH 至中性,通过微孔滤膜过滤后直接注入高效液相色谱仪,经反相色谱分离后,根据保留时间和峰面积进行定性和定量。

2. 试剂

(1)CH_3OH:经 0.5 μm 滤膜过滤。

(2)CH_3COONH_4溶液(0.02 mol/L):称量 1.54 g CH_3COONH_4,加水至 1000 mL 溶解,经 0.45 μm 滤膜过滤。

(3)$NH_3 \cdot H_2O$(1+1):$NH_3 \cdot H_2O$ 加等体积水混合。

(4)糖精钠标准贮备溶液:准确称量0.0851 g经120 ℃烘4 h后的糖精钠,加水溶解定容至100 mL。糖精钠含量1.0 mg/mL,作为贮备溶液。

(5)糖精钠标准使用溶液:吸取糖精钠标准贮备溶液10 mL,放入100 mL容量瓶中,加水至刻度,经0.45 μm滤膜过滤。此溶液糖精钠0.10 mg/mL。

3.主要仪器

高效液相色谱仪,附紫外检测器。

4.结果计算

$$X=\frac{A\times 1000}{m\frac{V_1}{V_2}\times 1000}$$

式中,X为样品中糖精钠含量;A为进样体积中糖精钠的质量;V_1为样品稀释液总体积;V_2为进样体积;m为样品质量。

(二)离子选择电极测定法检测糖精钠

1.原理

糖精选择电极是以季铵盐所制PVC薄膜为感应膜的电极,它和作为参比电极的饱和甘汞电极配合使用,以测定食品中糖精钠的含量。当测定温度、溶液总离子强度和溶液接界电位条件一致时,测得的电位遵守能斯特方程式,电位差随溶液中糖精离子的活度(或浓度)改变而变化。

被测溶液中糖精钠含量在0.02~1 mg/mL范围内。电位值与糖精离子浓度的负对数呈线性关系。

2.试剂

(1)HCl(6 mol/L):取100 mL HCl,加水稀释至200 mL,使用前用乙醚饱和。

(2)乙醚:使用前用6 mol/LHCl饱和。

(3)NaOH溶液(0.06 mol/L):取2.4 gNaOH加水溶解并稀释至1000 mL。

(4)$CuSO_4$溶液(100 g/L):称量10 g$CuSO_4$($CuSO_4\cdot 5H_2O$)溶于100 mL水中。

(5)NaOH溶液(40 g/L)。

(6)NaOH溶液(0.02 mol/L):将(3)稀释而成。

(7)磷酸二氢钠[$c(NaH_2PO_4\cdot 12H_2O)=1$ mol/L]溶液:取78 g磷酸二

氢钠溶解后转入。

(8)磷酸氢二钠[$c(Na_2HPO_4 \cdot 12H_2O)=1$ mol/L]溶液：取 89.5 g 磷酸氢二钠于 250 mL 容量瓶中，加水溶解并稀释至刻度，摇匀备用。此溶液每毫升相当于 1 mg 糖精钠。

(9)总离子强度调节缓冲液：87.7 mL 磷酸二氢钠溶液(1 mol/L)与 12.3 mL磷酸氢二钠溶液(1 mol/L)混合即得。

(10)准确称量 0.0851 g 经 120 ℃干燥 4 h 后的糖精钠结晶，移入 100 mL容量瓶中，加水溶解并稀释至刻度，摇匀备用。此溶液每毫升相当于 1 mg糖精钠。

3.主要仪器

(1)精密级酸度计或离子活度计或其他精密级电位计，准确至±1 mV。

(2)217 型甘汞电极：具双盐桥式甘汞电极，下面的盐桥内装入含 10 g/L 琼脂的氯化钾溶液(3 mol/L)。

(3)糖精选择电极。

(4)磁力搅拌器。

4.操作步骤

(1)试样提取。

1)液体试样：豆浆、浓缩果汁、饮料、汽水、配制酒等。准确吸取 25 mL 均匀试样(汽水、含汽酒等需先除去二氧化碳后取样)，放置于 250 mL 分液漏斗中，加 2 mL HCl(6 mol/L)：依次用 20 mL、20 mL、10 mL 乙醚提取 3 次，合并乙醚提取液，用 5 mL HCl 酸化的水洗涤一次，弃去水层。乙醚层转移至 50 mL 容量瓶，用少量乙醚洗涤原分液漏斗合并入容量瓶，并用乙醚定容至刻度，必要时加入少许无水硫酸钠，摇匀，脱水备用。

2)含蛋白质、脂肪、淀粉量高的食品：糕点、饼干、面包、酱菜、豆制品、油炸食品等。称量 20.00 g 切碎均匀试样，置透析用玻璃纸中，加 50 mL NaOH 溶液(0.02 mol/L)，调匀后将玻璃纸口扎紧，放入盛有 200 mL NaOH 溶液(0.02 mol/L)的烧杯中，盖上表面皿，透析 24 h：并不时搅动浸泡液。量取 125 mL 透析液，加约 0.4 mLHCl(6 mol/L)使成中性：加 20 mL $CuSO_4$溶液(100 g/L)混匀，再加 4.4 mL NaOH 溶液(40 g/L)，混匀。静置 30 min，过滤。取 100 mL 溶液于 250 mL 分液漏斗中，以下按 1)液体试样提取方法中自“加 2 mL HCl(6 mol/L)”起依次操作。

3)蜜饯类：称量 10.00 g 切碎的均匀试样，置透析用玻璃纸中，加50 mL

NaOH 溶液(0.06 mol/L),调匀后将玻璃纸扎紧,放入盛有 200 mL NaOH 溶液(0.06 mol/L)的烧杯中,透析、沉淀、提取按 2)中所述方法操作。

4)糯米制食品:称量 25.00 g 切成米粒状小块的均匀试样,按 2)中所述方法操作。

(2)测定。

1)标准曲线的绘制:准确吸取 0 mL、0.5 mL、1.0 mL、2.5 mL、5.0 mL、10.0 mL糖精钠标准溶液(相当于 0 mg、0.5 mg、1.0 mg、2.5 mg、5.0 mg、10.0 mg糖精钠),分别放置于 50 mL 容量瓶,各加 5 mL 总离子强度调节缓冲液,加水至刻度,摇匀。

将糖精选择电极和 217 型甘汞电极分别与测量仪器的负端和正端相连接,将电极插入盛有水的烧杯中,按其仪器的使用说明书调节至使用状态,并用水在搅拌下洗至电极的起始电位,取出电极用滤纸吸干。将上述标准系列溶液按低浓度到高浓度逐个测定,得其在搅拌时的平衡电位值(-mV)。在半对数纸上以毫升(毫克)为纵坐标,电位值(-mV)为横坐标绘制曲线。

2)试样品的测定:准确吸取 20 mL 样品的乙醚提取液,放置于 50 mL 烧杯中,挥发干后,残渣加 5 mL 总离子强度调节缓冲液,小心转动,振摇烧杯使残渣溶解,将烧杯内容物全部定量转移入 50 mL 容量瓶中,原烧杯用少量水多次漂洗后,并入容量瓶中,最后加水至刻度摇匀。依法测定其电位值(-mV),查标准曲线求得测定液中糖精钠的含量。

5.结果计算

$$X = \frac{A \times 1000}{m \times \frac{V_2}{V_1} \times 1000}$$

式中,X 为试样中糖精钠的含量;A 为查标准曲线求得的测定液中糖精钠的质量;V_1 为样品乙醚提取液的总体积;V_1 分取样品乙醚提取液的体积;m 为试样的质量。

三、食品中甜蜜素的测定

甜蜜素的化学名称为环己基氨基磺酸钠,易溶于水,水溶液呈中性,几乎不溶于 C_2H_5OH 等有机溶剂,对酸、碱、光、热稳定。甜味好,后苦味比糖精低。但甜度不高,为蔗糖的 40~50 倍,因此用量大,容易超标使用。甜蜜素自面世以来对人体是否有害一直存在争议,在加拿大、东南亚、日本等国禁止作为食品添加剂使用,我国对甜蜜素的使用也有严格的规定,凉果类、果丹(饼)类<8.0 g/kg,糕点、配制酒、饮料等<0.65 g/kg。目前测定甜蜜素的方法有气相色谱法、薄层层析法、紫外分光光度法、盐酸萘乙二胺比色法等。

(一)原理

在硫酸介质中环己基氨基磺酸钠与亚硝酸反应,生成环己醇亚硝酸异戊酯,用气相色谱法测定,根据保留时间和峰面积进行定性和定量。

(二)试剂

(1)层析硅胶(或海砂)。

(2)亚硝酸钠溶液(50 g/L)。

(3)100 g/LH_2SO_4溶液。

(4)环己基氨基磺酸钠标准溶液:准确称量1.0000 g环己基氨基磺酸钠(含环己基氨基磺酸钠>98%),加水溶解并定容至100 mL,此溶液每毫升含环己基氨基磺酸钠10 mg。

(三)主要仪器设备

气相色谱仪(附氢火焰离子化检测器)。

(四)操作步骤

1.样品处理

(1)液体样品。含二氧化碳的样品先加热除去二氧化碳,含酒精的样品加NaOH溶液(40 g/L)调至碱性,于沸水浴中加热除去C_2H_5OH。样品摇匀,称量20.0 g于100 mL带塞比色管,置冰浴中。

(2)固体样品:将样品剪碎称量2.0 g于研钵中,加少许层析硅胶或海砂研磨至呈干粉状,经漏斗倒入100 mL容量瓶中,加水冲洗研钵,并将洗液一并转移至容量瓶中,加水至刻度,不时摇动1 h后过滤,滤液备用。准确吸取20 mL滤液于100 mL带塞比色管,置冰浴中。

2.色谱条件

(1)色谱柱:长2 m,内径3 mm,不锈钢柱。

(2)固定相:Chromosorb WAW DMCS 80～100目,涂以10%SE—30。

(3)测定条件:柱温80 ℃;汽化温度150 ℃;检测温度150 ℃。流速为氮气40 mL/min;氢气30 mL/min;空气300 mL/min。

3. 测定

(1)标准曲线绘制:准确吸取 1.00 mL 环己基氨基磺酸钠标准溶液于 100 mL带塞比色管中,加水 20 mL,置冰浴中,加入 5 mL 亚硝酸钠溶液(50 g/L),5 mLH_2SO_4溶液(100 g/L),摇匀,在冰浴中放置 30 min,并不时摇动。然后准确加入 10 mL 正己烷、5 gNaCl,摇匀后置旋涡混合器上振动 1 min(或振摇 80 次),静置分层后吸出己烷层于 10 mL 带塞离心管中进行离心分离。每毫升己烷提取液相当于 1 mg 环己基氨基磺酸钠。将环己基氨基磺酸钠的己烷提取液进样 1 ~ 5 μL 于气相色谱仪中,根据峰面积绘制标准曲线。

(2)样品测定:在样品管中自“加入 5 mL 亚硝酸钠溶液(50 g/L)……”起依(1)标准曲线绘制中所述方法操作,然后将试样同样进样 1 ~ 5 μL,测定峰面积,从标准曲线上查出相应的环己基氨基磺酸钠含量。

(五)结果计算

$$X = \frac{A \times 10 \times 1000}{m \times V \times 1000}$$

式中, X 为样品中环己基氨基磺酸钠的含量; A 为从标准曲线上查得的测定用试样中环己基氨基磺酸钠的质量, M 为样品的质量; V 为进样体积; 10 为正己烷加入体积。

第六节 其他食品添加剂的检测技术

食品乳化剂是最重要的食品添加剂之一,它不但具有典型的表面活性作用以维持食品稳定的乳化状态,还表现出许多特殊功能:①与淀粉结合防止老化;②与蛋白质结合增加面团的网络结构;③防黏和防溶化的作用;④提高淀粉与蛋白质的润滑作用;⑤促进液体在液体中的分散;⑥是降低液体和固体表面张力;⑦改良脂肪晶体;⑧稳定气泡和充气作用;⑨反乳化—消泡作用。目前全世界生产的食品乳化剂大约 65 类,我国使用和生产较多的是甘油酯、蔗糖酯、司盘和吐温、大豆磷脂、硬脂酰乳酸钠等近 30 个种类。

甘油脂肪酸酯和蔗糖脂肪酸酯是常用的食品乳化剂,以下是甘油脂肪酸酯和蔗糖脂肪酸酯的检测技术。

一、食品中甘油脂肪酸酯的检测技术

(一)方法目的

学习和掌握色谱法测定食品中甘油脂肪酸酯的原理和方法。

(二)适用范围

本法适用于人造奶油、酥油、冰淇淋、雪糕、带调料快餐食品、植物蛋白饮料、乳酸菌饮料等甘油脂肪酸酯含量的测定。

(三)原理

食品中的甘油脂肪酸酯是通过将其主要成分单酸甘油酯做成二甲基硅烷化物,由气相色谱测定单酸甘油酯来定量。食品中单酸甘油酯,以脂肪成分广泛存在于食品之中,因而定量值是食品天然和添加的单酸甘油酯的总量。

(四)试剂

(1)三甲基氯化硅烷,1,1,1,3,3,3-六甲基二硅氨烷,吡啶(硅烷化用),月桂酸单甘油酯(纯度99%)。

(2)单酸甘油酯:棕榈酸单甘油酯或硬脂酸单甘油酯,或高纯度饱和酸单甘油酯,用 C_2H_5OH 两次重结晶,测定纯度后应用。

(3)内标液:称量50 μg月桂酸单甘油酯,放入100 mL容量瓶中,加吡啶溶解定容,密封。

(4)标准液的配制:准确称量单甘油酯100 mg,加乙醚溶解,定容至100 mL。准确取该液5 mL,加乙醚定容至100 mL,作为标准液(含单甘油酯50 μg/mL)。

(五)主要仪器

带氢火焰检测器的气相色谱仪。

(六)方法步骤

1. 样品溶液的制备

(1)脂溶性食品(人造奶油、酥油等):准确称量样品约5 g(取样品根据食品中含单甘酯量而定),放入三角瓶中,加入约50 mL C_2H_5OH,仔细摇匀,按需要稍稍加温。样品完全溶解时,用乙醚定量地移入100 mL容量瓶中,加乙醚定容至100 mL,作为样品溶液;样品不完全溶解时,在此溶液中加入约 20 g 无水硫酸钠,仔细混匀,放置少许后,用干滤纸过滤,滤液放置于 200 mL 锥形瓶中,用 30 mL 乙醚洗涤第一个三角瓶,洗涤液用上述滤纸过滤,合并滤液,反复操作两次,全部洗液和滤液合并后,蒸馏除去乙醚,使用量约为70 mL,以乙醚定量地移入 100 mL 容量瓶中,加乙醚莡容,作为样品溶液。

(2)水溶性食品(冰淇淋等):准确称量样品约2 g,加入约30 g 无水硫酸钠,混匀,用索氏提取器以乙醚提取,按需要蒸馏去除乙醚至溶液的量约 70 mL,以乙醚定量地移入 100 mL 容量瓶,加乙醚,定容至 100 mL,作为样品溶液。

(3)其他食品(带调料快餐食品等):准确称量样品 5 ~ 10 g,用索氏提取器以乙醚提取,按需要蒸馏去除乙醚至溶液的量约 70 mL,以乙醚定量地移入 100 mL 容量瓶,加乙醚定容,作为样品溶液,若需要则进行过滤。

2. 色谱条件

色谱柱为内径 3 mm、长 0.5 ~ 1.5 m 的不锈钢柱,填充剂为 80 ~ 100 目硅藻土担体,按 2% 比例涂以聚硅氧烷 OV - 17;柱温以 10 ℃/min,升温至 100 ~ 330 ℃;进样口和 FID 检测器温度为 350 ℃;载气为氮气,流量 20 ~ 40 mL/min。

3. 测定液的配制

准确吸取 5 mL 样品溶液,于浓缩器中,准确加入 1 mL 内标液,在约 50 ℃的水浴中,减压蒸干。加 1 mL 吡啶溶解,加 0.3 mL 1,1,1,3,3,3-六甲基二硅氨烷,充分振摇,再加入 0.2 mL 三甲基氯代硅烷,充分振摇,放置 10 min后,用 5 mL 吡啶定量地将其转移到 10 mL 容量瓶中,加吡啶定容至 10 mL,作测定液。

4. 标准曲线的制作

准确吸取标准液 50 mL、10 mL、15 mL、20 mL,分别放入浓缩器,与测定液配制同样操作,作为标准曲线用标准液(这些溶液 1 mL 分别含 25 μg、50 μg、75 μg、100 μg 单甘油酯及均含 50 μg 月桂酸单甘油酯)。取 2 μL 各标准液,进样,求出测得的棕榈酸单甘油酯及硬脂酸单甘油酯的峰高与月桂酸单甘油酯的峰高比例,绘制标准曲线。

(七)结果计算

$$X = \frac{\rho \times V}{m}$$

式中，X 为单甘油酯含量；ρ 为测定液中的单甘油酯浓度；V 为配制测定液所用样品溶液量；m 为取样量。

（八）方法分析

使用本法重复测定的相对标准误差<7%。两次平行测定相对允许误差绝对值<10%，平行测定结果用算术平均值表示，可保留两位小数。

二、食品中蔗糖脂肪酸酯的检测技术

（一）方法目的

学习、掌握薄层扫描定量法测定食品中蔗糖脂肪酸酯的原理及方法，了解其测定范围。

（二）适应范围

此方法可用于冷饮制品、稀奶油、罐头、肉制品、调味品等食品中的蔗糖脂肪酸酯的测定。

（三）原理

食品中的蔗糖脂肪酸酯可用异丁醇抽提，再用薄层板分离单、双、三酯，最后用比色法定量。

（四）试剂

（1）蒽酮试剂：取 0.4 g 蒽酮，预先溶于 20 mL H_2SO_4 中，用 75 mLH_2SO_4 将其洗入 100 mL H_2SO_4、60 mL 水和 15 mL C_2H_5OH 的混合液中。放置冷却，暗处保存，2 个月内有效。

（2）C_2H_5OH 溶液：于 4 份 C_2H_5OH 中加 1 份水，混合。

（3）a 展开剂：石油醚-乙醚（1∶1）；b 展开剂：氯仿-CH_3OH-乙酸-水（40∶5∶4∶1）。

（4）桑色素液：将 50 mg 桑色素溶于 100 mL CH_3OH 中。

（五）主要仪器

分光光度计。

（六）方法步骤

（1）样品溶液的制备：准确称量含蔗糖脂肪酸酯 100 mg 左右的样品 20 g 以下，放入第一个分液漏斗中，加 200 mL 异丁醇和 200 mLNaCl 溶液，将分液漏斗放置于60～80 ℃水浴中并振摇10 min。把水层转入第二个500 mL分液漏斗中，加200 mL异丁醇，在60～80 ℃水浴中并振摇10 min，弃去水层。将第一、第二个分液漏斗的异丁醇层用异丁醇定量地通过滤纸移入浓缩器，在70 ℃减压浓缩，除去异丁醇。残渣中加入20 mL氯仿溶解，转入25 mL容量瓶中，浓缩器每次用少量氯仿洗涤2次，将洗液转入容量瓶中，加氯仿至刻度，作为样品溶液。用微量注射器准确吸取20 μL，点在薄层板下端2 cm处。将薄层板放入预先加入第一次展开溶剂的第一展开槽中，展开至点样处以上12 cm，取出薄层板，于60 ℃干燥30 min后，放冷，放入预先加入第二次展开溶剂的第二展开槽中，展开至点样处以上10 cm，取出薄层板，在通风橱中挥散溶剂，然后于100 ℃干燥箱中干燥20 min，至溶剂完全挥散为止。

为确认各点，向薄层上喷桑色素液，在暗室中用紫外灯熊射，划出确认的各蔗糖单、双、三酯边线。刮取单、双、三酯各色带，分别放置于T_M、T_D、T_T试管中，向T_M中加4 mL C_2H_5OH，向T_D和T_T中各加2 mL C_2H_5OH，分别作为样品液。另外刮取末点样品溶液的相应各部位上的薄层，放置于T_{BM}、T_{BD}、T_{BT}试管中，在T_{BD}、T_{BT}中各加2 mL C_2H_5OH，分别作为空白溶液。

（2）薄板：硅胶薄层板110 ℃活化1.5 h，2 d内有效。

（3）标准液的制备：准确称量预干燥蔗糖200 mg，加入1 mL H_2SO_4及C_2H_5OH至200 mL。取此液10 mL，加C_2H_5OH定容至200 mL，作为标准液（该液含蔗糖50 μg/mL）。

（4）测定液的制备：把装有T_M、T_D、T_T的试管在流水中边冷却边向T_M管中加入20 mL蒽酮，向T_D和T_T管中各加入10 mL蒽酮，3个管分别于60 ℃水浴中浸渍30 min，其间混摇2～3次，然后在冷水中冷至室温。将上述试管中溶液分别转入离心管中，以4000r/min离心5 min，其上清液作为样品测定液。另外，单、双和三酯所对应的空白溶液与上法同样操作，作为各相对应的空白测定液。

（5）标准曲线的制作：准确吸取标准液0mL、1 mL、2 mL，分别放入试管T_B、T_{S1}、T_{S2}中，向TB管中加2 mL C_2H_5OH，向TS1管中加1 mL C_2H_5OH，将3支试管分别置流水中冷却，同时向各管中加入10 mL蒽酮，以下操作同④。分别作为标准曲线用空白测定液和标准曲线用标准测定液。

标准曲线用标准测定液和标准曲线用空白测定液，分别以C_2H_5OH作为参比，在620 nm处测定吸光度E_{S1}、E_{S2}和E_B，计算E_{S1}、E_{S2}和E_B的差$\triangle E_1$、$\triangle E_2$。绘制标准曲线。

(6)定量:各样品测定液均以 C_2H_5OH 作为参比,在 620 nm 处,测定 E_{AM}、E_{AD}、E_{AT}的吸光度,并测定相对应的空白测定液 E_{BH}、E_{BD}、E_{BT}的吸光度,计算它们的差 ΔE_M、ΔE_D、ΔE_T,在标准曲线上求出各样品测定液中的各醋的结合糖浓度(mg/mL)。

(七)结果计算

$$X = \frac{(M \times \rho_M \times V_M + D \times \rho_D \times V_D + T \times \rho_T \times V_T) \times 1.25}{m}$$

式中,X 为蔗糖脂肪酸酯含量;ρ_M 为样品测定液中单酯结合糖的浓度;ρ_D 为样品测定液中双酯结合糖的浓度;ρ_T 为样品测定液中三酯结合糖的浓度;m 为取样量;M、D、T 为系数,根据蔗糖脂肪酸酯的种类。V_M 为单酯的测定液量;V_D 为双酯的测定液量;V_T 为三酯的测定液量。

(八)方法评价

计算结果保留 3 位有效数字。在重复条件下获得的两次独立测定结果的绝对差值不得超过算术平均值的 10%。

第十一章

生物毒素的监测

第一节　细菌毒素的检测

食品中天然存在的毒性物质、致癌物质、诱发过敏物质和非食品用的动植物中天然存在的有毒物质一般统称为天然毒素。

食品中天然毒素物质种类繁多，按其来源可分为动物性天然毒素、植物性天然毒素和微生物性天然毒素，其中大多数天然毒素物质具有很强毒性，常造成食物中毒事件的发生。我国食品中常被检测到的天然毒素物质有真菌毒素、细菌毒素、有毒蛋白类、生物碱类等。目前为止还有很多天然毒素物质的危害机理还不甚清楚，但是所有天然毒素物质具有共同的特点是天然存在于食品而非人为添加，尽管污染量小，但危害性大，往往与食品混为一体而难以去除和降解。因此，目前对食品中已知天然毒素物质的管理大多是在风险评估的基础上设置法定限量标准的方法来控制其对人体的危害。

由于天然毒素物质多以痕量形式存在于食品中，加上食品介质及不同毒素理化特性的差异等，采取何种检测技术能灵敏、有效检测天然毒素物质一直是监督管理的主要瓶颈问题。天然毒素物质检测技术经历了三个发展阶段，即色谱技术时代、免疫分析时代、现代集成技术时代。发展天然毒素物质的检测技术最突出的特点是精确化、简便化、在线化、规范化、国际化，同时在检测技术领域引入尖端生物技术、计算机技术、化学技术、数控技术、物理技术等，并集成各类高新技术形成检测样品的前处理、分离、测定、数据处理等一体化系统，不仅提高了检测效率而且也提高了检测精密度和检测限。

但是目前常见的天然毒素物质如真菌毒素、细菌毒素、鱼贝类毒素和其他生物碱类毒素等的标准检测方法还是主要依赖于传统技术，随着对天然毒素物质危害性认识的提高，世界各国都在不断加强对天然毒素物质检测技术方法方面的研究，我国也加强了对天然有害性物质检测方法的研究进程。

细菌毒素的检测通常采用的方法有生物学检测法、免疫学方法、聚合酶链技术、超抗原方法和生物传感器法等。其中生物学检测法虽然简便易行但是灵敏度低，免疫学方法种类很多，包括免疫琼脂扩散法、反向间接血凝试验、免疫荧光法和ELISA方法，免疫学方法是目前普遍采用的方法。

虽然目前国内外对各类细菌毒素研究的方法很多，但是制定的标准方法还不够全面，像vero毒素、链霉菌产生的缬氨霉素等细菌毒素还没有标准方法。

一、细菌毒素的特征及危害评价

细菌毒素是由细菌分泌产生于细胞外或存在于细胞内的致病性物质，通常分为内毒素和外毒素，是食品中的主要天然毒素物质之一。主要的细菌毒素有肠毒素、肉毒毒素和vero毒素。肠毒素产生菌主要有金黄色葡萄球菌和蜡样芽孢杆菌，肉毒毒素产生菌主要是肉毒梭菌，vero毒素产毒菌主要是肠出血性大肠杆菌，此外还有链霉菌产生的缬氨霉素等细菌毒素。

外毒素的毒性强，几微克量就可使实验动物致死。多数外毒素不耐热，如白喉外毒素在58 ℃ ~60 ℃经1 ~2 h，破伤风外毒素在60 ℃经20 min可被破坏。但葡萄球菌肠毒素是例外，能耐100 ℃ 30 min。大多外毒素是蛋白质，具有良好的抗原性。

内毒素耐热，加热100 ℃、1 h不被破坏；需160 ℃加热至2 ~4 h，或用强碱、强酸、强氧化剂加温煮沸30 min才灭活。各种细菌内素的毒性作用大致相同。引起发热、弥漫性血管内凝血、粒细胞减少血症、施瓦兹曼现象等。因此，能够及时有效地检测并杜绝食品中细菌毒素，保证食品安全性意义重大。

二、食品中肉毒毒素的检测分析

我国肉毒中毒的食品，常见于家庭自制的食物，如臭豆腐、豆豉、豆酱、豆腐渣、腌菜、变质豆芽、变质土豆、米糊等。因这些食物蒸煮加热时间短，未能杀灭芽孢，在坛内(20～3O ℃)发酵多日后，肉毒梭菌及芽孢繁殖产生毒素的条件成熟，如果食用前又未经充分加热处理，进食后容易中毒。另外动物性食品，如不新鲜的肉类、腊肉、腌肉、风干肉、熟肉、死畜肉、鱼类、鱼肉罐头、香肠、动物油、蛋类等亦可引起肉毒毒素食物中毒。

肉毒毒素毒性非常强，其毒性比氰化钾强 1 万倍，属剧毒。肉毒毒素对人的致死量为0.1～1.0 μg。根据毒素抗原性不同可将其分为 8 个型，分别为引起人类疾病的以 A、B 型常见。我国报道毒素型别有 A、B、E 三种。据统计我国报道的肉毒毒素食物中毒 A、B 型约占中毒起数的 95%，中毒人数的 98.0%。

肉毒中毒时，查毒素为主，查细菌为辅。

(一)适用范围

本标准适用于各类食品和食物中毒样品中肉毒毒素的检验。

(二)方法目的

检测食品和食物中毒样品中的肉毒毒素。

(三)原理

当肉毒毒素与相应的抗毒素混合后，发生特异性结合，致使毒素的毒性全被抗毒素中和失去毒力。以含有大于 i 个小白鼠最小致死量(MLD)的肉毒毒素的食品或培养物的提取液，注射于小白鼠腹腔内，在出现肉毒中毒症状之后，于 96 h 内死亡。相应的抗毒素中和肉毒毒素并能保护小白鼠免于出现症状，而其他抗毒素则不能。

(四)试剂材料

肉毒分型抗毒诊断血清；胰酶：活力(1∶250)。

(五)仪器设备

冰箱；恒温培养箱；离心机；架盘药物天平；灭菌吸管；90 mm 灭菌平皿；灭菌锥形瓶；灭菌注射器；12～15 g 小白鼠。

(六)分析测定步骤

1. 肉毒毒素检验

液状检样可直接离心，固体或半流动检样须加适量(例如等量、倍量或 5 倍量、10 倍量)明胶磷酸盐缓冲液，浸泡，研碎。然后离心，上清液进行检测。

另取一部分上清液，调 pH 值 6.2，每 9 份加 10% 胰酶（活力 1 ∶ 250）水溶液 1 份，混匀，不断轻轻搅动，37 ℃作用 60 min，进行检测。肉毒毒素检测以小白鼠腹腔注射法为标准法。

2. 检出试验

取上述离心上清液及其胰酶激活处理液分别注射小白鼠 3 只，每只 0.5 mL，观察 4 d，注射液中若有肉毒毒素存在，小白鼠一般多在注射后 24 h 内发病、死亡。主要症状为竖毛、四肢瘫软，呼吸困难，呼吸呈风箱式，腰部凹陷，宛若蜂腰，最终死于呼吸麻痹。

如遇小鼠猝死以至症状不明时，则可将注射液做适当稀释，重做试验。

3. 验证试验

不论上清液或其胰酶激活处理液，凡能致小鼠发病、死亡者，取样分成 3 份进行试验，一份加等量多型混合肉毒抗毒诊断血清，混匀，37 ℃作用 30 min；一份加等量明胶磷酸盐缓冲液，混匀，煮沸 10 min；一份加等量明胶磷酸盐缓冲液，混匀即可，不做其他处理。3 份混合液分别注射小鼠各 2 只，每只 0.5 mL，观察 4 d，若注射加诊断血清与煮沸加热的两份混合液的小白鼠均获保护存活，而唯有注射未经其他处理的混合液的小白鼠以特有的症状死亡，则可判定检样中的肉毒毒素存在，必要时要进行毒力测定及定型试验。

4. 毒力判断测定

取已判定含有肉毒毒素的检样离心上清液，用明胶磷酸盐缓冲液稀释 50 倍、100 倍及 5000 倍的液样，分别注射小鼠各 2 只，每只 0.50 mL，观察 4 d。根据动物死亡情况，计算检样所含肉毒毒素的大体毒力（MLD/mL，或 MLD/g）。例如：5 倍、50 倍及 500 倍稀释致动物全部死亡，而注射 5000 倍稀释液的动物全部存活，则可大体判定检样上清液所含毒素的毒力为 1000 ~ 10 000 MDL/mL。

5. 定性试验

按毒力测定结果，用明胶磷酸盐缓冲液将上清液稀释至所含毒素的毒力大体在 10 ~ 1000 MLD/mL 的范围，分别与各单型肉毒抗诊断血清等量混匀，37 ℃作用 30 min，各注射小鼠 2 只，每只 0.5 mL，观察 4 d。同时以明胶磷酸盐缓冲液代替诊断血清，与稀释毒素液等量混合作为对照。能保护动物免于发病、死亡的诊断血清型即为检样所含肉毒毒素的型别。

第二节 真菌毒素的检测

真菌毒素主要根据其结构、化学性质以及干扰因子的不同,其样品前处理和测定方法多种多样,传统的前处理方法主要采用溶剂提取法、柱层析法等,而测定方法多采用色谱等方法。20 世纪 80 年代后期开始在真菌毒素检测领域开始应用单克隆抗体技术,相继出现了放射免疫分析技术、酶联免疫吸附技术、荧光极性免疫分析技术、生物传感器免疫分析技术以及免疫亲和分离技术等。

目前,真菌毒素的检测主要有薄层色谱法(TLC)、酶联免疫吸附法(ELISA)、高效液相色谱法(HPLC)、气相色谱法(GC)以及气质联用、液质联用等方法。其中 TLC 是最早应用于真菌毒素检测的方法之一,随着薄层扫描仪用于真菌毒素等内容定性、定量分析,其精确度得到了显著提高,TLC 也成为目前最常用的仪器分析方法之一。在快速检测分析中,ELISA 方法是较为普遍采用的方法。但是在精确定性、定量检测中还是以 GC、HPLC、GC-MS、HPLC-MS 等方法为主。我国对真菌毒素的检测标准以国标方法为主,美国有 Association of Official Analytical Chemists(AOAC)、American Association of Cereal Chemists(AACC)等标准检测方法,近年来,也有人研究利用红外光谱分析,荧光极性免疫分析,生物传感器检测分析等对真菌毒素进行检测,也取得了良好测定结果。

一、真菌毒素的特征及危害评价

真菌毒素也被称为霉菌毒素。真菌毒素的特征主要表现在污染的普遍性、种类的多样性、危害的严重性上。由于自然界中真菌分布非常广泛。虽然产毒的真菌只占整个真菌的一小部分,但是从世界各国的研究报告可知,因真菌污染而造成的粮食及食品中真菌毒素残留现象非常普遍,即便发达的北美、欧盟、日本等每年也有大量食品或粮食作物受到真菌毒素污染的报告,据估计全世界每年有 25% 的粮食作物不同程度地受到真菌的影响,其中常见的产毒真菌有曲霉菌属、青霉菌属和镰刀菌属等。

目前已知的真菌毒素大概有 300 种左右,虽然每年都有新的真菌毒素被发现和检测到,但是对食品、饲料和粮食污染最为普遍。各国最为关注的真菌毒素主要有黄曲霉毒素（AFT）、赭曲霉毒素（OTA）、棒曲霉素（棒状曲霉）、伏马毒素、呕吐毒素（DON）、玉米赤霉烯酮（ZEN）、T-2 毒素等几类毒素。

真菌毒素直接的危害是由于毒素的暴露而引发急性疾病或许多慢性症状，如生长减慢、免疫功能下降、抗病能力差以及肿瘤的形成等。

随着对真菌毒素危害性认识的提高各国政府以及世界卫生组织、世界粮农组织为了保护消费者的饮食安全性对真菌毒素的残留限量进行了严格的规定，其中欧盟是对真菌毒素监控最为严格的地区之一。

二、食品中的黄曲霉毒素检测技术

黄曲霉毒素简称 AFT，是由黄曲霉菌和寄生曲霉菌在生长繁殖过程中所产生的一种对人类危害极为突出的一类强致癌性物质。

目前已分离鉴定的有 AFB1、AFB2、AFG1、AFG2、AFM1、AFM2 以及其他结构类似物共 12 种，其基本结构为一个双呋喃环和一个氧杂萘邻酮，黄曲霉毒素在紫外线照射下，B 族毒素发出蓝色荧光，G 族毒素发出绿色荧光。黄曲霉毒素难溶于水、乙烷、石油醚，可溶于甲醇、乙醇、氯仿、丙酮等有机溶剂。黄曲霉毒素容易侵染的农作物有花生、玉米、棉籽、调味品和发酵食品等。在奶制品中，常常见到是黄曲霉毒素 M1。在哺乳动物的肝脏和尿中，能见到黄曲霉毒素 P1 和 Q1。通常黄曲霉毒素的检测主要是依据其荧光性、理化性质的特点，以及污染介质的特性等来采用不同的提取、净化和测定方法。

黄曲霉毒素是最早为人们所认识的真菌毒素，其检测技术的发展可以认为代表了整个真菌毒素检测技术的最新发展趋势，由于黄曲霉毒素等真菌毒素在食品中的含量极小，因此现代真菌毒素分析方法首先考虑的是准确度、精密度，其次是快速性和简便性，这也是目前检测真菌毒素往往采用色谱-质谱、色谱-免疫亲和柱、酶联免疫分析等各类集成技术的原因之一。但是，最终选择什么方法还是应根据实际需要和目的来确定。

考虑到各类黄曲霉毒素检测的类似性，每一种黄曲霉毒素基本都可以应用光谱法、色谱法和酶联免疫法进行测定，本节主要介绍利用纳米金免疫快速检测技术检测黄曲霉毒素 B1，AOAC 中的色谱方法和 ELISA 试剂盒方法检测黄曲霉毒素 M1。

(一)食品中黄曲霉毒素的纳米金免疫法检测技术

1. 适用范围

纳米金免疫层析法适用于液体食品、粮食、饲料以及其他各类食品中黄曲霉毒素 B1 含量的测定,其中在粮食和饲料中黄曲霉毒素 B1 的检测灵敏度可达 1.0 ng/mL。

2. 方法目的

掌握纳米金免疫快速检测技术定性检测食品中黄曲霉毒素 B1 的方法及要求。

3. 试剂材料

AFB1-O-BSA、金标 McAb 探针、二抗、纤维膜、金标垫、样品吸水垫、吸水纸、AFB1 标准溶液(溶于甲醇)、去离子水、待检样品。

4. 仪器设备

制备纳米金免疫快速检测试纸条金标点样仪、金标切条机、金标试条扫描仪、微量移液器、小型粉碎机、微量振荡器、恒温水浴锅、隔水式电热恒温培养箱、pH 计、超声波清洗器等。

5. 分析测定步骤

(1) AFB1 标准溶液的制备。精确称量 10 mg AFB1,用 1 mL 甲醇溶解后再用甲醇-PBS 溶液(20∶80)稀释至浓度为 10 mg/kg 的标准溶液。检测时,用甲醇-PBS 溶液将该标准溶液稀释至所需浓度后将 T 作液滴加于微孔中,将测试条垂直插入微孔,5～10 min 时目测结果。

(2)样品提取与纯化。粮食、花生及其制品:取粉碎过筛(20 目)样品 20 g于具塞锥形瓶中,加 100 mL 甲醇水溶液,30 mL 石油醚,具塞振摇 30 min,静止片刻,过滤于 50 mL 具塞量筒中,收集 50 mL 甲醇水滤液(注意切勿将石油醚层带入滤液中),转入分液漏斗中,加 2% 硫酸钠 50 mL 稀释,加三氯甲烷 10 mL,轻摇 2～3 min,静止分层,三氯甲烷通过装有 5 g 无水硫酸钠的小漏斗(以少量脱脂棉球塞住漏斗颈口,并以少量三氯甲烷润湿),并滤入蒸发皿中,再向分液漏斗中加 3 mL 三氯甲烷重提一次,脱水后滤入原蒸发皿中,加少量三氯甲烷洗涤漏斗,将蒸发皿放入通风橱,于 65 ℃ 水浴上通风挥干后,冷却。准确加入 10 mL 甲醇-PBS(1∶1)溶液,充分溶解凝结物,即为待测样品提取液,此样液 1 mL 相当于 1.0 g 样品。

植物油:称混匀油样 10 g 于 10 mL 的烧杯中,用 50 mL 石油醚分数次洗入分液漏斗中,加50 mL甲醇轻摇2～3 min,静止分层,将下层甲醇水转入另一分液漏斗中,加50 mL的2%硫酸钠水溶液稀释,加三氯甲烷10 mL,轻摇2～3 min,静止分层,三氯甲烷通过装有5 g无水硫酸钠的小漏斗(以少量脱脂棉球塞住漏斗颈口,并以少量三氯甲烷润湿),并滤入蒸发皿中,再向分液漏斗中加3 mL三氯甲烷重提一次,脱水后滤入原蒸发皿中,以少量三氯甲烷洗涤,将蒸发皿放入通风橱,于65 ℃水浴上通风挥干后,冷却。准确加入10 mL甲醇-PBS(1∶1)溶液,充分溶解凝结物,即为待测样品提取液,此样液1 mL相当于1.0 g样品。

发酵酒、酱油、醋等水溶性样品,啤酒等含二氧化碳的样品,需在烧杯中水浴上加热、搅拌,除去气泡后作为待测样品。

腐乳、黄酱类:称取混匀样品20 g于具塞锥形瓶中,加甲醇水100 mL,石油醚20 mL。震荡30 min,静止片刻,以折叠快速定性滤纸过滤于50 mL具塞量筒中,收集甲醇水溶液50 mL(相当于10 g样品,因为10 g样品中约含有5 mL水),置于分液漏斗中,加入三氯甲烷10 mL,轻摇2～3 min,静止分层,三氯甲烷通过装有5 g无水硫酸钠的小漏斗(以少量脱脂棉球塞住漏斗颈口,并以少量三氯甲烷润湿),并滤入蒸发皿中,再向分液漏斗中加3 mL三氯甲烷重提一次,脱水后滤入原蒸发皿中,加少量三氯甲烷洗涤漏斗,将蒸发皿放入通风橱,于65 ℃水浴上通风挥干后,冷却。准确加入10 mL甲醇-PBS(1∶1)溶液,充分溶解凝结物,即为待测样品提取液,此样液1 mL相当于1.0 g样品。

(3)样品测定分析

将经预处理的待测样品溶液滴加于微孔中,测试条垂直插入微孔,5～10 min时目测结果。

6.结果参考计算

观察NC膜上检测区(T区)和质控区(C区)情况。检测区和质控区均出现红线,表明所测样品中不含有AFB1;质控区出现1条红线,而检测区未出现红线,表明测样品中含有AFB1;如果检测区出现红线而质控区未出现红线则实验或试纸条有问题,需重新做。

(二)食品中的黄曲霉毒素Ml的EL1SA试剂盒法检测技术

1.适用范围

黄曲霉毒素Ml的检测对象一般都是动物的组织、乳及其制品,酶联免疫吸附法适用于乳、乳粉和乳酪中黄曲霉毒素 Ml 含量的测定。乳中黄曲霉毒素 Ml 的检测灵敏度<10 μg/mL，乳酪中黄曲霉毒素 Ml 的检测灵敏度<250 μg/mL。

2. 方法目的

分析测定试剂盒的目的是用来快速定量检测牛奶、奶粉和乳酪中的 AFM1。黄曲霉毒素 Ml 是黄曲霉毒素 B1 在动物体内的代谢产物，并能够进入乳汁，乳品中经常受到黄曲霉毒素 Ml 的污染，由于黄曲霉毒素 Ml 一般条件较难分解，不易受到巴氏灭菌等安全处理的破坏，因此对乳及其制品的检测是保障食品安全的重要措施。

3. 原理

AFM1 检测试剂盒分析测定是一种固相竞争酶联免疫分析测定方法。聚苯乙烯微孔板中包被有抗 AFM1 的高亲和力抗体。将标准品或者样品与等体积 HRP（辣根过氧化物酶）标记的 Ml 毒素混合加入微孔中，如果存在 AFM1，它将和标记毒素竞争性的与包被抗体结合，孵育一段时间后，倒出孔里的液体，清洗后加入显色底物，在酶的作用下孔里将会出现蓝色。显色颜色的深浅与标准品或样品中 AFM1 的量成反比例关系。所以，标准品或样品中的 AFM1 浓度越高，显色的蓝色将会越浅。加入酸终止反应，底物颜色由蓝色变为棕黄色。微孔板放进酶标仪里，在 450 nm 读取吸光度值。样品值与试剂盒中标准值相比较，得出结果。

4. 试剂材料

（1）生牛奶。标准品溶解在经过均质处理的脱脂乳中，未加工的全脂奶应该低温过夜，使脂肪球上升，在表面自然形成乳状油层，这时就没有必要离心分离。如果样品是在室温或者经过运输混合，低温放置 1 ~2 h，2 000 g 离心力离心 5 min，分离出上层脂肪层。抽掉上层脂肪层，分析时用较底层的乳浆。

（2）均脂牛乳。经过均质处理的脱脂乳应该被直接用来检测。因为均质过程使得脂肪球很稳定，很难再分离，即使是高速离心分离也很难从均质的全脂乳分离乳浆。所以均质脱脂乳可以直接用来检测分析。

（3）奶粉。奶粉首先溶解于一定量的水，处理过程如上所述。

（4）乳酪。带盖的离心管中用 5 mL 甲醇混合 1 g 被精细碾碎的或其他方式浸溃的乳酪，混合 5 min，5000 g 离心力离心 5 min，转移上清。将0. 5 mL 上清液移到玻璃试管中，利用氮吹仪使甲醇蒸发后在玻璃管内壁上会沉积一层黏稠的半固体物质。在试管中加入 0.5 mL 空白脱脂乳，旋涡混匀 1 min，取200 mL奶提取物进行测定。

5. 仪器设备

100 mL 或 200 mL 单道或多道移液器，玻璃试管，计时器，洗瓶，吸水纸，离心机，450 nm 滤光片的酶标仪。

6. 分析步骤

(1)使用前将试剂拿到室温，将装试剂的小袋开封，根据待测的标准品和样品的数量取出一定量的微孔。将不使用的微孔重新放入小袋，封好口避免潮湿的空气进入（分析检测完毕微孔支架将来可以继续使用）。

(2)每次都要使用新吸头，吸取 200 μL 标准品或样品加到两个复孔里。

(3)将板子装入袋子中封口，避免水蒸气和紫外光的照射。

(4)在室温(19～25 ℃)下孵育 2 h。

(5)将孔里的液体倒入合适的容器中，从洗瓶里吸取 PBST 洗板或用多道洗板洗孔，然后迅速弃掉洗液到合适的容器中，重复洗 3 次。在一层厚的吸水纸上拍板，去掉残留的洗液。

(6)每个孔中加入 100 μL 的偶联物。

(7)再次用袋子封好板子，室温下孵育 15 min，重复步骤(5)。

(8)每个孔中加入 100 μL 酶反应底物(TMB)孵育 15～20 min。

(9)加入 100 μL 的终止液终止反应，板中颜色将会由蓝色变为棕黄色。

(10)450 nm 下读取每个孔的吸光度值(使用一个空白对照)。

7. 结果参考计算

使用原有的吸光值或实验获得的吸光值与标准曲线中 AFM1 浓度为 0 时吸光值的百分比值建立剂量效应曲线。通过在标准品曲线中添加新数值计算被测物质中 AFM1 的浓度。标准品和样品获得的平均吸光度值除以标准品浓度为 0 时的吸光度值乘以 100，标准品浓度为 0 时为 100%，其他标准品和样品吸光度值都以这样的形式表示。

吸光值=(标准品吸光值或样品/标准品 0 浓度时吸光值)×100%

标准品数值输入到坐标图的坐标系统中，计算 AFM1 的浓度。根据相应的吸光度值每个样品都能从坐标曲线中读出 AFM1 的浓度。为了获得样品中 AFM1 的精确含量数据，从标准曲线读取的浓度应该乘以相应的稀释倍数。

(三)食品中黄曲霉毒素Ml免疫亲和柱层析净化高效液相色谱法检测技术

1. 方法目的

分析测定的目的是用来精确定量检测牛奶、奶粉和乳酪中的AFM1。

2. 原理

样品通过免疫亲和柱时,黄曲霉毒素M1被提取。亲和柱内含有的黄曲霉毒素Ml特异性单克隆抗体交联在固体支持物上,当样品通过亲和柱时,抗体选择性地与黄曲霉毒素M1(抗原)键合,形成抗体-抗原复合体。用水洗柱除去柱内杂质,然后用洗脱剂洗脱吸附在柱上的黄曲霉毒素M1,收集洗脱液,用带有荧光检测器的高效液相色谱仪测定洗脱液中黄曲霉毒素M1含量。

3. 适用范围

免疫亲和柱层析净化高效液相色谱法适用于乳、乳粉,以及低脂乳、脱脂乳、低脂乳粉和脱脂、乳粉中黄曲霉毒素Ml含量的测定。乳粉中的最低检测限是0.08 μg/kg,乳中的最低检测限是0.008 μg/kg。

4. 试剂材料

(1)免疫亲和柱。应该含有黄曲霉毒素M1的抗体。亲和柱的最大容量不小于100 ng黄曲霉毒素M1(相当于50 mL浓度为2 μg/L的样品),当标准溶液含有4 ng黄曲霉毒素M1(相当于50 mL浓度为80 ng/L的样品)时回收率不低于80%。应该定期检查亲和柱的柱效和回收率,对于每个批次的亲和柱至少检查1次。

柱效检查方法是用移液管移取1.0 mL的黄曲霉毒素M1储备液到20 mL的锥形试管中。用恒流氮气将液体慢慢吹干,然后用10 mL的10%乙腈溶解残渣,用力摇荡。将该溶液加入40 mL水中,混匀,全部通过免疫亲和柱。淋洗免疫亲和柱,洗脱黄曲霉毒素M1,将洗脱液进行适当稀释后,用高效液相色谱仪测定免疫亲和柱键合的黄曲霉毒素M1含量。

回收率检查的检查方法是用移液管移取0.005 μg/mL的黄曲霉毒素M1标准工作液0.8~10 mL水中,混匀,全部通过免疫亲和柱,淋洗免疫亲和柱洗脱黄曲霉毒素M1。将洗脱进行适当稀释后,用高效液相色谱仪测定免疫亲和柱键合的黄曲霉毒素M1含量。

(2)色谱级乙腈,氮气,三氯甲烷(加入0.5%~1.0%质量比的乙醇),

超纯水。

(3)黄曲霉毒素 Ml 标准校准溶液：黄曲霉毒素 M1 三氯甲烷溶液标准浓度为 10 μg/mL。根据在 340 ~ 370 nm 处的吸光度值确定黄曲霉毒素 M1 的实际浓度。以三氯甲烷为空白，测定 λ_{max}360nm 最大吸光度值，计算方法：

$$X = A \times M \times 100/\varepsilon$$

式中：X 为标准溶液浓度，μg/mL；A 为在 λ_{max} 处测得的吸光度值；M 为 328 g/mol，黄曲霉毒素 M1 摩尔质量；ε —1995，溶于三氯甲烷中的黄曲霉毒素 M1 的吸光系数。

(4)标准储备液：确定黄曲霉毒素 M1 标准溶液的实际浓度值后，继续用三氯甲烷将其稀释至浓度为 0.1 μg/mL 的储备液。储备液密封后于冰箱中 5 ℃以下避光保存。在此条件下，储备液可以稳定 2 个月。2 个月后，应该对储备液的稳定性进行核查。

(5)黄曲霉毒素 M1 标准工作液：从冰箱中取出储备液放置至室温，移取一定量的储备液进行稀释制备成工作液。工作液当天使用当天制备。用移液管准确移取 1.0 mL 的储备液到 20 mL 的锥形试管中，用和缓的氮气将溶液吹干后用 20 mL。10% 的乙腈将残渣重新溶解，振摇 30 min，配成浓度为 0.005 μg/mL的黄曲霉毒素 M1 标准工作液。在用氮气对储备液吹干的过程中，一定要仔细操作，不能让温度降低太多而出现结露。

在作标准曲线时黄曲霉毒素 M1 的进样量分别为 0.05 ng、0.1 ng、0.2 ng和 0.4 ng。根据高效液相色谱仪进样环的容积量，用工作液配制一系列适当浓度的黄曲霉毒素 M1 标准溶液，稀释液用 10% 乙腈。

5.仪器设备

高效液相色谱仪、十八烷基硅胶柱、分光光度计、天平、一次性注射器 10 mL和 50 mL、真空系统、离心机、移液管、玻璃烧杯、容量瓶、水浴、滤纸、带刻度的磨口锥形玻璃试管。

6.色谱分析条件要求

根据色谱柱的型号调整乙腈-水的比例，以保证使黄曲霉毒素 M1 与其他成分的分离效果最佳。乙腈-水溶液的体积流速根据所用色谱柱而定。对于普通色谱柱(柱长约 25 cm、柱内径约 4.6 mm)而言，流速在 1 mL/min 左右，效果最好；柱内径为 3 mm 时，流速在 0.5 mL/min 左右效果最好。为了确定最佳的色谱条件，可以先将不含有黄曲霉毒素 M1 的阴性样品提取液注入高效液相色谱仪，然后再注入样品提取液与黄曲霉毒素 M1 标准溶液的混合液。

标准曲线的线性度和色谱系统的稳定性需要经常检查，多次反复地注入固定量的黄曲霉毒素 M1 标准溶液，直至获得稳定的峰面积和峰高。相邻两次峰面积和峰高的差异不得超过5%。黄曲霉毒素 M1 的保留时间与温度有关，所以对测定系统的漂移需要补能每隔一段时间测定固定量的黄曲霉毒素 M1 标准溶液，这些标准溶液的测定结果可以根据漂移的情况进行校正。

7. 分析步骤

（1）乳样品处理。将乳样品在水浴中加热到35 ℃～37 ℃。4000 g 离心力下离心 15 min。收集 50 mL 乳样。

（2）乳粉处理。精确称取10.0 g 样品置于250 mL 的烧杯中。将 50 mL 已预热到 50 ℃的水多次少量地加入乳粉中，用搅拌棒将其混合均匀。如果乳粉不能完全地溶解，将烧杯在 50 ℃的水浴中放置至少 30 min 仔细混匀后将溶解的乳粉冷却至 20 ℃，移入 100 mL 容量瓶中，用少量的水分次淋洗烧杯，淋洗液一并移入容量瓶中，再用水定容至刻度。用滤纸过滤乳，或者在4000 g 离心力下离心 15 min。至少收集 50 mL 的乳样品。

（3）免疫亲和柱的准备。将一次性的 50 mL 注射器筒与亲和柱的顶部相连，再将亲和柱与真空系统连接起来。

（4）样品的提取与纯化

用移液管移取 50 mL 的样品到 50 mL 的注射器筒中，控制样品以 2～3 mL/min稳定的流速过柱。取下 50 mL 的注射器，装上 10 mL 注射器。注射器内加入 10 mL 水，以稳定的流速洗柱，然后，抽干亲和柱。脱开真空系统，装上另一个 10 mL 注射器，加 4 mL 乙腈。缓缓推动注射器栓塞，通过柱塞控制流速，洗脱黄曲霉毒素 M1 洗脱液收集在锥形管中，洗脱时间不少于 60 s。然后用和缓的氮气在 30 ℃下将洗脱液蒸发至体积为 50～500 ml 后定容待用。

（5）黄曲霉毒素 M1 标准曲线。利用色谱仪分析，分别注入含有 0.05 ng、0.1 ng、0.2 ng 和 0.4 ng 的黄曲霉毒素 M1 标准溶液，绘制峰面积或峰高与黄曲霉毒素 M1 浓度的标准曲线。

（6）样品分析。采用与标准溶液相同的色谱条件分析样品中的黄曲霉毒素 M1。从标准曲线上得出样品中的黄曲霉毒素 M1 含量。

8. 结果参考计算

$$X = m \times V_i / (V_i \times V)$$

式中：X 为黄曲霉毒素 M1 的含量；m—样品液黄曲霉毒素 M1 的峰面积或峰高从标准曲线上得出的黄曲霉毒素 M1 的质量数；V_i —样品洗脱液的体积数；V_f —样品液的最终体积数；V —通过免疫亲和柱被测样品的体积数。

9. 方法分析与评价

(1)免疫亲和柱能特效性地、高选择性地吸附黄曲霉毒素 M1，而让其他杂质通过柱子，可将提取、净化、浓缩一次完成，大大简化了前处理过程，提高工作效率，所以免疫亲和柱和高效液相色谱联用，是一种快速、高效、灵敏、准确、方便、安全的分析方法。

(2)实验室分析操作时应该有适当的避光措施，黄曲霉毒素标准溶液需要避光保护。

(3)非酸洗玻璃器皿(如试管、小瓶、容量瓶、烧杯和注射器)应用于黄曲霉毒素水溶液时会造成黄曲霉毒素含量的损失。所以新的玻璃器皿首先应在稀酸(比如 2 mol/L 的硫酸)中浸泡几个小时，然后用蒸馏水冲洗除掉所有残留的酸液。

三、食品中的棒状曲霉检测技术

薄层色谱法是棒状曲霉检测的经典方法，该方法成本低、使用简单。回收率 85% ~119%，检出限为 100 μg/L。

高效液相色谱-紫外检测器是目前国际上最流行的检测棒状曲霉的方法。由于毒素有相对极性并显示了较强的吸收光谱。在前处理中，乙酸乙酯是常用的提取剂，而净化方式有多种形式，包括液液萃取、固相萃取等。由于棒状曲霉是极性小分子物质，因此，色谱条件应选择反相柱以及含水量高的流动相。常用的流动相是水和乙腈混合液(90% 的水)或者四氢呋喃水溶液(95% 的水)。在分析工作中，常常选择梯度条件来获得较好的色谱分离。气相色谱法检测包括乙酸乙酯提取、硅胶柱净化、棒状曲霉衍生化、电子捕获检测等步骤，检出限为 10 μg/L。目前，尚没有酶联免疫法检测棒状曲霉的报道，不过，国际上针对棒状曲霉及其衍生物的抗体研究一直正在进行。

(一)食品中棒状曲霉的高效液相色谱法检测技术

1.方法目的

掌握高效液相色谱法分析棒状曲霉的方法原理。

2.原理

样品中的棒状曲霉经乙酸乙酯提取,用碳酸钠溶液净化或经用MycoSep228净化柱净化后,高效液相色谱紫外检测器法测定,外标法定量。

3.试剂和材料

(1)乙酸乙酯、乙酯、乙酸、乙酸盐缓冲液、1.4%碳酸钠溶液。

(2)棒状曲霉标准品(纯度>99%):称取约1.0 mg棒状曲霉,用乙酸盐缓冲液稀释成100 μg/mL的标准储备液或用紫外分光光度计法进行浓度标定,避光于0 ℃下保存。将上述标准储备液用乙酸盐缓冲液配备成浓度为0.5 μg/mL的标准工作液,避光于0 ℃下保存。

4.仪器和设备

高效液相色谱分析仪-紫外检测器,旋转蒸发仪;MyCOSeP228净化柱,分液漏斗125 mL,刻度移液管1 mL,一次性滤膜(0.45 μm)。

5.测定步骤

(1)提取。量取样品5 mL,置于125 mL分液漏斗,加入20 mL水和25 mL乙酸乙酯,振摇1 min,静置分层。将水层放入另一分液漏斗,用乙酸乙酯重复提取2次(每次用量25 mL)。弃去水层,合并三次乙酸乙酯提取液于原分液漏斗。

(2)净化。将提取液加入10 mL碳酸钠溶液,立即振摇,静置分层(此净化操作应尽可能在2 min内完成)。再用10 mL乙酸乙酯提取碳酸钠水层1次。弃去碳酸钠水层,合并乙酸乙酯提取液。并加入5滴乙酸。全部转移至旋转蒸发器内,于40 ℃~45 ℃下,蒸至剩余溶液为1~2 mL,用乙酸乙酯将此溶液转移至5 mL棕色小瓶内于40 ℃下用氮气吹干。用1.0 mL乙酸盐缓冲液溶解残留物,经0.45 μm滤膜滤至样液小瓶内,供高效液相色谱测定。

利用MycoSep228净化柱进行净化时移取10 mL上层提取液至小试管中,将超过4 mL的提取液推人MycoSep228净化柱,移取4 mL净化液至棕色小瓶,于40 ℃下蒸发至接近干燥(要保留一薄层样品在小瓶内,避免棒状曲霉的蒸发或降解)。用0.4 mL流动相溶解残留物,旋涡振荡30 s,经0.45 μm滤膜滤至样液小瓶内,供高效液相色谱测定。

(3)色谱条件。高效液相色谱-紫外检测器,检测波长 276 nm;ODS 反相色谱柱,长250 mm,内径 4.6 mm;流动相为乙腈-水(10 : 90);流速:1.0 mL/min。

(4)色谱测定。分别准确注射 20 μL 样液及标准工作溶液于高效液相色谱仪中,按照色谱条件进行色谱分析,响应值均应在仪器检测的线性范围内。对标准工作液和样液进样测定,以外标法定量。在色谱条件下,棒状曲霉的保留时间约为 4.9 min。

6. 结果参考计算

$$X = S_1 \times c \times V/(S_0 \times V_i)$$

式中:X 为样品中棒曲霉素含量;S_1 为样液中棒状曲霉峰面积;S_0 为标准工作液中棒状曲霉的峰面积;c 为标准工作液中棒状曲霉的浓度;V 为最终样液体积;V_i 为最终样液相当的样品体积。

(二)食品中棒状曲霉的薄层色谱法检测技术

1. 方法目的

了解掌握薄层色谱法分析棒状曲霉的原理特点。

2. 原理

用乙酸乙酯提取果汁中棒状曲霉,并用硅胶柱进一步纯化。棒状曲霉的洗出液经浓缩后,在薄层板点样、展开,用3-甲基-2-苯并噻唑酮腙盐酸溶液喷湿后进行检测,在波长360 nm紫外光下,棒状曲霉呈黄棕色荧光斑点,检测限值约为 20 μg/L。

3. 试剂

(1)棒状曲霉标准溶液:称取 0.500 mg 展青霉素标准品,溶于三氯甲烷中,使其浓度为 10 μg/mL,0 ℃避光保存,用时避光升至室温。

(2)3-甲基-2-苯并噻唑啉酮腙盐酸(MBTH · HCl)溶液:把 0.5 g MBTH · HCl · H_2O 溶于 100 mL 水中,4 ℃保存,每 3 天制备 1 次。

(3)无水硫酸钠。柱层析用 E. Merk 硅胶 60(0.063 ~ 0.2 mm),薄层用 E. Merk 硅胶、苯、乙酸乙酯均重蒸后使用。

4. 仪器

小型粉碎机,电动振荡器,薄层色谱玻璃板 20 cm×20 cm,涂布器,固定盘,10 μL 微量注射器,展开糟,360 nm 紫外灯,喷洒瓶。

5. 样品的提取

将50 mL样品放入250 mL分液漏斗中,用3份50 mL乙酸乙酯剧烈提取3次,将上层提取液合并,用20 g无水硫酸钠干燥约30 min,用玻璃棒将开始形成的团块捣碎,将上清液转入250 mL有刻度的烧杯中,用2份25 mL乙酸乙酯洗涤硫酸钠,并加到提取液中。在蒸汽浴上用缓慢的氮气流蒸发至25 mL以下(不要蒸干)。冷却至室温,如需要,可用乙酸乙酯调整体积至25 mL,并用苯稀释至100 mL。

6. 纯化方法

(1)在装有约10 mL苯的色谱管的底部放一团玻璃棉并压实,加入15 g用苯调制的硅胶浆。

(2)用苯洗涤管壁,待硅胶沉降后,将溶剂放至硅胶顶部。小心地把样品提取物加入管中,放至硅胶顶部,弃去洗脱液。

(3)用200 mL苯-乙酸乙酯(75∶25)以约10 mL/min速度洗涤棒状曲霉。

(4)在蒸汽浴上通入氮气流将洗涤液蒸发近干。用三氯甲烷将残留物移入具聚乙烯塞的小瓶中,在氮气流下蒸汽浴蒸干,加入500 μL三氯甲烷溶解残渣,供薄层色谱分析用。

7. 薄层色谱分析

用10 μL注射器吸取样品提取液。在0.25 mm的薄板上距底边4 cm线上滴2个5 μL,1个10 μL的样液点及1 μL,3 μL,5 μL,7 μL,10 μL的标准溶液点。在一个5 μl样液点上加滴5 μL标准液。用甲苯-乙酸乙酯-90%甲酸(5∶4∶1)将板展开至溶剂前沿达到距离板端4 cm处时,取出薄层板,在通风橱中干燥。用0.5%的MBTH喷板,130 ℃加热15 min;在波长360 nm紫外灯下观察,棒状曲霉呈黄棕色荧光斑点,其R值约0.5,检出能力应正好为1 μL标准液(10 μg/mL)。

8. 结果测定

用目测比较样品与标准溶液荧光斑点强度。当样品斑点与内标斑点重叠,且样品斑点的颜色与棒状曲霉标准液相同时,可认为样品的荧光斑点即为棒状曲霉。含内标的样品斑点,其荧光强度应比样品或内标单独存在时更强。如果样品斑点的强度介于两个标准斑点之间,可用内推法确定其浓度,或重新点滴适当体积的样品及标准溶液,以得到较为接近的估计值。如果最弱的样品斑点仍比对应的标准溶液斑点强,则应将样品提取物稀释,并重新点样进行薄层分析。如有条件,可采用薄层色谱扫描仪定量分析。

9. 方法分析与评价

(1)棒壮曲素是一种抗生素,已证明有致突变性,在对此种物质操作时应尽量小心。

(2)在第一步的提取中,蒸发至25 mL就不要再蒸发或干燥了。

(3)在空气中不到几小时喷过的薄层色谱板就会慢慢变蓝,因此需盖上玻璃板。

(4)本方法为AOAC 974.18方法。

四、食品中伏马毒素的检测技术

伏马毒素(FB)是一组镰刀菌产生的真菌毒素。

(一)食品中伏马毒素的酶联免疫吸附法检测技术

1. 方法目的

本方法利用竞争性酶标免疫法定量测定谷物和饲料中的伏马毒素。

2. 原理

测定的基础是抗原抗体反应。微孔板包被有针对IgG(伏马毒素抗体)的羊抗体。加入伏马毒素标准或者样品溶液、伏马毒素抗体、伏马毒素酶标记物。游离的伏马毒素和伏马毒素酶标记物竞争性地与伏马毒素抗体发生反应,同时伏马毒素抗体与羊抗体连接。没有连接的酶标记物在洗涤步骤中被除去。将酶基质(过氧化尿素)和发色剂(四甲基联苯胺)加入孔中孵育,结合的酶标记物将无色的发色剂转化为蓝色的产物。加入反应停止液后使颜色由蓝转变为黄色。在450 nm处测量,吸收光强度与样品中的伏马毒素浓度成反比。

3. 试剂

每一个盒中的试剂足够进行48个测量(包括标准分析孔)。

(1)48孔酶标板(6条8孔板),包被有伏马毒素羊抗体。

(2)伏马毒素标准溶液:1.3 mL/瓶,用甲醇/水配制的伏马毒素溶液,浓度分别为0 mg/kg,0.222 mg/kg,0.666 mg/kg,2 mg/kg,6 mg/kg。这些浓度值已经包括了样品处理过程中的稀释倍数70,所以测定样品时,可以直接从标准曲线上读取测定结果。

(3)过氧化物酶标记的伏马毒素浓缩液(3 mL/瓶,红色瓶盖),伏马毒素抗体(3 mL/瓶,黑色瓶盖>,底物/发色剂混合液(红色,6 mL/瓶,白色滴头),1 mol/L 硫酸反应停止液(6 mL/瓶,黄色滴头)。

4. 仪器设备

微孔板酶标仪(450 nm),250 mL 的玻璃或者塑料量筒,可以处理 300 mL溶液的漏斗、容量瓶,样品粉碎机,摇床,Whatman 1 号滤纸,50 μL、100 μL、1000 μL 微量加样器。

5. 样品处理

样品应当在暗处及冷藏保存。有代表性的样品在提取前应该磨细、混匀。称取 5 g 磨细的样品置于合适的试管中,加 25 mL 的 70% 甲醇/水。用均质器均质 2 min,或者用手或者摇床摇匀 3 min。用 Whatman 1 号滤纸过滤。用纯水以 1 ∶ 13 的比例将滤液稀释(即 100 μL 的滤液加 1.3 mL 的水)。在酶标板上每孔加 50 μl。

6. 酶标免疫分析程序(室温 18 ℃ ~30 ℃条件下操作)

(1)分析要求。使用之前将所有试剂回升至室温 18 ~30 ℃。使用之后立即将所有试剂放回 2 ~8 ℃。在使用过程中不要让微孔干燥。分析中的再现性,很大程度上取决于洗板的一致性,仔细按照推荐的洗板顺序操作是测定程序中的要点。在所有恒温孵育过程中,避免光线照射,用盖子盖住微孔板。

(2)伏马毒素酶标板。沿着拉锁边将锡箔袋剪开,取出所需要使用的孔条和板架。不需要的板条与干燥剂一起重新放入锡箔袋,封口后置于 2 ~8 ℃。

(3)伏马毒素标准溶液。这些标准溶液的浓度值已经包括了样品处理过程中的稀释倍数,所以测定样品时,可以直接从标准曲线上读取测定结果。

测定程序:

1)将标准和样品的孔条插入微孔板架中,记录下标准和样品的位置。

2)加入 50 μL 标准和样品到各自的微孔中,每个标准和样品必须使用新的吸头。

3)加入 50 μL 酶标记物(红色瓶盖)到每一个微孔底部。

4)加入 50 μL 伏马毒素抗体(黑色瓶盖),充分混匀,在室温(18 ~30 ℃)温育 10 min。

5)倒出孔中的液体,将微孔架倒置在吸水纸上拍打(每行拍打 3 次)以保证完全除去孔中的液体。用多道移液器将纯水注满微孔，再次倒掉微孔中液体，再重复操作2次。

6）加2滴（100 μL）底物/发色剂混合液（白色滴头）到微孔中，充分混合并在室温（18～30 ℃）暗处孵育30 min。

7）加入2滴（100 μL）反应停止液（黄色滴头）到微孔中，混合好在450 nm处测量吸光度值以空气为空白，必须在加入停止液后30 min内读取吸光度值。

7. 测定结果

$$吸光度值=(样品的吸光值/标准的吸光值)\times100\%$$

将计算的标准吸光度百分值与对应的伏马毒素浓度值（mg/kg）在半对数坐标纸上绘制成标准曲线图，测定样品的浓度值。

8. 方法分析与评价

（1）伏马毒素试剂盒的平均检测下限为0.222 mg/kg。

（2）酶联免疫吸附法作为初筛用于检测玉米及饲料中的伏马毒素，已有多家公司开发了商品化的成套试剂盒。这种方法简单、经济、设备投资小、一次可以同时测定多个样品。但在使用过程中需要注意试剂的有效性、试验条件的一致性控制、假阳性的确认。

（3）标准液含有伏马毒素，应特别小心，避免接触皮肤。

（4）所有使用过的玻璃器皿和废液最好在10%次氯酸钠中（pH=7）过夜。

（5）反应停止液为1 mol硫酸，避免接触皮肤。

（6）不要使用过了有效日期的试剂盒，稀释或掺杂使用会引起灵敏度的降低。不要交换使用不同批号试剂盒中试剂。

（7）试剂盒保存于2 ℃～8 ℃，不要冷冻。

（8）将不用的微孔板放进原锡箔袋中并且与提供的干燥剂一起重新密封。

（9）底物/发色剂对光敏感，因此要避免直接暴露在光线下。

（10）微红色的底物/发色剂混合液变成蓝色表明该溶液已变质，应当弃之。标准的吸光度值小于0.6个单位（$A_{450nm}<0.6$）时，表示试剂可能变质，不要再使用。

(二)食品中伏马毒素的高效液相色谱法检测技术

1. 方法目的

测定玉米中伏马毒素 B_1、B_2、B_3。

2. 原理

利用甲醇-水溶液提取玉米中的伏马毒素。用固相离子交换柱过滤纯化提取物,用醋酸和甲醇溶液溶解伏马毒素。邻苯二醛和2-巯基乙醇将溶解在甲醇中的提取物反应形成伏马毒素衍生物,用带有荧光检测器的反相液相色谱进行测定。

3. 使用范围

本方法适用于测定玉米中的伏马毒素大于等于1 μg/g 的情况。

4. 试剂

(1)甲醇,磷酸,2-巯基乙醇(MCE),乙腈-水溶液(1∶1),乙酸-甲醇溶液(1∶99),0.1 mol/L 磷酸氢二钠盐溶液,甲醇-水溶液(3∶1),1 mol/L 氢氧化钠溶液,0.1 mol/L 硼酸二钠溶液。

(2)流动相:0.1 mol/L 甲醇-NaH_2PO_4溶液(77∶23),用磷酸溶液调整 pH 为3.3。滤液通过滤膜过滤,流速为1 mL/min。

(3)邻苯二醛(OPA)试剂:将40 mg OPA 溶解在1 mL 甲醇中,用5 mL 的0.1 mol/L NaB_4O_7溶液稀释。加50 μL MCE 溶液,混匀。装于棕色容量瓶中,在室温避光处可以储藏1周。

(4)伏马毒素标准品:制备 FB_1,FB_2,FB_3 浓度为250 μg/mL 的乙腈-水贮存溶液。移取100 μL 贮存溶液于干净玻璃小瓶中,并加入200 μl 乙腈-水溶液,摇匀,即可获得 FB_1,FB_2,FB_3 浓度为50 μg/mL 的工作标准溶液,该标准溶液在4 ℃下,可以稳定储藏6个月。

5. 仪器设备

液相色谱仪,反相 C_{18} 不锈钢管的液相色谱柱,荧光检测器,组织均质器,固相萃取柱(SPE),500 mg 硅胶键合强阴离子交换试剂,SPE 管,溶剂蒸发器,0.45 μm 滤膜。

6. 提取和净化

(1)称取50 g 样品放入250 mL 离心管中。加入100 mL 甲醇-水溶液,以均质器60%的速度均质3 min。如采用搅拌器提取,过程也不能超过5 min。

(2)提取物在500 g的离心力下离心10 min,过滤。调整滤液的pH值为5.8,如果需要可以用2~3滴的pH值为5.8~6.5的NaOH溶液调整。

(3)SPE注射筒要与SPE管匹配。用5 mL甲醇清洗注射筒,然后用5 mL甲醇-水溶液清洗。将10 mL过滤后的提取液加入SPE注射筒中,控制流速小于等于2 mL/min。用5 mL甲醇-水溶液清洗注射筒,然后用3 mL甲醇清洗。不要让注射筒干燥。用10 mL乙酸-甲醇溶液洗脱伏马毒素,流速小于等于1 mLVmin(注意:严格遵守流速不得超过1 mL/min)。收集洗脱液到20 mL玻璃小瓶中。

(4)接下来将洗脱液转移到4 mL玻璃小瓶中,在氮气60 ℃蒸汽浴作用下将洗脱液蒸干。用1 mL甲醇冲洗收集残渣到4 mL小瓶内。蒸发剩下的甲醇,确保所有醋酸已蒸发。蒸干的残渣可在4 ℃下保留1周用于液相色谱分析。

7.衍生分析

(1)制备标准衍生物。转移25 μl标准伏马毒素工作溶液到一个小试管里。添加225 μl OPA试剂,混匀后,将10 μL混合液加到液相色谱仪中(注意:添加OPA试剂与注射到液相色谱分析仪里之间的连续时间是非常关键的,在荧光作用下OPA-伏马毒素在2 min内开始减少)。

(2)检测器和记录效应。设定荧光检测器的灵敏度,使FBI标准品OPA衍生物能达到至少80%的记录效应。

(3)分析。用200 μL甲醇再次溶解提取残渣。将25 μL溶液转移到小试管中,加入225 μL OPA试剂(1 min内添加)。混匀后,将10 μL混合液加到液相色谱仪中。所有伏马毒素的峰值应该在一定范围内。通过比较提取物与已知的伏马毒素标准品的保留时间来鉴定峰值。如果伏马毒素色谱峰超过伏马毒素标准,再用甲醇稀释提取物和加入OPA试剂,重复衍生试验。

8.结果参考计算

$$F = S_u \times m_0 / S_i$$

式中:F为测定伏马毒素的浓度;S_u为测试溶液伏马毒素波峰面积;S_i为伏马毒素标准品溶液波峰面积;m_0为注入LC系统中伏马毒素标准品浓度。

9.方法分析与评价

伏马毒素在肝脏中有致癌作用;对人体的影响并不完全清楚。工作时要戴防护手套,以避免皮肤接触玉米提取物中的伏马毒素。任何实验接触泄漏物器皿都要用有5%工业次氯酸钠溶液清洗,然后用水冲洗。

第三节　其他毒素的检测

食品中可能存在的天然物质有河豚毒素、皂甙、胰蛋白酶抑制剂、龙葵素、生物胺(BA)等,目前对这些天然毒素的检测通常采用小鼠试验法。但是小鼠试验法具有测定结果的重复性差、毒性测试所需时间长、操作人员需要受专门训练和小鼠维持费用较高等不足。因此很多研究者试图利用免疫检测法、化学检测法以及各类色谱法对其进行检测,其中国内外研究报告较多的是利用HPLC方法进行检测,虽然我国已研究出河豚毒素的免疫检测试剂盒,但是还未得到普及应用。

一、河豚毒素的检测技术

河豚毒素(TTX)是一种存在于河豚、蝾螈、斑足蟾等动物中的毒素,常用联免疫分析法进行检测。

(一)适用范围

适用于鲜河豚中TTX的测定。对TTX的量小检出量为0.1 μg/L,相当于样品中1 μg/kg,标准曲线线性范围为5~500 μg/L。

(二)方法目的

了解掌握河豚中河豚毒素酶联免疫法分析原理与技术特点。

(三)原理

样品中的河豚毒素经提取、脱脂后与定量的特异性酶标抗体反应,多余的酶标抗体则与酶标板内的包被抗原结合,加入底物后显色,与标准曲线比较测定TTX含量。

(四)试剂

(1)抗河豚毒素单克隆抗体:杂交瘤技术生产并经纯化的抗TTX单克隆单体。

(2)牛血清白蛋白(BSA)人工抗原:牛血清白蛋白-甲醛-河豚毒素连接物(BSA-HCHO TTX),-20 ℃保存,冷冻干燥后的人工抗原可室温或4 ℃

保存。

(3)河豚毒素标准品:纯度98%;乙酸(CH_3COOH)。

(4)氢氧化钠:乙酸钠,乙醚,N,N-二甲基甲酰胺,3,3,5,5-四甲基联苯胺(TMB)(4 ℃避光保存),碳酸钠,碳酸氢钠,磷酸二氢钾,磷酸氢二钠,氯化钠,氯化钾,过氧化氢,纯水(Milli Q 系统净化),吐温-20(Tween-20),柠檬酸,浓硫酸。

(5)辣根过氧化物酶(HRP)标记的抗 TTX 单克隆抗体:-20 ℃保存,冷冻干燥的酶标抗体可室温或4 ℃保存。

(6)0.2 mol/L 的 pH 4.0 乙酸盐缓冲液:取0.2 mol/L 乙酸钠(1.64 g 乙酸钠加水溶解定容至100 mL)2.0 mL 和0.2 mol/L 乙酸(1.14 g 乙酸加水溶解定容至100 mL)8.0 mL 混合而成。

(7)0.1 mol/L 的 pH 7.4 磷酸盐缓冲液(PBS):取0.2 g 磷酸二氢钾、2.9 g磷酸氢二钠、8.0 g 氯化钠、0.2 g 氯化钾,加纯水溶解并定容至1000 mL。

(8)TTX 标准储存液:用0.01 mol/L PBS 配制成浓度分别为5000.00 μg/L、2500.00 μg/L、1000.00 μg/L、500.00 μg/L、250.00 μg/L、100.00 μg/L、50.00 μg/L、25.00 μg/L、10.00 μg/L、5.00 Mg/L、1.00 μg/L、0.50 μg/L、0.10 μg/L、0.05 μg/L 的 TTX 标准工作溶液,现用现配。

(9)包被缓冲液(0.05 mol/L 的 pH 9.6 碳酸盐缓冲液):称取1.59 g 碳酸钠、2.93 g 碳酸氢钠,加纯水溶解并定容至1000 mL。

(10)封闭液:2.0 g BSA 加 PBS 溶解并定容至1000 mL。

(11)洗液:999.5 mL PBS 溶液中加入0.5 mL 的吐温-20。

(12)抗体稀释液:1.0 g BSA 加 PBS 溶解并定容至1000 mL。

(13)底物缓冲液:0.1 mol/L 柠檬酸(2.101 g 柠檬酸加水溶解定容至100 mL)-0.2 mol/L 磷酸氢二钠(7.16 g 磷酸氢二钠加水溶解定容至100 mL)-纯水=24.3∶25.7∶50,现用现配。

(14)底物溶液。

TMB 储存液:200 mg TMB 溶于20 mL*N*,*N* - 二甲基甲酰胺中而成,4 ℃避光保存。

底物溶液:将75 μL TMB 储存液、10 mL 底物缓冲液和10 μL H_2O_2混合而成。

终止液2 mol/L 的 H_2SO_4溶液。试剂0.1% 乙酸溶液,1 mol/L NaOH

溶液。

(五)仪器设备

组织匀浆器;温控磁力搅拌器;高速离心机;全波长光栅酶标仪或配有450 nm 滤光片的酶标仪;可拆卸96孔酶标微孔板;恒温培养箱;微量加样器及配套吸头(100 μL、200 μL、1000 μL);分析天平;架盘药物天平;125 mL 分液漏斗;100 mL 量筒;100 mL 烧杯;剪刀;漏斗;10 mL 吸管;100 mL 磨口具塞锥形瓶;容量瓶(50 mL、1000 mL);pH 试纸;研钵。

(六)分析步骤

1. 样品采集

现场采集样品后立即4 ℃冷藏,最好当天检验。如果时间长可暂时冷冻保存。

2. 取样

对冷藏或冷冻后解冻的样品,用蒸馏水清洗鱼体表面污物,滤纸吸干鱼体表面的水分后用剪刀将鱼体分解成肌肉、肝脏、肠道、皮肤、卵巢等部分,各部分组织分别用蒸馏水洗去血污,滤纸吸干表面的水分后称重。

3. 样品提取

将待测河豚组织用剪刀剪碎,加入5倍体积0.1%的乙酸溶液(即1 g 组织中加入0.1%乙酸5 mL),用组织匀浆器磨成糊状。取相当于5 g 河豚组织的匀糨糊(25 mL)于烧杯中,置温控磁力搅拌器上边加热边搅拌,100 ℃时持续10 min 后取下,冷却至室温后,8000r/min 离心15 min,快速过滤于125 mL 分液漏斗中。滤纸残渣用20 mL 的0.1%乙酸分次洗净,洗液合并于烧杯中,温控磁力搅拌器上边加热边搅拌,达100 ℃时持续3 min 后取下,8000r/min 离心15 min 过滤,合并滤液于分液漏斗中。向分液漏斗中的清液中加入等体积乙醚振摇脱脂,静置分层后,放出水层至另一个分液漏斗中并以等体积乙醚再重复脱脂一次,将水层放入100 mL 锥形瓶中,减压浓缩去除其中残存的乙醚后,提取液转入50 mL 容量瓶中,用1 mol/L NaOH 调 pH 至6.5~7.0,用 PBS 定容到50 mL,立即用于检测(每毫升提取液相当于0.1 g河豚组织样品)。当天不能检测的提取液经减压浓缩去除其中残存的乙醚后不用 NaOH 调 pH 值,密封后-20 ℃以下冷冻保存,在检测前调节 pH 值并定容至50 mL 检测。

4.测定

用 BSA-HCHO-TTX 人工抗原包被酶标板,120 μL/孔,4 ℃静置 12 h。将辣根过氧化物酶标记的纯化 TTX 单克隆抗体稀释后分别做以下步骤。

与等体积不同浓度的河豚毒素标准溶液在 2 mL 试管内混合后,4 ℃静 12 h 或备用。此液用于制作 TTX 标准抑制曲线。

与等体积样品提取液在 2 mL 试管内混合后,4 ℃静置 12 h 或 37 ℃温育 2 h 备用。

已包被的酶标板用 PBS-T 洗 3 次(每次浸泡 3 min)后,加封闭液封闭,200 μL/孔,置温育 2 h。

封闭后的酶标板用 PBS-T 洗 3 次×3 min 后,加抗原抗体反应液(在酶标板的适当孔位加抗体稀释液作为阴性对照),100 μL/孔,37 ℃温育 2 h,酶标板洗 5 次×3 min 后,加新配制的底物溶液,100 μL/孔,37 ℃温育 10 min 后,每孔加入 50 μl 2 mol/L 的 H_2SO_4终止显色反应,于波长 450 nm 处测定吸光度值。

(七)结果参考计算

$$X = m_1 \times V \times D/(V_1 \times m)$$

式中:X 为样品中 TTX 的含量;m_1 为酶标板上测得的 TTX 的质量,根据标准曲线按数值插入法求得;V 为样品提取液的体积;D 为样品提取液的稀释倍数;V_1 为酶标板上每孔加入的样液体积;m 为样品质量。

二、食品中龙葵素的检测技术

龙葵素又称茄素,属生物碱。龙葵素是一种有毒物质,人、畜使用过量均能引起中毒。龙葵素中毒的潜伏期为数分钟至数小时,轻者恶心、呕吐、腹泻、头晕、舌咽麻痹、胃痛、耳鸣;严重的丧失知觉、麻痹、休克,若抢救不及时会造成死亡。

马铃薯块茎中含有龙葵素。一般成熟的正常马铃薯中,龙葵素含量为 7～10 mg/100 g,小于 20 mg/100 g 的为安全限值。但马铃薯块茎生芽或经日光暴晒后,表皮会出现绿色区域,同时产生大量龙葵素,其含量可增至 500 mg/100 g,远远超过了安全阈值。另外,在未成熟的青色西红柿当中也有结构类似的番茄碱存在。

(一)食品中龙葵素的分光光度法检测技术

1. 方法目的

了解掌握龙葵素的定性、定量分析方法的原理特点。

2. 原理

当样品含有龙葵素时,可与硒酸钠、钒酸铵在一定温度条件下耦合反应,有不同颜色变化,反应显色过程较快不稳定,可定性鉴定,灵敏度较高。但龙葵素在酸化乙醇中于568 nm左右有一较强稳定的吸收值,依此可定量分析。

3. 试剂

(1)酸化乙醇Ⅰ:95%乙醇-5%乙酸(1∶1);酸化乙醇Ⅱ:95%乙醇-20% H_2SO_4(1∶1)。

(2)60%硫酸,甲醛溶液(用60% H_2SO_4配制,浓度为0.5%),氨水。

(3)龙葵素标准溶液(浓度分别为0.05 mol/L、0.1 mol/L、0.2 mol/L、0.3 mol/L、0.4 mol/L、0.5 mol/L)。

(4)钒酸铵溶液。用50%的硫酸溶液配制,浓度为0.1%。

(5)硒酸钠溶液。用50%的硫酸溶液配制,浓度为1.5%。

4. 仪器

可见光分光光度计。

5. 测定步骤

(1)定性分析。取50 g样品压榨出汁,残渣用蒸馏水洗涤,合并为样液。样液用氨水调节pH值至10左右,3000r/min离心10 min得残渣。将残渣蒸干,在60 ℃水浴中用乙醇回流提取30 min,然后过滤。滤液再次用氨水调节pH值至10,龙葵素沉淀析出,收集沉淀备用。

取少量沉淀,加入钒酸铵溶液1 mL,呈现黄色,后慢慢转为橙红、紫色、蓝色和绿色,最后颜色消失。

取少量沉淀,加入硒酸钠溶液1 mL,60 ℃保温3 min,冷却后呈现紫红色,随后转为橙红、黄橙和黄褐色,最后颜色消失。如有上述现象发生,则可定性判断样品中含有龙葵素。

(2)定量分析。取10 g样品,加入适量酸化乙醇研磨10 min。研磨后的匀浆通过滤纸过滤,滤液在70 ℃的水浴中加热30 min后取出冷却。用氨水将滤液的pH值调至10,然后在5000 r/min的条件下离心5 min,使龙葵素沉淀。用氨水洗涤收集到的沉淀,干燥至恒重。

干燥的沉淀溶于酸化乙醇Ⅱ中并定容 100 mL。取定容后的溶液 1 mL,加入 5 mL 60% 的 H_2SO_4,5 min 后,加甲醛溶液 5 mL。静置 3 h 后,在 565 ~ 570 nm 处测定混合液的吸光度值。

标准溶液的测定操作同上。取龙葵素系列标准溶液各 1 mL,加入 5 mL 的 60% H_2SO_4后,加入甲醛溶液 5 mL,静置 3 h 后,在 565 ~570 nm 测定混合液的吸光度值。以浓度为横坐标,吸光度值为纵坐标绘制标准曲线。样品含量高可适当稀释。

6. 方法分析与评价

定性方法灵敏度可达 0.01 μg。定量分析方法灵敏度在 5 μg 左右。

(二)食品中生物碱的高效液相色谱法检测技术

1. 方法目的

利用高效液相色谱法检测马铃薯块茎中的生物碱(α-龙葵素和 α-卡茄碱)。

2. 原理

用稀醋酸提取新鲜块茎组织中生物碱,一次性固相萃取浓缩和纯化提取物。最终分离并在 202 nm 处通过液相色谱紫外测量 α-龙葵碱和 α-卡茄碱量。

3. 适用范围

适于新鲜土豆块茎中 10 ~ 200 mg/kg 的 α-龙葵素和 20 ~ 250 mg/kg 的 α-卡茄碱的质量测定。

4. 试剂材料

(1)色谱级乙腈。

(2)提取液:100 mL 的 5% 冰醋酸溶液,加入 0.5 g 亚硫酸氢钠混合溶解。

(3)15% 乙腈固相萃取洗液。

(4)0.1 mol/L 磷酸氢二钾(称 1.74 g 无水磷酸氢二钾,定容至 100 mL),0.1 mol/L 磷酸二氢钾(称 1.36 g 磷酸二氢钾,定容至 100 mL)。

(5)0.1 mol/L 的 pH 值 7.6 磷酸盐缓冲溶液:取 100 mL 磷酸氢二钾至具有磁搅拌器和 pH 电极的烧杯中,再加入磷酸二氢钾溶液,使 pH 值达到 7.6,通过 0.45 μm 过滤膜过滤。

(6)液相色谱流动相：将60 mL乙腈与40 mL的0.01 mol/L的磷酸盐缓冲液混合。

(7)60%乙腈色谱冲洗溶液^配制成600 mL的乙腈溶液，加入400 mL的水。将其中的毒气除去。

(8)生物碱的标准溶液：称量大约25.00 mg的α-龙葵素和α-卡茄碱，定量转移至100 mL的容量瓶中，加0.1 mol/L的磷酸二氢钾定容。

5. 仪器设备

液相色谱仪；液相色谱柱250 mm×4.6 mm，离心机，分析天平，pH计，高速均质机，固相萃取柱，多功能真空固相萃取机。

6. 分析步骤

(1)样品制备。在食物处理器中将10～20个马铃薯块茎切成细条状。混合后并立即转移约200 g至2L的装满液氮的不锈钢烧杯中并搅拌，以免它们黏合在一起。均质并使马铃薯离解成微粒，均质后将均质浆液转移到塑料容器中，置于明凉处，让液氮蒸发。在马铃薯组织开始解冻之前，盖在密闭容器内并储存在-18 ℃或更低温度下。样品在下次操作前，至少能够储存6个月。

(2)提取。除去上层可能包含浓缩水的冰冻马铃薯样品，称取10.00 g冰冻的马铃薯样品迅速加入40 mL。提取溶液，均质机搅拌约2 min(控制搅拌速度，以防止产生泡沫)。4000r/min下离心30 min并澄清。收集上清液。提取物可在4 ℃下至少稳定存放1周。

(3)纯化。将5.0 mL乙腈加入SPE柱子，加5.0 mL样液，接下来加5.0 mL的萃取液，经柱子萃取，用10.0 mL冲洗液分两次冲洗柱子(速度1～2滴/s)。合并各液，定容至25 mL。

(4)色谱分析方法。在规定的液相色谱测定条件下，α-龙葵素和α-卡茄碱在10 min就出现峰值，如果操作时间持续20 min，α-龙葵素和α-卡茄碱的单苷类会出现峰值。建立α-龙葵素和α-卡茄碱的标准曲线，通过标准回归曲线计算样品含量，单位μg/mL来表示。

7. 方法分析与评价

(1)α-龙葵素和α-卡茄碱是有毒的，避免接触皮肤。

(2)处理液氮时要谨慎。特别是在极低温度(-196 ℃)可导致皮肤损伤，霜冻害，或类似烧伤一样。将液氮加入热的容器中或是向液氮中加入药品时会沸腾并飞溅，所以应用皮手套和安全眼罩将手和眼保护起来。每次操作时,要尽量降低沸腾和喷溅的程度。蒸发的氮气和凝结的氧气在密闭空间内所占一定百分比可以降低危险性。所以通常要在通风良好的情况下使用和贮藏液氮。由于从液态变成气体体积膨胀,那么,液氮储存在密封的容器中可能会产生危险的超压。

(3)结果参考计算时,注意样品含水率的换算误差,样品稀释误差及倍数换算。

三、食物中皂甙的检测技术

皂甙由皂甙元和糖、糖醛酸或其他有机酸组成,广泛存在于植物的叶茎、根、花和果实中。

第一,皂甙的理化特征。皂甙多具苦味和辛辣味,因而使含皂甙的饲用植物适口性降低。皂甙一般溶于水,有很高的表面活性,其水溶液经强烈振摇产生持久性泡沫,且不因加热而消失。

第二,氰苷。氰苷是由氰醇上的烃基(α-烃基)和D-葡萄糖所形成的糖苷衍生物。可从许多植物中分离鉴定出氰苷,如木薯、苦杏仁、桃仁、李子仁、白果、枇杷仁、亚麻仁等。这些能够合成氰苷的植物体内也含有特殊的糖苷水解酶,能够将氰苷水解释放出氢氰酸。这些水解释放出的氢氰酸被人体吸收后,将随血液进入组织细胞,导致细胞的呼吸链中断造成组织缺氧,机体随即陷入窒息状态。氢氰酸的口服最小致死剂量为0.5~3.5 mg/kg。氰苷测定的常用方法是先将氰苷用酶或酸水解,然后用色谱法或电化学分析测定放出的氢氰酸总量。

(一)食物中氰甙的离子选择性电极法分析

1. 方法目的

了解掌握离子选择性电极法分析氰苷的原理特点。

2. 原理

样品中氰苷在淀粉酶作用下水解为氰离子,溶液中一定离子浓度在氰离子选择性电极产生的电极电位,与标准溶液比较可进行定量分析。

3. 试剂

α-淀粉酶、β-淀粉酶、0.025 mol/L的pH 6.9磷酸盐缓冲液、0.05 mol/L氰化钾标准储备液、0.01 mol/L盐酸、2 mol/L氢氧化钠溶液、去离子水。

4. 仪器

电化学分析仪或离了计、氰离了选择性电极、甘汞电极。

5. 分析步骤

样品真空干燥后磨成粉状，精确称取 5 g 左右粉状样品放入烧杯中，视样品中淀粉含量的多少加入淀粉酶和矛淀粉酶，再加入 50 mL 去离子水。用稀盐酸调节 pH 至 5.0，在 30 ℃条件下回流水解 30 min。

将水解液冷却后过滤至 100 mL 容量瓶，然后加入 10 mL 缓冲液和 1 mL 的 2 mol/L NaOH，再用去离子水定容，此时体系的 pH 为 11 ~ 12。

用甘汞电极作参比电极、氰离子选择性电极作指示电极，对照标准曲线测定样品中氰离子总量，样品中氰苷的含量以氢氰酸计。

6. 结果参考计算

$$X = M \times V \times M_0 / m$$

式中：X 为样品中氰苷的含量（以氢氰酸计）；M 为从标准曲线上查得的样品溶液中氰离子总量；V 为样品定容体积；M_0 为氢氰酸的毫摩尔质量；m 为样品质量。

7. 方法分析与评价

（1）样品杯在测定中最好是恒温搅拌条件下进行，减少分析误差。

（2）测定过程最好在通风条件进行（通风橱）。

（3）方法检测灵敏度较高，可达 0.01 μg。

（二）食物中氰苷的气相色谱法分析

1. 方法目的

掌握气相色谱法分析氰苷的原理方法和特点。

2. 原理

样品在酶和酸解后，用碱吸收，在特定缓冲溶液体系中，通过有机溶剂提取，经气相色谱分析，与标准物质比较定量分析。

3. 试剂

（1）氢氧化钠试纸（滤纸滴加 10% 氢氧化钠溶液润湿），0.01 mol/L 的 pH 7.0 磷酸盐缓冲液，1% 氯胺 T 溶液，5% 亚砷酸溶液，20% 盐酸溶液，甲醇，乙醚。

（2）氢氰酸标准储备液（100 mg/mL），用时稀释 1 ~ 20 Mg/mL。

4. 仪器

气相色谱仪(色谱柱 PORAPAK-QS),检测器(FID),载气(高纯氮)。

5. 操作步骤

样品真空干燥后磨成粉状。精确称取5 g左右粉状样品放入烧杯中,视样品中淀粉含量的多少加入 α-淀粉酶和 β-淀粉酶,再加入 50 mL 去离子水,用稀盐酸调节 pH 至5.0,在30 ℃条件下回流水解30 min。

回流结束后冷却水解液,将其过滤至100 mL 烧杯中,加入20%的盐酸溶液40 mL 后立即封口,并在封口膜的内侧固定氢氧化钠试纸,然后将烧杯放入30 ℃恒温箱中1.0 h。

将氢氧化钠试纸移入烧杯中,用5 mL 蒸馏水分次浸提。合并浸提液,加入缓冲液和氯胺 T 溶液各2 mL,5 min 后加入亚砷酸溶液2 mL 和乙醚5 mL 振摇3 min,乙醚层用 K-D 浓缩器浓缩至干,用甲醇定容至2.00 mL 备用。

配制标准系列浓度样品,依据标准溶液定性、定量分析。

6. 色谱工作条件

进样温度220 ℃,柱温150 ℃,检测器温度250 ℃,载气流速35 mL/min。

7. 结果参考计算

$$X = S_1 \times c \times V/(S_0 \times m)$$

式中: X 为样品中氰苷的含量(以氢氰酸计); S_1 为样品峰面积; c 为氢氰酸标样的浓度; V 为样品的定容体积; S_0 为标样峰面积; m 为样品的质量。

8. 方法分析与评价

采用顶空进样的气相色谱方法也可用于氰苷释放的氢氰酸的测定。该方法的样品处理过程与上述步骤略有不同。首先,样品也须先真空干燥后磨碎,然后在淀粉酶的作用下水解,并除去不溶性杂质。顶空密闭容器中事先加入1 mL 2 mol/L 的硫酸溶液,然后用微量注射器加入一定体积的样品水解后的过滤液。将密闭容器激烈振荡后静置1 h,然后用微量进样器取上层气体供气相色谱分析。采用顶空进样的方法时,进样温度、柱温和检测器温度均采用较低的值。

四、食品中胰蛋白酶抑制物的检测技术

(一)胰蛋白酶抑制剂的特征

胰蛋白酶抑制剂是大豆以及其他一些植物性饲料中存在的重要的抗营养因子。

李子仁、白果、枇杷仁、亚麻仁等能够合成氰苷,当体内含有特殊的糖苷水解酶,能够将氰苷水解释放出氢氰酸。这些水解释放出的氢氰酸被机体吸收后,将随血液进入组织细胞,导致细胞的呼吸链中断造成组织缺氧,机体随即陷入窒息状态。氢氰酸的口服最小致死剂量为0.5~3.5 mg/kg。氰苷测定的常用方法是先将氰苷用酶或酸水解,然后用色谱法或电化学分析测定放出的氢氰酿总量。

综上所述,不论在食品安全检测方面还是胰蛋白酶抑制剂药物等方面,建立胰蛋岛酶抑制剂快速、灵敏和准确的检测技术都显得尤为重要。

(二)作物中胰蛋白酶抑制剂的比色法分析

1. 方法目的

掌握分光光度法测定作物中胰蛋白酶抑制剂的方法原理。

2. 原理

胰蛋白酶可作用于苯甲酰-DL-精氨酸对硝基苯胺(BAPA),释放出黄色的对硝基苯胺,该物质在410 nm下有最大吸收值。转基因植物及其产品中的胰蛋白酶抑制剂可抑制这一反应,使吸光度值下降,其下降程度与胰蛋白酶抑制剂活性成正比。用分光光度计在410 nm处测定吸光度值的变化,可对胰蛋白酶抑制剂活性进行定量分析。

本方法适用于转基因大豆及其产品、转基因谷物及其产品中胰蛋白酶抑制剂的测定。其他的转基因植物,如花生、马铃薯等也可用该方法进行测定。

3. 试剂

(1)0.05 mol/L三羟甲基氨基甲烷(Tris)缓冲液:称取0.605 g Tris和0.294 g氯化钙溶于80 mL水中,用浓盐酸调节溶液的pH值至8.2,加水定容至100 mL。

(2)0.01 mol/L氢氧化钠溶液,1 mmol/L盐酸,戊烷-己烷(1∶1)。

(3)胰蛋白酶:大于10 000 BAEE u/mg。BAEE为Na-苯甲酰-L-精氨

酸乙烷酯。BAEE u 表示胰蛋白酶与 BAEE 在 25 ℃、pH 7.6、体积 3.2 mL 条件下反应，在 253 nm 波长下每分钟引起吸光度值升高 0.001，即为 1 个 BAEE u。

（4）胰蛋白酶溶液：称取 10 mg 胰蛋白酶，溶于 200 mL 1 mmol/L 盐酸中。

（5）苯甲酰-DL-精氨酸对硝基苯胺（BAPA）。

（6）BAPA 底物溶液：称取 40 mg BAPA，溶于 1 mL 二甲基亚砜中，用预热至 37 ℃的 Tris 缓冲液稀释至 100 mL。BAPA 底物溶液应于实验当日配制。

（7）反应终止液：取 30 mL 冰乙酸，加水定容至 100 mL。

4. 仪器和设备

分光光度计、恒温水浴箱、旋涡搅拌器、电磁搅拌器。

5. 操作步骤

（1）样品的制备

将试验材料磨碎，过筛（100～200 目）。称取 0.2～1 g 样品，加入 50 mL 的 0.01 mol/L 氢氧化钠溶液，pH 值应控制在 8.4～10.0 之间，低档速电磁搅拌下浸提 3 h，过滤。浸出液用于测定，必要时，可进行稀释。如果样品的脂肪含量较高（如全脂大豆粗粉或豆粉），应在室温条件下先脱脂。将样品浸泡于 20 mL 戊烷-己烷（1∶1）中，低档速电磁搅拌 30 min，过滤。残渣用约 50 mL 戊烷-己烷（1∶1）淋洗 2 次，收集残渣。然后进行浸提。

2. 测定管和对照管的制备

取两组平行的试管，在每组试管中依次加入样品浸出液、水和胰蛋白酶溶液，于 37 ℃水浴中混合，再加入 5.0 mL 已预热至 37 ℃的底物溶液 BAPA，从第一管加入起计时，于 37 ℃水浴中摇动混匀，并准确反应 10 min，最后加入 1.0 mL 反应终止液。用 0.45 μm 微孔滤膜过滤，弃初始滤液，收集滤液。

在制备测定管的同时，应制备试剂对照管和样品对照管，即取 2 mL 水或样品浸出液，然后按顺序加入 2 mL 胰蛋白酶溶液、1 mL 反应终止液和 5 mL BAPA 底物溶液，混匀后过滤。

3. 测定

以试剂对照管调节吸光度值为零，在 410 nm 波长下测定各测定管和对照管的吸光度值，以平行试管的算术平均值表示。

6. 结果表示

(1)酶活性的表示方法

胰蛋白酶活性单位(TU):在规定实验条件下,每 10 mL 反应混合液在 410 nm 波长下每分钟升高 0.01 吸光度值即为一个 TU。

胰蛋白酶抑制率:在规定实验条件下,与非抑管相比,测定管吸光度值降低的比率。

胰蛋白酶抑制剂单位(TIU):在规定实验条件下,与非抑管相比,每 10 mL反应混合液在 410 nm 波长下每分钟降低 0.01 吸光度值即为一个 TIU。

(2)计算。各测定管的胰蛋白酶抑制率按下式计算。

$$TIR(\%) = (A_N - A_T - A_{T0})/A_N$$

式中:TIR 为胰蛋白酶抑制率;A_N 为非抑管吸光度值;A_T 为测定管吸光度值;A_{T0} 为样品对照管吸光度值。

只有胰蛋白酶抑制率在 20% ~70% 范围内时,测定管吸光度值可用于胰蛋白酶抑制剂活性计算,各测定管胰蛋白酶抑制剂活性按下式计算。

$$TI(\%) = (A_N - A_T - A_{T0})/A_N$$

式中:TI 为胰蛋白酶抑制剂活性;A_N 为非抑管吸光度值;A_T 为测定管吸光度值;A_{T0} 为样品对照管吸光度值;t 为反应时间。

单位体积样品浸出液中胰蛋白酶抑制剂活性,以测定样品浸出液体积(mL)为横坐标,TI 为纵坐标作图,拟和直线回归方程,计算斜率,斜率值即是单位体积样品浸出液中胰蛋白酶抑制剂活性(单位为 TIU/mL)。当测定用样品浸出液体积和 TI 不是一条直线关系时,单位体积样品浸出液中胰蛋白酶抑制剂活性用各测定管单位体积胰蛋白酶抑制剂活性的算术平均值表示。

样品中胰蛋白酶抑制剂活性按下式计算。

$$\mathrm{TIM} = V \times D \times TIV/m$$

式中:TIM 为样品中胰蛋白抑制剂活性;TIV 为单位体积样品浸出液中胰蛋白酶抑制剂活性;V 为样品浸出液总体积;D 为稀释倍数;m 为样品质量。

7. 说明

重复条件下,两次独立测定结果的绝对差值不超过其算术平均值的 10%。

五、食品中生物胺类的检测技术

（一）食品中生物胺的分光光度法检测分析

1. 方法目的

组胺是生物胺中对人危害最大的一类有害物，利用分光光度计检测组胺，此方法操作简单，可以快速检测食品中组胺，且成本较低。

2. 原理

鱼体中的组胺经正戊醇提取后，与偶氮试剂在弱碱性溶液中进行偶氮反应，产生橙色化合物，与标准比较定量。

3. 适用范围

水产品中的青皮红肉类鱼，因含有较高的组氨酸，在脱羧酶和细菌作用后，脱羧而产生组胺，分光光度计检测水产品中组胺是我国现行采用的标准检验方法。

4. 试剂材料

（1）正丁醇，三氯乙酸溶液；碳酸钠溶液，氢氧化钠溶液，盐酸。

（2）组胺标准储备液。准确称取 0.2767 g 于 100 ℃±5 ℃干燥 2 h 的磷酸组胺溶于水，移入 100 mL 容量瓶中，再加水稀释至刻度，此溶液为 1.0 mg/mL组胺。使用时吸取 1.0 mL 组胺标准溶液，置于 50 mL 容量瓶中，加水稀释至刻度。此溶液每毫升相当于 20.0 μg 组胺。

（3）偶氮试剂甲液。称 0.5 g 对硝基苯胺，加 5 mL 盐酸溶解后，再加水稀释至 200 mL，置冰箱中；乙液：0.5% 亚硝酸钠溶液，临时现配。吸取甲液 5 mL、乙液 40 mL 混合后立即使用。

5. 仪器设备

分光光度计。

6. 分析步骤

（1）样品处理。称取 5.00～10.00 g 切碎样品置于具塞三角瓶中，加三氯醋酸溶液 15～20 mL，浸泡 2～3 h，过滤。吸取 2 mL 滤液置于分液漏斗中，加氢氧化钠溶液使呈碱性，每次加入 3 mL 正戊醇，振摇 5 min，提取 3 次，合并正戊醇并稀释至 10 mL。吸取 2 mL 正戊醇提取液于分液漏斗中，每次加 3 mL 盐酸（1∶11）振摇提取 3 次，合并盐酸提取液并稀释至 10 mL 备用。

（2）测定分析。吸取 2 mL 盐酸提取液于 10 mL 比色管中。另吸取

0 mL、0.20 mL、0.40 mL、0.6 mL、0.80 mL、1.00 mL 组胺标准溶液(相当于 0 μg、4 μg、8 μg、12 μg、16 μg、20 μg 组胺),分别置于 10 mL 比色管中,各加盐酸 1 mL。样品与标准管各加 3 mL 的 5% 碳酸钠溶液,3 mL 偶氮试剂,加水至刻度,混匀,放置 10 min 后,以零管为空白,于波长 480 nm 处测吸光度,绘制标准曲线计算。

7. 结果参考计算

$$X = m_1 \times 100/[m_2 \times (2/V) \times (2/10) \times (2/10) \times 1000]$$

式中:X 为样品中组胺的含量;V 为加入三氯乙酸溶液(100 g/L)的体积;m_1 为标准溶液中组胺的含量;m_2 为样品质量,单位为克。

8. 注意事项

在重复性条件下获得的两次独立测定结果的绝对差值不得超过算术平均值的 10%。

(二)食品中生物胺的高效液相色谱法检测分析

1. 方法目的

本方法使用苯甲酰氯衍生化-高效液相色谱-紫外检测法测定水中腐胺、尸胺、亚精胺、精胺及组胺含量的方法。

2. 原理

样品经苯甲酰氯衍生化后用乙醚萃取,萃取物经溶剂转换后用高效液相色谱-紫外检测器检测,外标法定量。

3. 适用范围

此方法适用于水中 2.0 ~ 40.0 mg/L 的腐胺、尸胺、亚精胺、精胺及组胺的测定。

4. 试剂材料

(1)苯甲酰氯、乙醚、甲醇、乙腈、氯化钠、氮气(9.99%),2.0 mol/L 氢氧化钠、0.02 mol/L 乙酸铵、0.45 μm 滤膜、Φ 13 ~ Φ 15 mm 过滤器。

(2)浓度均为 1.00 mg/mL 的腐胺标准溶液、尸胺(C_5HuN_2)标准溶液、亚精胺($C_7H1_9N_3$)标准溶液、精胺($C_{10}H_{24}N_4$)#准溶液、组胺($C_5H_9N_3$)标准溶液。使用时分别取 10 mL 腐胺、尸胺、亚精胺、精胺及组胺标准溶液,置于 100 mL 容量瓶中,用水稀释至刻度,混匀,获得标准混合溶液。此标准混合溶液含腐胺、尸胺、亚精胺、精胺及组胺各 0.100 mg/mL。分别移取不同体积的标准混合溶液置于 50 mL 容量瓶中,用水稀释至刻度,混匀。

5. 仪器设备

高效液相色谱，紫外检测器，C_{18}色谱柱，液体混匀器（或称旋涡混匀器），恒温水浴箱，具塞刻度试管，分析天平。

6. 分析测定步骤

（1）样品的衍生和萃取。移取 2.00 mL 水样置于 10 mL 具塞刻度试管中，加入 1 mL 氢氧化钠溶液，20 μL 苯甲酰氯，在液体混匀器上旋涡 30 s，置于 37 ℃水浴中振荡，反应时间 20 min，反应期间间隔 5 min 旋涡 30 s。

衍生反应完毕后，加入 1 g 氯化钠，2 mL 乙醚，振荡混匀，旋涡 30 s，静置。待溶液分层后，用滴管将乙醚层完全移取至 10 mL 具塞刻度试管中，用氮气或吸耳球缓缓吹干乙醚，加 1.00 mL 甲醇溶解，再用一次性过滤器过滤后，作为高效液相色谱分析用样品。

（2）不同浓度标准工作浓度的衍生和萃取。移取 2.00 mL 不同浓度的标准工作溶液分别置于 5 个 10 mL 具塞刻度试管中，加入 1 mL 氢氧化钠溶液，20 μL 苯甲酰氯，在液体混匀器上旋涡 30 s 充分混匀。萃取步骤同上。

（3）液相色谱分析测定。根据腐胺、尸胺、亚精胺、精胺及组胺的标准物质的保留时间，确定样品中物质。定量分析，校准方法为外标法。

（4）校准曲线的制作。使用衍生化的标准工作溶液分别进样，以标准工作溶液浓度为横坐标，以横面积为纵坐标，分别绘制腐胺、尸胺、亚精胺、精胺及组胺的标准曲线。

（5）样品测定。使用样品分别进样，每个样品重复 3 次，获得每个物质的峰面积。根据校准曲线计算被测样品中腐胺、尸胺、亚精胺、精胺及组胺的含量（mg/L）。样品中各待测物质的响应值均应在方法的线性范围内。当样品中某种生物胺的响应值高于方法的线性范围时，需将样品稀释适当倍数后再进行衍生、萃取和测定。

7. 结果参考计算

$$X = D \times c$$

式中：X 为水样中被测物质含量；c 为从标准工作曲线得到样品溶液中被测物质的含量；D 为稀释倍数。

第十二章

有害加工物质的检测

第一节　加工过程中有害物质的检测

食品中有毒、有害污染物是影响食品安全问题的直接因素，是食品检验的重要内容。

在食品加工、包装、运输和销售过程中，由于食品添加剂的使用、采取不恰当的加工贮藏条件，或者由于环境的污染使食品携带有毒有害的污染物质。如在肉类加工中亚硝酸盐和硝酸盐作为常用的食品添加剂，可以改善肉的色泽和风味，延迟脂肪的氧化和酸败，并且抑制肉毒梭状芽孢杆菌的繁殖，从而延长肉制品的货架期，但是亚硝酸盐可以和氨基酸等含氮化合物反应生成致癌物亚硝胺；食品在经烟熏、烧烤、油炸等高温处理，可受到苯并芘的污染；生产炭黑，炼油，炼焦，合成橡胶等行业的废水污染水源和饲料，用其饲喂后可在动物体内蓄积，也会造成肉品，乳品及禽蛋的苯并芘污染；在煎烤的鱼及牛肉等食品中发现有诱变物杂环胺生成，目前已鉴定了20种诱变性杂环胺，其前体主要是食品中的氨基酸及肌酸等；在酱油等调味品生产过程中，以脱脂大豆、花生粕和小麦蛋白或玉米蛋白为原料用盐酸水解的方法分解植物原料中的蛋白质，制成酸水解植物蛋白调味液，如果水解条件方式不恰当就会产生氯丙醇；不法商贩在加工食品（如水产及水发食品等）过程中，用禁用添加剂甲醛或者甲醛次硫酸钠来改善食品的外观和延长保存时间；人们在油炸及焙烤的薯条、土豆片、谷物以及面包食品中发现了具有神经毒性的潜在致癌物丙烯酰胺。随着科学技术的发展，食品中不断发现潜在的新的有毒有害污染物，必须建立高灵敏度的检测分析方法来监测食品中有毒有害物质的污染水平，采取各种控制措施来减少或消除食品中有毒、有害物质对人体的损害，确保食品的安全性。

在食品加工过程中形成的有害物质主要可分为三类：N-亚硝基化合物、多环芳烃和杂环胺。

一、食品中N-亚硝基化合物检测技术

1. N-亚硝基化合物的分类

N-亚硝基化合物对动物是强致癌物，对100多种亚硝基类化合物研究中，80多种有致癌作用。亚硝基化合物是在食物贮存加工过程中或在人体内生成的。依其化学结构可分为N-亚硝胺类与N-亚硝酸胺类。前者化学性质较后者稳定，研究最多的亚硝基化合物，其一般结构为R2(R1)N－N＝O。亚硝胺不易水解和氧化，化学性质相对稳定，在中性及碱性环境较稳定，但在酸性溶液及紫外线照射下可缓慢分解，在机体发生代谢时才具有致癌能力。亚硝酸胺性质活泼，在酸性及碱性溶液中均不稳定。

2. 食品中挥发性N－亚硝胺的分光光度法检测技术

(1)适用范围。适用于食品中挥发性N－亚硝基化合物的检测。

(2)方法目的。采用分光光度法测定挥发性N－亚硝胺。

(3)原理。利用夹层保温水蒸气蒸馏对食品中挥发性亚硝胺提取吸收，在紫外光的照射下，亚硝胺分解释放亚硝酸根，再通过强碱性离子交换树脂浓缩，在酸性条件下与对氨基苯磺酸形成重氮盐，与N－萘乙烯二胺二盐酸盐形成红色偶氮化合物，颜色的深浅与亚硝胺的含量成正比。

(4)试剂材料。

1)0.1 mol/L磷酸缓冲溶液(pH 7.0)，0.5 mol/L氢氧化钠溶液，1.7 mol/L盐酸溶液，正丁醇饱和的1.0 mol/L氢氧化钠溶液，1%硫酸锌溶液。

2)显色剂A(0.1%对氨基苯磺酸，30%乙酸)，显色剂B(0.2% *N*－1－萘乙烯二胺二盐酸盐，30%乙酸)。

3)100 μg/mL二乙基亚硝胺标准溶液，100 μg/mL亚硝酸钠标准溶液。

4)强碱性离子交换树脂(交链度8，粒度150目)。

(5)仪器设备。分光光度计，紫外灯(10 W)。

(6)分析步骤

1)亚硝胺标准曲线的绘制。用微量取样器准确吸取100.0 μg的亚硝胺

标准溶液 0 mL、0.02 mL、0.04 mL、0.06 mL、0.08 mL、0.10 mL，并分别加入 pII 7.0 的磷酸缓冲液，使每份反应溶液的总体积达 2.0 mL。按顺序加入 0.5 mL显色剂 A，然后再摇匀后加入 0.5 mL 显色剂 B，待溶液呈玫瑰红色后，分别在 550 nm 波长下测定光密度，绘制标准曲线。

2）样品制备。固体样品取经捣碎或研磨均匀的样品 20.0 g，加入正丁醇饱和的 1 mol/L 氢氧化钠溶液，移入 100 mL 容量瓶中，定容，摇匀，浸泡过夜，离心后取上清液待测。

3）测定分析。吸取样品上清 50 mL，进行夹层保温水蒸气蒸馏，收集 25 mL 馏出液，用 30% 醋酸调节至 pH 3 ~ 4。再移入蒸馏瓶内进行夹层保温水蒸气蒸馏，收集 25 mL 馏出液，用 0.5 mol/L 氢氧化钠调节至 pH 7 ~ 8。将馏出液在紫外光下照 15 min，通过强碱性离子（氯离子型）交换柱（1 cm× 0.5 cm）浓缩，经少量水洗后，用 1 mol/L 氯化钠溶液洗脱亚硝酸根，分管收集洗脱液（每管 1 mL）。各管中加入 1.0 mL 的磷酸缓冲液（pH 7.0）和 0.5 mL显色剂 A，摇匀后再加入 0.5 mL 显色剂 B，其他操作同标准曲线的绘制。根据测得的光密度，从标准曲线中查得每管亚硝胺的含量，并计算总含量。

（7）结果参考计算

$$挥发性\ N-亚硝胺(\mu g/kg) = c \times 1000/W$$

式中：c 为相当于挥发性 N-亚硝胺标准的量；灰为测定样品溶液相当质量。

（8）方法分析及评价。由于二甲胺与亚硝酸盐在酸性条件下能结合产生亚硝胺。对于亚硝酸盐含量高的样品，为了消除样品中的亚硝酸盐的影响，可采用同样方法先测出亚硝酸盐相当的挥发性 N-亚硝胺含量（X_0），样品中实际挥发性 N-亚硝胺含量为测定值减去 X_0。

3. 食品中亚硝胺的薄层层析法检测技术

（1）适用范围。适用于粉类、腌制类食物、蔬菜类食品中亚硝胺类物质的检测。

（2）方法目的。了解掌握食品中亚硝胺类物质的薄层测定分析方法。

（3）原理。经提取纯化所得的亚硝胺类化合物在薄层板上展开后，利用其光解生成亚硝酸和仲胺，分别用二氯化钯二苯胺试剂、Griess 试剂（对亚硝酸）和茚三酮试剂（对仲胺）进行显色。对以上三种试剂的显色综合判定，计算出样品中亚硝胺含量。

(4)试剂材料

1)无水碳酸钾,无水硫酸钠,氯化钠,正己烷,二氯甲烷,乙醇,吡啶,30%乙酸溶液。

2)阳离子交换树脂(强酸性,交联聚苯乙烯),层析用硅胶G。

3)磷酸盐缓冲液(混合5 mL 1.0 mol/L磷酸二氢钾溶液和20 mL 0.5 mol/L磷酸氢二钠溶液,用水稀释至250 mL,pH为7~7.5)。

4)二氯化钯二苯胺试剂(1.5%二苯胺乙醇溶液和含0.1%二氯化钯的0.2%氯化钠溶液,保存于4 ℃,使用前以4∶1混合使用)。

5)格林(Griess)试剂(含1%对氨基苯磺酸的30%乙醇溶液和含0.1% α-萘胺的30%乙酸溶液,保存于4 ℃,使用前以1∶1混合使用)。

6)茚三酮试剂(含0.3%茚三酮的2%吡啶乙醇溶液)。

7)无水无过氧化物的乙醚(乙醚中往往含有过氧化物而影响亚硝胺的测定。将500 mL乙醚置于分液漏斗中,加入10 mL硫酸亚铁溶液,不断摇动,20 min后弃去硫酸亚铁溶液,再加10 mL硫酸亚铁重复处理一次,然后再用水洗两次。取出处理过的乙醚5 mL,置于试管中,加入稀盐酸酸化的碘化钾溶液2 mL,振摇,于30 min后碘化钾溶液不变黄,乙醚处理为合格。

(5)仪器设备。薄层层析用仪器,高速组织捣碎器,电热恒温水浴锅,薄层板,具塞三角瓶,长颈圆底烧瓶,分液漏斗,微量注射器,40W、波长253 nm紫外灯,索氏抽提器,滤纸。

(6)分析测定步骤。

1)亚硝胺标准溶液。制备的二甲基亚硝胺、二乙基亚硝胺、甲基苯基亚硝胺、甲基苄基亚硝胺,重蒸馏或减压蒸馏1~2次,制得纯品。精确称取各类亚硝胺纯品,用无水、无过氧化物的乙醚作溶剂。配制成10 μg/μL的乙醚溶液,再稀释成1 μg/μL和0.1 μg/μL的乙醚溶液,用黑纸或黑布包裹后置于冰箱中保存。

2)样品处理。粉类食物(面粉、玉米粉、糠粉等):取样20.0 g,用处理过的滤纸包好,放入250 mL索氏抽提器内,加入已知去过氧化物的乙醚100 mL,在40~45 ℃恒温水浴上回流提取10 h。将乙醚提取液移入圆底烧瓶中,并加入20 mL水,进行水蒸气蒸馏,收集水蒸馏液大约40 mL,加5 g碳酸钾,搅拌,溶解,并转入分液漏斗内。分出乙醚层,置于100 mL带塞的三角瓶内。水层用无过氧化物的乙醚提取三次,每次用10 mL,每次强烈振摇8~10 min,收集乙醚于上述100 mL带塞的三角瓶内,并加入5 g无水硫酸钠,振摇 30 min 后用处理过的滤纸过滤。用无水乙醚 10 mL 洗涤滤纸上的硫酸钠;合并乙醚,与 40 - 45 ℃恒温水浴上浓缩至体积为 0.5 mL,浓缩液置于冰箱内备用。上述操作要尽量避光,有些步骤需要用黑布或黑纸遮盖。

蔬菜类食品(腌菜、泡菜、菠菜、韭菜、芹菜等):取样 20.0 g,切碎,于组织捣碎机中加入二氯甲烷 100 mL 和碳酸钠 2.0 g,捣碎 5 min,过滤于长颈圆底烧瓶中,再以二氯甲烷 10 mL 洗涤残渣,洗液合并于滤液中。加入 10 mL 磷酸缓冲液和 50 mL 水于滤液中,在 60 ℃水浴中除去二氯甲烷后,加热 10 ~ 15 min(二氯甲烷可回收)。然后用水蒸气蒸馏,收集馏出液 80 mL,蒸馏瓶需要用黑布包好。在馏出液中加入 5.0 g 碳酸钾,在 250 mL 分液漏斗中,以每次 20 mL 二氯甲烷,重复三次提取。用无水硫酸钠吸收,过滤,并用二氯甲烷洗涤残渣,洗液合并于滤液中,浓缩至 10 mL,取定量置于具塞试管中再浓缩至 0.5 mL 备用。上述操作要尽量避光,装浓缩液的试管需要用黑布或黑纸遮盖,置于冰箱内。

腌制肉类、鱼干、干酪等:取样 20.0 g,切成小块,移入组织捣碎机中加入二氯甲烷 100 mL 和碳酸钠 2.0 g,捣碎 5 min,过滤于长颈圆底烧瓶中,再以二氯甲烷 20 mL 洗涤残渣,洗液合并于滤液中。加 10 mL 磷酸缓冲液和 50 mL 水于滤液中,在 60 ℃水浴中除去二氯甲烷后,加热 10 ~ 15 min(二氯甲烷可回收);然后用水蒸气蒸馏,收集馏出液 80 mL,蒸馏瓶需要用黑布包好。在馏出液中加入 5% 醋酸钠溶液(缓冲液)1 mL,使 pH 为 4.5,通过阳离子交换树脂(2.5 cm×2.5 cm),约用水 10 mL 洗柱,合并流出物,加入 5.0 g 碳酸钾碱化,以下用二氯甲烷提取,与蔬菜类食品的操作相同。

3)薄层层析。

①制板活化:取硅胶 G 加双倍体积水调制到黏度适宜后涂板,于 105 ℃活化 1.5 h。

②点样:用微量注射器将亚硝胺标准溶液按 0.5 μg 和 1.0 μg 的量点于薄板两侧,再用微量注射器或毛细管将样品溶液 0.1 mL 点于薄板中间一点上,共点三块板。

③展开:第一次用正己烷展开至 10 cm,取出吹干。第二次用正己烷-乙醚-二氯甲烷(4 : 3 : 2)展开至 10 cm,取出吹干。展开缸用黑纸或黑布遮盖。

④光介和显色:薄板层喷二氯化钯二苯胺试剂,湿润状态放置在紫外灯下照射 3 砧 5 min,亚硝胺化合物呈蓝色或紫色斑点;薄层板在紫外灯下照射

5～10 min 后，喷 GHess 试剂，亚硝胺化合物呈玫瑰红斑点；薄层板先喷 30% 乙酸，然后紫外灯下照射 5～10 min 后，用热吹风机吹 5～10 min，使乙酸挥发，再喷茚三酮试剂，并将板放在 80 ℃烤箱内烤 10～15 min，亚硝胺化合物呈橘红色斑点。如果三种试剂均为阳性，则可以认为食物中存在亚硝胺；若样品中出现与标准品 Rf 值相同的斑点，可以初步认为样品中存在的亚硝胺与已知亚硝胺相同。样品中亚硝胺的量，需要做样品的限量实验，并与标准亚硝胺的灵敏度实验相比较，以计算出样品中亚硝胺的大概含量。

(7)结果参考计算

$$亚硝胺 = = c \times V_2 \times 1000/(W \times V_1)$$

式中：c 为相当于亚硝胺标准的量；W 为样品重量；V_1 为样品经纯化浓缩后的点样量；V_2 为样品经纯化浓缩后的容积。

(8)注意事项。操作时注意避光，避免氧化，回收率可达到 80% 左右。薄层板活性较好时灵敏度约为 0.5～1.0 μg。为避免假阳性，应对三种试剂的显色综合判定。

4. 食品中挥发性亚硝胺的气相色谱-质谱法检测技术

(1)适用范围。本法适用于酒类、肉及肉制品、蔬菜、豆制品、调味品等食品中 N-亚硝基二甲胺、N-亚硝基二乙胺、亚硝基二丙胺及 N-亚硝基吡咯烷含量的测定。

(2)方法目的。掌握气相色谱-质谱法确证食品中挥发性亚硝胺方法原理及特点。

(3)原理。样品中的挥发性亚硝胺用水蒸气蒸馏分离和有机溶剂萃取后，浓缩至一定量，采用气相色谱-质谱联用仪的高分辨峰匹配法进行确证和定量。

(4)试剂材料。

1)重蒸二氯甲烷，重蒸正戊烷，重蒸乙醚，硫酸，无水硫酸钠。

2)亚硝胺标准贮备溶液：每一种亚硝胺标准品(二甲、二乙、二丙基亚硝胺)用正己烷配制成 0.5 mg/mL；再用正戊烷配制成 0.5 μg/mL 亚硝胺工作液；用二氯甲烷配制 5 μg/mL 亚硝胺质谱测定工作液；用重蒸水配制成回收试验的亚硝胺标准液 0.5 mg/mL。

3)耐火砖颗粒(将耐火砖破碎，取直径 1～2 mm 的颗粒，分别用乙醇、二氯甲烷清洗，用作助沸石)。

(5)仪器设备。

气相色谱仪（火焰热离子检测器），色谱-质谱联机（色谱仪与质谱仪接口为玻璃嘴分离器并有溶剂快门），水蒸气装置，K-D 蒸发浓缩器，微型的 Snyder 蒸发浓缩柱，层析柱（1.5 cm×20 cm，带玻璃活塞）。

（6）分析条件。

1）色谱条件。汽化室温度 190 ℃；色谱柱温：对亚硝基二甲胺、亚硝基二乙胺、亚硝基二丙胺及亚硝基吡咯烷分别为 130 ℃、145 ℃、130 ℃和 160 ℃；玻璃色谱柱内径 1.8～3.0 mm，长 2 m，内装涂以 15%（质量分数）PEG20M 固定液和 1%氢氧化钾溶液的 80～100 目 Chromosorb WAW DWCS；载气为氦气；流速 40 mL/min。

2）质谱条件。

分辨率＞7000，离子化电压 70V，离子化电流 300 μA，离子源温度 180 ℃，离子源真空度 1.33×10^{-4} Pa，界面温度 180 ℃。

（7）分析测定步骤。

1）水蒸气蒸馏。称取 200 g 切碎后的试样，置于水蒸气蒸馏装置的蒸馏瓶中，加入 100 mL 水，摇匀。在蒸馏瓶中加入 120 g 氯化钠，充分摇动，使氯化钠溶解。将蒸馏瓶与水蒸气发生器及冷凝器连接好，并在锥形接收瓶中加入 40 mL 二氯甲烷及少量冰块，收集 400 mL 馏出液。

2）萃取纯化。在锥形接收瓶中加入 80 g 氯化钠和 3 mL 硫酸-水（1：3），搅拌溶解。然后转移到 500 mL 分液漏斗中，振荡 5 min，静置分层，将二氯甲烷层移至另一个锥形瓶中，再用 120 mL 二氯甲烷分 3 次萃取水层，合并 4 次萃取液，总体积为 160 mL。

3）浓缩。有机层用 10 g 无水硫酸钠脱水，转移至 K-D 浓缩器中，加入耐火砖颗粒，于 50 ℃水浴浓缩至 1 mL 备用。

4）样品的测定。测定采用电子轰击源高分辨峰匹配法，用（PFK）的碎片分子（它们的 m/z 为 68.99527、99.9936，130.9920，99.9936）监视 N-亚硝基二甲胺、N-亚硝基二乙胺、N-亚硝基二丙胺和 N-亚硝基吡咯烷的分子及离子（m/z 为 74.0480.102.0793.130.1106，100.0630）碎片，结合它们的保留时间定性，以该分子、离子的峰定量。

（8）计算

$$X=h_1\times c\times V\times 1000/(h_2\times m)$$

式中：X 为试样中某一 N-亚硝胺化合物的含量；h_1 为浓缩液中该亚硝胺化合物的峰高；h_2 为标准工作液中该 N-亚硝胺化合物的峰高；c 为标准

工作液中该 N-亚硝胺化合物的浓度；V 为试样浓缩液的体积；m 为试样质量。

(9)注意事项。对于含较高浓度乙醇的试样如蒸馏酒、配制酒等，需用 50 mL 的 12% 氢氧化钠溶液洗有机层 2 次，以除去乙醇的干扰。

5. N-亚硝基化合物的危害评价

(1)通过食物和水直接摄入 N-亚硝基化合物。食品加工和贮藏过程中形成的亚硝基化合物，如鱼肉制品或蔬菜的加工中，常添加硝酸盐作为防腐剂和护色剂，而这些食物如香肠、腊肉、火腿和热狗等，直接加热(如油炸、煎烤等)会引起亚硝胺的合成；麦芽在干燥过程中也会形成亚硝胺，其他食品如果采用明火直接干燥也会形成亚硝胺；蔬菜在贮藏过程中，其所含有的硝酸盐和亚硝酸盐也会在适宜的条件下与食品中蛋白质分解的胺反应生成亚硝胺类化合物；食品与食品容器或包装材料的直接接触，可以使挥发性亚硝胺进入食品；某些食品添加剂和中间处理过程可能含有挥发性亚硝胺。

(2)摄入前体物在胃肠道中合成亚硝胺。研究发现人体内能够内源性合成 N-亚硝基化合物。当人体摄入的食品中含有硝酸盐和亚硝基化的胺类时，它们常常以相当大的量进入胃中，胃中有适合亚硝基化反应的有利条件，如酸性、卤素离子等可以明显地加快体内 N-亚硝基化合物的形成，可合成 N-亚硝基化合物的前体物包括 N-亚硝化剂和可亚硝化含氮化合物，N-亚硝化剂有硝酸盐、亚硝酸盐和其他氮氧化物。亚硝酸盐和硝酸盐广泛存在于人类环境中，硝酸盐在生化系统的作用下，常伴随亚硝酸盐的存在。蔬菜植物体吸收的硝酸盐由于植物酶作用在植物体内还原为氮，经过光合作用合成的有机酸生成氨基酸和核酸而构成植物体，当光合作用不充分时，植物体内就积蓄多余的硝酸盐，如莴苣与生菜可以积蓄硝酸盐最高达 5800 mg/kg、菠菜最高在 7000 mg/kg、甜菜可在 6500 mg/kg。

(3)体内合成前体物后再在体内合成亚硝胺。人体口腔中合成的硝酸盐进入胃肠道后，在适宜的条件下可以合成亚硝胺，唾液中的硝酸盐可以转化为亚硝酸盐，而且亚硝酸盐含量很高。由于唾液腺可以浓缩富集硝酸盐并分泌到口腔中，唾液中的硝酸盐水平是血液的 20 倍，而唾液中的硝酸盐可以还原为亚硝酸盐。尽管不同个体唾液中的硝酸盐和亚硝酸盐含量的波动水平差别较大，但 24 h 内唾液腺分泌的硝酸盐累积量占硝酸盐摄入量的 28% 左右，而唾液中产生的亚硝酸盐可以占硝酸盐摄入量的 5% ~8%。此外，如在胃酸不足的情况下，造成细菌生长，还可以将硝酸盐还原为亚硝酸盐,使胃液中亚硝酸盐含量升高6倍。

二、食品中苯并(a)芘的检测技术

1.苯并(a)芘的特征及危害评价

(1)苯并(a)芘的理化性质。苯并(a)苗,又称3,4-苯并(a)苯[3,4-benzo(a)pyrene,B(a)P],主要是一类由5个苯环构成的多环芳烃类污染物苯并(a)芘能被带正电荷的吸附剂如活性炭、木炭或氢氧化铁所吸附,并失去荧光性,但不被带负电荷的吸附剂所吸附。

(2)苯并(a)芘的危害性评价。

1)致癌性:苯并(a)芘是目前世界上公认的强致癌物质之一。实验证明,经口饲喂苯并(a)芘对鼠及多种实验动物有致癌作用。随着剂量的增加,癌症发生率可明显提高,并且潜伏期可明显缩短。给小白鼠注射苯并(a)芘,引起致癌的剂量为4~12 μg,半数致癌量为80 μg。早在1933年已得到证实,苯并(a)芘对人体的主要危害是致癌作用。通过人群调查及流行病学调查资料证明,苯并芘等多环芳烃类化合物通过呼吸道、消化道、皮肤等均可被人体吸收,严重危害人体健康。苯并(a)芘对人引起癌症的潜伏期很长,一般要20~25年。1954年有人调查了3753例工业性皮肤癌中,有2229人是接触沥青与煤焦油,20~25年的潜伏期,发病年龄在40~45岁。德国有报道大气中的苯并(a)芘浓度达到10~12.5 μg/100 m^3时,居民肺癌死亡率为25人/10万人,当苯并(a)芘浓度达到17~19 μgA00 m^3时,居民肺癌死亡率为35~38人/10万人。

2)致畸性和致突变性:苯并(a)芘对兔、豚鼠、大鼠、鸭、猴等多种动物均能引起胃癌,并可经胎盘使子代发生肿瘤,造成胚胎死亡或畸形及仔鼠免疫功能下降。苯并(a)芘是许多短期致突变实验的阳性物,在Ames实验及其他细菌突变、细菌DNA修复、姊妹染色单体交换、染色体畸变、哺乳类细胞培养及哺乳类动物精子畸变等实验中均呈阳性反应。

3)长期性和隐匿性:苯并(a)芘如果在食品中有残留,即使人当时食用后无任何反应,也会在人体内形成长期性和隐匿性的潜伏,在表现出明显的症状之前有一个漫长的潜伏过程,甚至它可以影响到下一代。

4)人体每日进食苯并(a)芘的量不能超过10 μg。假设每人每日进食物为1 kg,则食物中苯并(a)芘应在6 μg/kg以下。卫生部于1988年颁布国家标准有关食品植物油中苯并(a)芘的允许量为10×10^{-9} g/kg。我国食品安全标准中规定,熏烤肉制品中苯并(a)芘含量为5×10^{-9} g/kg。

目前常用的苯并芘的检测方法主要有荧光分光光度法、液相色谱法、气相色谱以及气-质联用法等。荧光分光光度法可准确用于苯并(a)芘的定量分析,是我国食品卫生检验标准的首选方法,也是公认的方法之一。

2. 食品中苯并(a)芘的焚光分光光度法检测技术

(1)方法目的。了解掌握荧光光度法检测食品中的苯并(a)芘的原理方法。

(2)原理。样品先用有机溶剂提取,或经皂化后提取,再将提取液经液-液分配或色谱柱净化,然后在乙酰化滤纸上分离苯并(a)芘,因苯并(a)芘在紫外光照下呈蓝紫荧光斑点,将分离后有苯并(a)芘的滤纸部分剪下,用溶剂浸出后,用荧光分光光度计测荧光强度,与标准比较定量。

(3)试剂材料。

1)苯(重蒸馏),环己烷(或石油醚,沸程:30 ℃~60 ℃,重蒸馏或经氧化铝柱处理至无荧光),二甲基甲酰胺或二甲基亚砜,无水乙醇,95%乙醇,无水硫酸钠,氢氧化钾,丙酮(重蒸馏),95%乙醇-二氯甲烷(2∶1),乙酸酐,硫酸。

2)硅镁型吸附剂。将60~100目筛孔的硅美吸附剂经水洗4次,每次用水量为吸附剂质量的4倍,于古氏漏斗上抽滤干后,再以等量的甲醇洗,甲醇与吸附剂克数相等,抽滤干后,吸附剂铺于干净瓷盘上,在130 ℃干燥5 h后,装瓶贮存于干燥器内,临用前加5%水减活,混匀并平衡4 h以上,放置过夜。

3)层析用氧化铝(中性,120 ℃活化4 h)。

4)乙酰化滤纸。将中速层析用滤纸裁成30 cm×40 cm的条状,逐条放入盛有乙酰化混合液(180 mL苯、130 mL乙酸酐、0.1 mL硫酸)的500 mL烧杯中,使滤纸条充分接触溶液,保持溶液温度在21 ℃以上,连续搅拌反应6 h,再放置过夜。取出滤纸条,在通风柜内吹干,再放入无水乙醇中浸泡4 h,取出后放在垫有滤纸的干净白瓷盘上,在室温内风干压平备用。一次处理滤纸15~18条。

5)苯并(a)芘标准溶液。精密称取10.0 mg苯并(a)芘,用苯溶解后移入100 mL棕色容量瓶中,并稀释至刻度,此溶液浓度为100Mg/mL,放置冰箱中保存;使用时用苯稀释浓度为1.0 μg/mL及0.1 μg/mL苯并芘两种标准使用溶液,放置冰箱中保存。

(4)仪器设备。荧光分光光度计,脂肪提取器,层析柱(内径 10 mm,长 350 mm,上端有内径 25 mm,长 80 ~ 100 mm 漏斗,下端具活塞),层析缸,K-D 浓缩器,紫外灯(波长 365 nm、254 nm),回流皂化装置,组织捣碎机。

(5)分析测定步骤。

1)样品提取。

①粮食或水分少的食品:称取 20 ~ 30 g 粉碎过筛的样品,装入滤纸筒内,用 35 mL 环己烷润湿样品,接收瓶内装入 3 ~ 4 g 氢氧化钾,50 mL 95% 乙醇及 30 ~ 40 mL 环己烷,然后将脂肪提取器接好,于 90 ℃水浴上回流提取 6 ~ 8 h,将皂化液趁热倒入 250 mL 分液漏斗中,并将滤纸筒中的环己烷倒入分液漏斗,用 25 mL 95% 乙醇分两次洗涤接收瓶,将洗液合并于分液漏斗。加入 50 mL 水,振摇提取 3 min,静置分层,下层液放入第二分液漏斗中,再用 35 mL 环己烷振摇提取 1 次,待分层后弃去下层液,将环己烷合并于第一分液漏斗中,用 6 ~ 8 mL 环己烷洗第二分液漏斗,洗液合并。用水洗涤合并后的环己烷提取液 3 次,每次 50 mL,三次水洗液合并于第二分液漏斗中,用环己烷提取 2 次,每次 30 mL,振摇 30 s,分层后弃去水层液,收集环己烷液并入第一分液漏斗中。再于 50 ℃ ~ 60 ℃水浴上减压浓缩至 20 mL,加适量无水硫酸钠脱水。

②植物油:称取 10 ~ 20 g 的混合均匀的油料,用 50 mL 环己烷分次洗入 250 mL 分液漏斗中,以环己烷饱和过的二甲基甲酰胺提取 3 次,每次 20 mL,振摇 1 min,合并二甲基甲酰胺提取液,用 40 mL 经二甲基甲酰胺饱和过的环己烷提取 1 次,弃去环己烷液层。二甲基甲酰胺提取液合并于预先装有 120 mL 2% 硫酸钠溶液的 250 mL 分液漏斗中,摇匀,静置数分钟后,用环己烷提取 2 次,每次 50 mL,振荡 3 min,环己烷提取液合并于第一分液漏斗。也可以用二甲基亚砜代替二甲基甲酰胺。用 40 ℃ ~ 50 ℃温水洗涤环己烷提取液 2 次,每次 50 mL,振摇 30 s,分层后弃去水层液,收集环己烷层,于 50 ℃ ~ 60 ℃水浴上减压浓缩至 20 mL,加适量无水硫酸钠脱水。

③鱼、肉及其制品:称取 25 ~ 30 g 切碎混匀的样品,再用无水硫酸钠搅拌(样品与无水硫酸钠的比例为 1 : 1 或 1 : 2,如水分过多则需在 60 ℃左右先将样品烘干),装入滤纸筒内,然后将脂肪提取器接好,加入 50 mL 环己烷,于 90 ℃水浴上回流提取 6 ~ 8 h,然后将提取液倒入 250 mL 分液漏斗中,再用 6 ~ 8 mL 环己烷淋洗滤纸筒,洗液合并于 250 mL 分液漏斗中。

④蔬菜:称取 100 g 洗净、晾干的可食部分的蔬菜,切碎放入组织捣碎机

内，加 150 mL 丙酮，捣碎 2 min。在小漏斗上加少许脱脂棉过滤，滤液移入 500 mL 分液漏斗中，残渣用 50 mL 丙酮分数次洗涤，洗液与滤液合并，加 100 mL 水和 100 mL 环己烷，振摇提取 2 min，静置分层，环己烷层转入另一 500 mL 分液漏斗，水层再用 100 mL 环己烷分 2 次提取，环己烷提取液合并于第一分液漏斗中，再用 250 mL 水分二次振摇，洗涤，收集的环己烷于 50 ℃ ~60 ℃水浴上减压浓缩至 20 mL，加适量无水硫酸钠脱水。

⑤饮料（如含二氧化碳，先在温水浴上加温除去）：吸取 50 ~100 mL 样品于 500 mL 分液漏斗中，加 2 g 氯化钠溶解，加 50 mL 环己烷振摇 1 min，静置分层，水层分于第二分液漏斗中，再用 50 mL 环己烷提取 1 次，合并环己烷提取液，每次用 100 mL 水振摇、洗涤二次。收集的环己烷于 50 ℃ ~60 ℃水浴上减压浓缩至 20 mL，加适量无水硫酸钠脱水。

提取可用石油醚代替环己烷，但需将石油醚提取液蒸发至近干，残渣用 20 mL 环己烷溶解。

2）净化。层析柱下端填少许玻璃棉，先装入 5 ~6 cm 的氧化铝，轻轻敲管壁使氧化铝层填实，顶面平齐，再装入 5 ~6 cm 的硅镁型吸附剂，上面再装入 5 ~6 cm 无水硫酸钠，用 30 mL 环己烷淋洗装好层吸柱，待环己烷液面流下至无水硫酸钠层时关闭活塞。将样品提取液倒入层吸柱中，打开活塞，调节流速为 1 mL/min，必要时可用适当方法加压，待环己烷液面下降至无水硫酸钠层时，用 30 mL 苯洗脱，此时应在紫外光灯下观察，以紫蓝色荧光物质完全从氧化铝层洗下为止，如 30 mL 苯不够时，可是适量增加苯量。收集苯液于 50 ℃ ~60 ℃水浴上减压浓缩至 0.1 ~0.5 mL（可根据样品中苯并芘含量而定，应注意不可蒸干）。

3）分离。在乙酰化滤纸条上的一端 5 cm 处，用铅笔画一横线为起始线，吸取一定量净化后的浓缩液，点于滤纸条上，用电吹风从纸条背面吹冷风，使溶剂挥散，同时点 20 止苯并芘标准液（1 μg/mL），点样时，斑点的直径不超过 3 mm，层吸缸内盛有展开剂，滤纸条下端浸入展开剂约 1 cm，待溶剂前沿至约 20 cm 时，取出阴干。在 365 nm 或 254 nm 紫外光下观察展开后的标准及其同一位置样品的蓝色斑点，剪下此斑点分别放入小比色管中，各加 4 mL 苯加盖，插入 50 ℃ ~60 ℃水浴中，不时振摇，浸泡 15 min。

（6）结果参考计算。将样品及标准斑点的苯浸出液于激发波长 365 nm 下，在 365 ~460 nm 波长区间进行荧光扫描，所得荧光光谱与标准苯并芘的荧光光谱比较定性。分析的同时做试剂空白，分别读取样品、标样、试剂空

白在406 nm、411 nm、401 nm处的荧光强度,按基线法计算荧光强度:

$$F = F_{406} - (F_{401} + F_{411})/2$$

$$X = S \times (F_1 - F_2) \times V_1 \times 100/(m \times V_2 \times F)$$

式中:X为样品中苯并芘的含量;S为苯并芘标准斑点的含量;F_1为标准的斑点浸出液荧光强度;F_2为样品斑点浸出液荧光强度;V_1为试剂空白浸出液荧光强度;V_1为样品浓缩体积;V_2为点样体积;m为样品的质量。

(7)误差分析及注意事项。本法相对相差<20%,样品量为50 g,点样量为1 g时,最低检出限为1 ng/g。

3. 食品中液苯并芘的相色谱法检测技术

(1)方法目的。掌握液相色谱法分析食品中3,4-苯并芘的测定原理方法。

(2)原理。样品中脂肪用皂化液处理,多环芳烃以环己烷抽提,再用0.6%的硫酸净化,经SephadexLH-20色谱柱富集样品中的多环芳烃,用高效液相色谱仪检测。

(3)试剂材料

1)苯、环己烷、甲醇、异丙醇、硫酸、氢氧化钾、无水硫酸钠。

2)硅胶(100~200目):120 ℃烘4 h,加水10%振荡1 h后使用。

3)SephadexLH-20(25~100目):使用前用异丙醇平衡24 h。

4)多环芳烃(PAH)标准液。

(4)仪器设备。高效液相色谱仪、旋转蒸发仪、玻沙漏斗。

(5)分析条件。ODS柱4.6 mm×250 mm,柱温30 ℃,流动相75%甲醇,流速1.5 mL/min,紫外检测器287 nm,进样量20/ μL。

(6)分析步骤。

1)样品处理。取待测样品用热水洗去表面黏附的杂质,将可食部分粉碎后备用。

2)样品的提取、净化和富集方法。

①提取:准确称取样品50 g于250 mL圆底烧瓶中,加入含2 mol/L氢氧化钾的甲醇-水(9∶1)溶液100 mL,回流加热3 h。

②净化:将皂化液移入250 mL分液漏斗中,用100 mL环己烷分两次洗涤回流瓶,倾入分液漏斗中,振摇1 min,静置分层,下层水溶液放至另一250 mL分液漏斗中。用50 mL环己烷重复提取2次,合并环已烧。先用100 mL甲醇-水(1∶1)提取1 min,弃去甲醇-水层,再用100 mL水提2次,

弃水层。在旋转蒸发仪上浓缩环己烷至 40 mL,移入 125 mL 分液漏斗中,以少量环己烷洗蒸发瓶 2 次,合并环己烷。用硫酸 50 mL 提取 2 次,每次摇 1 min,弃去硫酸,水洗环己烷层至中性。将环己烷层通过 40 ~ 60 目玻沙漏斗,加 6 g 硅胶,以 10 mL 环己烷湿润,上面加少量无水硫酸钠将环己烷层过滤,另用 50 mL 环己烷洗涤,在旋转蒸发仪上浓缩环己烷至 2 mL。

③富集:将环己烷浓缩液转移至 10 g SephadexLH-20 柱内,用异丙醇 100 mL 洗脱,收集馏分洗脱液。在旋转蒸发仪上蒸发至干,以甲醇溶解残渣,转移至 2.0 mL 刻度试管中,甲醇定容至 1.0 mL。

3)样品的测定。在进行样品测定的同时做 8 种 PAH 的、化合物的标准曲线,以 PAH 含量(ng)为横坐标,以峰面积为纵坐标,绘制标准曲线。

$$X = m_1 \times V_1 \times 1000/(m_2 \times V_2)$$

式中:X 为样品中 PAH 的含量;m_1 为由峰面积查得的相当 PAH 化合物的质量;m_2 为样品质量;;V_1 为样品浓缩体积;V_2 为进样体积。

(7)方法分析与评价

1)紫外波长选择。由于 PAH 化合物在不同波长处的摩尔吸光系数不同,灵敏度也不一样。波长在 287 nm 时,PAH 化合物间的干扰较小。

2)硫酸浓度对 PAH 化合物的影响。硫酸能很好地净化样品中的脂肪和其他微量杂质。硫酸浓度高,净化效果好,而硫酸浓度过高则会引起多环芳烃化合物回收率降低。

三、食品中杂环胺类的检测技术

1. 杂环胺类的特征及危害评价

杂环胺是在食品加工、烹调过程中由于蛋白质、氨基酸热解产生的一类化合物。在化学结构上,它可分为氨基咪唑氮杂芳烃(AIA)和氨基咔啉(ACC)。AIA 又包括喹啉类(IQ)、喹喔类(IQx)、吡啶类和苯并噁嗪类,陆续鉴定出新的化合物大多数为这类化合物。ACC 包括 α^- 咔啉(AaC)、δ^- 咔啉和咔啉。

1)杂环胺的诱变性:烹调食品中形成的杂环胺是一类间接诱变剂。研究证明杂环胺主要经细胞色素 P450IA2 催化 N - 氧化,以后再经乙酰转移酶、硫酸转移酶或氨酰转移酶催化 O - 酯化,活化成为诱变性衍生物。这些杂环胺绝大多数都是沙门氏菌的诱变剂。在有 ArOc10r1254 预处理的啮齿类动物肝 S_p 活化系统中,对移码突变型菌株(TA1538、TA98 和 TA97)的诱变性较强。各种杂环胺对鼠伤寒沙门氏菌的诱变强度相差约5个数量级。杂环胺对沙门氏菌的高度诱变性与下列因素有关：杂环胺是可诱导的细胞色素P450IA2的良好底物；杂环结构使近诱变剂的稳定性增加，使其易于渗透进入细菌细胞。细菌富含乙酰转移酶，可将N-OH转变为*N*－乙酰衍生物。在细菌基因组附近，脱乙酰作用产生亲电子硝镊离子，最终诱变剂与DNA富含GC的亲核部位具有高度亲和性而形成共价结合，杂环的平面结构有助于嵌人碱基对之间，在缺乏DNA修复机理易误修复系统的菌株可产生诱变。

2）杂环胺的助诱变性：H和NH是已知的助诱变剂，NH的助诱变性强于助诱变作用发生机理可能是通过影响代谢活化或DNA解螺旋，以使诱变剂易攻击DNA，导致诱变率增加。除两种β－牙咔唑外，氨基－α－咔啉（AaC，MeAaC）和氨基－γ－咔啉（Trp-P-1，Trp-P-2）之间，BaP和2AAF与Trp-P-2或AαC之间，诱变性也有协同作用。De Meester等发现IQ，MeIQ和MelQx混合物的诱变性无协同作用或拮抗作用，加入H后这些杂环胺对TA98的诱变性降低。

3）杂环胺的致癌性：由烹调食品中发现诱变性杂环胺后所进行的啮齿类动物致癌试验得到阳性结果以来，该实验作为遗传毒理学预测致癌物针对性强，经试验大部分杂环胺致癌性具有多种靶器官。各杂环胺致癌靶器官在不同种属间的差别可能是由于不同种属各器官对杂环胺的代谢活化或灭活作用不同，或致癌物DNA加合物的转归不同所致。

食品中杂环胺的测定主要有高效液相色谱法的二极管阵列、荧光、电化学或质谱的分析手段，以液-液萃取和固相萃取为净化方式，可采用固相萃取柱，硅藻土柱、硅胶柱、C_{18}硅胶柱和阳离子交换柱净化处理。

2.食品中杂环胺的固相萃取-高效液相色谱法检测技术

（1）方法目的。利用高效液相色谱法分析食品中杂环胺类物质。

（2）原理。样品先用甲醇提取，再经固相萃取柱萃取，然后经过洗脱、浓缩等处理，最后用高效液相色谱仪检测杂环胺的含量。

（3）试剂材料。二氯甲烷，已烷，甲醇，三乙胺，乙腈，磷酸，氢氧化钠，标准杂环胺。

（4）仪器设备。高效液相色谱仪-二极管阵列检测器、固相萃取柱、pH计。

（5）分析条件。反相苯基柱（orbas SBPheny 15 μm，46 mm×250 mm）或反相C_{18}柱（Chrospher RP18e 5 μm，4 mm×125 mm）；流动相：0.01 mol/L三

乙胺(磷酸调节 pH 3)-乙腈,梯度洗脱,在30 min内梯度由95∶5到65∶35(若为C_{18}柱,在20 min内梯度由95∶5到70∶30);检测器:采用HPLC-Z极管阵列检测器检测;扫描波长为220 ~400 nm,检测波长为265 nm,检测温度为室温。

(6)分析步骤。

1)称取样品0.5 g,用0.7 mL 1 mol/L氢氧化钠与0.3 mL甲醇溶液提取,离心,取上清液上LiChrolutEN的固相萃取柱(固相萃取柱用3 mL 0.1 mol/L氢氧化钠预平衡)。

2)洗脱:用甲醇-氢氧化钠(55∶45)3 mL洗脱,除去亲水性杂质;用已烷0.7 mL洗脱2次;用乙醇-已烷(20∶80)0.7 mL洗脱2次,除去疏水性杂质;用甲醇-氢氧化钠(55∶45)3 mL溶液洗脱;再用已烷0.7 mL洗脱2次;最后用乙醇-二氯甲烷(10∶90)0.5 mL洗脱3次。

3)洗脱液用N_2浓缩至近干,用三乙胺(用磷酸调节pH为3)-乙腈(50∶50)100 μL定容。

(7)方法分析及评价。本法以肉提取液为基质,变异系数为3% ~5%,极性杂环胺IQ、MeIQ、MeIQx、IQx的回收率为62% ~95%,检出限为3 ng/g;非极性杂环胺PhIP、MeAaC的回收率为79%,检出限为9 ng/g。

四、食品中氯丙醇的检测技术

1.氯丙醇的特征及危害评价

人们关注氯丙醇是因为3-氯-1.2-丙二醇(3-MCPD)和1.3-二氯-2-丙醇(1.3-DCP)具有潜在致癌性,其中1.3-DCP属于遗传毒性致癌物。由于氯丙醇的潜在致癌、抑制男子精子形成和肾脏毒性,国际社会纷纷采取措施限制食品中氯丙醇的含量。

氯丙醇是甘油(丙三醇)上的羟基被氯取代1 ~2个所产生的一类化合物的总称。氯丙醇化合物均比水重,沸点高于100 ℃,常温下为液体,一般溶于水、丙酮、苯、甘油乙醇、乙醚、四氯化碳或互溶。因其取代数和位置的不同形成4种氯丙醇化合物:单氯取代的氯代丙二醇,有3-氯-1,2-丙二醇(3-MCPD)和2-氯-1,3-丙二醇(2-MCPD);双氯取代的二氯丙醇,有1.3-二氯-2-丙醇(1.3-DCP或DC2P)和2,3-二氯-1-丙醇。

天然食物中几乎不含氯丙醇,但随着盐酸水解蛋白质的应用,就产生了氯丙醇。它易溶于水,特别是在水相中的3-MCPD很难用溶剂或者液-液分配的方法提取,一般是用液-固柱层析的方法提取。有报道表明水相样品用乙酸乙酯洗脱比用乙醚洗脱其洗脱液中含水量低,有利于后续的操作。另外还有一个关键点是由于氯丙醇易挥发,在浓缩溶剂时,注意不能蒸干。采用衍生化的方法(衍生试剂有七氟丁酰咪唑(HFBI)、苯硼酸钠等),反应一般在 70 ℃进行。

氯丙醇的化学结构简单,允许的限量较低,必须低于 10 μg/kg,这对分析方法要求很高。3-MCPD 分子缺少发色团,沸点高。因此用液相色谱紫外检测不理想,而直接用气相色谱测定比较困难。最初采用二氯荧光黄喷雾的薄层层析法测定 HVP 中的 mg/kg 级的 3-MCPD 酯,但该法只能半定量。目前国际公认的 AOAC 2001.01 方法检测限可达到 10 μg/kg,基本可以满足对 3-MCPD 的控制要求。

2. 食品中氯丙醇的气相色谱-质谱法检测技术

(1)方法目的。学习气相色谱-质谱法分析食品中 3-MCPD 原理方法。

(2)原理。利用同位素稀释技术,以氘代-3-氯-1.2-丙二醇(d_5-3-MCPD)为内标定量。样品中加入内标溶液,以 Extrelut 3RRNT 为吸附剂采用柱色谱分离,正己烷-乙醚(9∶1)洗脱样品中非极性的脂质组分,乙醚洗脱样品中的 3-MCPD,用七氟丁酰咪唑(HFBI)溶液为衍生化试剂,采用 SIM 的质谱扫描模式进行定量分析,内标法定量。

(3)适用范围。本法适用于水解植物蛋白液、调味品、淀粉、谷物等食品中的 3-MCPD 的含量测定。

(4)试剂材料。d5-3-MCPD 标准品,氯化钠,正己烷,乙醚,无水硫酸钠。

(5)仪器设备。液相色谱-质谱仪,离心机,旋转蒸发仪,DB-5MS 色谱柱(30 m×0.25 mm×0.25 μm),ExtrelutRRNT 柱。

(6)分析条件。DB-5MS 色谱柱(30 m×0.25 mm×0.25 μm);进样口温度 230 ℃;传输线温度 250 ℃;程序温度 50 ℃保持 1 min,以 2 ℃/min 速度上升至 90 ℃,再以 40 ℃/min 上升至 250 ℃,并保持 5 min;载气为氦气,柱前压为 41.36 kPa;不分流进样,进样体积 1 μL。

质谱条件:能量 70eV,离子源温度 200 ℃,分析器(电子倍增器)电压 450V,溶剂延迟 10 min,质谱采集时间 12 ~ 18 min,扫描方式 SIM。

(7)分析步骤。

1)样品制备。液体样品固体与半固体植物水解蛋白:称取样品 4.0 ~

10.0 g,置于100 mL烧杯中,加3-MCPD内标溶液(10 mg/L)50 μL。加饱和氯化钠溶液6 g,超声处理15 mino

香肠或奶酪:称取样品10.0 g,置于100 mL烧杯中,加 d_5-3-MCPD内标溶液(10 mg/L>50 μL,加饱和氯化钠溶液30. Og,混匀,离心(3500r/min)20 min,取上清10.0 g。

面粉或淀粉或谷物或面包,称取样品5.0 g,置于100 mL烧杯中,加 d_5-3-MCPD内标溶液(10 mg/L)50 μL,加饱和氯化钠溶液15.0 g,放置过夜。

2)样品萃取。将10.0 g Extrelut NT柱填料分成两份,取其中一份加到样品溶液中,混匀,将另一份柱填料装入层析柱中(层析柱下端填以玻璃棉)。将样品与吸附剂的混合物装入层析柱中,上层加1 cm高度的无水硫酸钠15.0 g,放置15 min,用正己烷-乙醚80 mL洗脱非极性成分,并弃去。用乙醚250 mL洗脱3-MCPD(流速约为8 mL/min)。在收集的乙醚中加入无水硫酸钠15.0 g,放置10 min后过滤。滤液于35 ℃温度下旋转蒸发至约2 mL,定量转移至5 mL具塞试管中,用乙醚稀释至4 mL。在乙醚中加入少量无水硫酸钠,振摇,放置15 min以上。

3)衍生化。移取样品溶液1 mL,置于5 mL具塞试管中,并在室温下用氮气蒸发器吹至近干,立即加入2,2,4-三甲基戊烷ImU用气密针或微量注射器加入HFBI 0.05 mL,立即密塞。旋涡混匀后,于70 ℃保温20 min。取出后放置室温,加饱和氯化钠溶液3 mL,旋涡混合30 s,使两相分离。取有机相加无水硫酸钠约为0.3 g干燥。将溶液转移至自动进样的样品瓶中,供GC-MS测定。

4)空白样品制备。称取饱和氯化钠溶液10 mL,置于100 mL烧杯中,加 d_5-3-MCPD内标溶液(10 mg/L)50 μL,超声15 min,以下步骤于样品萃取及衍生化方法相同。

5)标准系列溶液的制备。吸取标准系列溶液各0.1 mL,加 d_5-3-MCPD内标溶液(10 mg/L)10 mL,加入2,2,4-三甲基戊烷0.9 mL,用气密针加入HFBI 0.5 mL,立即密塞。以下步骤与样品的衍生化方法相同。

6)GC-MS测定。采集3-MCPD的特征离子m/z 253、257、289、291、453和 d_5-3-MCPD的特征离子m/z 257、294、296和m/z 456。选择不同的离子通道,以m/z 253作为3-MCPD的定量离子,m/z 257作为d5-3-MCPD的定量离子,以m/z 253、257、289、291和m/z 453作为3-MCPD的鉴别离子,参考个碎片离子与m/z 453离子的强度比,要求四个离子(zn/z 253、257、289、

291)中至少两个离子的强度比不超过标准溶液的相同离子强度比的±20%。

7)样品溶液 1 μl 进样。3-MCPD 和 d_5-3-MCPD 的保留时间约为 16 min。记录3-MCPD 和(d_5-3-MCPD 的峰面积。计算 3-MCPD(w/z 253)和 d_5-3-MCPD(m/z 257)的峰面积比,以各系列标准溶液的进样量(ng)与对应的 3-MCPD(m/z 253)和 d_5-3-MCPDdm/z 257)的峰面积比绘制标准曲线。

(8)结果参考计算。内标法计算样品中 3-MCPD 的含量的公式如下:

$$X = Af/m$$

式中:X 为样品中 3-MCPD 的含量,μg/kg 或 μg/L;A 为试样色谱峰与内标色谱峰的峰面积比值对应的中 3-MCPD 质量,ng;f 为样品稀释倍数;m 为样品的取样量。

(9)误差分析及注意事项。计算结果保留 3 位有效数字,在重复性条件下获得的两次独立测定结果的绝对差值不得超过算术平均值的 20%。

五、食品中丙烯酰胺的检测技术分析

1. 丙烯酰胺的特征及危害分析

它为结构简单的小分子化合物,相对分子质量 71.09,分子式为 $CH_2CHCONH_2$ 沸点 125 ℃,熔点 87.5 ℃。丙烯酰胺是制造塑料的化工原料,为已知的致癌物,并能引起神经损伤。

2. 食品中丙烯酰胺的高效液相色谱-串联质谱法分析

(1)方法目的。掌握高效液相色谱-串联质谱分析食品中丙烯酰胺的方法原理。

(2)原理。通过正己烷脱脂、氯化钠提取、乙酸乙酯萃取以及 Oasis HLB 固相萃取柱净化和样品的分离等操作,以内标法定量,检测食品中丙烯酰胺的残留量。

(3)适用范围。本法适用于高温加热食品中丙烯酰胺的痕量分析。

(4)试剂材料。丙烯酰胺标准品(纯度>99.8%)、[$^{13}C_3$]-丙烯酰胺、甲醇(色谱纯)、甲酸。

(5)仪器设备。高效液相色谱-串联质谱仪、高速冷冻离心机、旋转蒸发仪、氮吹浓缩仪。

(6)分析条件。色谱条件:ACQUITY UPLC HSS T3 色谱柱(2.1 mm×150 mm,粒径1.8 μm);色谱柱温度 30 ℃;样品温度 25 ℃;流动相 0.1% 甲

酸-甲醇(90∶10);流速0.15 mL/min;进样量10 μL。

质谱条件:电喷雾电离(ESI-模式),离子源温度120 ℃,脱溶剂化温度350 ℃,毛细管电压3.50 kV,锥孔电压50V,碰撞能量均为13eV,测定方式MRM方式。

(7)分析步骤。

1)样品前处理。称取2.0 g经研磨粉碎后的样品(精确至1 mg)置于50 mL带盖聚丙烯离心管中,加入0.4 mL 1 μg/mL的[$^{13}C_3$]-丙烯酰胺内标标准液,静置20 min。对于不同基质的样品前处理过程有所不同,样品分为高脂和低脂两类,对于含油脂高的样品需先经过脱脂过程,在提取前加入脱脂溶剂,充分混匀并超声处理10 min,取出后弃去脱脂溶剂层,重复上述脱脂过程1次,然后进行后续提取过程。对于低脂含量的样品可直接向样品中加入一定比例的提取溶剂,即氯化钠溶液,充分混匀并超声20 min,取出后离心,将上层清液转移至分液漏斗中,重复上述提取过程,并将离心后的上清液与前次样液合并,混匀备用。

样品提取液中加入乙酸乙酯充分萃取3次,将乙酸乙酯层合并至圆底烧瓶中,置于旋转蒸发仪上,在50 ℃水浴中减压浓缩至约1 mL,将浓缩液转移至10 mL试管中,在圆底烧瓶中加入少量乙酸乙酯充分洗涤3次,将洗涤液合并至试管中,50 ℃氮气吹干,再加入1.5 mL蒸馏水重溶并涡流混合。重溶液过0.22 μm微孔滤膜过滤器,再进行固相萃取(固相萃取柱事先用5 mL甲醇活化和5 mL蒸馏水平衡),2 mL水洗脱,收集洗脱液上机测定。

2)样品的测定。

定性分析:在相同试验条件下,样品中待测物与同时检测的标准物质具有相同的保留时间,并且非定量离子对与定量离子对色谱峰面积的比值相对偏差小于20%,则可判定为样品中存在该残留。

定量分析:按照上述超高效液相色谱-串联质谱条件测定样品和标准工作溶液,以色谱峰面积按内标法定量,以[$^{13}C_3$]-丙烯酰胺为内标物计算丙烯酰胺残留量。结果按内标法计算,也可按下式计算。

$$X = c \times c_i \times A \times A_{si} \times V_1/(c_{si} \times A_i \times A_s \times W)$$

式中:X为样品中丙烯酰胺的含量;c为丙烯酰胺标准工作液的浓度;c_{si}为标准工作液中内标物的浓度;c_i为样品中内标物的浓度;A为样液中丙烯酰胺的峰面积;A_s为丙烯酰胺标准工作液的峰面积;A_{si}为标准工作液中内标物的峰面积;A_i为样液中内标物的峰面积;V为样品定容体积;W为称

样量。

（8）误差分析注意事项。高温加热食品中的丙烯酰胺，在 10～1 000 μg/kg 范围内具有较好的线性相关性，该法的定性最小检出限为 5 μg/kg，定量最小检出限为 10 μg/kg，相对标准偏差<10%，该方法灵敏度高，适合痕量分析。需要注意的是样品过柱时最好使其自然下滴，采用加压或者抽真空的方式都可能影响其回收率。

六、食品中甲醛的检测技术分析

1. 甲醛的特征及危害评价

它是无色、具有强烈气味的刺激性气体，其化学式为 CH_2O，相对分子质量为 30.03，常温下为无色、有辛辣刺鼻气味的气体。沸点−19.5 ℃，熔点为−92 ℃。甲醛 35%～40% 的水溶液称为福尔马林。近几年来，个别不法商贩在加工食品过程中，非法添加甲醛来改善食品的外观和延长保存时间。例如在米粉、腐竹等食品的加工过程中加入甲醛次硫酸钠来漂白，水发食品中加入甲醛，可使水发食品较久保存且色泽美观。但甲醛进入人体会严重影响人们的身体健康，所以，必须加强对食品中甲醛的检测。

2. 食品中甲醛的高效液相色谱法分析

（1）方法目的。采用液相色谱法分析食品中甲醛残留物。

（2）原理。对样品进行提取、用氯仿抽提等操作，最后将滤液经液相色谱测定其含量。

（3）试剂材料。甲醇、氯仿、2，4−二硝基苯肼、甲醛标准品、无水硫酸钠、硫代硫酸钠、氢氧化钠、硫酸、淀粉以及碘标准溶液。

（4）仪器设备。液相色谱仪；色谱柱：分析柱 Micropak MCH−5 N−Cap；保护柱 MC−5；紫外检测器；水蒸气蒸馏装置。

（5）分析条件。流动相为甲醇−水（57∶43）；流速 0.5 mL/min；柱温 30 ℃；压力 138 kg/cm^2；波长 348 nm；灵敏度 0.05AUFS。

（6）分析步骤。取 50 mL 样品于蒸馏瓶中加水 50 mL，另分别吸取甲醛标准应用液（10 g/mL）0.0 mL、0.5 mL、1.0 mL、2.0 mL、3.0 mL，4.0 mL 于蒸馏瓶中，加水至 100 mL。样品及标准均加磷酸 2 mL，分别进行水蒸气蒸馏，将冷凝管口插入吸收液下端，收集馏出液 100 mL 移入 125 mL 分液漏斗中，振摇 2 min，静置分层，收集氯仿液，再用氯仿提取两次，每次 10 mL；合并氯仿液，用盐酸酸化（pH5）的水 30 mL 洗涤氯仿液，氯仿通过无水硫酸钠过滤于蒸发器中，挥干，用氯仿处理定容各至2 mL混匀，取0.4 μm滤膜过滤，滤液作进样用，同时做空白实验。取上述处理好的空白、标准、样品分别进样20 μL，根据保留时间定性，记录其峰高，外标法定量。根据样品，空白的峰高在工作曲线上查出相当于甲醛的量并按下式计算出每升样品中所含甲醛的毫克数。

(7)结果参考计算，公式如下。

$$甲醛(mg/L)=(A_x-A_o)\times V_2\times 1000/(V_x\times V_3\times 1000)$$

式中，A_x 为测定用样液中甲醛的含量；A_o 为试剂空白液中甲醛的含量；V_x 为取样体积；V_2 为样品处理后定容体积；V_3 为进样量。

(8)方法分析及评价

本法具有精密度好，回收率高，性能稳定，快速分析，结果准确等特点，甲醛衍生与提取步骤简便、易操作，样品中被测组分保留时间短，节省了大量的分析时间，用于检测食品中的甲醛含量有着较高的使用价值。

第二节　包装材料有害物质的检测

一、食品包装材料及容器的评价

食品包装是指采用适当的包装材料、容器和包装技术，把食品包裹起来，以使食品在运输和贮藏过程中保持其价值和原有的状态。食品包装可将食品与外界隔绝，防止微生物以及有害物质的污染，避免虫害的侵袭。同时，良好的包装还可起到延缓脂肪的氧化，避免营养成分的分解，阻止水分、香味的蒸发散逸，保持食品固有的风味、颜色和外观等作用。

食品包装材料及容器很多，最常用的是玻璃、塑料、纸、金属及陶瓷等。

(1)玻璃。玻璃种类很多，主要组成是二氧化硅、氧化钾、三氧化二铝、氧化钙、氧化锰等。张力为3.5～8.8 kg/mm^2，抗压力为60～125 kg/mm^2。玻璃传热性较差，比热较大，是铁的1.5倍，具有良好的化学稳定性，盛放食品时重金属的溶出性一般为0.13～0.04 mg/L，比陶瓷溶出量(2.72～0.08 mg/L)低，安全性高。由于玻璃的弹性和韧性差，属于脆性材料，所以抗冲击能力较弱。

(2)塑料。目前我国规定，可用于接触食品的塑料是聚乙烯、聚丙烯、聚苯乙烯和三聚氰胺等，这些食品用塑料包装后，具有以下特点：不透气及水蒸气；内容物几乎不发生化学作用，能较长期保持内容物质量；封口简便牢固；透明，可直观地看到内容物；开启方便，包装美观，并具有质量轻、不生锈、耐腐蚀、易成型、易着色、不导电的特点。

塑料作为包装材料的主要缺点是：强度不如钢铁；耐热性不及金属和玻璃；部分塑料含有有毒助剂或单体，如聚氯乙烯的氯乙烯单体，聚苯乙烯的乙苯、乙烯；另外塑料产品中也会残留一些有害物质，如印刷油墨中的合成染料、重金属和有机溶剂等。食品包装用塑料一般禁止使用铅、氯化镉等稳定剂，相关标准指标中的重金属即与此有关；另外塑料易带静电；废弃物处理困难，易造成公害等。

(3)纸。纸是食品行业使用最广泛的包装材料，大致可分为内包装和外包装两种，内包装有原纸、脱蜡纸、玻璃纸、锡纸等。外包装主要是纸板、印刷纸等。纸包装简便易行，表面可印刷各种图案和文字，形成食品特有标识。包装废弃纸易回收，再生产其他用途纸。

纸包装的以上优点使其受到广泛的青睐，但它也有不足之处，如刚性不足、密封性、抗湿性较差；涂胶或者涂蜡处理包装用纸的蜡纯净度还有一些不能达到标准要求，经过荧光增白剂处理的包装纸及原料中都含有一定量易使食品受到污染的化学物。只有不断改进纸的性能，开发新的产品才能适应新产品日新月异的包装要求。

(4)金属。在食品领域，金属容器大量地被用来盛装食品罐头、饮料、糖果、饼干、茶叶等等。金属容器的材料基本上可分为钢系和铝系两大类。金属以各种形式及规格的罐包装，主要采用全封闭包装，包装避光、避气、避微生物，产品保质期长，易储藏运输，有的金属罐表面还能彩印，外形美观。这种包装形式，从保藏食品角度看，是最好的包装形式之一。金属容器较纸和塑料重，成本相对也较高。由于金属材料的化学稳定性较差，耐酸、碱能力较弱，特别易受酸性食品的腐蚀。因此，常需内涂层来保护，但内涂层在出现缝隙、弯曲、折叠时也可能有溶出物迁移到食品内，这是金属材料的缺点。

(5)陶瓷。陶瓷是我国使用历史最悠久的一类包装容器材料，其具有耐火、耐热、隔热、耐酸、透气性低等优点，可制成形状各异的瓶、罐、坛等。由于陶瓷原料丰富，废弃物不污染环境，与其他材料相比，更能保持食品的风味，包装更具民族特色，因而颇受消费者欢迎。然而，陶瓷容器易破碎，且通常质量较大，携带不便，同时不透明，无法对包装在内的食品进行观察，生产率低且一般不能重复使用，所以成本较高；另外，从安全角度而言，陶瓷制品在制作过程中必须上釉，而所使用釉彩含有较高浓度的铅（Pb）、镉（Cd）等重金属，与食品接触时表层釉可能会有铅、镉的溶出，造成食品污染，对人体健康造成危害。陶瓷的这些缺点，在一定程度上限制了其在食品包装中的应用。

二、食品包装材料检测技术

食品包装材料和容器的检测是保证食品包装安全的技术基础，是贯彻执行相关包装标准的保证。为了这个目的，各国制定的食品接触材料和容器的包装标准都具有可操作性，并制定了与之配套的相应的检测方法。

1. 食品包装材料蒸发残渣分析

（1）方法目的。模拟检测水、酸、酒、油等食品接触包装材料后的溶出情况。

（2）原理。蒸发残渣是指样品经用各种浸泡液浸泡后，包装材料在不同浸泡液中的溶出量。用水、4%乙酸、65%乙醇、正己烷4种溶液模拟水、酸、酒、油四类不同性质的食品接触包装材料后包装材料的溶出情况。

（3）适用范围。聚乙烯、聚苯乙烯、聚丙烯为原料制作的各种食具、容器及食品包装薄膜或其他各种食品用工具、管道等制品。

（4）试剂材料。水、4%乙酸、65%乙醇、正己烷、移液管等。

（5）仪器设备。烘箱、干燥器、水浴锅、天平等。

（6）分析步骤。

1）取样。每批按1%。取样品，小批时取样数不少于10只（以500 mL/只计：小于500 mL/只时，样品应相应加倍取量），样品洗净备用。用4种浸泡液分别浸泡2 h。按每平方厘米接触面积加入2 mL浸泡液；或在容器中加入浸泡液至2/3～4/5容积。浸泡条件：60 ℃水，保温2 h；60 ℃的4%乙酸，保温2 h；65%乙醇室温下浸泡2 h；正己烷室温下浸泡2 h。

2）测定。取各浸泡液200 mL，分次置于预先在100 ℃±5 ℃干燥至恒重的50 mL玻璃蒸发皿或恒重过的小瓶浓缩器中，在水浴上蒸干，于100 ℃±5 ℃干燥2 h，在干燥器中冷却0.5 h后称量，再于100 ℃±5 ℃干燥1 h，取出，在干燥器中冷却0.5 h，称量。

（7）结果参考计算

$$X = (m_1 - m_2) \times 1000/200$$

式中：X为样品浸泡液蒸发残渣；m_1为样品浸泡液蒸发残渣质量；m_2为空白浸泡液的质量。计算结果保留3位有效数字。

(8)方法分析与评价。

1)浸泡实验实质上是对塑料制品的迁移性和浸出性的评价。当直接接触时包装材料中所含成分(塑料制品中残存的未反应单体以及添加剂等)向食品中迁移,浸泡试验对上述迁移进行定量的评价,即了解在不同介质下,塑料制品所含成分的迁移量的多少。

2)蒸发残渣代表向食品中迁移的总可溶性及不溶性物质的量,它反映食品包装袋在使用过程中接触到液体时析出残渣、重金属、荧光性物质、残留毒素的可能性。

3)因加热等操作,一些低沸点物质(如乙烯、丙烯、苯乙烯、苯及苯的同系物)将挥发散逸,沸点较高的物质(二聚物、三聚物,以及塑料成形加工时的各种助剂等)以蒸发残渣的形式滞留下来。应当指出,实际工作中蒸发残渣往往难以衡量。因此,仅要求在2次烘干后进行称量。

4)在重复条件下获得的两次独立测定结果的绝对差值不得超过算术平均值的10%。

2. 食品包装材料脱色试验分析

(1)适用范围。适用于聚乙烯、聚氯乙烯、聚苯乙烯、聚丙烯树脂以及这些物质为原料制造的各种食具、容器及食品包装薄膜或其他各种食品用工具、用器等制品。

(2)方法目的。以感官检验,了解着色剂向浸泡液迁移的情况。

(3)原理。食品接触材料中的着色剂溶于乙醇、油脂或浸泡液,形成肉眼可见的颜色,表明着色剂溶出。

(4)试剂材料。冷餐油,65%乙醇,棉花,四种浸泡液(水、4%乙酸、65%乙醇、正己烷)。

(5)分析步骤。取洗净待测食具一个,用沾有冷餐油、乙醇(65%)的棉花,在接触食品部位的小面积内,用力往返擦拭100次。用4种浸泡液进行浸泡,浸泡条件:60 ℃水,保温2 h;60 ℃的4%乙酸,保温2 h;65%乙醇室温下浸泡2 h;正己烷室温下浸泡2 h。

(6)结果判断。棉花上不得染有颜色,否则判为不合格。4种浸泡液(水、4%乙酸、65%乙醇、正己烷)也不得染有颜色。

(7)方法分析与评价。塑料着色剂多为脂溶性,但也有溶于4%乙酸及水的，这些溶出物往往是着色剂中有色不纯物。着色剂迁移至浸泡液或擦拭试验有颜色脱落，均视为不符合规定。日本脱色试验是将四种浸泡液（水、4%乙酸、20%乙酸、正庚烷）置于50 mL比色管中，在白色背景下，观察其颜色，以判断着色剂是否从聚合物迁移至食品中。

3. 食品包装材料重金属分析

（1）适用范围。适用于以聚乙烯、聚氯乙烯、聚丙烯、聚苯乙烯树脂及这些物质为原料制造的各种食具、容器及食品用包装薄膜或其他各种食用工具、用器等制品中的重金属溶出量检测。

（2）方法目的。模拟检测酸性物质接触包装材料后重金属的溶出情况。

（3）原理。浸泡液中重金属（以铅计）与硫化钠作用，在酸性溶液中形成黄棕色硫化铅，与标准比较不得更深，即表示重金属含量符合要求。

（4）试剂。

1）硫化钠溶液：称取5.0 g硫化钠，溶于10 mL水和30 mL甘油的混合液中，或将30 mL水和90 mL甘油混合后分成二等份，一份加5.0 g氢氧化钠溶解后通入硫化氢气体（硫化铁加稀盐酸）使溶液饱和后，将另一份水和甘油混合液倒入，混合均匀后装入瓶中，密塞保存。

2）铅标准溶液：准确称取0.0799 g硝酸铅，溶于5 mL的0%硝酸中，移入500 mL容量瓶内，加水稀释至刻度。此溶液相当于100 μg/mL铅。

3）铅标准使用液：吸取10 mL铅标准溶液，置于100 mL容量瓶中，加水稀释至刻度。此溶液相当于10 μg/mL铅。

（5）仪器设备。天平、容量瓶、比色管等。

（6）分析步骤。吸取20 mL的4%乙酸浸泡液于50 mL比色管中，加水至刻度；另取2 mL铅标准使用液加入另一50 mL比色管中，加20 mL的4%乙酸溶液，加水至刻度混匀。两比色管中各加硫化钠溶液2滴，混匀后，放5 min，以白色为背景，从上方或侧面观察，样品呈色不能比标准溶液更深。

（7）结果参考计算。若样品管呈色大于标准管样品，重金属（以Pb计）报告值>1。

（8）方法分析与评价。

1）从聚合物中迁移至浸泡液的铅、铜、汞、锑、锡、砷、锡等重金属的总量，在本试验条件下，能和硫化钠生成金属硫化物（呈现褐色或褐色）的上述重金属，均以铅计。

2）对铅而言本法灵敏度为10～20 μg/50 mL。

3)食品包装用塑料材料的重金属来源有两方面,首先,塑料添加剂(如稳定剂、填充剂、抗氧化剂等)使用不当。如硬脂酸铅、镉化合物,用于食品包装树脂;含重金属的化合物作为颜料或着色剂,都将使聚合物重金属增量。其次,聚合物生产过程中的污染,也能使聚合物含有较高的重金属,如管道、机械、器具的污染。

4)食品包装材料中重金属其他分析技术可参考原子吸收光谱法和原子荧光光谱法等技术。

4. 食品包装材料中丙烯腈残留气相色谱法检测技术

食品包装材料(塑料、树脂等聚合物)中的未聚合的单体、中间体或残留物进入食品,往往造成食品的污染。丙烯腈聚合物中的丙烯腈单体,由于具有致癌作用,关于以丙烯腈(AN)为基础原料的塑料包装材料对食品包装的污染问题已受到广泛关注。有研究曾对此类包装材料中的奶酪、奶油、椰子乳、果酱等进行了分析,证明丙烯腈能从容器进入食品,并证明在这些食品中丙烯腈的分布是不均匀的。我国食品用橡胶制品安全标准中规定了接触食品的片、垫圈、管以及奶嘴制品中残留丙烯腈单体的限量。以下介绍顶空气相色谱法(HP-GC)测定丙烯腈-苯乙烯共聚物(AS)和丙烯腈-丁二烯-苯乙烯共聚物(ABS)中残留丙烯腈,分别采用氮-磷检测器法(NPD)和氢火焰检测器法(FID)。

(1)适用范围。适用于丙烯腈-苯乙烯以及丙烯腈-丁二烯-苯乙烯树脂及其成型品中残留丙烯腈单体的测定,也适用于橡胶改性的丙烯腈-丁二烯—苯乙烯树脂及成型品中残留丙烯腈单体的测定。

(2)方法目的。了解气相色谱检测食品包装材料的片、垫圈、管及奶嘴制品中残留丙烯腈单体的方法。

(3)原理。将试样置于顶空瓶中,加入含有已知量内标物丙腈(PN)的溶剂,立即密封,待充分溶解后将顶空瓶加热使气液平衡后,定量吸取顶空气进行气相色谱(NPD)测定,根据内标物响应值定量。

(4)试剂材料。

1)溶剂 N,N-二甲基甲酰胺(DMF)或 N,N-二甲基乙酰胺(DMA),要求溶剂顶空色谱测定时,在丙烯腈(AN)和丙腈(PN)的保留时间处不得出现干扰峰。

2)丙腈、丙烯腈均为色谱级。丙烯腈标准贮备液:称取丙烯腈 0.05 g,加 N,N-二甲基甲酰胺稀释定容至 50 mL,此储备液每毫升相当于丙烯腈 1.

0 mg,贮于冰箱中。丙烯腈标准浓度:吸取储备液 0.2 mL、0.4 mL、0.6 mL、0.8 mL、1.6 mL。分别移入 10 mL 容量瓶中,各加 N,N-二甲基甲酰胺稀释至刻度,混匀(丙烯腈浓度 20 μg,40 μg,60 μg,80 μg,160 μg)。

3)溶液 A。准备一个含有已知量内标物(PN)聚合物溶剂。用 100 mL 容量瓶,事先注入适量的溶剂 DMF 或 DMA 稀释至刻度,摇匀,即得溶液 A。计算出溶液 A 中 PN 的浓度(mg/mL)。

4)溶液 B。准确移取 15 mL 溶液 A 置于 250 mL 容量瓶中,用溶剂 DMF 或 DMA 稀释到体积刻度,摇匀,即得溶液 B。此液每月配制一次,如下计算溶液 B 中 PN 的浓度:

$$c_B = c_A \times 15/250$$

式中: c_A 为溶液 B 中 PN 浓度; c_B 为溶液 A 中 PN 浓度。

5)溶液 C。在事先置有适量溶剂 DMF 或 DMA 的 50 mL 容量瓶中,准确称入约 150 mg 丙烯腈(AN),用溶剂 DMF 或 DMA 稀释至体积刻度,摇匀,即得溶液 C。计算溶液 C 中 AN 的浓度(mg/mL)。此溶液每月配制 1 次。

(5)仪器设备。气相色谱仪,配有氮-磷检测器的。最好使用具有自动采集分析顶空气的装置,如人工采集和分析,应拥有恒温浴,能保持 90 ℃ ± 1 ℃;采集和注射顶空气的气密性好的注射器;顶空瓶瓶口密封器;5.0ml 顶空采样瓶;内表面覆盖有聚四氟乙烯膜的气密性优良的丁基橡胶或硅橡胶。

(6)气相色谱条件。色谱柱:3 mm×4 m 不锈钢质柱,填装涂有 159% 聚乙二醇-20M 的 101 白色酸性担体(60 ~ 80 目);柱温:130 ℃;汽化温度:180 ℃;检测器温度:200 ℃;氮气纯度:99.999%,载气氮气(N_2)流速:25 ~ 30 mL/min;氢气经干燥、纯化;空气经干燥、纯化。

(7)分析步骤。

1)试样处理。称取充分混合试样 0.5 g 于顶空瓶中,向顶空瓶中加 5 mL 溶液 B,盖上垫片、铝帽密封后,充分振摇,使瓶中的聚合物完全溶解或充分分散。

2)内标法校准。于 3 只顶空气瓶中各移入 5 mL 溶液 B,用垫片和铝帽封口;用一支经过校准的注射器,通过垫片向每个瓶中准确注入 10 μL 溶液 C,摇匀,即得工作标准液,计算标准液中 AN 的含量 m_i 和 PN 的含量 m_s 。

$$m_i = V_c \times c_{AN}$$

式中: m_i 为工作标准液中 AN 的含量 ; V_c 为溶液 C 的体积 ; c_{AN} 为溶液 C 中 AN 的浓度。

$$m_s = V_B \times c_{PN}$$

式中：m_s 为工作标准液中 PN 的含量；V_B 为溶液 B 的体积；c_{PN} 为溶液 B 中 PN 的浓度。

取 2.0 mL 标准工作液置顶空瓶进样，由 AN 的峰面积 A_i 和 PN 的峰面积 A_s 以及它们的已知量确定校正因子 A_s：

$$R_f = m_i \times A_s / (m_s \times A_i)$$

式中：R_f 为校正因子；m_i 为工作标准液中 AN 的含量；A_s 为 PN 的峰面积；m_s 为工作标准液中 PN 的含量；A_i 为 AN 的峰面积。

例如：丙烯腈的质量 0.030 mg，峰面积为 21 633；丙腈的质量 0.030 mg，峰面积为 22 282。

$$R_f = 0.030 \times 22282 / (0.030 \times 21633) = 1.03$$

3）测定。把顶空瓶置于 90 ℃的浴槽里热平衡 50 min，用一支加过热的气体注射器，从瓶中抽取 2 mL 已达气液平衡的顶空气体，立刻由气相色谱进行分析。

（8）结果参考计算，公式如下。

$$c = m'_s \times A'_i \times R_f \times 1000 / (A'_s \times m)$$

式中：c 为试样含量；A'_i 为试样溶液中 AN 的峰面积或积分计数；A'_s 为试样溶液中 PN 的峰面积或积分计数；m'_s 为试样溶液中 PN 的量；R_f 为校正因子；m 为试样的质量。

（9）方法分析与评价。

1）在重复性条件下获得的两次独立测定结果的绝对差值不得超过其算术平均值的 15%。本法检出限为 0.5 mg/kg。

2）取来的试样应全部保存在密封瓶中。制成的试样溶液应在 24 h 内分析完毕，如超过 24 h 应报告溶液的存放时间。

3）气相色谱氢火焰检测器法（FID）分析丙烯腈可参考此方法。色谱条件为 4 mm×2 m 玻璃柱，填充 GDX-102（60～80 目）；柱温 170 ℃；汽化温度 180 ℃；检测器温度 220 ℃；载气氮气（N_2）流速 40 mL/min；氢气流速 44 mL/min；空气流速：500 mL/min；仪器灵敏度：10^1；衰减：1。

第三节　接触材料有害物质的检测

一、食品接触材料评价

食品直接或间接接触的材料必须足够稳定，以避免有害成分向食品迁移的含量过高而威胁人类健康，或导致食品成分不可接受的变化，或引起食品感官特性的劣变。活性和智能食品接触材料和制品不应改变食品组成、感官特性，或提供有可能误导消费者的食品品质信息。评估食品接触材料的安全性，需要毒理学数据和人体暴露后潜在风险的数据。但是人体暴露数据不易获得。因此，多数情况参考迁移到食品或食品类似物的数据，假定每人每天摄入含有此种食品包装材料的食品的最大量不超过1 kg，迁移到食品中的食品包装材料越多，需要的毒理学资料越多。当食品包装材料中迁移量5～60 mg/kg为高迁移量，介于0.05～5 mg/kg的食品包装材料为普通迁移量，迁移量小于0.05 mg/kg食品包装材料为低迁移量。高迁移量食品包装材料通常需进行毒理学方面的安全性评价。

由于食品接触材料中物质的迁移往往是一个漫长的过程，在真实环境下进行分析难度较大，并且也不可能总是利用真实食品来进行食品接触材料的检测，因此，国际上测定食品包装材料中化学物迁移的方法通常是根据被包装食品的特性，选用不同的模拟溶媒（也称食品模拟物），在规定的特定条件下进行试验，以物质的溶出量表示迁移量。

一、食品接触材料的总迁移量分析

总迁移量（全面迁移量）是指可能从食品接触材料迁移到食品中的所有物质的总和。

总迁移限制（OML）是指可能从食品接触材料迁移到食品中的所有物质的限制的最大数值，是衡量全面迁移量的一个指标。我国规定了总迁移试验时食品用包装材料及其制品的浸泡试验方法通则，该通则详细规定了食品种类、所采用的溶媒、迁移检测条件等。

（1）适用范围。适用于塑料、陶瓷、搪瓷、铝、不锈钢、橡胶等为材质制成的各种食品用具、容器、食品用包装材料，以及管道、样片、树脂粒料、板材等理化检验样品的预处理。

(2)方法目的。了解掌握检测食品接触材料接触不同种类食品时的总迁移量分析方法。

(3)原理。根据食品种类选用不同的溶媒浸泡接触材料,其蒸发残渣则反映了食品接触材料及其制品在包裹食品时迁移物质的总量。对中性食品选用水作溶媒,对酸性食品采用4%醋酸作溶媒,对油脂食品采用正己烷作溶媒,对酒类食品采用20%或65%乙醇水溶液作溶媒。

(4)试剂材料。蒸馏水,4%醋酸,正己烷,20%或65%乙醇溶液。

(5)仪器设备。电炉、移液管、量筒、天平、烘箱等。

(6)分析步骤。

1)采样。采样时要记录产品名称、生产日期、批号、生产厂商。所采样品应完整、平稳、无变形、画面无残缺,容量一致,没有影响检验结果的疵点。采样数量应能反映该产品的质量和满足检验项目对试样量的需要。一式3份供检验、复验与备查或仲裁之用。

2)试样的准备。空心制品的体积测定:将空心制品置于水平桌上,用量筒注入水至离上边缘(溢面)5 mm处,记录其体积,精确至±2%。易拉罐内壁涂料同空心制品测定其体积。

扁平制品参考面积的测定:将扁平制品反扣于有平方毫米的标准计算纸上,沿制品边缘画下轮廓,记下此参考面积,以平方厘米(cm^2)表示。对于圆形的扁平制品可以量取其直径,以厘米表示,参考面积计算为:

$$S=[(D/2)-0.5]^2\times\pi$$

式中:S为面积;D为直径;0.5为浸泡液至边缘距离。

不能盛放液体的制品,即盛放液体时无法留出液面至上边缘5 mm距离的扁平制品,其面积测定同上述扁平制品。

不同形状的制品面积测定方法举例如下。

匙:全部浸泡入溶剂。其面积为1个椭圆面积加2个梯形面积再加1个梯形面积总和的2倍。计算公式为:

$$S=\{(Dd\pi/4)+[2\times(A+B)\times h_1/2]+[h_2\times(E+F)/2]\}\times 2$$

式中:A为匙上边半圆长;B为下边半圆长;D、h_2为匙碗、匙把长度;F、E为匙把头、尾宽度;h_1为匙碗底宽;d为匙内圆宽。见图12-1。

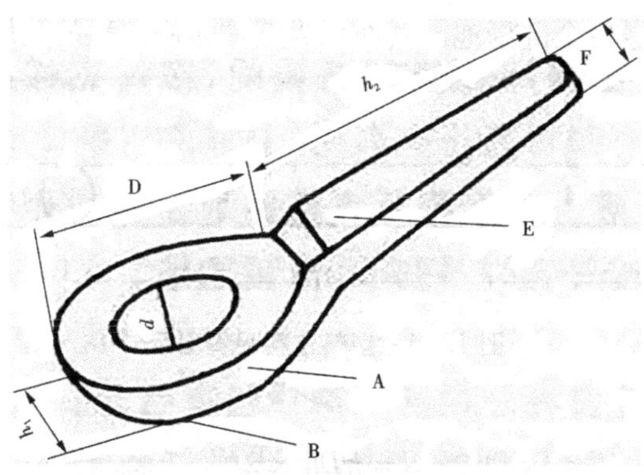

图 12-1 匙图示

奶瓶盖:全部浸泡。其面积为环面积加圆周面积之和的 2 倍。式中字母含义见图 12-2。

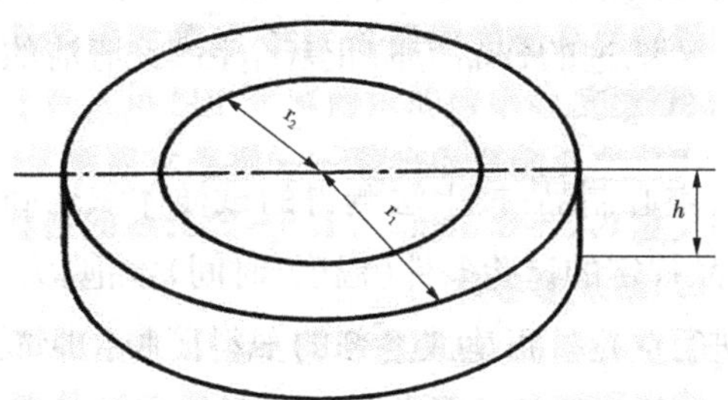

图 12-2 奶瓶盖图示

$$S = 2[\pi(r_1^2 - r_2^2) + 2\pi r_1 h]$$

碗边缘:边缘有花饰者倒扣于溶剂,浸入 2 cm 深。其面积为被浸泡的圆台侧面积的 2 倍。式中各字母含义见图 12-3。

$$S = 2[\pi l(r_1 + r_2)] \times 2 = 4\pi(r_1 + r_2)$$

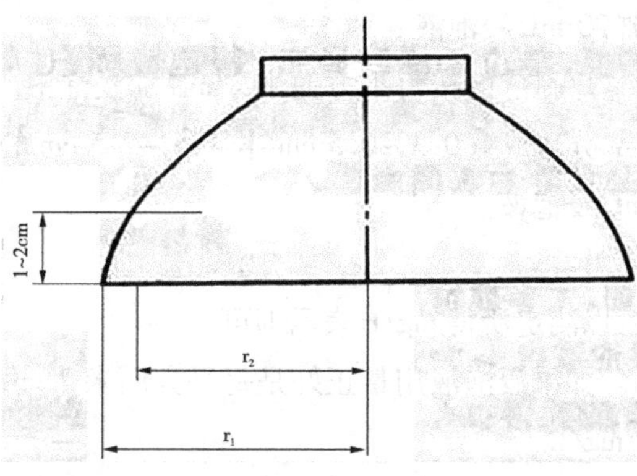

图 12-3 碗边缘图示

塑料饮料吸管:全部浸泡。其面积为圆柱体侧面积的2倍。式中字母含义见图12-4。

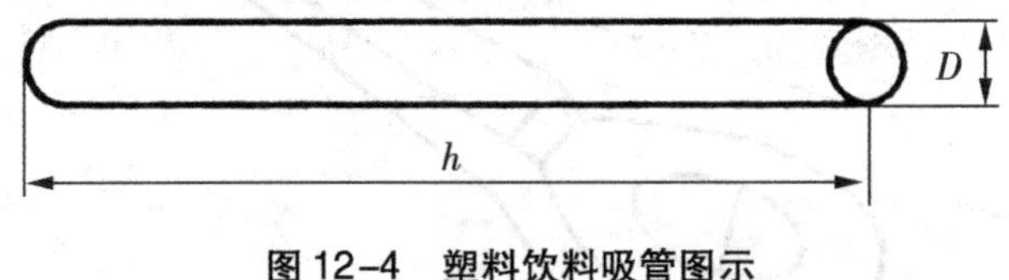

图12-4　塑料饮料吸管图示

$$S=\pi Dh\times 2$$

3)试样的清洗。试样用自来水冲洗后,用洗涤剂清洗,再用自来水反复冲洗后,然后用纯水冲2~3次,置烘箱中烘干。塑料、橡胶等不宜烘烤的制品,应晾干,必要时可用洁净的滤纸将制品表面水分揩吸干净,但纸纤维不得存留器具表面。清洗过的样品应防止灰尘污染,清洁的表面也不应再直接用手触摸。

4)浸泡方法。空心制品:按上法测得的试样体积准确量取溶剂加入空心制品中,按该制品规定的试验条件(温度、时间)浸泡,大于1.1L的塑料容器也可裁成试片进行测定。可盛放溶剂的塑料薄膜袋应浸泡无文字图案的内壁部分,可将袋口张开置于适当大小的烧杯中,加入适量溶剂依法浸泡。复合食品包装袋则按每平方厘米2 mL计,注入溶剂依法浸泡。

扁平制品测得其面积后,按每平方厘米2 mL的量注入规定的溶剂依法浸泡。或可采用全部浸泡的方法,其面积应以二面计算。

板材、薄膜和试片同扁平制品浸泡。

橡胶制品按接触面积每平方厘米加2 mL浸泡液,无法计算接触面积的,按每克样品加20 mL浸泡液。

塑制垫片能整片剥落的按每平方厘米2 mL加浸泡液。不能整片剥落的取边缘较厚的部分剪成宽0.3~0.5 cm,长1.5~2.5 cm的条状,称重。按每克样品加60 mL浸泡液。

(7)结果参考计算。

1)空心制品:以测定所得mg/L表示即可。

2)扁平制品。如果浸泡液用量正好是每平方厘米2 mL,则测得值即试样迁移物析出量mg/L。

如果浸泡液用量多于或少于每平方厘米2 mL,则以测得值mg/L计算:

$$a = c \times V/(2 \times S)$$

式中：a 为迁移物析出量；c 为测得值；V 为浸泡液体积；S 为扁平制品参考面积;2 为每平方厘米面积所需要的溶剂毫升数。

当扁平制品的试样析出物量用 mg/dm^2 表示时，按下式计算：

$$a = c \times V/A$$

式中：a 为迁移物析出量；c 为测得值；V 为浸泡液体积；A 为试样参考面积。

3)板材、薄膜、复合食品包装袋和试片与扁平制品计算为实测面积。

(8)方法分析与评价。

1)浸泡液总量应能满足各测定项目的需要。例如，大多数情况下，蒸发残渣的测定每份浸泡液应不少于 200 mL;高锰酸钾消耗量的测定每份浸泡液应不少于 100 mL。

2)用 4% 乙酸浸泡时，应先将需要量的水加热至所需温度，再加入 36% 乙酸，使其浓度达到 4%。

3)浸泡时应注意观察，必要时应适当搅动，并清除可能附于样品表面上的气泡。

4)浸泡结束后，应观察溶剂是否有蒸发损失，否则应加入新鲜溶剂补足至原体积。

5)食品用具：指用于食品加工的炒菜勺、切菜砧板以及餐具，如匙、筷、刀、叉等。食品容器：指盛放食品的器具，包括烹饪容器、贮存器等。空心制品：指置于水平位置时，从其内部最低点至盛满液体时的溢流面的深度大于 25 mm 的制品，如碗、锅、瓶。空心制品按其容量可分为大空心制品：容量大于等于 1.1L，小于 3L 者；小空心制品：容量小于 1.1L。扁平制品：置于水平位置时，从其内部最低点至盛满液体时的溢流面的深度小于或等于 25 mm 的制品，如盘、碟。贮存容器：容量大于等于 3L 的制品。

三、食品接触材料中镉、铬(Ⅵ)迁移量检测技术

在对衡量食品接触材料的化学物迁移进行评价时，除了考虑总迁移量，在塑料、陶瓷、不锈钢、铝等食品接触材料中还有一些特定物质对食品安全构成威胁，该类具体物质的迁移称为特定迁移。特定迁移限制(SML)是有关的一种物质或一组物质的特殊迁移限制，特定迁移限制往往是基于毒理学评价而确定的。譬如多个国家对不锈钢食具容器卫生标准中都规定了

镉、铬(Ⅵ)的迁移溶出限制。

1.食品接触材料中镉的迁移量原子吸收光谱法检测技术

镉是一种毒性很大的重金属,其化合物也大都属毒性物质,其在肾脏和骨骼中会取代骨中钙,使骨骼严重软化;镉还会引起胃脏功能失调,干扰人体和生物体内锌的酶系统,使锌镉比降低,而导致高血压症上升。镉毒性是潜在性的,潜伏期可长达10~30年,且早期不易觉察。因此.多种食品接触材料都有镉含量限制。

(1)方法目的。测定食品接触材料中镉的迁移量。

(2)原理。把4%乙酸浸泡液中镉离子导入原子吸收仪中被原子化以后,吸收228.8 nm共振线,其吸收量与测试液中的含镉量成比例关系,与标准系列比较定量。

(3)适用范围。适用于不锈钢、铝、陶瓷为原料制成的各种炊具、餐具、食具及其他接触食品的容器、工具、设备等。

(4)试剂材料。

1)4%乙酸。

2)镉标准溶液:准确称取0.1142 g氧化镉,加4 mL冰乙酸,缓缓加热溶解后,冷却,移入100 mL容量瓶中,加水稀释至刻度。此溶液每毫升相当于1.00 mg镉。应用时将锅标准稀释至10.0 μg/mL。

(5)仪器设备。原子吸收分光光度计。

(6)测定条件。波长228.8 nm,灯电流7.5 mA,狭缝0.2 nm,空气流量7.5L/min,乙炔气流量1.0L/min,氘灯背景校正。

(7)分析步骤。

1)取样方法同铅。

2)标准曲线制备。吸取0 mL、0.50 mL、1.00 mL、3.00 mL、5.00 mL、7.00 mL、10.00 mL。镉标准

使用液分别置于100 mL容量瓶中,用4%乙酸稀释至刻度,每毫升各相当于0 μg、0.05 μg、0.10 μg、0.30 μg、0.50 μg、0.70 μg、1.00 μg镉,根据对应浓度的峰高,绘制标准曲线。

3)样品浸泡液或其稀释液,直接导入火焰中进行测定,与标准曲线比较定量。

(8)结果参考计算,公式如下。

$$X = A \times 1000V \times 1000$$

式中：X 为样品浸泡液中镉的含量；A 为测定时所取样品浸泡液中镉的质量；V 为测定时所取样品浸泡液体积(如取稀释液应再乘以稀释倍数)。

(9)误差分析及评价。在重复性条件下获得的两次独立测定结果的绝对值不得超过算术平均值的 15%。

2. 食品接触材料中铬(Ⅵ)的迁移量分光光度法检测技术

铬有二价、三价和六价化合物，其中三价和六价化合物较常见。所有铬的化合物都有毒性，六价铬的毒性最大。六价铬为吞人性毒物/吸人性极毒物，皮肤接触可能导致敏感；更可能造成遗传性基因缺陷，对环境有持久危险性。

(1)适用范围。适用于不锈钢、铝、陶瓷为原料制成的各种炊具、餐具、食具及其他接触食品的容器、工具、设备等。

(2)方法目的。学会分光光度法测定食品接触材料中六价铬的迁移量分析原理及方法。

(3)原理。以高锰酸钾氧化低价铬为高价铬(Ⅵ)，加氢氧化钠沉淀铁，加焦磷酸钠隐蔽剩余铁等，利用二苯碳酰二肼与铬生成红色络合物，与标准系列比较定量。

(4)试剂材料。

1)2.5 mol/L 硫酸：取 70 mL 优级纯硫酸边搅拌边加入水中，放冷后加水至 500 mL。

2)0.3% 高锰酸钾溶液，20% 尿素溶液，10% 亚硝酸钠溶液，5% 焦磷酸钠溶液，饱和氢氧化钠溶液。

3)二苯碳酸二肼溶液：称取 0.5 g 二苯碳酸二肼溶于 50 mL 丙酮中，加水 50 mL，临用时配制，保存于棕色瓶中，如溶液颜色变深则不能使用。

4)铬标准溶液，称取一定量铬标准，用 4% 乙酸配制浓度为 10 μg/mL 铬。

(5)仪器设备。分光光度计，25 mL 具塞比色管。

(6)分析步骤。

1)取样方法同铅测定时前处理方法，前已述及。

2)标准曲线的绘制。取铬标准使用液 0 mL、0.25 mL、0.50 mL、1.00 mL、1.50 mL、2.00 mL、2.50 mL、3.00 mL，分别移入 100 mL 烧杯中，加 4% 乙酸至 50 mL，以下同样品操作。以吸光度为纵坐标，标准浓度为横坐标，绘制标准曲线。

3)测定。取样品浸泡液 50 mL 放入 100 mL 烧杯中，加玻璃珠 2 粒，

2.5 mol/L硫酸 2 mL,0.3% 高锰酸钾溶液数滴,混匀,加热煮沸至约 30 mL(微红色消失时,再加 0.3% 高锰酸钾液呈

微红色),放冷,加 25 mL 20% 尿素溶液,混匀,滴加 10% 亚硝酸钠溶液至微红色消失,加饱和氢氧化钠溶液呈碱性(pH9),放置 2 h 后过滤,滤液加水至 100 mL,混匀,取此液 20 mL 于 25 mL 比色管中,加 1 mL 2.5 mol/L 硫酸,1 mL 5% 焦磷酸钠溶液,混匀,加 2 mL 0.5% 二苯碳酸二肼溶液,加水至 25 mL,混匀,放置 5 min,待测。另取 4% 乙酸溶液 100 mL 同上操作,为试剂空白,于 540 mn 处测定吸光度。

(7)结果参考计算,公式如下。

$$X = m \times F \times 100/50 \times 20$$

$$F = V/(2S)$$

式中:X 为试样浸泡液中铬含量;m 为测定时试样中相当于铬的质量;F 为折算成每平方厘米 2 mL 浸泡液的校正系数;V 为样品浸泡液总体积;S 为与浸泡液接触的样品面积;2 为每平方厘米 2 mL 浸泡液。

(8)方法分析与评价。本方法能比较明确的确定被分析样品中元素的形态。本方法检测灵敏度略低,为 0.1 mg/L。

四、食品中接触材料聚丙烯检测技术

聚丙烯(PP)为丙烯的聚合物,可用于周转箱、食品容器、食品和饮料软包装、输水管道等。我国对聚丙烯树脂材料及其成型品的检测项目包括正己烷提取物、蒸发残渣、高锰酸钾消耗量、重金属和脱色试验,对重金属仅要求测定浸泡液中(4%乙酸)含量,日本、美国等国家通常还需要测定材料中的含量。对聚丙烯成型品的指标检测方法同聚乙烯成型品;对聚丙烯树脂材料仅要求检测正己烷提取物。

五、食品中接触材料聚酯检测技术

聚酯是指由多元醇和多元酸缩聚而得的聚合物总称,以聚对苯二甲酸乙二酯(PET)为代表的热塑性饱和聚酯的总称,习惯上也包括聚对苯二甲酸丁二酯(PBT)和聚 2,6-萘甲酸乙二酯(PEN)、聚对苯二甲酸 1.4-环己二甲醇酯(PCT)及其共聚物等线型热塑性树脂。由于聚酯在醇类溶液中存在一定量的对苯二甲酸和乙二醇迁出,故用聚酯盛装酒类产品应慎重。聚酯树脂及其成型品中锗、锑含量经常作为一个卫生指标进行测定;我国对聚酯类

高聚物只特别规定了 PET 的理化和卫生指标，包括蒸发残渣、高锰酸钾消耗量、重金属（以 Pb 计）、锑（以 Sb 计）、脱色试验等。以下主要讲述锑、锗的检测分析方法。

1. 食品聚酯（树脂）材料中锑的石墨炉原子吸收光谱法检测技术

酯交换法合成 PET 的工艺过程分酯交换、预缩聚和高真空缩聚三个阶段，其中使用到 Sb_2O_2 作催化剂，由于 Sb 可引起内脏损害，因此 PET 树脂及其制品要测锑残留量。

（1）适用范围。树脂材料及其成型品。

（2）方法目的。对树脂材料及其成型品中的锑进行分析。

（3）原理。在盐酸介质中，经碘化钾还原后的三价锑与吡啶烷二硫代甲酸铵（APDC）络合，以 4-甲基戊酮-2（甲基异丁基酮，MIBK）萃取后，用石墨炉原子吸收分光光度计测定。

（4）试剂材料。

1）4% 乙酸，6 mol/L 盐酸，10% 碘化溶液（1 临用前配），4-甲基戊酮-2（MIBK）。

2）0.5% 吡啶烷二硫代甲酸铵（APDC）：称取 APDC 0.5 g 置 250 mL 具塞锥形瓶内，加水 10 mL，振摇 1 min，过滤，滤液备用（临用前配置）。

3）锑标准储备液：称取 0.2500 g 锑粉（99.99%），加 25 mL 浓硫酸，缓缓加热使其溶解，将此液定量转移至盛有约 100 mL 水的 500 mL 容量瓶中，以水稀释至刻此中间液 1 mL 相当于 5Mg 锑。取储备液 1.00 mL，以水稀释至 100 mL。此中间液 1 mL 相当于 5 μg 锑。

4）锑标准使用液：取中间液 10 mL，以水稀释至 100 mL。此液 1 mL 相当于 0.5 μg 锑。

（5）仪器设备。原子分光光度计；石墨炉原子化器。

（6）分析步骤。

1）试样处理。树脂（材质粒料）：称取 4.00 g（精确至 0.01 g）试样于 250 mL 具回流装置的烧瓶中，加入 4% 乙酸 90 mL 接好冷凝管，在沸水浴上加热回流 2 h，立即用快速滤纸过滤，并用少量 4% 乙酸洗涤滤渣，合并滤液后定容至 100 mL，备用。

成型品：按成型品表面积 1 cm^2 加入 2 mL 的比例，以 4% 乙酸于 60 ℃浸泡 30 min（受热容器则 95 ℃，30 min），取浸泡液作为试样溶液备用。

2）标准曲线制作。取镑标准使用液 0.0 mL、1.0 mL、2.0 mL、3.0 mL、

4.0 mL、5.0 mL(相当于0.O μg、0.5 μg、1.0 μg、1.5 μg、2.0 μg、2.5 μg锑),分别置于预先加有4%乙酸20 mL的125 mL分液漏斗中,以4%乙酸补足体积至50 mL。分别依次加入碘化钾溶液2 mL,6 mol/L盐酸3 mL混匀后放置2 min然后分别加入AP-DC溶液10 mL,混匀,各加MIBK 10 mL。剧烈振摇1 min静置分层,弃除水相,以少许脱脂棉塞入分液漏斗下颈部,将MIBK层经脱脂棉滤至10 mL具塞试管中,取有机相20 m1按仪器工作条件。(萃取后4 h内完成测定),作吸收度-锑含量标准曲线。

3)试样测定。取试样溶液50 mL,置125 mL分液漏斗中,另取4%乙酸50 mL作试剂空白,分别依次加入碘化钾溶液2 mL,6 mol/L盐酸3 mL,混匀后放置2 min,然后分别加入APDC溶液10 mL,混匀,各加棉塞入分液漏斗下颈部,将MIBK层经脱脂棉滤至10 mL具塞试管中,取有机相20 m1按仪器工作条件测定,在标准曲线上查得样品溶液的Sb的含量。

(7)结果参考计算,公式如下。

$$X = (A - A_0) \times F/V$$

式中:X为浸泡液或回流液中锑的含量;A为所取样液中锑测得量;A_0为试剂空白液中锑测得量;V为所取试样溶液的体积;F为浸泡液或回流液稀释倍数。

(8)方法评价与分析。

1)本方法是检测锑的通用方法,对陶瓷、玻璃等其他材料及成型品中的锑同样适用。Ca^{2+}、Mg^{2+}、Cl^-、SO_4^{2+}、NO_3^-等在250 mg/L、400 mg/L、150 mg/L、100 mg/L、300 mg/L的质量浓度下对锑的测定均无干扰。

2)除了原子吸收法,树脂中锑含量的检测还可采用孔雀绿分光光度法,其原理是用4%乙酸将样品中浸提出来,酸性条件下先将锑离子全部还原三价,然后再氧化为五价锑离子后者能与孔雀绿生成有色络合物,在一定pH值介质中能被乙酸异戊酯萃取,分光分析定量。

2.食品中聚酯树脂中锗分光光度法检测技术

(1)适用范围。食品包装用聚酯树脂及其成型品。

(2)方法目的。掌握食品包装用聚酯树脂及其成型品中锗的分光光度法测定。

(3)原理。聚酯树脂的乙酸浸泡液,在酸性介质中经四氯化碳萃取,然后与苯芴酮络合,在510 nm下分光光度测定。

(4)试剂材料。

1)盐酸,硫酸,乙醇,四氯化碳,过氧化氢。

2)盐酸-水(1∶1),硫酸-水(1∶6),4%乙酸溶液,40%氢氧化钠溶液。

3)8 mol/L 盐酸溶液。量取 400 mL 盐酸,加水稀释至 600 mL。

4)0.04%苯芴酮溶液。称取 0.04 g 苯芴酮,加 75 mL 乙醇溶解,加 5 mL 硫酸-水(1∶6),微微加热使充分溶解,冷却后,加乙醇至总体积为 100 mL。

5)锗的储备液。在小烧杯中称取 0.050 g 锗,加 2 mL 浓硫酸,加 0.2 mL 过氧化氢,小心加热煮沸,再补加 3 mL 浓硫酸,加热至冒白烟。冷却后,加 40%氢氧化钠溶液 3 mL。锗全部溶解后,小心滴加 2 mL 浓硫酸,使溶液变成酸性,定量转移至 100 mL 容量瓶中,并加水稀释至刻度,此溶液含锗 0.5 mg/mL;取此液 1.0 mL 置于 100 mL 容量瓶中,加 2 mL 盐酸-水(1∶1),用水定容,此液含锗 5 μg/mL。

(5)仪器。分光光度计。

(6)分析步骤。

1)样品前处理。树脂(材质粒料):精密称取约 4 g 样品于 250 mL 回流装置的烧瓶中,加入 4%乙酸 90 mL,接好冷凝管,在沸水浴上加热回流 2 h,立即用快速滤纸过滤,并用少量 4%乙酸洗涤滤渣,合并滤液后定容至 100 mL,备用。

成型品:以 2 mL/cm^2 比例将成型品浸泡在 4%乙酸溶液中,于 60 ℃下浸泡 30 min,取浸泡液作为试样溶液备用。

2)标准曲线制作。取标准使用液 0 mL、0.5 mL、1.0 mL、1.5 mL、2.0 mL(相当于锗含量 0 μg、2.5 μg、5.0 μg、7.5 μg、10.0 μg)。分别置于预先已有 8 mol/L 盐酸溶液 90 mL 的 6 只分液漏斗中,加入 10 mL 四氯化碳,充分振摇 1 min,静置分层。取有机相 5 mL,置于 10 mL 具塞比色管中,加入 0.04%苯芴酮溶液 1 mL,然后加乙醇至刻度,充分混匀后,在 510 nm 波长下测定吸光度,以锗浓度为横坐标,吸光度为纵坐标绘制标准曲线。

3)样品测定。取处理好的试样溶液 50 mL 置 100 mL 瓷蒸发皿,加热蒸发至近干,用 8 mol/L 盐酸溶液 50 mL,分次洗残渣至分液漏斗中,然后加入 10 mL 四氯化碳,充分振荡 1 min,取有机相 5 mL,置于 10 mL 具塞比色管中,加入 0.04%苯芴酮溶液 1 mL,然后加乙醇至刻度,充分混匀后,测定吸光度,从标准曲线查出相应的锗含量。

(7)结果参考计算。

1)成型品,公式如下。

$$X = A \times F/V$$

式中:X 为成型品中锗含量;A 为测定时所取样品浸泡液中锗的含量;V 为测定时所取样品浸泡液体积;F 为换算成 2 mL/cm^2 的系数。

2)树脂,公式如下。

$$X = A \times V_1/(m \times V_2)$$

式中:X 为树脂中锗的含量;m 为树脂质量;V_1 为定容体积;V_2 为测定时所取试样体积。

(8)方法分析与评价

1)本方法的最低检出限为 0.020 μg/mL,但苯芴酮显色剂的选择性、稳定性较差,有时选用表面活性剂进行增溶、增敏、增稳。

2)除了本法,锗的分析还可以采用原子吸收法、极谱法、荧光法等其他方法。

六、食品中接触材料聚酰胺检测技术

聚酰胺俗称尼龙,尼龙中的主要品种是尼龙 6 和尼龙 66,占绝对主导地位。尼龙树脂大都无毒,但树脂中的单体-己内酰胺含量过高时不宜长期与皮肤或食物接触,对于 50 kg 体重成人,安全摄入量为 50 mg/d,食品中的允许浓度为 50 mg/kg。我国允许作为食品包装的尼龙是尼龙 6,颁布了多项与尼龙 6 树脂及制品相关的标准,成型品要求进行己内酰胺单体、蒸发残渣、高锰酸钾消耗量、重金属(以 Pb 计)、脱色试验等检测项目,下面主要介绍己内酰胺单体监测方法。

(1)方法目的。掌握尼龙 6 树脂或成型品中己内酰胺单体含量的检测方法。

(2)原理。尼龙 6 树脂或成型品经沸水浴浸泡提取后,试样中己内酰胺溶解在浸泡液中,直接用液相色谱分离测定,以保留时间定性、峰高或峰面积定量。

(3)适用范围。尼龙 6 树脂或成型品。

(4)试剂材料。

1)己内酰胺标准储备液:准确称取 0.100 g 己内酰胺,用水溶解后稀释定容至 100 mL,此溶液 1 mL 含 1.0 mg 己内酰胺(在冰箱内可保存 6 个月)。

2）乙腈，色谱纯。

（5）仪器。液相色谱仪，配紫外检测器。

（6）色谱分析条件。色谱柱：Φ4.6 mm×150 mm×10 μm，C_{18}反相柱；UV检测器波长 210 nm；灵敏度 0.5AUFS；流动相为 11% 乙腈水溶液；流速 1.0 mL/min或 2.0 mL Anin；进样体积 10 μL。

（7）分析步骤。

1）采样和样品前处理。按照聚乙烯采样和前处理方法进行。

2）已内酰胺标准曲线。取 1.0 mg/mL 已内醜胺标准储备液，用蒸馏水稀释成 1.0 μg/mL、5.0 μg/mL、10.0 μg/mL、50.0 μg/mL、100.0 μg/mL、200.0 μg/mL，取 10 μL 注入色谱仪，以标准浓度为横坐标，以色谱峰面积或峰高为纵坐标绘制标准曲线。

3）测定。

树脂：称取树脂试样 5.0g，按 1 g 试样加蒸馏水 20 mL 计，加入蒸馏水 100 mL 于沸水浴中浸泡 1 h 后，放冷至室温，然后过滤于 100 mL 容量瓶中定容至刻度，浸泡液经 0.45 μm 滤膜过滤，按标准曲线色谱条件进行分析，根据峰高或峰面积，从标准曲线上查出对应含量。

成型品：丝状等成型品试样处理同树脂。其他成型品按 1 cm^2 加 2 mL 蒸馏水计，试样处理同树脂。

（8）结果参考计算。

1）树脂的已内酰胺含量，公式如下。

$$X = A \times V_2 \times 1000/(m_1 \times V_1 \times 1000)$$

式中：X 为树脂样品已内酰胺含量；A 为试样相当标准含量；m 为树脂质量；V_1 为进样体积；V_2 为浸泡液定容体积。

2）成型品的已内酰胺含量，公式如下。

$$X = A \times 1000/V \times 1000$$

式中：X 为样品的已内酰胺含量；A 为试样相当标准含量；m 为树脂质量；V 为进样体积。

（9）方法分析与评价。

1）该法最低检测浓度可达 0.5 g/L。

2）已内酰胺的测定也可采用羟肟酸铁比色法，该法操作烦琐，分析时间长，形成的铁络合物颜色稳定性差，灵敏度只能达到 2 g/L。

第十三章

食品掺伪检测技术

由于利益的驱动,当今世界频繁出现的食品造假、欺骗消费者事件,严重伤害到消费者的身体健康和生命安全。在日本,出现过篡改产品保质期、以次充好、以白毛猪肉冒充黑毛猪肉、用猪肉冒充牛肉、用外国牛肉冒充日本牛肉,用不能食用的鸡冒充名鸡等事件。在韩国,出现过“垃圾水饺事件”,不法厂商用萝卜下脚料做馅,生产垃圾饺子的丑闻被曝光,引起社会强烈愤慨,韩国的食品工业也因此面临危机,工人面临失业。在国内,各种掺伪食品安全事件也是被频频曝光。

第一节 食品掺伪及食品质量标准

一、食品掺伪

食品掺伪是指人为地、有目的地向食品中加入一些非固有的成分,以增加其重量或体积,而降低成本;或改变某种质量,以低劣的色、香、味来迎合消费者贪图便宜的行为。食品掺伪主要包括掺假、掺杂和伪造,这三者之间没有明显的界线,食品掺伪即为掺假、掺杂和伪造的总称。一般的掺伪物质能够以假乱真。

根据《中华人民共和国食品安全法》的规定,我国实行的是分段的食品安全监督管理体制,与食品安全有关的政府机构主要有:国务院食品安全管理委员会办公室、中华人民共和国卫生部、中华人民共和国农业部、中华人民共和国质量监督检验检疫总局、中华人民共和国工商行政管理局、中华人民共和国食品药品监督管理局。

二、食品安全标准

《食品安全法》第二十条规定：食品安全标准应当包括下列内容：

（1）食品、食品相关产品中的致病性微生物、农药残留、兽药残留、重金属、污染物质以及其他危害人体健康物质的限量规定。

（2）食品添加剂的品种、使用范围、用量。

（3）专供婴幼儿和其他特定人群的主辅食品的营养成分要求。

（4）对与食品安全、营养有关的标签、标志、说明书的要求。

（5）食品生产经营过程的卫生要求。

（6）与食品安全有关的质量要求。

（7）食品检验方法与规程。

（8）其他需要制定为食品安全标准的内容。

第二节　食品掺伪检测的方法

一、感官评定法

食品的感官检验是在心理学、生理学和统计学的基础上发展起来的一种检验方法，是通过人的感觉味觉、嗅觉、视觉、触觉，以及语言、文字、符号作为分析数据，对食品的色泽、风味、气味、组织状态、硬度等外部特征进行评价的方法。通过食品的感官检验，可对食品的可接受性及质量进行最基本的判断，感官上不合格则不必进行理化检验。优点在于简便易行、灵敏度高、直观而实用。因而它也是食品生产、销售、管理人员所必须掌握的一门技能。

二、物化分析法

物化分析法通过测定密度、黏度、折射率、旋光度等物质特有的物理性质来求出被测组分的含量。如密度法可测定饮料中糖分的浓度，酒中酒精的含量，检验牛乳中是否掺水、脱脂等。折光法可测定果汁、番茄制品、蜂蜜、糖浆等食品的固性物含量和牛乳中乳糖的含量等。旋光法可测定饮料中蔗糖的含量、谷类食品中淀粉的含量等。

三、仪器检测法

依据不同食品在化学成分上的差别,选择特征性的一种或几种成分进行鉴别。常规化学分析如检测固形物、糖、酸、灰分等指标的色谱分析包括薄层、气相、高效液相等色谱方法。光谱及波谱分析包括紫外、红外、荧光原子吸收、核磁共振等方法,其中紫外原子吸收是食品理化成分分析中常用的技术。目前在国内的掺伪检测中,气相色谱法是应用最为普遍的方法,也已制定了相关的国家标准。红外光谱法和拉曼光谱法易于操作,检测成本较低,有着良好的应用前景。但是,这些技术很大程度上会受到品种、产地、收获季节、原料环境、加工条件、贮运包装方式等很多因素的影响,或多或少具有一定的局限性。

第三节　粮食类的掺伪检测

一、米类食品掺假检测

1. 大米新鲜度的快速检测

一些不法厂商利用各种非法手段,将粮食储备更新替换下来的陈化粮、超过储存期限或因保管不善造成霉变的大米,掺加在新鲜大米中出售,甚至采用液状石蜡、矿物油进行加工后冒充新鲜大米出售,严重危害人民群众的健康。

(1)速测范围。大米新鲜度快速现场检测;米制品新鲜度的快速检测。

(2)试剂盒组成。大米新鲜度速测液,1瓶。

实验用品器具:3 mL 塑料刻度吸管、管制瓶、色卡。

(3)速测步骤和结果判定。

1)大米新鲜度检测和新鲜度判断。称取0.5 g样品加入管制瓶中。将试剂A摇匀后用塑料刻度吸管吸取1 mL检测液A加入管制瓶中,充分振荡,静置2~3 min观察溶液显色情况。新鲜大米样品溶液颜色由红色转为绿色,陈化米样品液颜色由红色转为黄色甚至橙色。与色卡对比即可判断是否为陈化米。

2)米粉新鲜度的检测。在试管内放入半管米粉,滴入试剂至同样高度,摇晃几下,观察颜色,判断新鲜度;也可将米粉放在保鲜膜上,滴上试剂至米粉浸润,观察颜色。参照大米新鲜度检测方法进行判断。

3)年糕、汤团等米制品的检测。将试剂直接滴在年糕、汤团上,观察颜色。参照大米新鲜度检测方法进行判断。

(4)说明。

1)试剂盒须在阴凉干燥处避光密封保存。试剂瓶底有沉淀,使用前需摇匀。

2)10 min 内要完成结果判断,不能放置时间太长,否则可能影响结果判断准确性。

3)每次检测完毕后,塑料刻度吸管、管制瓶应清洗干净,晾干备用。

4)新鲜度与储藏条件有关,本检测结果表示正常储存条件下大米和米制品的新鲜度。本法为现场快速检测,精确定量需在实验室中进行。

5)本试剂无毒,如有皮肤接触,冲洗干净即可。

2. 好米掺霉变米的检测

(1)感官检验。市售粮曾发现有人将发霉米掺入好米中销售,也有将发霉米漂洗之后销售,进口粮中也曾发现霉变米。感官检验霉变米的方法是,看该米是否有霉斑、霉变臭味,米粒表面是否有黄、褐、黑、青斑点,胚芽部位是否有霉变变色,如果有上述现象,说明待检测米是霉变米。

(2)微生物检验。

1)试剂。生理盐水,改良蔡氏培养基。

2)操作方法。取 10 g 待测样品置于三角瓶中,加生理盐水 100 mL,放数粒玻璃珠,于振荡器上振荡 20 min,即成 1∶10 的菌悬液。然后再用生理盐水以 1∶100、1∶1000 和 1∶10 000 稀释度进行稀释。取各稀释度的稀释液 1 mL 注入无菌平皿中,各做两个平行样。再将冷却至 45 ℃左右的改良蔡氏培养基倒入平皿中,轻轻转动,使菌液与培养基混合均匀。待凝固后翻转平皿,置于 28 ℃恒温箱中培养 3 ~ 5 d,菌落长出后,选取每皿菌数 20 ~ 100 个的稀释度的平皿,计算菌落总数,并观察鉴定各类真菌。

3)判断。正常霉菌孢子计数<1000 个/g;1000 ~ 100 000 个/g 之间为轻度霉变;若>100 000 个/g 为重度霉变。

4)说明。经漂洗后的霉变米,用该法测定不能反映真实情况。

二、面粉掺假检测

面粉并不是越白越好。面粉白得过分,很可能是添加了面粉增白剂,如吊白块、亚硫酸盐、过氧化苯甲酰和溴酸钾等。

1. 掺吊白块的检测方法

吊白块化学名称甲醛次硫酸钠,无色半透明的晶体,易溶于水,性能稳定,高温下有极强的还原性,遇酸易分解,其水溶液在 60 ℃以上开始分解出有害物质,在 120 ℃以上分解产生甲醛、二氧化碳和硫化氢。吊白块主要用于染织行业的工业漂白,一些不法分子用它来作食品漂白剂。食品中是否含有吊白块,生要检测是否含有甲醛。检测方法如下:

1)用铬变酸(4,5-二羟基-2,7-萘二磺酸或 1,8-二羟基萘-3,6-二磺酸)法测试面粉中是否含有甲醛。将面粉溶解于水中,加硫酸和铬变酸,在水浴上加热,若溶液呈紫色,则有甲醛。

2)面粉与水混合放置,加磷酸,蒸馏,收集馏液。馏液加盐酸苯肼和 $FeCl_3$溶液,再加 HCl 溶液使溶液呈酸性,若溶液呈红色,则含有甲醛。或馏液加入盐酸苯肼固体,加亚硝酸亚铁氰化钾溶液数滴,再加入 NaOH 溶液,溶液若呈蓝色或灰色,则有甲醛。

3)目测嗅闻法:含吊白块的面制品可闻到与正常食品不同的气味,且样品较鲜亮,呈亮黄色,光泽度好。

4)水溶液提取法:面粉加水后在超声波下提取,加硫酸锌溶液及氢氧化钠溶液,混匀,静置后离心,取上清液于比色管中。另取比色管加入甲醛标准溶液,蒸馏水混匀。在样品及标准管中加乙酰丙酮溶液,混匀后于沸水浴加热,冷却,进行分光光度测定,用标准曲线计算样品液中甲醛浓度和样品中吊白块含量。在超声波中用水溶液提取法快速检验吊白块,在腐竹、粮食等检验中发挥了重要作用。

5)定性检测法:吊白块可分解生成亚硫酸盐,在酸性条件下,做醋酸铅试纸试验。如试纸由白色变成棕色一棕黑色,证明有亚硫酸盐。再利用甲醛与乙酰丙酮、氨离子反应生成黄色化合物,使样品与乙酰丙酮反应,如呈黄色,即可判定甲醛的存在。两项试验结合,结果更为准确可靠,可证明样品中有吊白块。

6)直接蒸馏-AHMT 分光光度法:通过直接蒸馏、AHMT(4-氨基-3-联氨-5-巯基三氮杂茂)分光光度法联合测定食品中吊白块含量。在判定样品中是否含有吊白块时，需考虑甲醛和二氧化硫的含量。若 SO_2/HCHO 比值在1.5～3.0且甲醛含量超过10 mg/kg，可判定样品中肯定含有吊白块。它对各种样品的加标回收率及精密度都较好，适用于各种食品中的吊白块含量的测定。

2. 面粉中掺亚硫酸盐的检测方法

亚硫酸盐可用于面粉、制糖、果蔬加工、蜜饯、饮料等食品的漂白。但亚硫酸盐有一定毒性，表现在可诱发过敏性疾病和哮喘，破坏维生素 B_1。我国允许使用亚硫酸及亚硫酸盐，但严格控制其二氧化硫残留量。

（1）恩波副品红法。亚硫酸盐与四氯汞钠反应生成稳定的络合物，再与甲醛及盐酸恩波副品红作用生成紫红色的络合物，用分光光度计在波长550 nm处测吸光度。该法可用于二氧化硫定性和定量测定，最低检出浓度为1 mg/kg。

（2）蒸馏直接滴定法。面粉中的游离和结合 SO_2 在碱液中被固定为亚硫酸盐，在硫酸作用下，又会游离出来，可以用碘标准溶液进行滴定。当达到滴定终点时，过量的碘与淀粉指示剂作用，生成蓝色的碘一淀粉复合物。由碘标准溶液的滴定量计算总 SO_2 的含量。盐酸恩波副品红法使用了大量有毒物质，对人、环境都有一定危害。蒸馏直接滴定法操作简便，但操作者的主观因素对实验结果影响较大。

（3）试纸条-光反射传感器检测法。三乙醇胺是一种普通试剂，可络合铁、锰等共存干扰离子，而对亚硫酸盐有很好的吸收性，并且检测效果较好。用三乙醇胺吸收原理制得的亚硫酸盐试纸条，与小型的光反射传感器联用进行定量检测，试纸条与光反射传感器相结合，实现对食品中亚硫酸盐的定量检测。先将试纸条与亚硫酸盐反应显色，颜色深浅与亚硫酸盐浓度呈线性关系，然后将显色的试纸条放入光反射传感器的感应窗进行测定。

（4）碘酸钾-淀粉试纸法。取面粉加蒸馏水，振摇混合，放置，再加磷酸溶液，立刻在瓶口悬挂碘酸钾一淀粉试纸，加塞，在室温放置数分钟，观察试纸是否变蓝紫色。如变蓝紫色，说明样品中含有亚硫酸盐；如不显色，则说明样品中不含亚硫酸盐。

3. 面粉中掺过氧化苯甲酰的检测方法

过氧化苯甲酰（BPO）是一种白色粉末，无臭或略带苯甲醛气味，难溶于水，易溶于有机溶剂，它在面粉中具有增白增筋、加速面粉后熟、提高面粉出粉率和防止面粉霉变等作用，因而被用作面粉及面制品加工过程中的增白剂。国家标准规定,面粉增白剂在小麦粉中的最大用量为0.06 g/kg。过量添加过氧化苯甲酰,对面粉的气味、色泽、营养成分等产生不良影响。

测定BPO常用的有碘量法、紫外分光光度法、气相色谱法、高效液相色谱法、电化学分析法等。

(1)分光光度法。面粉中的过氧化苯甲酰被无水乙醇提取后,将Fe^{2+}氧化成Fe^{3+};酸性条件下Fe^{3+}与邻菲罗啉发生褪色反应,反应与过氧化苯甲酰含量在一定范围内呈线性关系,与标准曲线比较定量。

(2)流动注射化学发光法。利用BPO可直接氧化鲁米诺产生化学发光的特点,建立了一种流动注射化学发光测定面粉中BPO含量的方法。如图13-1所示,将过氧化苯甲酰溶液和碱性鲁米诺分别由a和b通道泵入,经混合后在反应盘管中反应产生化学发光信号。由光电倍增管(PMT)检测,记录仪记录发光信号。

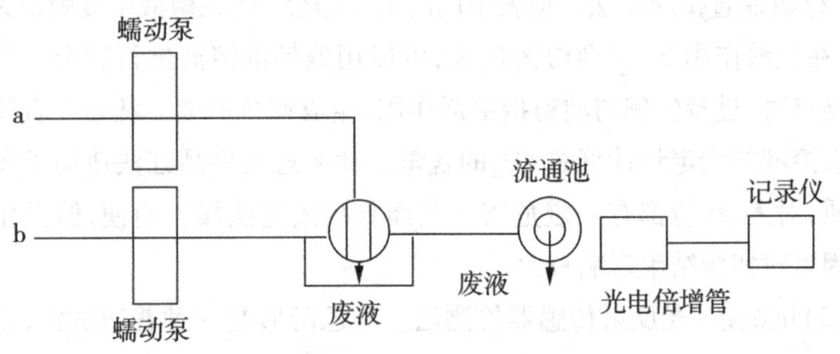

a-过氧化苯甲酰;b-鲁米诺

图13-1　流动注射化学发光分析流程

4.面粉中掺溴酸钾的检测方法

溴酸钾有致突变性和致癌性,可导致中枢神经系统麻痹。目前,世界上大多数发达及发展中国家都明确规定溴酸钾不得作为小麦粉处理剂。

(1)定性鉴别。

1)钾盐焰色反应。将沾有面粉的金属环放在酒精灯火焰上,只接触到火焰的中下部,若面粉中含有溴酸钾就会自下而上出现一条亮紫色的火焰。

2)硝酸银法。取一定量的面粉溶解于蒸馏水中,再滴加硝酸银,若有浅黄色沉淀出现,说明面粉中掺有溴酸钾。

(2)定量鉴别。

1)电极电位法。先测定标准溶液的电极电位,绘制标准曲线,然后测定试样电极电位值,根据标准曲线求出含量。

2)离子色谱法。称取面粉及面制品,加水或淋洗液振摇均匀后,超声波浸提,静置后离心分离,合并离心液。溶液经微孔滤膜过滤后,离子色谱仪分析。

5. 米面制品中掺硼砂的检测方法

硼砂作为食品添加剂早已被禁用,但仍有人在制作米面制品时加入。

(1)感官检验。加入硼砂的食品,用手摸均有滑爽感觉,并能闻到轻微的碱性味。

(2)pH 试纸法。用 pH 试纸贴在食品上,如 pH 试纸变蓝,说明该食品被硼砂或其他碱性物质污染,如试纸无变化则表示正常。

(3)姜黄试纸检验法。将姜黄试纸放在食品表面并润湿,再将试纸在碱水中蘸一下,若试纸呈浅蓝色,说明食品掺硼砂,如试纸颜色为褐色,则属正常。

第四节 食用植物油脂的掺伪检测

一、芝麻油真假的快速检测

芝麻油俗称香油,由胡麻科植物芝麻的种子压榨而成,油中的主要成分为油酸、亚油酸、软脂酸、硬脂酸等脂肪酸的甘油酯。此外,尚含芝麻素、芝麻酚、芝麻林素等。

1. 芝麻油纯度的检测

下面用比色法检测芝麻油的纯度。

(1)检测原理。用石油醚溶解油样,取含油样的石油醚液与蔗糖盐酸液反应,不断轻摇使反应充分。加蒸馏水稀释溶液浓度,使反应停止,稳定溶液颜色。水层可在 520 nm 处比色定量。

(2)试剂与材料。石油醚(沸点 60 ~ 90 ℃);蔗糖盐酸液(取 1 g 蔗糖溶解于 100 mL 浓盐酸中,搅拌溶解,现用现配);香油基础液(精密称取纯香油 2.5 g,加石油醚溶解,并定容至 50 mL,每 1 mL 含香油 0.05 g)。

(3)仪器。72 型或 721 型分光光度计,10 mL 具塞比色管。

(4)检测步骤。

精密称取油样0.25 g加石油醚溶解并定容至5 mL。取1 mL置于10 mL比色管中。另取香油基础液0 mL、0.2 mL、0.4 mL、0.6 mL、0.8 mL、1.0 mL(相当香油0 g、0.01 g、0.02 g、0.03 g、0.04 g、0.05 g),分别置于10 mL比色管中。样品管与标准管内加石油醚至3 mL,加蔗糖盐酸液3 mL,缓缓摇动15 min,于各管加蒸馏水2 mL,弃去石油醚层,水层即可在520 nm处测定吸光度值,同时以香油含量为横轴,以吸光度为纵轴绘制标准曲线。样品与标准进行比较,即可计算油样中香油含量。

$$\text{油样中香油含量}(\%)=\frac{\text{标准曲线查得的香油含量}}{\text{比色测定所用油样的重量}}\times 100\%$$

2.芝麻油纯度的快速检测

(1)速测原理。样品中的芝麻油酚与显色剂反应生成有色化合物,采用目视比色分析的方法,借助芝麻油速测色阶卡直接读出样品芝麻油的含量。

(2)试剂与材料。芝麻油试剂A、B和C。

(3)速测步骤。

1)用0.2 mL塑料吸管取3滴待测芝麻油于样品显色管中。

2)用移液器加芝麻油试剂A 1 mL,盖上显色管盖,摇动使样品溶解,再分别加入芝麻油试剂B 2 mL,一勺芝麻油试剂C,摇动使样品溶解,盖上显色管盖,室温显色10 min。C与芝麻油速测色阶卡比较,即可读出被测样品中芝麻油的含量。

(4)说明。芝麻油试剂A要始终保持密封。芝麻油试剂B为强酸性溶液,使用时必须戴好防护手套和眼镜,试剂要由专人保管。

二、花生油掺假的定性检测

下面用伯利尔氏法检测芝麻油的纯度。

(1)原理。花生油中含有花生酸等高分子饱和脂肪酸,可利用其在某些溶剂(如乙醇)中的相对不溶性特点而加以检出。

(2)试剂与材料。氢氧化钾乙醇溶液(称取80 g KOH溶于80 mL水中,用95%乙醇稀释至1L),70%乙醇液,相对密度为1.16的盐酸溶液。

(3)检测步骤。准确吸取1 mL油样于100 mL三角瓶中,加入5 mL氢氧化钾乙醇溶液,置热水浴内皂化5 min,冷却至15 ℃,加入50 mL70%的乙醇及0.8 mL盐酸,振荡。待澄清后浸入冷水中,继续振摇,记录浑浊时的温度。或浑浊太甚，再重新加温使澄清，重复振摇，但不在冷水中冷却。如在16 ℃时不呈浑浊，则在此温度下振摇5 min，然后降低至15.5 ℃。总之，凡发现浑浊便加温，待其澄清，再重复试验，以第二次浑浊温度为准。

(4)结果判定。纯花生油的浑浊温度为39～40 ℃，如在13 ℃以前发生浑浊，就表示掺有其他油类。

几种油脂的浑浊温度如下：茶籽油2.5～9.5 ℃、玉米油7.5 ℃、橄榄油9 ℃、棉籽油13 ℃、豆油13 ℃、米糠油13 ℃、芝麻油15 ℃、菜籽油22.5 ℃、花生油39.0～40.8 ℃。

注：本试验不适用于从菜籽油和芝麻油中检出花生油。

三、植物油中掺入棕榈油的检测

棕榈油产于热带，其精制油可食用，因价格低，经常发生掺到其他食用植物油中销售的情况。

1. 冷冻检验

取待测油样5～10 mL，置于10 mL试管中，在冰箱中(1～9 ℃)放置12 h以上，棕榈油凝固，除花生油外的其他植物油不凝固(猪油及其他动物油会凝固，检验是否掺入猪油，可用下述的荧光光谱分析法)。

棕榈油与花生油的区别：将上述试管再置于13～14 ℃恒温水浴中，放置12 h以上，如果仍凝固，则为棕榈油，如果溶化，则为花生油。

2. 荧光光谱分析法

取被检样品9 g，加入0.05 mol/L硫酸溶液21 mL，振荡提取，然后分出水层，并于1500 rpm离心6 min，弃去带油花溶液，过滤，得到澄清滤液供荧光光谱测定。

取澄清液，用激发波长300 nm，扫描发射光谱，棕榈油有三个最大峰，即608 nm、420 nm、304 nm，依次结合冷冻试验可证明是否有棕榈油掺入。

四、食用植物油中掺入水或米汤的检测

1. 食用植物油中掺入水的检测

植物油的水分含量如在0.4%以上，则浑浊不清，透明度差。并且把油放入铁锅内加热或者燃烧时，会发出"啪啪"的爆炸声。

将食用植物油装入1个透明玻璃瓶内，观察其透明度。也可将油滴在干燥的报纸上，小心点燃。燃烧时是否有"啪啪"的爆炸声；或者将油放入铁锅

内加热，是否有"啪啪"的爆炸声和油从锅内往外四溅的现象。

2. 食用植物油中掺入米汤的检测

米汤中淀粉与碘酒反应，产物呈蓝黑色。

将筷子放入油内，然后将油滴在白纸上或玻璃上，再将碘酒滴于试样油上。如果油立即变成蓝黑色，证明油中加入了米汤。

第五节　乳与乳制品的掺伪检测

一、鲜牛乳质量优劣的感官鉴别

鲜牛乳是指从牛乳房挤出的乳汁，具有一定的芳香味，并有甜、酸、咸的混合滋味。这些滋味来自乳汁中的各种成分，新鲜生乳的质量，是根据感官鉴别、理化指标和微生物指标三个方面来判定的。一般在购买生乳或消毒乳时，主要是依据感官进行鉴别。

1. 优质鲜乳

色泽：呈乳白色或淡黄色。

气味及滋味：具有显现牛乳固有的香味，无其他异味。

组织状态：呈均匀的胶态流体，无沉淀、无凝块、无杂质、无异物等。

2. 次质鲜乳

色泽：较新鲜乳色泽差或灰暗。

气味及滋味：乳中固有的香味稍淡，或略有异味。

组织状态：均匀的胶态流体，无凝块，但带有颗粒状沉淀或少量脂肪析出。

3. 不新鲜乳

色泽：白色凝块或明显黄绿色。

气味及滋味：有明显的异常味，如酸败味、牛粪味、腥味等。

组织状态：呈稠样而不成胶体溶液，上层呈水样，下层呈蛋白沉淀。

二、鲜牛乳掺假的快速检测

1. 牛乳中掺水的检测

(1)乳清密度检查法。正常的鲜乳乳清相对密度介于 1.027～1.030。

乳清密度超出此范围,证明有掺假情况。

在锥形瓶中加入待测乳样和醋酸,保温,使酪蛋白凝固,过滤,滤液即为乳清,参照乳密度的测定方法测乳清密度。若乳中掺入5%以上的水、米汤或豆浆,则乳清密度明显小于1.027;若乳中掺入5%以上的电解质,乳清密度可超出1.030。

(2)化学检查法。各种天然水(井水、河水等)一般均含有硝酸盐,而正常乳则完全不含有硝酸盐。原料乳是否掺水,可用二苯胺法测定微量硝酸根验证。在浓硫酸介质中,硝酸根可把二苯胺氧化成蓝色物质。如果试验显示蓝色,可判断为掺水;如试验不显蓝色,由于某些水源不含硝酸盐(或掺入蒸馏水),也不能说明没掺水。可继续将氯化钙溶液加入待检乳样中,酒精灯上加热煮沸至蛋白质凝固,冷却后过滤。在白瓷皿中加入二苯胺溶液,用洁净的滴管加几滴滤液于二苯胺中,如果在液体的接界处有蓝色出现,说明有掺水。

(3)冰点测定法。正常新鲜乳的冰点应为-0.53～-0.59 ℃,掺假后将会使冰点发生明显的变化,低于或高于此值都说明可能有掺假或者是变质。样品的冰点明显高于-0.53 ℃,说明可能是掺水,可计算掺水量;样品的冰点低于-0.59 ℃,说明可能掺有电解质或蔗糖、尿素以及牛尿等物质。

(4)干物质测定法。正常乳的干物质量为11%～15%,若干物质量明显低于此值则证明掺水。

(5)硝酸银-重铬酸钾法。正常乳中氯化物很低,掺水乳中氯化物的含量随掺水量增加而增加。利用硝酸银与氯化物反应检测。检测时先在被检乳样中加两滴重铬酸钾,硝酸银试剂与乳中氯化物反应完后,剩余的硝酸银便与重铬酸钾产生反应,据此确定是否掺水和掺水的程度。

2. 牛乳中掺蔗糖的检测

正常乳中只含有乳糖,而蔗糖含有果糖,所以通过对酮糖的鉴定,检验出蔗糖的是否存在。取乳样品于试管中,加入间苯二酚溶液,摇匀后,置于沸水浴中加热。如果有红色呈现,说明掺有蔗糖。

此外,常见含葡萄糖的物质有葡萄糖粉、糖稀、糊精、脂肪粉、植脂末等。为了提高鲜奶的密度和脂肪、蛋白质等理化指标,常在鲜奶中掺入这类物质。取尿糖试纸,浸入乳样中2 s后取出,对照标准板,观察现象。含有葡萄糖类物质时,试纸即有颜色变化。

3. 牛乳中掺入无机盐的检测

(1)牛乳中掺食盐的检测。

1)银量法。新鲜乳中含氯离子一般为0.09%~0.12%。用莫尔法测氯离子时,如果其含量远超过0.12%可认为掺有食盐。在乳样中加入铬酸钾和硝酸银,新鲜乳由于乳中氯离子含量很低,硝酸银主要和铬酸钾反应生成红色铬酸银沉淀,如果掺有氯化钠,硝酸银则主要和氯离子反应生成氯化银沉淀,并且被铬酸钾染成黄色。

2)食盐检测试纸法。食盐检测试纸是利用铬酸银与氯化银的溶度积不同,使铬酸银沉淀转化为氯化银沉淀,从而使试纸变色达到检验效果。氯离子的检测浓度主要取决于铬酸根的浓度,选择适当的铬酸根浓度,以提高试纸的灵敏度。根据资料,选择0.102 4 mol/L硝酸银与0.024 99 mol/L铬酸钾制成食盐试纸。

(2)牛乳中掺碳酸铵、硫酸铵和硝酸铵的检测。碳酸铵、硫酸铵和硝酸铵是常见的化肥,都含有铵离子,可通过铵离子的鉴定得到检验。铵离子的鉴定一般采用纳氏试剂法。纳氏试剂与氨可形成红棕色沉淀,其沉淀物多少与氨或铵离子的含量成正比。取滤纸($<1\ cm^2$)滴上2滴纳氏试剂,沾在表面皿上,在另一块表面皿中加入3滴待检乳样和3滴20%的氢氧化钠溶液,将沾有滤纸的表面皿扣在上面,组成气室,将气室置于沸水浴中加热。如果沾有纳氏试剂的滤纸呈现橙色至红棕色,表示掺有各种铵盐;如滤纸不显色说明没有掺入铵盐。如进一步确定是哪一种化肥可再进行阴离子鉴定,如NO_3^-、SO_4^{2-}、CO_3^{2-}等。

4. 牛乳中尿素的检测

牛乳掺水后的相对密度会明显低于正常值,容易被发现,一些不法分子则用双假来欺骗消费者,即掺入水的同时又掺入农村易得到的化肥,如尿素、硫酸铵等。这样既能增加牛乳的相对密度、牛乳中非脂固体的含量,又能增加采用凯氏定氮法(以测定蛋白质含量)所测到的含氮量。

(1)格里斯试剂定性法。尿素和亚硝酸钠在酸性溶液中生成CO_2和NH_3,当加入对氨基苯磺酸时,掺有尿素的牛乳呈黄色外观,正常牛乳为紫色。检验步骤如下:取牛乳样品5 mL,加入1% $NaNO_2$溶液及浓硫酸各1 mL,摇匀放置5 min,待泡沫消失后,加格里斯试剂0.5 g,摇匀。如牛乳呈现黄色,说明有尿素,正常牛乳为紫色。

(2)速测盒法。速测盒中含试剂A、B、C。

1)检测原理。尿素能够阻断萘胺试剂反应,不会生成紫红色物质。由此证明乳品中含有尿素成分。检出限:牛乳为 0.05 mg,最低检出浓度 50 mg/kg;乳粉为 0.5 mg,最低检出浓度 500 mg/kg。本法适用于掺假乳品与饮用水中尿素的定性检测。

2)样品处理。取 1 g 乳粉试样,用 10 mL 温水溶解,从中取 1 mL(如果是牛乳或饮用水,直接取 1 mL)于试管中,加入 2 滴 A 试液,沿管壁小心加入 20 滴 B 试液(每滴 1 滴后摇动两下使产生的气泡消失)后,放置 5 min。为便于观察结果,同时取已知不含尿素的样品作为对照进行操作。

3)测定。将处理后的试液和对照液摇匀,分别轻轻倒入到两只含有 C 试剂的试管中,加盖后将试剂摇溶,5 ~20 mm 内观察液体颜色变化。

4)判断。样品管与对照管进行比对,不显色为强阳性结果,浅紫红色为弱阳性结果,紫红色为阴性结果。

5)注意。B 试液为强酸溶液,小心操作,每次用后随手将瓶盖拧紧放好,一旦溅到皮肤上或眼中,用大量清水冲洗。

5. 牛乳中掺甲醛的检测

取硫酸试剂于试管中,沿管壁小心加入被检乳,勿使混合,静置于试管架上。约 10 min 后观察两液接触面颜色变化。如有甲醛时,为紫色或深蓝色环。正常乳为淡黄色、橙黄色或褐色环。

6. 牛乳中阿拉伯胶的检测

取适量待测牛乳,加醋酸使之凝固,过滤,滤液蒸发浓缩至原液体积的 1/5,加适量无水乙醇,如产生絮状白色沉淀,则可认为被测牛乳中有阿拉伯胶。

7. 牛乳中白陶土的检测

白陶土为水化硅酸铝,食后影响胃的消化。铝离子在中性或弱酸性下可与桑色素反应生成内络盐,在阳光下或紫外灯光下,呈现很绿的绿色荧光,利用此法鉴别效果准确。

取待测牛乳 5 mL,加入过量氢氧化钾,滤除沉淀,取滤液 0.5 mL,加适量醋酸使其酸化,再加 2 ~3 滴桑色素,在紫外灯下观察,如有强烈绿色荧光说明待测牛乳中掺有白陶土。

8. 掺防腐剂的检测

(1)掺水杨酸的检测。取蒸馏液,加入三氯化铁溶液,若无紫色出现,证明无水杨酸及其盐存在。如有紫色出现,再取蒸馏液,加入氢氧化钠溶液、醋酸溶液及硫酸铜溶液，混合均匀后加热煮沸半分钟，冷却，若有砖红色出现，可确证有水杨酸及其盐存在。

(2)掺过氧化氢的检测。取牛乳适量，加入硫酸和淀粉碘化钾溶液，放置几分钟后，若出现蓝色则证明牛乳中掺有过氧化氢。

(3)掺焦亚硫酸钠的检测。乳样中滴加碘试剂振荡摇匀，再加淀粉溶液，振荡摇匀后观察。乳样呈蓝色，说明不含焦亚硫酸钠，为正常乳；若乳样呈白色，说明含焦亚硫酸钠，为掺假乳。

三、乳粉掺假的检测

乳粉中掺假物质有的来源于原料牛乳的掺假，有的则是向乳粉中直接掺假。乳粉的掺假物质主要有蔗糖、豆粉和面粉等，其检验方法是取样品适量溶解于水中，然后按照鲜乳中掺有蔗糖、豆粉和面粉等杂质的检验方法进行检验。在牛乳中可能出现的掺假物质，在乳粉中都有可能出现。

1.乳粉中杂质度的快速检测

称取乳粉样品用温水充分调和至无乳粉粒，加温水加热，在棉质过滤板上过滤，用水冲洗黏附在过滤板上的牛乳。将滤板置烘箱中烘干，以滤板上的杂质与标准板比较即得乳粉杂质度。

2.真乳粉和假乳粉的感官鉴别

(1)手捏鉴别。真乳粉用手捏住袋装乳粉的包装来回摩擦，真乳粉质地细腻，发出“吱吱”声；假乳粉用手捏住袋装乳粉包装来回摩擦，由于掺有白糖、葡萄糖而颗粒较粗，发出“沙沙”的声响。

(2)色泽鉴别。真乳粉呈天然乳黄色；假乳粉颜色较白，细看呈结晶状，并有光泽，或呈漂白色。

(3)气味鉴别。真乳粉嗅之有牛乳特有的香味；假乳粉的乳香味甚微或没有乳香味。

(4)滋味鉴别。真乳粉细腻发黏，溶解速度慢，无糖的甜味；假乳粉溶解快，不黏牙，有甜味。

(5)溶解速度鉴别。真乳粉用冷开水冲时，需经搅拌才能溶解成乳白色混悬液；用热水冲时，有悬漂物上浮现象，搅拌时黏住调羹。假乳粉用冷开水冲时，不经搅拌就会自动溶解或发生沉淀；用热水冲时，其溶解迅速，没有天然乳汁的香味和颜色。

第六节　禽蛋、肉的掺伪检测

一、蛋品新鲜度的检测方法

蛋品中以鸡蛋最为常见，鲜鸡蛋的密度平均为 1.0845 g/mL，由于蛋内水分不断蒸发，气室逐日增大，密度也每天减少 0.0017～0.0018 g/mL，因此测定鸡蛋的密度可以判断出鸡蛋的新陈，但此方法不适于储藏蛋。

1. 相对密度测试法（市售测试液）

取 250 mL 容器，将包装袋内的“鸡蛋新鲜度比重试剂”溶解在 200 mL 洁净水中，（相对密度 1.05～1.06），将鸡蛋放入溶液中，悬浮（不能下沉）的蛋为陈蛋或腐坏蛋。

注：经过检测的蛋不宜久藏。

2. 感官与光照测试法

不同质量的鸡蛋的判定与处理（进行光照测试前先用厚纸卷成一个长 15 cm，一端略细的纸筒，将蛋放在粗端对着阳光检测）。

（1）良质鲜蛋。蛋壳上有白霜，完整清洁，光照透视气室小，看不见蛋黄或呈红色阴影无斑点。

（2）血圈蛋（受精蛋）。由于受热开始生长，光照透视血管形成，蛋黄呈现小血环。血圈蛋应在短期内及时食用。

（3）霉变蛋。轻者壳下膜有小霉点，蛋白和蛋黄正常；严重者可见大块霉斑，蛋膜及蛋液内有霉点或斑，并有霉味，霉变蛋不能食用。

（4）黑腐蛋。蛋壳多呈灰绿色或暗黄色，有恶臭味。黑腐蛋不能食用。

二、肉品新鲜度的检测方法

1. 萘斯勒试剂检验法

（1）原理。在碱性溶液中氨和氨离子能与萘斯勒试剂相作用生成黄棕色的氨基碘化汞沉淀，可根据沉淀的生成和多少来测定样品中氨的大约含量。

（2）试剂与材料。萘斯勒试剂（称取碘化汞 5.5 g，碘化钾 4.4 g，加无氨蒸馏水 20 mL 使之溶解。称取氢氧化钠 15 g 溶于 50 mL 无氨蒸馏水中，冷却后将上述四碘络汞化钾溶液倒入其中，加水至 100 mL，放置过夜，取上层清液于棕色滴瓶中，备用)，无氨蒸馏水。

(3)步骤

1)肉样浸取液的制备。称取肉样 10 g 加无氨蒸馏水 100 mL，搅拌浸渍 15 min，过滤，清液待检。

2)测定。取肉样浸取液 1 mL 于试管中，逐滴滴加萘斯勒试剂 1～5 滴，观察有无沉淀生成，如无沉淀出现，再一滴滴添加萘斯勒试剂，加满 10 滴为止。

另取一支试管加无氨蒸馏水 1 mL，作对照实验。

(4)结果判定。结果判定见表 13-1。

表 13-1　粗氮含量及肉的鲜度

试剂滴数	肉浸液的变化现象	氨含量/(H 培/100 g)	评定符号	肉的鲜度
-	淡黄色，透明	<16	-	一级鲜度
-	黄色透明	16～20	±	二级鲜度
10	淡黄色，浑浊	21～30	+	腐败初期
-	有少量悬浮物	—	-	迅速利用
6～9	明显黄色浑浊	31～45	++	经处理可食用
1～5	大量黄色或棕色沉淀	>45	+++	腐败变质肉

2. pH 试纸检验法

(1)步骤。用清洁的不锈钢刀将瘦肉沿与肌纤维垂直的方向横断切割，但不能将肉块完全切断。撕下一条精密 pH 试纸，以其长度的 2/3 紧贴肉面，合拢剖面，夹住试纸 5 min，或将 pH 试纸浸入被检肉的浸出液中数秒钟，然后取出试纸与标准比色板进行比较，直接读取数值。

(2)结果判定。新鲜肉 pH 5.8～6.2；劣质肉 pH 6.3～6.6；变质肉 pH 6.7以上。本方法的精密度在±0.2，方法简便、快速，适合现场操作。

3. 细菌毒素检验法

(1)原理。有病动物肉及变质肉中，大都有微生物及肉毒素的存在。这些肉毒素不论其结构如何不同，都能降低肉类浸出液的氧化还原势能，如果在除去蛋白质的肉浸液中加入硝酸银溶液，则形成毒素的氧化型，这种氧化型毒素具有阻止氧化还原指示剂的特性，当肉浸液中存在氧化型毒素时，将与高锰酸钾起反应，此时，浸出液呈现指示剂的颜色（蓝色），当肉浸液中无氧化型毒素存在时，指示剂被还原褪色呈现高锰酸钾的颜色（红色）。

（2）试剂与材料。无菌生理盐水，0.1 mol/L 氢氧化钠，5% 草酸钾溶液，1% 次甲基蓝，0.5% 硝酸银溶液，1∶1.5 盐酸，1% 高锰酸钾。

（3）步骤。

1）毒素的抽提。以无菌操作称取被检肉 10 g 置于无菌乳钵中，用无菌剪刀仔细剪碎，加入无菌生理盐水 10 mL 和 0.1 mol/L 氢氧化钠 10 滴，仔细研磨，然后将所得肉浆用玻璃棒移入 250 mL 锥形瓶中，加塞在水浴上加热至沸，取出后置冷水中冷却并向其中加入 5% 的草酸钾溶液 5 滴，以中和内容物，最后用滤纸过滤备用。

2）取灭菌小试管 4 只，加入检样抽提液 2 mL，然后依次加入 1% 次甲基蓝（或 1% 甲酚蓝酒精溶液）1 滴，再加 0.5% 硝酸银溶液 3 滴，1∶1.5 的盐酸 1 滴，用力振摇后再加高锰酸钾 0.15 mL，振摇后观察。同时另取一支试管，加生理盐水作对照。

3）评价与判断。10～15 min 观察结果，如反应管呈玫瑰红色或红褐色，经 30～40 min 变为无色，则为健康新鲜肉，反应管呈蓝色，则为有病动物肉。本方法简便、快速，可用作定性检测。

4. 硫化氢检验法

（1）原理。肉类蛋白质中的含硫氨基酸在腐败分解过程中生成硫化氢，硫化氢也是腐败肉腐臭味的因子之一，因而肉中硫化氢的测定也是判断肉品新鲜度的一个指标。硫化氢的检验是根据硫化氢与可溶性的铅盐相作用生成黑色的硫化铅来进行判定。

（2）试剂与材料。10% 的醋酸铅溶液，10% 氢氧化钠溶液。

（3）步骤。

1）将待检肉样剪成黄豆粒大的碎块，放入 100 mL 带磨口塞（或橡皮塞）并带挂钩的玻璃瓶内，至瓶容积的 1/3，并尽量使其平铺于瓶底。

2）瓶中悬一经醋酸铅碱溶液浸湿的滤纸条，使其下端紧贴于肉块表面，但不接触，上端固定于瓶塞的挂钩上。

3）在室温下静置 15 min 后，观察滤纸条的反应。

（4）结果判定。新鲜肉滤纸条无变化；可疑肉滤纸条的边缘变为淡黑色；腐败肉滤纸条的下部变为暗褐色或黑褐色。本法简便、快速，可用作定性检测，适合现场操作。

5. 球蛋白沉淀检验法

（1）原理。蛋白质的溶解性受 pH 和溶剂中电解质的影响。肌肉中的球蛋白在碱性条件下呈可溶解状态，肉在腐败过程中由于有大量的有机碱形成，环境变碱，因而球蛋白能溶解在肉浸液中。根据蛋白质在酸性环境中不溶解且能与重金属离子结合形成蛋白质盐而沉淀的特性，用重金属离子使其沉淀，根据沉淀的有无和沉淀的数量判断肉品的新鲜度。

（2）试剂与材料。试管，移液管，10% $CuSO_4$溶液。

（3）步骤。取小试管两支，一支注入肉浸液 2 mL，另一支注入蒸馏水 2 mL 作对照，用移液管吸取 10% $CuSO_4$ 溶液，向上述两支试管中各滴入几滴，充分振荡后观察并按下述条件进行判断。

（4）结果判定。新鲜肉的液体呈淡蓝色，透明；劣质肉的液体稍浑浊，有时有少量的混合物；变质肉的液体浑浊，有白色絮状或胶冻样沉淀物。

三、肉制品质量掺假的检测

1. 肉制品掺淀粉的检测

肉糜制品的淀粉用量视品种而不同，可在 5% ~50%，如午餐肉罐头中约加入 6% 淀粉，熏煮香肠类产品淀粉不得超过 10% 等。

（1）快速定性法。对可疑掺淀粉的肉制品，剖切后滴加碘酒，如呈紫蓝色则认为掺有淀粉。

（2）分光光度法。取样品加水搅匀，加醋酸锌液及 $K_4Fe(CN)_6$，混匀，离心，保留残渣，用 HCl 洗离心管，洗液并入残渣，置水浴中保温，不断搅拌，加 HCl；HCl 液中加 Na_2WO_4. 混匀后过滤；取滤液加入具塞试管中，加苯酸钠溶液，沸水浴中保持几分钟，取出冷却，定容；取适量溶液于波长 540 nm 比色，根据吸光度进行定量。

醋酸锌、$K_4Fe(CN)_6$溶液沉淀样品中淀粉，使淀粉滤出；Na_2WO_4、HCl 液为蛋白沉淀剂，有除去蛋白作用；苯酸钠液为显色剂；脂肪含量高的样品应先除去脂肪；酸水解淀粉比淀粉酶更为简便，并便于保存，但对淀粉水解专一性不如淀粉酶，它可同时使半纤维素水解生成还原性物质，使结果偏高。

2. 肉制品掺入奶粉或脱脂奶粉的检测

在肉制品中，加入奶粉、脱脂奶粉或乳清粉，可根据检验乳糖存在的方法而确定。样品中加热水，经剧烈振摇及搅拌后过滤。取滤液加入盐酸甲胺溶液,煮沸半小时,停止加热。然后加入氢氧化钠溶液,振摇后观察,溶液立即变黄,并慢慢地变成胭脂红色,说明有乳糖即奶粉存在。

3. 肉制品掺植物性蛋白的检测

肉制品中广泛应用的植物性蛋白质为大豆蛋白,如大豆粉、浓缩蛋白和分离蛋白,花生蛋白也开始应用于肉制品加工中。肉制品掺植物性蛋白,用聚丙烯酰胺凝胶电泳法检测。取磨碎样品加尿素-2% 巯基乙醇液,混匀后,离心,取上液注于凝胶管上,成叠加层,每支玻管通入电流电泳,直至亚甲基的蓝色谱带达到距凝胶管下端 7 mm 处停止电泳。从玻管中拔出凝胶于染色液中过夜,用醋酸脱去电泳谱带以外的颜色。按照图 13-2 肉、大豆、小麦圆盘电泳谱带比较,以判定加入何种蛋白。

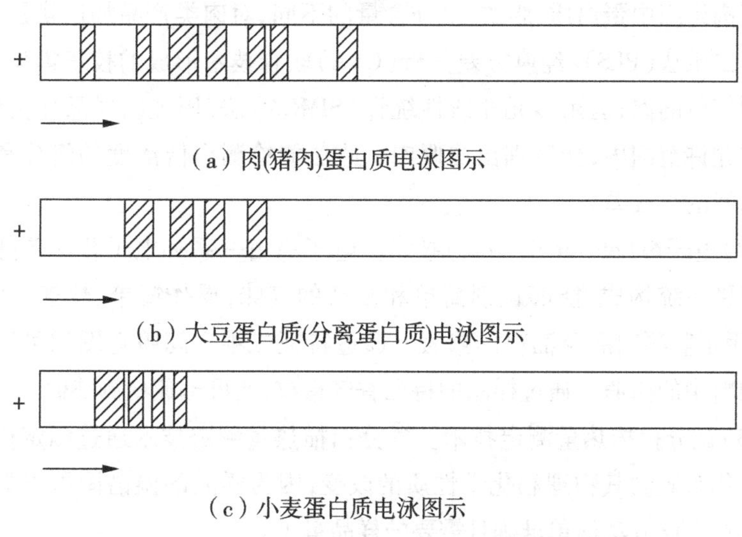

图 13-2　肉、大豆、小麦蛋白质的圆盘电泳谱带示意图

4. 肉制品掺人工合成色素的检测

胭脂红是一种人工合成的偶氮化合物类色素,具有致癌作用。我国国家标准中规定,凡是肉类及其加工品都不能使用人工合成色素。

称取绞碎均匀的肉样,加入适量的海砂研磨均匀,加丙酮在研钵中一起研磨,丙酮处理液弃去。残留的沉淀研成细粉,让丙酮全部挥发。将处理好的样品全部移入漏斗中,加入乙醇—氨水溶液,使色素全部从样品中解吸下来,直到色素解吸完全、滤液不再呈色为止。收集滤液等,调酸后,再加入硫酸和钨酸钠溶液,搅动,使蛋白质凝聚沉淀,抽滤,收集滤液。滤液加热后加入聚酰胺粉,搅拌,再用柠檬酸酸化,使色素全部为聚酰胺粉吸附。然后过滤(或抽滤),滤饼用酸化的水洗涤至洗涤水为无色;再用蒸馏水洗涤沉淀至洗涤水为中性。弃去所有滤液。用乙醇—氨水溶液从聚酰胺粉中解吸色素,直至滤液无色为止。收集滤液驱除氨,浓缩滤液,定容。用纸色谱法和薄层色谱法进行定性检验。再通过吸光度定量测定,进行计算。由于胭脂红是水溶性色素,也可用超声波水浴提取肉中的色素,然后再通过吸光度测定,根据胭脂红的标准曲线进行比色定量。

5. 肉制品中掺入异源肉的检测

(1)中红外光谱检测法。肉类掺入异源肉,表现为加入同种或不同种动物的低成本部分、内脏等。Osama 等用中红外光谱检测异源肉掺入,根据脂肪和瘦肉组织中蛋白质、脂肪、水分含量的不同,对肉类产品加以辨别;应用偏最小二乘法(PLS)/经典方差分析(CVA)联合技术形成的校正模型,可分辨不同部位的肉;运用多元非线性统计(SIMCA)法,用纯肉样品作为模型,在误差允许范围内,能鉴别出掺假肉。此法能检测出低浓度的组分和多组分样品间的组成差异。

(2)电子鼻(electronic nose)技术。电子鼻由一系列电子化学传感器及标本识别系统构成,能够识别简单和复杂的气味,操作简单、快速,结果可靠,可用于监测肉品及油料的掺假。通过特征二维空间嗅觉图像可以定性鉴别油料中的掺假。通过样品的特征香气指纹,便可迅速检测掺假。

(3)微分扫描热量测定技术。微分扫描热量测定技术通过测定样品热量的变化来监测其物理和化学性质的改变,因为样品的温谱图可以显示杂物的存在。此方法简单准确且需要的样品量少。

(4)DNA 分析技术。DNA 在样品加工之后仍保持稳定,此技术用于掺假鉴定是一种非常好的技术。通过聚合酶链式反应(PCR)即可进行样品来源的鉴定,结果准确可靠。

(5)酶联反应(ELISA)技术。ELISA 用于测定样品中抗体水平,该方法专一性强且操作简便因而非常实用。在肉品中使用 ELISA 可以检测出其中的异物。

第七节　酒、茶、饮料类的掺伪检测

一、酒类掺假的检测

1. 白酒掺假的检测

(1)白酒的感官鉴别。

1)色泽鉴别。将酒倒入酒杯中,放在白纸上,正视和俯视酒体有无色泽或色泽深浅,然后振动,观察其透明度及有无悬浮物和沉淀物。

2)香气鉴别。将盛有酒样的酒杯端起,用鼻子嗅闻其香气是否与本品的香气特征相同。

3)滋味鉴别。将盛酒的酒杯端起,吸取少量酒样于口腔内,尝其味是否与本品滋味的特征相同。在品尝时要注意一次人口酒样要保持一致;将酒样布满舌面,仔细辨别其味道;酒样下咽后立即张口吸气,闭口呼气。

4)风格判定。根据色、香、味的鉴别,判定受检酒样是否具有本品相同的典型风格,最后以典型风格的有无或不同程度作为判定伪劣酒的主要依据之一,如有实物标准样品对鉴别伪劣酒更有帮助。

(2)散装白酒掺水的鉴别。

1)感官鉴别。用肉眼观察酒液,浑浊,不透明;用嗅觉和味觉检验,其香味寡淡,尾味苦涩。

2)理化鉴别。各种酒类有一定的酒度,常见的高度酒为62°、60°,低度酒有55°、53°、38°等。掺水后,其酒度必然下降,可用酒精计直接测试。若酒样有颜色或杂质,取酒样蒸馏,将馏液倒入量筒中,然后测量酒精度,进行判断。

2. 葡萄酒掺假的检测

现场快速检测法是一种识别假劣葡萄酒的快速目视比色方法,适用于葡萄酒样品中多酚含量的检测,可对劣质葡萄酒进行现场识别。本法最低检测限为0.1 g/L。

(1)检测原理。正常发酵生产的葡萄酒中富含多酚类化合物。试样中的多酚类化合物在碱性条件下,与Folin-Ciocalteu(磷钨酸-磷钼酸)试剂形成蓝紫色物质,颜色深浅与多酚类化合物含量有关,由此可对葡萄酒中多酚类化合物进行半定量检测，多酚类化合物含量少的葡萄酒为劣质葡萄酒。

(2)试剂和材料。

1)12%乙醇溶液(V/V)。取 12.6 mL 95%(V/V)的分析纯乙醇，定容至 100 mL。

2)4.25%(W/V)碳酸钠溶液。称取 42.5 g 无水碳酸钠(分析纯)，用水溶解并定容至 1000 mL，有效期 6 个月。

3)Folin-Ciocalteu(磷钨酸-磷钼酸)试剂。低温避光保存。

4)配制 400 mg/L 没食子酸标准溶液。称取 0.10 g 没食子酸，用 12%(V/V)乙醇溶液溶解并定容至 250 mL，移入棕色瓶中，避光、低温保存，有效期为 6 个月。

(3)测定步骤。分别移取 0.2 mL 12%乙醇(V/V)、0.2 mL 葡萄酒样品和 0.2 mL 的 400 mg/L 没食子酸标准溶液于 3 个 25 mL 容量瓶中，分取 3 个 1 mL Folin-Ciocalteu 试剂，移入上述 3 个 25 mL 容量瓶中，用 4.25%(W/V)的碳酸钠溶液分别稀释定容至 25 mL，摇匀，放置 5 min 后比色。

(4)结果判断与表述。

1)如果葡萄酒样品显色浅于 400 mg/L 没食子酸标准溶液，则该样品可能为劣质葡萄酒。

2)现场初步判定为劣质葡萄酒的样品还需抽样送相关机构检验确证。

(5)注意事项

1)酒精度对显色影响较大，故要严格控制空白和没食子酸标准溶液的酒精度含量。

2)溶液温度对显色有影响，应注意保持样品和没食子酸标准溶液处于相同温度状态下进行比较。

二、茶叶掺假的检测

1. 真茶与假茶的鉴别

(1)外形鉴别。将浸泡后的茶叶平摊在盘子上，用肉眼或放大镜观察。

真茶：有明显的网状脉，支脉与支脉间彼此相互联系、呈鱼背状而不呈放射状。有 2/3 的地方向上弯曲，连上一支叶脉，形成波浪形，叶内隆起。真茶叶边缘有明显的锯齿，接近于叶柄处逐渐平滑而无锯齿。

假茶：叶脉不明显，一般为羽状脉，叶脉呈放射状至叶片边缘，叶肉平滑，叶侧边缘有的有锯齿，锯齿一般粗大锐利或细小平钝；有的无锯齿，叶缘平滑。

(2)色泽鉴别如下。

真绿茶:色泽碧绿或深绿而油润。

假绿茶:一般都呈墨绿或青色,油润。

真红茶:色泽呈乌黑或黑褐色而油润。

假红茶:墨黑无光,无油润感。

2. 劣质茶叶掺入色素的检测

1)为了掩盖劣质茶叶浸出液的颜色,有的商贩人为地加入色素冒充优质茶叶,其检查方法如下:取茶叶少许,加三氯甲烷振荡,三氯甲烷呈蓝色或绿色者可疑为靛蓝或姜黄存在。加入硝酸并加热,脱色者为锭蓝,生成黄色沉淀者为姜黄。又于三氯甲烷浸出液中加入氢氧化钾溶液振荡,呈褐色者为姜黄。加盐酸使成酸性,生成蓝色沉淀者为普鲁士蓝。

2)还可用下面的简易方法进行鉴别:将干茶叶过筛,取筛下的碎末置白纸上摩擦,如有着色料存在,可显示出各种颜色条痕,说明待测样品中有色素。

三、茶饮料中茶多酚的快速检测

下面用速测盒法检测茶饮料中的茶多酚。

1. 样品处理

(1)如果样品比较透明(譬如果味茶饮料),可将样品充分摇匀后备用。

(2)较浑浊的样液,譬如果汁茶饮料:称取充分混匀的样液 25 mL 于 59 mL 容量瓶中,加入95%乙醇15 mL,充分摇匀后放置15 min后,用水定容至刻度。用慢速定量滤纸过滤,滤液备用。

(3)含碳酸气的样液:量取充分混匀的样液 100 mL 于 250 mL 烧杯中,称取其总质量,然后置于电炉上加热至沸腾,在微沸状态下加热10 min,将二氧化碳排除。冷却后,用水补足其原来的质量。摇匀后备用。

2. 速测步骤及结果判定

取试液 1 mL 于 5 mL 比色管中,加入试剂 1 号 1 mL,混匀后用试剂 2 号定容至刻度。混匀静置10 min,与比色卡比色,找到相应的色阶,该色阶所对应的读数就是被测样品的茶多酚含量。

第八节　调味品的掺伪检测

一、食用盐的鉴别

1. 碘盐的鉴别

碘盐的鉴别有以下方法。

(1)感官鉴别。

①观色:假碘盐外观呈淡黄色或杂色,容易受潮。

②手感:用手抓捏,假碘盐呈团状,不易分散。

③鼻闻:假碘盐有一股氨味。

④口尝:假碘盐咸中带苦涩味。

(2)理化检验。

1)定性检验。

①原理:碘盐中的碘遇淀粉变成紫色。

②方法:将盐撒在淀粉或切开的土豆上,盐变成紫色的是碘盐,颜色越深表示含碘量越高;如果不变色,说明不含碘。

2)碘化钾的检验。

①原理:KI 与 $NaNO_2$反应生成碘,碘遇淀粉变成紫色。

②试剂:取 20 mL 0.5% 淀粉溶液,滴入 8 滴 0.5% 亚硝酸钠和 4 滴硫酸(1+4),摇匀,应在临用前现配。

③检测方法:取 2 g 待检盐放在白瓷板上,向盐上滴 2~3 滴检测试剂。如果不出现蓝紫色,说明不是碘盐。

2. 食盐含碘量的快速检测

食盐含碘量的速测方法介绍如下。

(1)速测原理。快速检测液与食盐中的碘酸钾发生化学反应而显色,根据食盐中含碘量不同,呈现的颜色不同,颜色变化从淡黄到紫红(玫瑰红色),与标准色阶对照测得食盐中碘的含量。

原理与国标中直接滴定法类似,该法检测速度快、操作简单,可用于现场快速检测。检测范围:0~40 mg/kg。

(2)速测范围。适用于食用盐中含碘量的现场快速检测。

(3)速测步骤。取一小堆直径约1.5 cm的盐样,在0.5 cm高度处滴加试剂,5 s后与标准色阶对照。

(4)说明。此法为现场检测快速方法,检测结果为不合格产品时,应复测以保证结果的准确性,必要时需送实验室采用仲裁方法进行复测。

二、味精掺假的快速检测

谷氨酸钠的含量与相应的级别标准。甲级:谷氨酸钠含量99%;乙级:谷氨酸钠含量80%;丙级:谷氨酸钠含量60%。目前市场上出售的多为甲级品,也有部分乙级品,丙级品很少见。

1.味精中掺入食盐的快速检测

甲级味精中谷氨酸钠含量99%以上,其食盐含量应<1%,可用快速检验氯化钠含量的方法来判断其纯度。

(1)简易鉴别法。取5 mL浓度为5%的味精溶液于试管中,加入5%铬酸钾溶液1滴,再加0.73%硝酸银溶液1 mL,摇匀,观察溶液变色情况。如溶液变成橘红色,则说明样品中氯化钠含量<1%,如溶液呈黄色则说明氯化钠含量>1%。

(2)氯化钠含量准确测定法。精确称取待测样品1.000 g,加入20 mL水溶解,滴加6 mol/L硝酸几滴,使其呈酸性,加铬酸钾指示剂2 mL,用0.1 mol/L硝酸银标准溶液滴定至土黄色为止,同时作空白对照试验,根据滴定时消耗的硝酸银的量,按下式计算出待测样品中氯化钠的含量。

$$食盐的量(\%)=\frac{(V_1-V_2)\times c\times 0.0585}{m}\times 100\%$$

式中,V_1为滴定样品时消耗硝酸银溶液的量;V_2为滴定空白时消耗硝酸银溶液的量;m为味精样品的质量;c为硝酸银标准溶液的浓度;0.0585为1 mL的1 mol/L硝酸银标准溶液相当于氯化钠的量。

2.味精中掺有磷酸盐的快速检测

(1)速测原理。在酸性溶液中,磷酸盐与钼酸氨作用生成黄色的结晶性磷钼酸氨沉淀。

(2)试剂。浓硝酸,钼酸氨溶液(称取6.5 g钼酸氨的粉末,加14 mL水与14.5 mL浓氨水混合溶解,冷却后缓慢加入32 mL浓硝酸与40 mL水,随加随摇,放置2 d后用石棉过滤即可)。

(3)速测步骤。取样品0.5 g,溶于2~3 mL水中,滴入几滴浓硝酸,加入5 mL钼酸氨溶液，在60～70 ℃的水浴中加热数分钟，如生成黄色的结晶性沉淀，即表明有磷酸盐的存在。

3. 味精中掺入碳酸盐或碳酸氢盐的快速检测

碳酸盐或碳酸氢盐与盐酸作用即生成大量的二氧化碳，形成很多气泡。取样品少许，加少量水溶解后，加数滴10%的盐酸，观察是否产生气体，如有气体产生，则说明有碳酸盐或碳酸氢盐掺入。

4. 味精中掺入淀粉粒的快速检测

(1)速测原理。碘和淀粉作用生成蓝色物质。

(2)试剂。碘液(称取1.3 g碘及2 g碘化钾于100 mL蒸馏水中研磨溶解)。

(3)速测步骤。称取待测样品0.5 g，以少量水加热溶解，冷却后加碘液2滴，观察颜色变化，如呈现蓝色、深蓝色或蓝紫色，则表明有淀粉粒存在。

5. 味精中掺入蔗糖的快速检测

(1)速测原理。蔗糖与间苯二酚在浓盐酸环境下生成玫瑰红颜色。

(2)试剂。间苯二酚、浓盐酸。

(3)速测步骤。取待测样品1 g置于小烧杯中，加入0.1 g间苯二酚及3～5滴浓盐酸，煮沸5 min后，如有蔗糖存在，则出现玫瑰红颜色。

6. 味精中掺入铵盐的快速检测

(1)pH试纸法

1)速测原理。样品中铵盐遇强碱时，微热，则游离出氨，挥发气体遇pH试纸呈碱性反应。

2)速测步骤。取待测样品少许于试管中，用少量水溶解，加5滴10%氢氧化钠溶液，微热，同时试管口悬放一个被蒸馏水润湿的pH试纸，如果生成氨臭或试纸变红，则说明有铵盐存在。

(2)气室法。

1)速测原理。铵盐与奈斯勒试剂作用，出现显著的橙黄色，或生成红棕色沉淀nh3浓度低时，没有沉淀生成，但溶液呈黄色或棕色。

2)试剂。奈斯勒试剂(溶解10 g碘化钾于10 mL热蒸馏水中，再加入热的升汞饱和溶液至出现红色沉淀，过滤，向滤液中加入30 g氢氧化钾，并加入1.5 mL升汞饱和溶液。冷却后，加蒸馏水至200 mL，盛于棕色瓶中，贮于阴凉处)。

3)速测步骤。取样品少许溶解，在一个表面皿中加入样品溶液和氢氧化钠溶液混合，并用另一块同样的表面皿盖上，上面盖的这块表面皿中央应该预先贴一片浸过奈斯勒试剂的潮湿滤纸。把这样做成的气室放在水浴上加热数分钟，这时如果奈斯勒试纸有红棕色斑点出现，说明有 NHZ 的存在。

此法限量为 0.05 μg，最低浓度为 1 mg/kg。

三、食醋掺假的快速检测

1. 酿造醋和人工合成醋的鉴别

现在已发现有的个体户和少数工厂用工业冰醋酸直接加水配制食醋，到市场上销售，这种危害人民身心健康的做法应坚决制止，下面介绍酿造醋和人工合成醋的鉴别方法。

（1）试剂。

1）3% 高锰酸钾-磷酸溶液。称取 3 g 高锰酸钾，加 85% 磷酸 15 mL 与 7 mL 蒸馏水混合，待其溶解后加水稀释到 100 mL。

2）草酸-硫酸溶液。5 g 无水草酸或含 2 分子结晶水的草酸 7 g，溶解于 50% 的硫酸中至 100 mL。

3）亚硫酸品红溶液。取 0.1 g 碱性品红，研细后加入 80 ℃ 蒸馏水 60 mL，待其溶解后放入 100 mL 的容量瓶中，冷却后加 10 mL 10% 亚硫酸钠溶液和 1 mL 盐酸，加水至刻度混匀，放置过夜，如有颜色可用活性炭脱色，若出现红色应重新配制。

（2）速测步骤。取 10 mL 样品加入 25 mL 纳氏比色管中，然后加 2 mL 的 3% 高锰酸钾-磷酸液，观察其颜色变化；5 min 后加草酸-硫酸液 2 mL，摇匀。最后再加亚硫酸品红溶液 5 mL，20 min 后观察它的颜色变化。

2. 食醋掺水的检测

（1）检测原理。凡以水为溶剂且重于水的溶质，其水溶液的比重通常是随溶质的量增大而递增，随溶质的量减少而递减，所以，通过比重的测定即可判断食醋是否掺水。一般一级食醋比重为 5.0 以上，二级食醋为 3.5 以上，根据测得的不同级别食醋的比重即可判断是否掺水。

（2）试剂和材料：①量筒；②波美表；③样品；④食醋。

（3）测定步骤。

1）将待测食醋样品倒入 250 mL（或 100 mL）量筒中，平置于台上。

2）将波美表轻轻放入食醋中心平衡点略低一些的位置，待其浮起至平衡水平而稳定不动时，注意液面无气泡及波美表不触及量筒壁。

3）视线保持和液面水平进行观察，读取与液面接触处的弯月面下缘最低点处的刻度数值。

3. 食醋中总酸检测

（1）检测原理。食醋中主要成分是醋酸，含有少量的其他有机酸，因而可以利用氢氧化钠标准液滴定，以酚酞为指示剂，结果以醋酸表示。

（2）试剂和材料：①0.1N 氢氧化钠标准液；②1% 酚酞指示剂。

（3）测定步骤。

1）准确吸取 1 mL 待测醋样于 250 mL 三角瓶中。

2）加入 50 mL 蒸馏水和 1% 酚酞指示剂 3 ~ 4 滴，用 0.1N 氢氧化钠标准液滴至呈微红色，记下耗用的 0.1N 氢氧化钠标准液的体积（mL）。

（4）结果判断与分析如下。

$$\text{总酸(g/10 mL,以醋酸计)} = (V \cdot N \times 0.06)/L$$

式中，V 为耗用 0.1N 氢氧化钠标准液体积；N 为氢氧化钠标准液当量浓度；0.06 为醋酸的毫克当量数；L 为吸取样品体积。

四、酱油掺假的快速检测

1. 酱油中固形物含量的快速检测

固形物的含量与折光率的大小成正比，所以可直接从折光仪的标尺上读出固形物的含量。

将折光仪用蒸馏水调零，然后蘸取试样 1 ~ 2 滴于折光仪的棱镜上，对准光源读数即可。注意测定温度应在 20 ℃左右。

2. 酱油中掺入尿素的检测

酱油中不含有尿素，不法商贩为了掩盖劣质酱油蛋白质含量低的缺点，同时增加无机盐固形物的含量，有掺入尿素冒充优质酱油的现象。其检验方法是：尿素在强酸条件下与丁酮肟共同加热反应生成红色复合物，以此可检出含有尿素。

取 5 mL 待测酱油于试管中，加 3 ~ 4 滴丁酮肟溶液，混匀，再加入 1 ~ 2 mL 磷酸混匀，置水浴中煮沸。观察颜色变化，如果呈红色，则说明有尿素。

3. 配制酱油的检测

最近几年发现，有的小商贩用食盐水、酱色（焦糖）、水或味精水（主要是从味精厂购来的下脚料）兑制成“三合一”或“四合一”的伪劣酱油在农贸市场上销售，以假充真。因此，应提高消费者对配制酱油的识别能力。

(1)配制酱油的感官鉴别。对于配制酱油,主要从色泽、香气、滋味、含杂质4个方面来鉴别。

1)色泽:配制酱油无光泽,发暗发乌;从白瓷碗中倒出,碗壁没有油色黏附。

2)香气:无有机物质生成的豉香、酱香和酯香气。

3)滋味和口味:入口咸味重,有苦涩味,烹调出来的菜肴不上色。

4)杂质:存放一段时间后,表面有一层白皮漂浮。

(2)配制酱油的快速检测。酱色能增加酱油的红色,从而掩盖掺水,或掩盖用酱色和盐水配制成的酱油。所以酱色的检测,可判别酱油是否掺伪。

取被检验的酱油10 mL,加入50 mL的蒸馏水呈红棕色的溶液,再从该溶液中取出2 mL放在玻璃试管中,逐滴加入2 mol/L氢氧化钠。如果产生红棕色产物,证明有糖存在,因为酱色是由麦芽糖焦化而成。

第十四章

转基因食品检测

转基因食品(genetically modified food,GMF)又称现代生物技术食品,是指利用现代生物技术手段将供体基因转入动植物后所生产的食品。转基因技术可增加食品原料产量,改良食品营养价值和风味,去除食品的不良特性,控制食品的成熟期,减少农药使用等。因而,它具有无法估量的发展潜力和应用价值。

对转基因食品危害性的评估主要有以下几方面:是否有毒性、引起过敏反应、营养或毒性蛋白质的特性、注入基因的稳定性、基因改变引起的营养效果及其他不必要的功能等。对人类健康而言,专家们认为,主要应审查转基因食品有无毒性及对环境的影响。

目前国际上通用的转基因食品安全评估的标准是实质等同性原则。判断转基因生物是不是安全,要看它与传统的非转基因产品的区别及比较。如果食品的成分大体上跟传统的食品基本相同,就认为是安全的,但是很多专家也有不同的看法,他们认为不仅仅要对主要的营养成分进行评估,而且需要对所有的常量和微量营养元素、抗营养元素、植物内毒素、次级代谢物以及致敏原等基本浓度都要进行分析之后,才能够说是安全还是不安全。

转基因食品对人类来说无疑又是历史上的一次巨大挑战,只有对其采取认真谨慎的应对态度,我们才有可能以冷静而理性的头脑来迎接它。科学技术是一把“双刃剑”,我们相信在积极正确的政策引导下,转基因食品可以成为人类发展史上的又一辉煌成就。

第一节　转基因食品

一、转基因食品的定义

基因工程(gene engineering)是指利用DNA体外重组或PCR扩增技术。从某种生物基因组中分离或人工合成获取感兴趣的基因,后经切割、加工、修饰、连接反应形成重组DNA分子,再转入适当的受体细胞,以期获得基因表达的过程。这种工程所使用的分子生物技术通常称为转基因技术。

用遗传工程的方法将一种生物的基因转入到另一种生物体内,从而使接受外来基因的生物获得它本身所不具有的新特性,这种获得外源基因的生物称为转基因生物(genetically modified organism,GMO)。含有转基因生物成分或者利用转基因植物、动物或微生物生产加工的食品称为转基因食品。该食品利用转基因技术,将某些生物的基因转移到其他物种中去,改造它们的遗传物质,使其在形状、营养品质、消费品质等方面向人们所需要的目标转变。

狭义上讲,利用分子生物学技术,将某些生物(包括动物、植物及微生物)外源性基因(指生物体中不存在或存在不表达基因)转移到其他物种中表达与原物种不同的性状或产物,以转基因生物为原料加工成的食品就是转基因食品;广义上是指一种生物体新表现型的产生,除可采用转基因技术外,也可对自身基因修饰获得,在效果显著上等同于转基因。转基因生物的优势表现为产量高,营养丰富和抗病能力强。

二、转基因食品与相应传统食品的比较

传统食品是通过选择或人为的杂交育种来进行。食品的转基因技术则着眼于从分子水平上,进行基因操作(通过重组DNA技术做基因的修饰或转移),因而更加精致、严密和具有更高的可控制性。不过,由于转基因技术是一种新的生物工程技术,转基因食品自身或因其转基因技术的不完善以及安全管理制度的不完善,确实存在对人类健康可能形成威胁的可能。

三、转基因食品的安全隐患

转基因食品自产生之日起就成为争论的焦点，对转基因食品争论主要集中在以下几点：新的物种或具有新的生态优势对生态环境会造成影响；新的食品成分可能引起食物过敏；转基因成分在物种间的漂移；转基因成分对人及动物的潜在毒性；标记基因的传递可能引起的抗生素的耐性。

转基因食品的安全性主要包括食品安全性和环境安全性两个方面。转基因产品在人体内是否会导致发生基因突变而有害人体健康，是人们对转基因食品安全性产生怀疑的主要原因，主要涉及以下几个方面：转基因食物的直接影响，包括营养成分、毒性或增加食物过敏物质的可能性；转基因食品的间接影响，如遗传工程修饰的基因片段导入后，引发基因突变或改变代谢途径，致使最终产物可能含有新的成分或改变现有成分的含量所造成的间接影响；植物里导入了具有抗除草剂或毒杀病虫功能的基因后，是否会像其他有害物质那样能通过食物链进入人体；转基因食品经由胃肠道吸收将基因转移至肠道微生物中，对人体健康造成影响。

任何科学技术都是一把“双刃剑”，转基因技术也不例外。利用转基因技术进行育种不同于传统的杂交育种，传统的杂交育种基因重组和交换发生在同一生物种群中，而转基因可能涉及一个或多个基因在不同的生物（动物、植物、微生物）种群间转移，把来源于某一生物甚至是人工合成的基因导入受体生物内，这在自然界里是很难发生的低概率事件。在缺乏大范围和长时间科学实验的情况下，人们很难预测这些转移的基因进入一个新的遗传背景中会产生怎样的结果。总体来说，转基因食品有可能在食品安全和环境安全两个方面有潜在的风险。

（一）食品安全隐患

1. 转基因食品的毒性

基因损伤或其不稳定性可能会带来新的毒素。另外，许多食品原料本身含有大量的毒性物质和抗营养因子，由于基因的导入可能诱导编码毒素蛋白的基因表达，产生各种毒素。

转基因食品中导入的外源基因本身或外源基因所表达的蛋白若具有毒性，则可引起人体急性或慢性中毒；导入的外源基因可能导致原有基因中的其他基因突变或促成一些有害基因的表达，可能会引起人体致癌、致畸等反应。

另外，许多生物本身就能产生毒性物质和抗营养因子，如蛋白酶抑制剂、溶血素、神经毒素等以抵抗病原微生物和害虫的侵袭。非转基因食物中毒素的含量并不一定会引起毒效应，但若处理不当，某些毒素（如木薯、苦杏仁中的氰苷等）可引起严重的健康问题甚至导致死亡。在转基因食品培育过程中，由于基因的导入，可能使毒素大量表达。从理论上讲，任何基因转入的方法都可能导致受体产生不可预知的变化。

关于毒性问题目前只有一些相关的动物试验报道，尚无关于人体的研究报告。

2. 转基因食品的致敏性

食物过敏是一个世界性的公共卫生问题。据报道，90% 的食物过敏是由蛋、鱼、贝、乳、花生、大豆、坚果和小麦这 8 类食物引起的。实际上所有的致敏原都是蛋白质。转基因食品中含有的一些过敏源（如花生、小麦、鸡蛋、牛乳、坚果、豆类、甲壳纲、鱼及沙丁鱼等所含有的蛋白质）会激发一些易感消费者出现过敏反应。

在下列情况下转基因食品可能产生过敏性：已知所转外源基因能编码过敏蛋内；外源基因转入后能产生过敏蛋白，如表达巴西坚果 2S 清蛋白的大豆有过敏性，这是迄今已知转基因植物未被批准商业化的唯一例子；转基因产生的蛋白与已知过敏蛋白的氨基酸序列有明显的同源性；转基因表达蛋白为过敏蛋白的家族成员。

基于以上考虑，有关国际组织和很多国家规定，任何一种转基因食品均需经过过敏安全性评价，确定新食品是否含有与已知过敏源相同的蛋白成分，以分析其是否具有潜在的过敏性。如果转基因食品具有过敏性，则应在标签上标明以提醒消费者，且上市后还需对食用人群进行跟踪监测。另外，对于转移到食物中没有过敏史的蛋白质，如果具有以下特点则可以认为它们不具有潜在的过敏性：一是没有与已知食物过敏源相似的氨基酸序列；二是该蛋白质容易被消化；三是与主要的过敏源相比表达的量明显要少。

3. 转基因食品可能引起抗生素失效

转基因技术中常用抗生素抗性基因作为标记基因，从而引发对人类健康的另一个安全问题—抗生素抗性标记基因漂移造成的影响。抗生素抗性标记基因与插入的目的基因一起转入受体生物中，可大幅提高遗传转化细胞的筛选和鉴定效率。存在争议的问题是，抗生素抗性标记基因是否会水平整合到肠道微生物(特别是致病性微生物)的基因组中,使其产生抗生素抗性;或者导致体内微生物产生耐药性,加剧微生物抗药性对公众健康的影响,对疾病治疗造成不同程度的影响。

4. 转基因技术的应用可能导致食物的营养价值降低或营养素代谢紊乱

外源基因可能以难以预料的方式改变食物的营养价值和不同营养素的含量。由于外源基因来源不同、导入位点具有随机性等问题,转基因生物极有可能产生基因缺失、错码等突变,使其表达的蛋白产物发生性状、数量及表达部位与期望值不符的情况,这可能是导致转基因食物营养价值降低或营养素代谢途径紊乱的原因。

通过基因技术引起食用生物发生很大的改变,这种改变对儿童的影响很大,已远远超过了目前的预测能力,使人们对转基因食品表示担忧。因此,反对者建议在婴儿食品中使用转基因产品应谨慎对待。另外,有关食用植物和动物营养成分的改变对营养的相互作用,营养基因的相互作用,营养素的生物利用率和营养代谢等方面的作用,目前介绍的资料很少,使人们对转基因食品表示担忧。

(二)环境安全隐患

1. 破坏生态系统中的生物种群

生态系统是一个有机的整体,任何部分遭到破坏都会危及整个系统。很多转基因生物具有较强的生存能力或抗逆性,释放到环境中的抗病虫草害类转基因植物,可能对环境中的许多有益生物也产生直接或间接的不利影响,甚至导致一些有益生物的死亡。例如,植入抗虫基因的农作物会比一般农作物更能抵抗病虫害的侵袭,长此下去,转基因作物将会取代非转基因作物,造成物种灭绝。但这种问题在转基因生物产业发展的初始阶段很难发现,可能要经过相当长一段时间后才能显现出来,但等发现问题的时候,可能为时已晚。

2. 增加目标害虫的抗性,加速其种群进化速度

转基因农作物有增强目标害虫抗性的隐患。例如,转基因抗虫棉对第1~2代棉铃虫有很好的抵抗作用,但第3~4代棉铃虫已对转基因棉产生抗性。专家警告,如果这种具有转基因抗性的害虫变成具有抵抗性的超级害虫,就需要提高农药的使用剂量,而这将会对农田和自然生态环境造成更大的危害。

3. 基因漂移产生不良后果

基因漂移的过程很难人为控制，其后果也难以预测。例如，转基因作物可能将其抗性基因杂交传递给其野生亲缘种，从而使本是杂草的野生亲缘种变为无敌杂草。有研究显示，世界上较重要的 13 种粮食作物中有 12 种与其野生近缘物种发生了杂交。在加拿大，被用于试验的油菜，只具有抗草甘膦、抗草胺膦和抗咪唑啉酮功能中的一种功能，但后来发现了同时具备这三种抗性的油菜，说明这三种油菜之间发生了杂交，而这种油菜对周围植物的生存也造成了影响。

转基因食品目前还不能够确定它安全与否。主要原因如下：

第一，资料不全，或者未知因素比较多。有些生物技术公司认为要保护知识产权，商业秘密，提供的资料不全，因此评价本身就不全。

第二，方法问题。目前探寻转基因食品过敏性的方法，有很大的局限性，很受限制。还有检测手段限制以及短期性，现在仅仅才有几年的时间，转基因生物的安全性问题和风险问题，需要一个长时间的测定，这些都是要考虑的因素。

四、我国转基因食品的管理

对转基因食品安全问题的有效管理，可促进人类和平、安全、健康地利用这一技术，以基因工程技术为代表的现代生物技术在农业等领域的应用有着巨大的潜力，这既是机遇，也是挑战。世界各国在积极发展转基因技术的同时，加强了对转基因产品的监控和管理，但因各国生物技术发展的水平和农业在经济中所占比重的不同等诸多因素，它们对转基因产品的管理原则也不尽相同。

由于转基因技术开辟了一个新的领域，目前的科学技术水平还难以完全准确地预测到外源基因在受体生物遗传背景中的全部表现，人们对于转基因食品的潜在危险性和安全性还缺乏足够的预见能力。因此，必须采取一系列严格措施对遗传工程从实验研究到商品化生产进行全程安全性评价和监控管理，以保障人类和环境的安全。各国均针对各自的国情制定出或正在制定综合性的生物技术安全指南和管理措施，建立起一系列的 GMO 安全管理的程序和规范欧盟国家对生物技术食品评估做出了严格的法律规定。欧盟认为新食品包含有 GMO 的食品和食品成分、对 GMO 来源的食品和食品成分以及其他分子结构经过修饰的食品和食品成分等。新食品和食品成分不应给消费者带来危险，不能误导消费者，不能明显不同于现有的食品以至于营养学上不利于消费者。通过法律规定保障消费者有权知道该食品是否为转基因食品，为了保证最终消费者了解必要的信息，欧盟要求新食品必须贴有标签。对于转基因食品和食品成分则实行强制性标签。标签上必须标明该食物的组成、营养价值和食用方法。与欧盟不同的是，美国、加拿大、澳大利亚等乐于接受新食物的国家对转基因农产品的态度相对宽松，公众舆论对转基因产品的接受程度较高，它们对转基因产品的管理也基本相似。日本的转基因生物技术研究和应用较早，并从一开始就非常重视其安全管理。日本对转基因食品采取限制进口的措施，所有转基因食品必须通过农林水产省的安全性评价并合格后才准许进口。

我国采取严格的安全评价体系和标准，对转基因食品的安全评价是采用结果评价法和过程评价法相结合的原则。英国将"实质等同性"原则和严格的毒性、过敏性和抗性实验、大田试验以及商业化的安全评价及其监控有机结合起来，以评价转基因食品的安全性，这种做法值得我国借鉴。在标识政策方面，我国要求对转基因食品实行强制性标识制度。通过转基因食品的明确标识，维护消费者的知情选择权，基本上做到了通过标识制度进行全程监控。

虽然我国在安全评价体系、检测方法、审核制度和标识制度等管理制度与实施方法上所采取的态度和政策已经较为合理谨慎，但不能否认，至今我国仍没有建立起转基因食品监管的有效体制，其管理上还存在许多亟待解决的问题：第一，对转基因食品的风险分析和安全评估的技术规则研究不够，转基因食品的检测技术不能满足产品增长的需要；第二，目前我国仍然没有建立统一的转基因食品管理部门负责整体指挥、协调工作；第三，有关转基因食品管理的法律法规众多，各个法规之间的协调性不足。针对以上问题，也提出了一些建议。

(1)协调现有法律法规，进一步出台针对性法规，形成较为严密的政策法规系统，发挥系统效应之所以如此，是由于以下原因。

1)我国目前出台的转基因生物及食品的管理条例、办法的深度显得不足，多为总体规定，而不是结合实际的具体情况有针对性的管理办法，尚不足以达到为实际工作"有法可依"的程度，操作性有待提高。

2)各条例法规的覆盖范围存在相互重合的现象，会造成在引用法规条例时某种程度的不清晰，建议规范各法规条例的专业性。

3)我国转基因技术及产品生产等尚不成熟,并考虑到正式专项法律一旦出现不符合当下实际的内容却不易修改,以及难以添加更具适应性的新内容等弱点,建议现阶段以出台针对性法规条例为主,而不是出台正式的专项法律或法典,以不断适应快速发展的转基因技术及对其的管理监督工作。

(2)构建独立专门的转基因食品监管的组织机构,统一协调各方面研究和工作。采取资源互补、统一协调的管理措施,将各种管理资源有效整合。因此,有人提出,我国在组建管理机构时可以借鉴国外的成熟经验,以我国生物资源分属不同主管部门为立足点,在组织结构设置时可以分角度进行考虑。

1)从中央主管部门的角度。我国可成立由SFDA、农业部、卫生部、质检总局四部门牵头的转基因食品安全委员会,负责统一协调工作。委员会有三个常设机构,秘书处负责国际合作交流和日常事务处理,转基因食品安全小组指导协调各部门对转基因食品的综合监管,评估中心对检测内容提供相应的技术支持。

2)从地方政府的角度。根据转基因食品源头的不同,在地方上设立不同的负责部门,并建立自下而上的监测和信息反馈机制。该组织建立时应考虑到其相对独立性,以保证研究与工作的科学性,以促进转基因技术及食品安全为主要目标,而不会让位于政治利益团体的政治利益协调。

(3)在现有审核制度和标识制度基础上,健全转基因食品检测和评估体系,对转基因食品进行全过程严格的检测。

1)建立独立的权威检测机构,对转基因食品进行严格的检测,保证其质量和安全性,并逐渐形成一个覆盖全国的农业生物技术管理监督与监测网络体系。转基因生物及食品的安全性验证检测,建议国家设立专项资金,进一步找到更快捷准确的检测方法,完善检测标准,加强对转基因食品的确认,便于管理机构有目的地进行管理。

2)严格控制转基因食品的生产、加工、储运、销售直到进出口各环节,使安全风险降至最低。同时,结合我国实际,研制出一套切实可行的转基因食品安全评估体系,将转基因食品置于规范化的管理和监控之中,使消费者能放心地消费转基因食品。

(4)大力促进转基因技术的研究与开发,同时审慎进行商业化及产业化。转基因技术是人类大幅提高生产力的又一个契机,各国都在争夺转基因技术这个新的技术上的制高点。我国应该大力支持在技术研发方面的人力、物力和财力的投入,积极开发新技术、新领域,但是同样应该建立专项资金来严格地管理转基因技术的商业化和产业化,特别是在涉及食品安全的领域。区分管理好转基因技术的科研开发和商业产业化,可以获得技术飞跃和消费者食品安全的双重效益。

第二节　转基因食品的安全性评价

随着转基因技术向农业和食品领域的不断渗透和迅速发展,转基因食品的安全性越来越受到人们的广泛关注。加强对转基因食品安全管理的核心和基础是进行安全性评价的方法和体系。为此,世界各国尤其是有关国际组织均积极探讨和建立转基因食品安全评价的方法和体系,努力推动转基因食品安全评价的国际协调和相互认证,在促进生物技术发展的同时,保证人类健康和环境安全。

第一代转基因产品是通过基因工程手段来提高产量,改善品质。比如为了抗虫,植物中转入了抗虫蛋白;最著名是由自然界土壤细菌苏云金芽孢杆菌(Bt)的某些亚种产生的晶体蛋白 Cry 毒素,该毒素对欧洲玉米螟幼虫或某些其他鳞翅目幼虫有选择毒性。对于除草剂耐受性,转基因植物转入了高水平耐受除草剂—草甘膦,它是除草剂草甘膦的活性成分。这些基因修饰手段主要用于作物以及进行畜禽的喂养(主要是玉米、大豆)研究。

第二代转基因食品通常是通过提高某一有益成分的含量,改善有益的营养成分或降低不良成分的含量来改善植物的营养品质。如已研制出富含高赖氨酸的转基因玉米、高油酸含量的转基因大豆等。禽畜也被用来研究第二代转基因植物。

与大型禽畜相比,用小型啮齿类动物操作相对简单,成本低,寿命短、易于检验。因此,有大量实验是通过饲喂小型啮齿类动物(如鼠、兔子等)来研究转基因食品对健康的影响。在长期研究中,大量个体在统一的标准条件下生长,易于用多种方法评价饲喂转基因食品产生的任何影响。

转基因食品的安全性评价应着重从宿主、载体、插入基因、重组 DNA、基因表达产物及其对食品营养成分的影响等方面来考虑,主要内容包括:基因修饰产生的“新”基因产物的营养学、毒理学评价;由于新基因的编码过程造成现有基因产物水平的改变,新基因或已有基因产物水平发生改变后,对作物新陈代谢效应的间接影响;转基因食品和食品成分摄入后基因转移到胃肠道微生物引起的后果;转基因生物的生活史及插入基因的稳定性。世界各国制定了转基因食品安全性评价的法规政策。

目前,转基因食品的安全性评价主要从环境和食品安全性两方面进行评价。环境安全性主要包括:转基因后引发植物致病的可能性,生存竞争性的改变,基因漂流至相关物种的可能性,演变成杂草的可能性,以及对非靶生物和生态环境的影响等。食品安全性评价主要包括转基因食品外源基因表达产物的营养学评价;毒理学评价,如免疫毒性、神经毒性、致癌性、繁殖毒性以及是否有过敏源等;外源基因水平转移而引发的不良后果,如标记基因转移引起的胃肠道有害微生物对药物的抗性等;未预料的基因多效性所引发的不良后果,如外源基因插入位点及插入基因产物引发的下游转录效应而导致的食品新成分的出现,或已有成分含量减少乃至消失等。

一、遗传工程体特性分析

基因工程生产的食品不管是用微生物制作的食品,还是植物性或动物性食品,其安全性具体要求如下:供体和受体必须明确其在生物学上的分类和基因型及表型;改造用的基因材料的片段大小与序列必须清楚,不能编码任何有害物质;为避免基因改造食品携带的抗生素抗性基因在人体肠道微生物转化使之产生耐药性,要求尽量减少载体对其他微生物转移的可能性;导入外源基因的重组 DNA 分子应稳定;转基因食品若含有转基因微生物活体,该种活微生物不应对肠道正常菌群产生不利影响;对含有致敏原的转基因食品,必须标明它可能引起过敏反应。对含有潜在过敏性蛋白质的转基因食品,有关机构必须采取措施进行人群摄入后程序的健康检测。

转基因食品评价第一个要考虑的问题是对遗传工程体的特性进行分析(genetucal modified organisms,CMOS),即安全性分析。这样有助于判断某种新食品与现有食品是否有显著差异。分析的主要内容如下。

(1)供体来源、分类、学名,与其他物种的关系;作为食品食用的历史,有无有毒史、过敏性、传染性、抗营养因子、生理活性物质;供体的关键营养成分等。

(2)被修饰基因及插入的外源 DNA 介导物的名称、来源、特性和安全性。基因构成与外源 DNA 的描述,包括来源、结构、功能、用途、转移方法、助催化剂的活性等。

(3)受体与供体相比的表型特性和稳定性,外源基因的拷贝量,引入基因移动的可能性,引入基因的功能与特性。

二、转基因食品的安全性评价原则

(一)经济合作与发展组织的实质等同原则

经济合作与发展组织(OECD)首次提出了“实质等同性原则”。即“在评价生物技术产生的新食品和食品成分的安全性时,现有的食品或食品来源生物可以作为比较的基础”。

实质等同性原则要求对转基因食品从营养和毒理学两方面进行个案评价,主要用来评价起源于具有安全食用历史的传统食品的转基因食品,通过比较转基因食品与传统食品的等同性和相似性,找到食品中作为安全性比较的靶点,并在营养成分构成、毒素水平、杂质水平、新成分的结构与功能等几个方面进行比较。

采用这一原则评价食品时,一旦确定了转基因食品与传统食品是实质等同的,那么两者应同等对待;如果某一转基因食品未能确定为实质等同,那么安全评估的重点应放在已确定的差别上;如果某一转基因食品没有相对应的或类似的传统食品与之相比较,则就应根据其自身的成分和特性进行全面的安全和营养评价。

(二)国际食品生物技术委员会的决策树原则

国际食品生物技术委员会(IFBC)提出采用决策树的原则与方法对转基因食品进行安全性评价。具体如下:了解被评价食品的遗传学背景与基因改造方法;检测食品中可能存在的毒素;进行毒理学实验;对基因改造的动物性食品,动物本身的健康可作为安全性评价的标志;对已进行安全性评价并批准用于消费的食品,需有计划进行市场人群健康监测。

(三)联合国环境规划署的技术准则

联合国环境规划署(UNEP)组织了一系列的国际会议,旨在世界范围内推动生物技术安全使用准则的制定工作。UNEP 生物安全性国际技术准则从 5 方面分别就转基因生物安全性的一般原则、危险性的评价与管理、国家及地区安全管理机构和能力建设等方面提出了具体的行动指南。准则的制定为各国政府、国际组织、私人团体以及其他国际组织在建立和实施生物技术安全性评价、推动合作和信息交换等方面提供了参照依据。

（四）国际生命科学会的等同与相似原则

国际生命科学会欧洲分会新食品领导小组提出采用等同与相似的原则评价食品的安全性（SAFEST），要求对转基因食品从营养学与毒理学两方面按个案进行评价。在对一种转基因食品进行安全性评价时，应首先了解其背景资料，包括食品名称、来源（动物、植物或微生物）、基因改造方法（宿主、载体、插入基因、重组生产体的特性）、人体摄入量、使用目的及食用人群（是否是特殊人群，如孕妇、儿童等）、加工方法及食品成分等，同时确定待评价的试验样品与实际生产的和人类实际消费的食品是否一致。

该小组将转基因食品分为三类，其评价原则如下：SAFEST Ⅰ类食品与传统食品极其相同或相似的转基因食品，不必进一步证明其安全性；SAFEST Ⅱ类食品与传统食品极为相似，但存在某个新成分或新特性或缺乏某一个新成分与特性的转基因食品，需要对其不同的成分与特性作进一步的分析评价；SAFEST Ⅲ类食品与传统食品既不相同也不相似的转基因食品，需要作广泛的毒理学评价。

（五）其他原则

此外，还需对转基因食品采取预先防范（precaution）作为风险性评估的原则，以预防一些不必要的危害后果。世界许多国家还采取针对不同转基因食品逐个进行评估的原则。而逐步评估的原则就是要求在每个环节上对转基因生物及其产品进行风险评估，并且以前一步的实验结果作为依据来判定是否进行下一阶段的开发研究。在对转基因食品进行评估时，采用风险和效益平衡的原则综合进行评估，有助于在获得最大利益的同时将风险降到最低。此外，还有许多方面有需要遵循的原则，这里不再一一赘述。

三、转基因食品安全性评价的内容

在对一种转基因食品进行安全性评价时，首先要了解和描述它的背景资料，如食品的名称、成分、来源（动物、植物或微生物）、基因改造方法（宿主、载体、插入基因、重组体和标记基因的特性等）、食用目的、食用人群（是否为孕妇、乳母、婴幼儿、老年人等特殊人群）、可能的摄入量和加工方法等。为了保证转基因食品和传统的参照物“一样安全”，必须要按照实质等同性原则，对转基因作物的表型和农艺学性状、成分、营养和饲养性等方面的等同性进行综合评价，以验证它们和传统对应物是否等同。

转基因食品安全性评价的程序包括以下五个方面:新基因产品特性的研究;分析营养物质和已知毒素含量的变化;潜在致敏性的研究;转基因食品与动物或人类的肠道中的微生物群进行基因交换的可能及其影响;活体和离体的毒理和营养评价。通过安全性评价,可以为转基因生物的研究、试验、生产、加工、经营、进出口提供依据。

(一)营养学评价

人们对食品的需求就在于它为人类提供生存所必需的能量和各类营养物质,因此,对营养成分的评价是转基因食品安全性评价的重要组成部分。评价内容包括主要营养素(蛋白质、脂类、矿物质)和抗营养素的评价、营养素利用率问题等。进行营养学评价时,首先检测转基因食品及其加工产品的主要营养成分、抗性因子等,然后与其非转基因亲本进行比较,若存在显著差异,需要进一步进行生物学评价。在此基础上还需进行动物营养学评价,通过生长指标和代谢指标等进行分析。

对于第一代转基因食品主要对植物的抗逆性状进行改善,营养上具备实质等同性就可以认为在营养水平上安全;对于第二代转基因食品,改善营养品质,则需要在营养成分上做更多的分析,除对主要营养成分分析外,还需要对增加的营养成分做膳食暴露量和最大允许摄入量的分析与试验。对一些存在较大差异,或改变了主要营养成分的转基因食品(如高赖氨酸转基因玉米),要了解转基因食品是否具有与传统食品同样的营养功能,动物营养学评价手段是必不可少的。这里所说的营养学评价主要是指两个方面:一是通过动物生长情况、营养指标或者动物产品的营养情况来评价转基因食品对实验动物的营养作用;二是通过动物的生长与代谢指标来评价转基因食品中某种营养物质的生物利用率。

根据实质等同性原则发现,转基因作物和转基因食品与其对照除了预期营养性状改变而致的生物利用率改变以外,基本上实质等同。营养学评价包括营养成分和抗营养因子的安全性评价。

1. 营养成分的安全性评价

转基因食品营养成分的评价除须遵循“实质等同性原则”外,还应充分考虑与历史上或现在世界栽培品种近似的营养成分比较。即如果转基因作物预期对应的非转基因亲本作物在近似营养成分上出现显著差异时,并不能认为转基因作物加工的食品在营养方面会对人类的营养健康产生不利影响，而需要与文献报道或历史上已有的同种类型食品进行比较，分析转基因食品中的主要营养成分是否在这些已知近似营养成分的范围之内：如果在范围内，就可以认为转基因食品的主要营养成分具有与传统食品营养价值等效。例如，某转基因玉米的主要营养成分与非转基因玉米亲本进行比较发现，转基因玉米的蛋白质含量为7%，与非转基因玉米亲本的蛋白质含量5.6%存在显著差异，但历史已有数据的玉米蛋白质含量为4.5%～8.9%，即转基因玉米的蛋白质含量在历史已有数据的范围内，说明该转基因玉米的蛋白质含量与传统玉米一样。

2. 抗营养因子的安全性评价

食品不仅含有大量的营养物质，也含有广泛的非营养物质，有些物质当超过一定量时则是有害的，称为抗营养因子或者抗营养素。

几乎所有的植物性食品中都含有抗营养因子，这是植物在进化过程中形成的自我防御的物质。目前，已知的抗营养因子主要有蛋白酶抑制剂、植酸、凝集素、芥酸、棉酚、单宁、硫苷等。然而，大多数抗营养因子的有害作用是由未加工的食物引起的，经过简单的处理都会消失，如加热、浸泡和发芽处理等。如经常食用的豇豆中由于含有豇豆蛋白酶抑制剂不能生食，需要烹调熟制后，才能食用。

对转基因食品的抗营养因子的安全评价，是将转基因品种中的抗营养因子含量与其对照非转基因食品进行比较。对抗营养因子进行安全性评价是有必要的。其评估方法与营养成分的评估方法一致，既要遵循“实质等同性原则”，也要与历史数据相比较，还要根据不同食品的具体情况来决定，即符合“个案评估”的原则。

（二）过敏性评价

对转基因食品过敏性的安全性评价首先应了解被评价食品的遗传学背景与基因改造方法。如果评价程序不能提供潜在的过敏性证据，则要对食品中可能存在的毒素进行检测。若仍得不到满意结果，可采用毒理学实验进行评价，评价其在所有情况下潜在的致敏性。

国际食品生物技术委员会（IFBC）和国际生命科学学会（ILSI）最早提出转基因食品致敏性评价方法——判定树分析法。重点分析基因的来源、目标蛋白与已知过敏源的序列同源性，目标蛋白与已知过敏病人血清中IgE能否发生反应，以及目标蛋白的理化特性。FAO/WHO提出了新的过敏源评价决定树。评价主要分两种情况:一是在转基因食品中外源基因来自已知含过敏源的生物,在这种情况下,新的决定树主要针对氨基酸序列的同源性和表达蛋白对过敏病人潜在的过敏性。二是转基因食品外源基因来自未知含有过敏源的生物,应考虑与环境和食品过敏源的氨基酸同源性;用过敏源病人的血清做交叉反应;胃蛋白酶对基因产物的消化能力;动物模型实验。

(三)毒性评价

判断转基因食品与现有食品是否为实质等同,对于关键营养素、毒素及其他成分应进行重点比较。若受体生物具有潜在毒性,还应检测其毒素成分有无变化,插入基因是否导致毒素含量的增加或产生了新的毒素,简单地讲,毒性物质即是那些由动物、植物和微生物产生的对其他生物有毒的化学物质。

保证转基因食品的安全性,需要对外源基因表达蛋白进行毒性测验检测指标,有利用生物信息学对已知毒性蛋白进行核酸和蛋白质氨基酸序列的同源性比较,在加热和胃肠道中外源基因表达产物的稳定性,以及急性经口毒性试验。

对于全食品的毒理学检测,需进行动物喂养试验。包括急性毒性试验、亚慢性毒性试验、慢性毒性试验、代谢试验等来判断转基因食品的安全性。此外,为确保评价的准确性,评价时还应考虑人的摄入量、安全系数(由动物、人的种属和个体差异决定),体外模拟人的代谢系统和志愿者的参与得到的数据等。

首先,应分析比较转基因食品及产品与现有食品的化学组分,进一步检测包括 m RNA 分析、基因毒性和细胞毒性分析。当一种物质或一种密切相关的物质作为食品可安全食用时,考虑到暴露水平等原因,则不需要考虑传统的毒理学试验。在其他情况下,对引入的新物质有必要进行传统的毒理学试验。在这种情况下,该物质必须在结构和功能等方面与 DNA 生物所产生的物质具有实质等同性。引入物质的安全性评价应确定其在重组 DNA 中可食用部分的含量,包括其变异范围和均值。同时,也应考虑其在不同人群当前膳食中的暴露和可能产生的效应。

生物机体免疫系统对周围环境变化(包括环境化学物质的毒性作用)极为敏感,其反应要远早于组织、器官出现明确的病理损害之前。因此,免疫安全性评价是评价外来化合物毒性的敏感指标,是转基因食品安全性评价必不可少的组成部分。免疫安全性评价作为转基因食品安全性评价中极为敏感、有效的评价手段，是转基因食品安全性评价体系的重要组成部分。免疫安全性评价一般是利用免疫毒理学方法评价外源性化学物对免疫系统的作用及细胞和分子水平上的作用机制，包括组织病理学观察、免疫器官指数分析、常规非特异性免疫功能分析、特异性体液免疫分析、细胞免疫分析和肠道黏膜免疫分析等六个方面免疫毒理学是研究化学性、物理性和生物性等外来因素对机体免疫系统的不良影响及其作用机理的一门交叉学科，免疫毒性即某化学物质作用于免疫系统后。造成免疫系统功能或结构的损害，或化学物作用于机体其他系统后引起免疫系统的损害。免疫毒理学的主要任务就是要从分子细胞水平研究外来物（可以是转基因食品）对机体的免疫毒性，并对其提供安全性评价依据。

免疫器官的发育状况直接影响机体免疫应答水平和抵抗外来物感染和入侵的能力，其绝对质量和相对质量增加或降低，表明机体的细胞免疫和体液免疫机能增强和降低。常规病理观察对于评价化学物的免疫毒性是十分有用的，如果免疫器官出现病理改变，则表明免疫功能受到影响。病理学观察主要观察胸腺、肾脏、淋巴结和骨髓等常见免疫器官与组织的结构。免疫器官指数（immune organ index）是反映动物免疫器官发育状况的重要指标。免疫器官的脏器指数、器官质量的变化可以直观地反映动物脏器发育情况并及早发现包括实物在内的外环境所产生的不良影响。血液学指标是生物重要的生化指标之一，是判断健康动物状态的标准，也是病理学、毒理学研究的重要参考。正常健康的实验动物，其血常规值和血清生化指标均维持在一定的变化范围内，而病理状态时这些指标会发生显著变化。血液中参加机体免疫功能的成分，主要是白细胞中的粒细胞、单核细胞、淋巴细胞，以及血浆中的蛋白质。同时，反映机体肝脏、肾脏及血脂、血糖代谢等健康水平的转氨酶、磷酸酶、尿酸、葡萄糖、总胆固醇等指标也是血生化检查中对免疫功能评价极具意义的检测项目。全血（whole blood）是动物体内一种极其重要的组织，与机体的代谢、营养状况及疾病有着密切的关系，关于全血及血液生化指标的相关分析，大部分集中在转基因稻谷的安全性评价上。常规非特异性免疫功能分析包括全血及血清生化指标分析、NK 细胞和巨噬细胞功能分析、溶菌酶、抗氧化酶、血清免疫因子等。

（四）抗生素标记基因的安全分析

抗生素杭性标记基因在遗传转化技术中是不可缺少的，其原理是把选择剂加入选择性培养基中，使其产生一种选择压力，导致未转化细胞不能生长发育，而转入外源基因的细胞因含有抗生素抗性基因，可以产生分解选择剂的酶来分解选择剂，因此可以在选择培养基上生长。该标记基因的安全分析主要应用于对已转入外源基因生物的筛选。由于抗生素对人类疾病的治疗意义重大，因此，对抗生素抗性标记基因的安全性评价是转基因食品安全性评价的主要问题之一。

在评价抗生素抗性标记基因的转基因食品的安全性时，应考虑到以下因素。

(1)抗生素在临床和兽医上使用的重要性，不应使用对这类抗生素有抗性的标记基因。

(2)食品中被抗生素抗性标记基因标记的酶或蛋白质是否会降低口服抗生素的治疗效果。

(3)基因产品的安全应作为其他基因产品的实例。如果评价数据和信息表明抗生素抗性基因或基因产品对人类安全存在危险，那么食品中不能出现这类标记基因或基因产品。

当前，培育无抗性标记基因的转基因植物已成为基因工程育种的重要目标。

四、转基因食品的安全性评价方法

欧盟采用等同性和相似性定标法(safety assessment of food by equivalence and similarity targeting,SAFEST)，将转基因食品与相应的传统食品比较，然后根据其差别大小分为三类，再分别进行评价。这三类分别为与传统食品实质等同的食品、与传统食品极其相似的食品、与传统食品既不等同也不相似的食品。

(一)对第一类食品的评价

这类转基因食品与传统食品相比，两者的生物和化学特性一致，成分、营养价值、体内代谢途径、杂质水平等指标的差异在传统食品的自然变异范围之内。这一类食品不必进一步证明其安全性，可直接食用。

(二)第二类食品的评价

与作为参照物的传统食品相比，差别仅是产生或缺乏某个新成分或新特性，这一类食品需要对其发生变化的成分与特性进一步分析和评价。

1.引入DNA和信使RNA(mRNA)的情况

引入DNA和信使RNA(mRNA)本身不会有安全性问题。但应对引入基因的稳定性及发生基因转移的可能性做必要的分析新食品的安全性评价应主要考虑基因产物及功能,即蛋白的结构、功能和特异性及食用历史。这些应在前期进行,然后决定是否需要以及采用何种安全性评价方法来确定蛋白质的安全性。

2.引入蛋白质的情况

通常蛋白质不会引起大的安全性问题。但若蛋白的功能不同,则要做潜在毒性和过敏性分析。对于蛋白质产物的安全性和由其产生的其他物质,包括脂肪、碳水化合物、小分子化合物(内源组分的改变或新组分的产生)的安全性应该加以注意。

目前,已知有少数蛋白对脊椎动物有毒性,这些蛋白的特性多数已经明确。了解引入基因(蛋白)的来源、序列及其功能,便可明确其蛋白质的安全性。若基因来源于对哺乳动物有毒、可产生毒蛋白的生物,或者引入蛋白与已知哺乳动物毒素蛋白在氨基酸序列t,有明显的同源性,则应进行急性毒性试验或其他体外、体内试验,同样,若基因来自已知的过敏食物原,则应防止过敏源的转移。若某种蛋白功能上与内原蛋白相同或类似,则不可能引起明显的安全性问题。

一般来讲,人们对通过基因修饰引入食品中的蛋白质已经了解得比较清楚,并且已知它不会对脊椎动物产生毒性作用。若在研究过程中该蛋白不表现出异常的功能,一般不需要做进一步的安全性测试。若通过证实与已知蛋白质毒素、过敏源不具有类似的氨基酸顺序,可在模拟哺乳动物胃肠环境下进行蛋白质快速水解来测定水解速率。若蛋A不能被很快降解则应考虑进一步的检验如急性毒性试验、过敏检测等。

对有些蛋白质或加工后的食品,依据其蛋白质或食品产品的功能可能需要谨慎考虑。但由于加工过程可减少或消除一些毒性物质,食品在加工后是安全的。蛋白若具有酶功能,则可产生碳水化合物、脂肪、油或小分子化合物。对碳水化合物来说,主要是淀粉的改造,如直链淀粉和支链淀粉的含量以及支链淀粉的分支性。这种修饰的淀粉可能在功能和生理上与食物通常存在的淀粉一样,不会引起任何特殊的安全性问题。但若果蔬中产生了高浓度的这种不易消化的碳水化合物(正常值下果蔬中很低),或者经修饰后可将易消化的碳水化合物转成不易消化的形式,则应对其营养和生物功能做进一步的分析。

若脂肪和油类的成分与结构改变,则可能导致明显的营养改变或显著改变其消化性,这就有必要特别表示产物,以反映其结构中的新组分。此外,对于链长大于22个碳的脂肪酸、有环状取代基的脂肪酸、脂肪酸中存在原来脂肪和油类中没有的功能基团、已知有毒性的脂肪酸(如芥子酸)等,一般应考虑其安全性。

在对食品中新成分的实质等同性比较的工作中,若存在对照食品,可参照现有食品中的同一成分来进行。基因可以引入生物体中一种或多种蛋白质,在受体生物中产生一种新的或修饰的小分子组分。这些产物的安全性评价应该考虑产物的信息、特征、其他食物中相同或类似产物的安全食用历史等。在某些情况下还需要做进一步的测试,包括适当的体内、体外试验。具体做法则根据产物的特异性程度、对其功能了解的多少、与食品中现有物质的相似程度等来决定。

(三)对第三类食品的评价

这类转基因食品是没有相同或相似的传统食品作为参照物与其进行比较的转基因食品,这并不意味这类食品一定不安全,在食用前必须要做广泛的毒理学评价。

首先应该分析受体生物、遗传操作和插入DNA、遗传工程体(GMO)及其产物特性如表型、化学和营养成分等。若插入的是功能不很清楚的基因组区段,同时应考虑供体生物的背景资料。

考虑到转基因食品的种种特殊性,对食品的安全性分析应采取个案分析处理,依据初步鉴定积累的资料,决定是否需要同时采用体外和特异的体内动物试验,从营养角度考虑可能需要做人体试验,尤其是当新食品取代传统食品并作为膳食中的主要食品时。人体试验要在动物试验证明无毒后才能进行,还应考虑人群中有过敏人群及各国各地区食物等的差异。

第三节 转基因食品的检测方法

食品生产者和消费者都希望知道他们使用产品中的转基因实质,不同国家和地区对转基因食品和非转基因食品在法律和价格上又有严格的规定和区分,随着国际市场上出现越来越多的转基因食品,对该类食品进行检测势在必行。

转基因食品的检测是指对食品原料和深加工食品中的转基因成分进行检测。目前,国际市场出现越来越多的转基因食品,对其进行检测是保证其质量和安全的必要手段。转基因食品的安全性检测,第一步是对受检产品进行鉴定,以区别转基因食品与非转基因食品,筛选出在遗传分化过程中已失去转基因特性的产品;第二步是对受检产品中导入的基因重组体构成的变异情况进行检测,以确定其表达的忠实性及外源基因对受体生物原基因组表达的影响。

随着转基因技术的不断发展,转基因的检测技术也随之不断发展、改进。转基因生物与相应的非转基因生物相比,具有特有的 DNA、RNA、蛋白质和代谢产物等成分,通过分子生物学技术可以快速、准确地进行是否含有这些转基因成分的分析。每一个转基因作物品系也都有自己唯一的特征,对这些特征检测,可以准确地进行身份鉴定。当前国际社会对转基因食品检测有两种方法:一是核酸的检测(检测是否有外源基因),该检测方法常针对调控元件序列、标记基因序列和外源结构基因序列等三类外源特定序列。主要采用的检测方法有 PCR 法和基因芯片技术,另有 Southern 印迹、凝胶电泳等:即通过 PCR 和 Southern 杂交的方法检测基因组 DNA 中的转基因片段,或者用 RT-PCR 和 Northern 杂交检测转基因植物 mRNA 和反义 RNA,主要检测 CaMV35S 启动子和农杆菌 Nos 终出子、标记基因(主要是一些抗生素抗性基因,如卡那霉素、新潮霉素抗性基因等)和目的基因(抗虫、抗除草剂、抗病和抗逆等基因)等。二是蛋白质的检测(检测是否有外源基因表达的蛋白质),多利用抗原抗体的高度特异性,包括酶联免疫吸附测定(ELIS A)方法、“侧流”型免疫测定(lateral flow),Western 印迹法以及检测表达蛋白生化活性的生化检测法。这些免疫学方法主要是应用单克隆、多克隆或重组形式的抗体成分,可定量或半定量地检测,方法成熟可靠且价格低廉,用于转基因原产品和粗加工产品的检测。三是检测插入外源基因对插入位点附近基因影响及对其代谢产物的影响,该方法被认为重要性较低,已较少涉及。

转基因食品分析主要关注于转基因样品与非转基因样品之间的显著性差异分析,它强调的是两者成分和代谢物等方面体现的规律与特征。目的是验证待检样品的转基因性质,它强调的是检验。

一、核酸检测技术

转基因技术从各种生物中克隆出来的基因片段插入到靶向受体中时，一般要构建启动子、终止子、选择标记基因、报告基因等。从基因水平进行转基因的检测就是要检测受体的核酸序列、目的片段的整合位点、基因多态性、目的片段的含量分析以及启动子、终止子、选择标记基因、报告基因等。

对食品中转基因成分的核酸检测首先要进行核酸的提取。由于食品成分复杂，除含有多种原料组分外，还含有盐、糖、油、色素等食品添加剂。另外，食品加工过程会使原料中的DNA会受到不同程度的破坏，因此食品中转基因成分的核酸提取尤其是DNA的提取具有其特殊性，并且其提取效果受转基因食品的种类和加工工艺等的影响，所以选择适宜的核酸提取方法是进行转基因食品核酸检测的首要条件。

（一）PCR检测法

PCR反应具有高度特异性和敏感性，只需对少量的DNA进行测定便可检测GMO成分。但对实验技术要求很高，结果易受许多因素干扰产生误差，检测的灵敏度和重现性降低，如操作人员移液时的误差、器皿用品的交叉污染等，还有PCR反应体系存在的抑制因素也可带来干扰。用于大批量检测时，费用较昂贵，一般PCR只用作转基因食品的定性筛选检测。

1.植物总DNA的提取方法

植物样品中的某些组分能抑制DNA聚合酶的活性。CTAB法、Wizard法和试剂盒法都能从真核生物或叶绿体中提取高产量的DNA，满足PCR扩增检测的质量要求。但为避免出现假阴性结果，DNA提取的质量控制步骤必不可少。在转基因产品检测中，同时对相关植物的内源基因进行对照检测是确定DNA提取是否成功的指标。对一些加工食品，其DNA含量有可能减少或受到一定程度的破坏，DNA提取较为困难。

从食品样品中提取的DNA采用紫外分光光度法进行定量，所测定的吸光度A为核酸总量。紫外分光光度法检测核酸的最佳范围是2～50 μg/mL，吸光度A应控制为0.05～1.0。PCR级DNA溶液的A_{260}/A_{280}，比值为1.7～2.0。

(1)CTAB提取法。称取100 mg匀碎样品（根据样品的DNA含量，可以调整样品量）转移至无菌的反应管中，加500 μL CTAB buffer(20 g CTAB/L,

1.4 mol/L NaC1,0.1 mol/L Tris-HCl,20 mmol/L EDTA),混合溶液于 65 ℃孵育 30 min,然后 12 000 g 离心 10 min,转移上清液至含 200 BL 氯仿的管中混匀 30 s 后以 11 500 g 离心 10 min 直至液相分层,上层液转移到另一个新管中,加 2 倍体积的 CTAB 沉淀液(5 g CTAB/L,0.04 mol/L NaCl),室温下孵育 60 min,然后 12 000 g 离心 5 min,弃上清液。以 350 μL 1.2 mol/L NaCl 溶液溶解沉淀并加 350 μL 氯仿,混匀 30 s 后,12 000 g 离心 10 min。将上清液转移到另一新管中,加 0.6 倍体积异丙醇,充分混合后 11 500 g 离心 10 min,弃上清液,加 70% 乙醇 500 μL 含有沉淀的小管中,小心混匀后离心 10 min,弃上清液直到沉淀物变干,然后将 DNA 溶解在 100 的无菌去离子水中。

(2) Wizard 法。称取 300 mg 样品材料装入一反应管中,加入 860 抽提缓冲液(10 mmol/L Tris,150 mol/L NaCl,2 mol/L EDTA,1% SDS),100 μL 盐酸胍溶液(5 mol/L)和 40 μL 蛋白酶 K 溶液(20 mg/mL),混匀后 55 ~66 ℃孵育至少 3 h 并和缓地摇动,冷却至室温后离心 10 min(12 000-14 000 g),取 500 μL 上清液于另一新小管中并加入 1 mL 的 Wizard DNA 提纯树脂,将 2 mL 的注射器固定在液柱上面,推动活塞吸入混合物,DNA-树脂混合液用 2 mL 80% 异丙醇洗涤,液柱放在小反应管的上部,10 000 g 离心 2 min,液柱在室温下干燥 5 min,直到树脂放到新小反应管中后,加入 50 μL 洗涤缓冲液(10 mol/L Tris)在 70 ℃洗涤,孵育 1 min,离心 1 min(10 000 g)。

(3) 试剂盒法。在对转基因产品进行定量检测时,可用试剂盒法提取核酸。试剂盒法不仅操作简易,使用方便,而且试剂不需要自己配制,批次间的质量能够得到保证。目前商品化的试剂盒主要有 Wizard Genomie DNA Purification Kit(Promega),Dneasy Plant Mini Kit(QIAGEN),Wizard magnetic DNA Purification System 和 Plant DNA Prep Kit(上海农业科学院)等。

2. PCR 技术的原理及程序

(1) 原理及仪器。PCR 技术就是利用核酸 DNA 聚合酶、引物和 4 种脱氧单核苷酸在试管内完成模板 DNA 的快速复制,每轮复制包括变性(DNA 模板双链以及 DNA 模板与引物之间在 94 ℃高温变性成单链)、退火(55t 引物与模板上特定互补区结合成双链),延伸(72 ℃在 DNA 聚合酶作用下利用 4 种单核苷酸从引物结合位点沿模板 UNA 合成互补新链),如此循环往复,使模板 DNA 在短时间内得以指数扩增。理论上讲,只要有一个模板分子存在就可通过 PCR 扩增将其放大到可检测水平。通过 PCR 技术可简便快速地从微量生物材料中以体外扩增的方式获得大量特定核酸，并有很高的灵敏度和特异性。

PCR 热循环仪，DNA 测序仪，电泳仪，凝胶成像系统，消毒灭菌锅，核酸蛋白质分析仪，高速冷冻离心机，Mini 个人离心机，冷藏冷冻冰箱，可清洗、可高温灭菌的拆卸式固体粉碎机，研钵，恒温孵育箱，微量移液器：0.5 μL、2 μL、10 μL、20 μL、100 μL、200 μL、1 000 μL。

（2）检测步骤

1）待检样品的制备：所有制备样品所用的器具在使用前应经过 120 ℃、30 min 高压消毒。经固体粉碎机粉碎或研钵粉碎，再经离心浓缩制备待检样品。

2）食品中 DNA 的提取：采用 CTAB 法，提取食品中的 DNA。

3）食品中核酸的定量分析：将 DNA 溶液做适当的稀释，放入紫外分光光度计的比色皿中，于 260 nm 处测定其吸收峰，$1OD_{260}$ = 50 μg/mL 双链 DNA 或 38 μg/mL 单链 DNA。PCR 级 DNA 溶液的 OD_{260}/OD_{280} 比值为 1.7 ~ 2.0。

4）定性 PCR 扩增反应。阴性对照、阳性对照和空白对照的设置：阴性对照以待测非转基因植物 DNA 为模板，提取 DNA 时如加有担体的 DNA 应以担体作为 PCR 反应的阴性对照模板；阳性对照采用含有待测基因序列的植物 DNA 作为 PCR 反应的模板，或采用含有待测基因序列的质粒：空白对照设两个，一是提取 DNA 时设置一个提取空白（以水代替样品），二是 PCR 反应的空白对照（以水代替 DNA 模板）。

（3）检测结果判断。转基因食品检测的 PCR 扩增体系中，能否准确地检测到外源基因，引物的设计是非常关键的因素。高效而专一性强的引物才能精确地与样品模板 DNA 中待检测的序列杂交，得到特异性强的扩增产物。转基因作物 PCR 检测中引物的设计除了遵循一般的引物设计原则外，还要根据外源基因的遗传背景情况来设计。

PCR 扩增在扩增管中进行，肉眼难以观察到是否有特异性扩增产物生成，必须用琼脂糖凝胶电泳或聚丙烯酰胺凝胶电泳分离扩增产物。根据分子质量 Marker 确定条带的分子质量，扩增条带的分子质量与理论上应该产生的条带分子质量相同，则可说明被检测对象基因组中含有外源基因，否则即为非转基因产品。

（二）PCR-ELISA 法

PCR-ELISA 法是免疫学技术和分子生物学技术的结合，是在 PCR 扩增引物的5′端标记上生物素或地高辛等非放射性标记物,PCR扩增结束后,将扩增产物加入已固定有特异性探针的微孔板上,再加入抗生物素或地高辛酶标抗体—辣根过氧化物酶结合物,最后加底物显色,在酶标板上测定吸光度A("OD")值,判定结果。常规的PCR-ELISA法只能作为一种定性实验,但若加入内标,做出标准曲线也可实现定量检测的目的。

1.原理及优势

PCR-ELISA法是一种将PCR的高效性与ELISA的高特异性结合在一起的转基因检测方法。利用共价交联在PCR管壁上的寡核苷酸作为固相引物,在Taq DNA聚合酶作用下,以目标核酸为模板进行扩增,产物一部分交联在管壁上成为固相产物,一部分游离于液体中成为液相产物。固相产物可用标记探针与之杂交,用碱性磷酸酯酶标记的链亲和素进行EIASA检测,通过凝胶电泳对液相产物进行分析。

PCR-ELISA检测法特异性强,检测结果可靠,可用于半定量检测。采用特异探针与固相产物杂交,提高了检测的特异性;用紫外分光光度计或酶标仪判定结果,以数字的形式输出,无人为误差;在对扩增的固相产物进行ELISA检测的同时,可通过凝胶电泳对液相产物进行检测,这两次检测有效地避免了假阳性出现,提高检测结果的可靠性。灵敏度高于常规的PCR和ELISA检测法,灵敏度可达0.1%。所需仪器简单,操作简便,包被管能长时间保存,杂交自动化进行,可实现大批量检测。

2.分析方法

(1)固相引物的包被。固相引物的包被是指利用特殊试剂将5′磷酸化或氨基化的引物特异性地固定在附着物上,它是固相扩增的前提,是杂交检测的基础,附着物的种类很多,如硝化纤维、尼龙膜、聚苯乙烯等。用处理过的PCR管壁充当附着物,以方便PCR扩增。一般来讲,吸附到管壁上的寡核苷酸有35~50 ng,高浓度的寡核苷酸并不能提高吸附量。包被的效果与温度、时间、核酸分子的浓度及缓冲液的种类和pH等有关。

(2)PCR扩增。在包被寡核苷酸的管内进行PCR扩增,扩增条件因目的片段而异。35 S启动子和NOS终止子的扩增条件为:94 ℃变性5 min,54 ℃退火55 s,72 ℃延伸1 min,1个循环;94 ℃变性30 s,54 ℃退火50 s,72 ℃延伸30 s,35个循环;72 ℃延伸8 min。取液相产物8 μL,80 V电压2%琼脂糖凝胶电泳40 min,EB染色30 min,观察结果。

(3)ELISA检测。变性后的固相产物杂交1 h,杂交温度因探针而异,一般在45~50 ℃都能得到较好效果。杂交后用0.5倍SSC,0.1%吐温-20洗掉非特异性结合的探针,加入100 μL过硫酸铵(1份AP溶于500份0.5% BR洗液中),使之与探针上的地高辛结合,10 mg/mL的PNPP显色30 min后,通过酶标仪读数。

(三)定量PCR方法

尽管采用特异DNA片段的定性PCR方法已广泛用于GMO食品的检测,但无法对GMO进行定量分析。随着各国有关GMO标签法的建立和不断完善,对食品中的GMO含量的下限已有所规定。为此,在定性PCR方法的基础上发展了转基因食品的定量PCR检测方法。

目前转基因成分的定量检测方法有半定量PCR法、定量竞争PCR法和实时定量PCR法。

1.半定量PCR法

半定量PCR法较简单,但结果精确性较差。具体步骤如下。

(1)样品DNA的提取和定量。按常规方法提取DNA后,取部分样品DNA在0.8%琼脂糖凝胶中电泳,与已知含量的Marker比较,用计算机凝胶成像分析系统处理结果,以对所提取的DNA进行定量。

(2)PCR反应及检测步骤如下。

第一步,样品DNA的质量分析。设计合适引物,对样品基因组中的保守序列进行PCR扩增,保守序列是单拷贝的微卫星序列,据此可确定获得纯化DNA的质量和模板量,同时判定PCR反应抑制因素的影响。

第二步,建立内部参照反应体系,利用高纯度的pBI 121质粒(含两个35 S启动子),以相同的引物对其DNA扩增,可产生两条带。一条是与常规35 S启动子一致的195 bP带;另一条为500 bp带,是DNA链上两个35 S启动子之间的序列扩增的产物。将此质粒DNA与待测样品DNA以同一对引物共扩增,消除假阴性现象的影响,分析扩增结果,得到可靠的半定量结果。

第三步,测定花椰菜花叶病毒的35 S启动子的PCR反应。为避免操作误差,每个样品PCR实验重复三次,所用的DNA模板量为15~20 ng。在对待测样品PCR扩增的同时,进行空白对照、0.1%、0.5%、1%、2%、5% GMO含量的标准样的PCR反应,根据凝胶电泳的结果建立工作曲线,由工作曲线判定待测样品的GMO含量。

2. 定量竞争 PCR 法

定量竞争 PCR 法是先构建含有修饰过的内部标准 DNA 片段（竞争 DNA），与待测 DNA 进行共扩增，因竞争 UNA 片段和待测 DNA 的大小不同，经琼脂糖凝胶可将两者分开，并可进行定量分析。

（1）原理及特点。竞争性 PCR 是向样本中加入一个作为内标的竞争性模板，它与目的基因具有相同的引物结合位点，在扩增中两者的扩增效率基本相同，而且扩增片段在扩增后易于分离，然后根据内标的动力学曲线求得目的基因的原始拷贝数。

定量竞争 PCR 法的实验原理比较巧妙，采用构建的竞争 DNA 与样品 DNA 相互竞争相同底物和引物，并根据电泳结果做出工作曲线，从而得到可靠的定量分析结果。

定量竞争 PCR 的特点是含有内部标准子，可降低实验室间的检测误差。

（2）分析方法。样品 DNA 的提取和定量。按常规方法提取 DNA，DNA 含量可用紫外分光光度计测定，具体如下。

第一步，竞争 DNA 的构建。按常规分子生物学的方法，用基因重组技术构建竞争 DNA 片段作为内部标准 DNA，此片段除含有转基因成分外（如 35 S 启动子、NUS 终止子），还插入数十个 bp 的 DNA 序列或缺失数十个 bp 的 DNA 序列。

第二步，标准工作曲线的建立。取定量模板 DNA，所含 GMO 量为 0 ~ 100% 的系列参考样，分别与定量的竞争 DNA 在同一反应体系进行 PCR 扩增。特异转基因 DNA 与竞争 DNA 竞争反应体系中的相同底物、引物，PCR 反应获得相差数十个 bp 的两条凝胶电泳带，两条带浓度随转基因成分含量的不同而有差异。当两条带浓度相等时，说明此参考样 GMO 浓度与竞争 DNA 浓度相等。通常将竞争 DNA 浓度调整到与含 1% 转基因成分的参考样相当。通过凝胶成像分析系统对琼脂糖凝胶电泳的结果进行分析，得到每条带的相对浓度。以此数据作目标 DNA 浓度-目标 DNA 浓度/竞争 DNA 浓度的对数图，进行线性回归分析得出工作曲线。

（3）待测样品的测定。将 500 ng 待测 DNA 与经过定量的竞争 DNA 共扩增，凝胶电泳后经扫描分析得到两条带，得到目标 DNA/竞争 DNA 的值，依此数据在工作曲线上求得待测样品的 GMO 含量。

3. 实时荧光定量 PCR 方法

实时荧光 PCR 被认为是准确、特异、无交叉污染和高通量的定量 PCR

方法。所谓实时荧光定量 PCR 技术,是指在 PCR 反应体系中加入荧光基团,利用荧光信号积累实时监测整个 PCR 进程,最后通过标准曲线对未知模板进行定量分析的方法。实时荧光 PCR 检测仪将检测到的荧光信号数据通过数学模式计算后描绘出扩增曲线,根据标准曲线判断待检样品的阴阳性和未知样本中待测基因的含量。

实时定量 PCR 法采用一个双标记荧光探针来检测 PCR 产物的积累,非常精确地定量转基因含量。它可在提取 DNA 后 3 h 内检测样品的总 DNA 量及 2 μg 转基因成分的量,但这套 PCR 系统价格昂贵。

实时定量 PCR 技术是在常规 PCR 基础上,添加了一条标记有两个荧光基团的探针。一个标记在探针的 5′端,称为荧光报告基团(R);另一个标记在探针的 3′端,称为荧光抑制基团(Q)。两者可构成能量传递结构,即 5′端荧光基团所发出的荧光可被荧光抑制基团吸收或抑制。PCR 反应前,荧光抑制基团与报告基团的位置相近,使荧光受到抑制而检测不到荧光信号。当二者距离较远时,抑制作用消失,报告基团荧光信号增强,荧光信号随着 PCR 产物的增加而增强。在 PCR 过程中,连续检测反应体系中荧光信号的变化。当信号增强到某一阈值时。循环次数(Ct 值)就被记录下来。该循环参数(Ct 值)和 PCR 体系中起始 DNA 量的对数值之间有严格的线性关系。利用阳性梯度标准品的 Ct 值,制成标准曲线,再根据样品的 Ct 值就可以准确确定起始 DNA 的数量。

(四) Southern 杂交法

无论是鉴别外源 DNA 的 Southern 印迹法还是鉴别 RNA 的 Northern 印迹法,其基本过程都是将待测的核酸片段转印并结合到一定的固相支持物上,然后用标记的核酸探针检测待测核酸,印迹法具有操作快速简单、可同时检测多个样本的优点,但由于对待测样品未进行扩增,所以其敏感度较 PCR 检测低。

Southern 杂交法是将核酸凝胶电泳、印迹技术和分子杂交融为一体的技术。被检的 DNA 分子用特定的限制性内切酶消化后分成若干片段,经琼脂糖凝胶电泳分离后转移到硝酸纤维素膜或尼龙膜上,然后将膜放置在含有同位素或其他标记的 DNA 探针溶液中进行分子杂交。杂交膜显影后如果有条带出现,则说明被检测 DNA 片段与核酸探针具有互补序列。

在基因工程操作中,它可以检测重组 DNA 分子中插入的外源 DNA 是否为原来的目的基因，并验证插入片段的分子质量大小。

在转基因食品检测中，要在知道该转基因食品转入外源基因片段的情况下使用Southern技术。该技术可检测出食品外源基因与内源基因有高度同源性的DNA片段，且准确可靠。Southern技术已广泛应用于克隆鉴定、品种鉴定以及基因作图等方面。但此方法对样品的质量和纯度要求较高，费用也较高。

（五）基因芯片法

基因芯片，又称DNA芯片或DNA微阵列，它综合运用了微电子学、物理学、化学及生物学等高新技术，把大基因探针或基因片段按照特定的排列方式固定在硅片、玻璃、塑料或尼龙膜等载体上，形成致密，有序的DNA分子点阵。

转基因检测中，将目前通用的报告基因、抗生素抗性标记基因、启动子和终止子的特异片段制成检测芯片与待测产品的DNA进行杂交，通过检测每个杂交信号的强度，对结果进行数据分析，可获取样品分子的序列和数量信息，判断待测样品是否为转基因产品。基因芯片技术具有高通量、灵敏度高、特异性强，假阳性率和假阴性率低、操作简便、自动化程度高等特点，是一种在转基因检测中极有发展前景和应用价值的技术，是近年来国内外研究的热点。

1.基因芯片制备方法

（1）样品制备和标记。为获得目的基因的杂交信号，必须对目的基因进行标记。由于目前常用的荧光检测系统的灵敏度不够高，为提高检测灵敏度，需在对样品核酸进行荧光标记时，对目的基因进行扩增。生物样品成分复杂，常含较多抑制物，对样品进行扩增、荧光标记前，需先提取、纯化样品核酸。普遍采用的荧光标记方法有体外转录、PCR、逆转录等。

（2）杂交反应。杂交反应是荧光标记的样品与芯片上的探针进行杂交产生一系列信息的过程。在合适的反应条件下，靶基因与芯片上的探针进行碱基互补形成稳定的双链，未杂交的其他核酸分子随后被洗去。杂交条件的选择与研究目的有关，基因的差异性表达检测需要长的杂交时间、高样品浓度和较低温度，这有利于增加检测的特异性和低拷贝基因检测的灵敏度。

（3）信号检测和结果分析。主要的检测手段是荧光法和激光共聚焦显微扫描。杂交反应完成后,将芯片插入扫描仪中,对片基进行激光共聚焦显微扫描,样品核酸上标记的荧光分子受激发出荧光,用带滤光片的镜头采集每一点的荧光,经光电倍增管或电荷耦合元件转换为电信号,计算机将电信号转换为数值,同时将数值的大小用不同颜色在屏幕上直观地表示出来。

荧光分子对激发光、光电倍增管或电荷耦合元件都具有良好的线性响应,所得的杂交信号值与样品中靶分子的含量有线性关系。由于芯片上每个探针的序列和位置是已知的,对每个探针的杂交信号值进行比较分析,最后得到样品核酸中基因结构和数量的信息。

2. 基因芯片在转基因食品分析中的应用

目前欧盟及国家质检总局转基因产品检测技术中心都在研究转基因产品检测芯片,但一些产品没有商品化,也没有形成国际、国家标准和行业标准。此技术发展很快,不久将会应用到实际检测中。

采用所转入的外源基因序列设计特异性引物,采用多重 PCK 法对待测样品进行扩增,合成探针并制备成基因芯片。检测结果表明,该法有较好的特异性和重复性,灵敏度可达0.5%;由于采用多重 PCR 技术,一次可同时检测多个基因,提高了检测的准确性和效率。据报道,已有学者研制出一种可同时检测 9 种转基因生物的基因芯片,对所用靶基因用生物素进行标记,用吸光光度法检测。通过 5 次不同实验检测其灵敏性,结果表明该芯片灵敏度达0.3%,大部分达到0.1%。该芯片监测系统符合现行的欧盟和其他国家转基因检测要求。

我国已研制出一种用于检测转基因作物的基因芯片,该芯片选用了两种常用报告基因、两种抗性基因、两种启动子序列和两种终止子序列作为探针。利用该芯片对 4 种转基因水稻、木瓜、大豆、玉米进行检测。结果表明,该芯片能对转基因作物做出快速、准确的检测。

二、蛋白质检测技术

大多数转基因植物都以外源结构基因表达出蛋白质为目的,因此可以通过对外源蛋白质的定性定量检测来达到转基因检测的目的、将外源结构基因表达蛋白质制备抗血清,根据抗原抗体特异性结合的原理,以是否产生特异性结合来判断是否含有此蛋白质。该技术具有高度特异性,即便有其他干扰化合物的存在,特异性抗原抗体也能准确地结合。但由于未表达或表达低时,蛋白质检测方法也不适用。常用的外源蛋白检测方法有酶联免疫吸附分析法(ELISA)和 Western 印迹法等。

转基因表达蛋白质的检验目前面临两个主要问题:其一,蛋白质本身的结构及活性不能变化,而食品加工工艺过程中往往会使蛋白的活性受到影响甚至完全破坏;其二,这些蛋白质有的并不完全是由外来基因表达的,而有些转基因的目的是增加某些功能性成分表达量。这些都使得蛋白质测定的方法在转基因检测中受到较大的限制。

(一)酶联免疫吸附法

1. 基本原理

酶联免疫吸附分析法(ELISA)的基本原理是利用抗原抗体特异识别结合的免疫学特性,与酶反应相偶联,通过酶反应将抗原抗体结合的信号放大,提高检测灵敏度,还能产生有颜色的物质由肉眼或仪器识别。ELISA 测定一般在酶联板或膜上进行。

EUSA 可分为直接法和间接法两种,根本区别在于酶分子标记的是第一抗体还是第二抗体,其中标记第二抗体的间接法特异性高,更常用。

2. 试剂及前提条件

三种试剂:待检测的固定相抗原或抗体;酶标记的抗原或抗体;酶作用的底物。

两个前提条件:待检测的抗原或抗体能够结合到不溶性载体表面并保持活性;标记酶能与抗原或抗体结合并同样保持各自生物活性。

3. 检测过程

ELISA 分析法首先将抗原或抗体结合到固相载体平板的孔里,再将待测溶液的特殊抗原或抗体结合到敏化载体表面,加入酶标抗体使之与抗原或抗体化合物结合,结合物通过标记酶催化底物的颜色改变被检测,由最后溶液的颜色深浅对待测抗原或抗体进行定量分析。

4. 优劣势

E1JSA 分析法特异性高、获得结果快、仪器简单、易操作、对人员要求不高。免去了对样品进行核酸提取的麻烦,可降低检测的成本,酶具有很高的催化效率,可急剧放大反应效果,使测定达到很高的灵敏度和稳定性。

ELISA 分析法有一定的局限性,易出现假阴性结果。一方面,转基因食品中“新蛋白”含量通常很低,难以检出;另一方面,蛋白质在食品加工过程中易变性,蛋白质很可能失去抗体所针对的抗原表位,造成 EL1SA 检测结果假阴性。此外,蛋白质在受体生物基因组内表达前后如进行新的修饰,也可导致检测敏感性降低及假阴性结果,不表达蛋白质的外源基因的转基因产品则无法检测。

（二）试纸条法

试纸条法是 ELISA 方法的另一种形式,该法检测蛋白质也是根据抗原抗体特异性结合的原理,不同之处之一是以硝化纤维代替聚苯乙烯反应板为固相载体,用测试法代替了微孔板,试纸条法主要是将特异的抗体交联到试纸条上和有颜色的物质上,当纸上抗体和特异抗原结合后,再和带有颜色的特异抗体进行反应,就形成了带有颜色的“三明治结构”,并且固定在试纸条上,如果没有抗原,则没有颜色。试纸条法是一种快速简便的定性检测方法,将试纸条放在待测样品抽提物中,就可得出结果,不需要特殊仪器和熟练技能。该法不足之处是只能检测很少的几种蛋白质,不能区分具体的转基因品系,且检测灵敏度低,影响检测结果的准确性。当有些插入基因根本不表达或表达量很低时,就会影响检测结果。

（三）“测流”型免疫测定法

与 ELISA 相似,“侧流”型免疫测定(lateral flow)也是基于“三明治夹心式”技术原理,但该方法是在一种膜支持物上,而不是在管子里进行;标识的抗原一抗体复合物侧向迁移,直至遇到在一种固定表面上的抗体。因此,整个操作相对简单。目前,市场上也出现了用于侧流分析并能用于野外测试的试剂盒。

（四）Western 杂交法

Western 杂交法是一种特异性较高的蛋白质检测方法,将蛋白质的电泳、印迹、免疫测定融为一体,不管样品中靶蛋白大于或小于设定的阈值,它都能提供定性的结果,适合样品定性检测,具有很高的灵敏性。此技术是利用 SIDS—聚丙烯酰胺凝胶电泳分离植物中各种蛋白质,随后将其转移到固相膜上进行免疫学测定,据此得知目的蛋白质表达与否、大致浓度和相对分子质量。利用该方法可以从植物细胞总蛋白质中检出 50 ng 的特异蛋白质。若是提纯的蛋白质,可检出 1 ~5 ng,但其弊端是操作较烦琐,费用较高,不适于检验检疫机构快速、大量样品的检测。

（五）快速检测试剂盒法

目前,较为常见的国外产品主要有 Wizard Genomic DNA P urification

Kit、Dneasy Plant Mini Kit(QIAGEN)、Wizard magnetic DNA Purification System 等试剂盒。这些试剂盒可以单独使用,提取样品中的 DNA,也可作为其他方法的补充纯化步骤。

试剂盒法优点为操作简易、使用方便;试剂不需要自行配制,批次间的质量能够得到保证;不解除氯仿等有机试剂:在仪器设备的要求上只需要台式离心机即可,比较单一。

试剂盒的缺点主要表现在本身价格较昂贵,取样量上用量较少,代表性不能保证,这将影响到检测结果的正确性。

(六)蛋白质芯片法

蛋白质芯片的操作过程与基因芯片是类似的,只是其原理是利用抗原抗体的特异性结合而不是碱基对的互补杂交。

三、其他检测技术

(一)多重 PCR-毛细管电泳-激光诱导荧光快速检测

利用多重 PCR 反应,同时扩增 CaMV35 S 启动子、hsp70 introl 和 CrylA(b)基因之间序列以及 Invertase 基因,扩增产物用无胶筛分毛细管电泳-激光诱导荧光检测,从而建立了多重 PCR—毛细管电泳—激光诱导荧光快速检测转基因玉米的新方法。该方法能检出 0.05% MON810 转基因玉米成分,远低于欧盟对转基因食品规定标识的质量分数阈值(1%)。该方法对玉米及其制品的检测结果与实时荧光 PCR 方法的检测结果一致,与传统的琼脂糖凝胶电泳法相比,具有特异性高、快速及灵敏等优点,适用于玉米中转基因成分以及转基因玉米 MON 810 品系的快速筛选、鉴定和检测,能满足我国实施转基因食品标签法规的要求。

(二)环介导等温扩增法

环介导等温扩增法(100p - mediated isothermal amplification method, LAMP)的特征是针对目标 DNA 链上的六个区段设计四个不同的引物,然后再利用链置换反应在一定温度下进行反应。反应只需要把基因模板、引物、链置换型 DNA 合成酶、基质等共同置于一定温度下(60 ~ 65 ℃),经一个步骤即可完成。扩增效率极高,可在 15 min ~ 1 h 内实现 10^9 ~ 10^{10} 倍的扩增。而且由于有高度特异性,只需根据扩增反应产物的有无即可对靶基因序列的存在与否做出判断。

(三)SPR 生物传感器技术

SPK 生物传感器是将探针或配体固定于传感器芯片的金属膜表面,含分析物的液体流过传感片表面,分子间发生特异性结合时可引起传感片表面折射率的改变,通过检测 SPR 信号改变而监测分子间的相互作用。SPR 生物传感器检测方法实时快捷,所需分析物量小且对分析物的纯度要求不高,因此,该方法正逐步应用在转基因检测领域。

(四)色谱分析

当转基因产品的化学成分较非转基因产品有很大变化时,可以用色谱技术对其化学成分进行分析从而鉴别转基因产品,另有一些特殊的转基因产品,如转基因植物油,无法通过传统的外源基因或外源蛋白质检测方法来进行转基因成分的检测,但可以借助色谱技术对样品中脂肪酸或三酰甘油的各组分进行分析以达到转基因检测的目的。该法是一种定性检测方法,对转基因与非转基因混合的产品进行检验时准确性有限。

(五)近红外光谱分析法

近红外光谱分析法的原理是有的转基因过程会使植物的纤维结构发生改变,通过对样品的红外光谱分析可对转基因作物进行筛选。有研究表明,用近红外光谱分析法成功区分了 RR 大豆和非转基因大豆,对 RK 大豆的正确检出率为 84%,近红外光谱分析法的优点是不需要对样品进行前处理,并且简单快捷,但不足之处是它不能对转基因与非转基因混合的产品进行检测。

第十五章

食品安全及检测新技术

第一节　食品安全溯源体系

食品安全溯源是指在食品链的各个环节中,食品及其相关信息能够被追踪(生产源头—消费终端)或者回溯(消费终端—生产源头),从而使食品的整个生产经营活动处于有效监控之中。

食品安全溯源体系是一个能够连接生产、检验、监管和消费各个环节,让消费者了解符合卫生安全的生产和流通过程,提高消费者放心程度的信息管理系统。系统提供了"从农田到餐桌"的追溯模式,建立了食品安全信息数据库,一旦发现问题,能够根据溯源进行有效的控制和召回,因此,这就能从源头上保障消费者的合法权益。

一、食品安全溯源的意义

随着经济全球化和人们生活水平的提高,食物来源越来越广泛,导致食品安全事故频频发生。禽流感、口蹄疫、染色馒头、地沟油、三聚氰胺奶粉等事件造成的恶果,严重影响了人们的正常生活。因此,建立食品安全溯源体系具有重要的意义。

(一)适应食品国际贸易的要求

通过建立食品溯源体系,可以使我国食品生产管理尽快与国际接轨,符合国际食品安全追踪与溯源的要求,保证我国食品质量安全水平,突破技术壁垒,提高国际竞争力。

(二)维护消费者的知情权

食品安全溯源体系能够提高生产过程的透明度,建立一条连接生产和消费的渠道,让消费者能够方便地了解食品的生产和流通过程,放心消费。食品溯源体系的建立,将食品供应链中有价值的信息保存下来,以备消费者查询。

(三)提高食品安全监控水平

通过对有关食品安全信息的记录、归类和整理,促进改进工艺,提高食品安全水平。同时,通过食品溯源,可以有效地监督和管理食品生产、流通等环节,确保食品安全。

(四)提高食品安全突发事件的应急处理能力

在食源性疾病暴发时,利用食品溯源系统,可以快速追溯,及时有效地控制病源食品的扩散,实施缺陷食品的召回,减少危害造成的损失。

(五)提高生产企业的诚信意识

食品生产企业构建食品溯源体系,可以赢得消费者的信任。总之,食品溯源体系是一种旨在加强食品安全信息传递、控制食源性疾病危害、保护消费者利益的食品安全信息管理体系。食品溯源体系的建立,是确保食品安全的关键,对于完善我国食品安全管理体系具有重大的作用。

二、我国食品安全溯源体系存在的问题

目前,在我国要全面实施食品安全溯源体系还有一定难度,如全面对猪、牛、羊、水果、蔬菜等实施食品安全溯源体系要增加产品的成本,涉及众多的行业管理部门,且需要建立相应的法律法规。我国食品安全溯源体系主要存在以下几方面的问题。

(一)食品溯源相关法规制度不够完善

目前,我国食品安全相关法律 20 多部、行政法规 40 余部、部门行政规章 150 余个,已初步形成一个由国家、部门、行业和地方制定的食品安全法规体系,但只有《食品安全法》《动物防疫法》《国务院关于加强食品等产品安全监督管理的特别规定》等少数法律法规对食品溯源的部分内容做出了要求,而且这些规定又比较笼统,缺乏操作性。由于法律法规支撑不够,阻碍了食品溯源体系建设的推进速度。

（二）食品企业普遍规模小、信息化程度低

受经济发展水平的制约，许多中小型企业为了生存降低成本，以提高市场竞争力。这些企业考虑到成本问题，还没有涉及食品可追溯系统建设。而且，我国食品的流通方式相对落后，传统的流通渠道，如集贸市场和批发市场还占有相当比例；现代流通渠道，如仓储超市、连锁超市和便利店等还不够普及，影响了食品的可追溯性。

（三）溯源信息未能实现资源共享和交换

我国食品溯源系统大部分是以单个企业或地区为基础开发的，系统开发目标和原则不同，系统软件不兼容，溯源的信息不能资源共享和彼此交换，难以实现互相溯源。

（四）分段管理难以做到全程有效监管

我国食品安全主要实行分段监管，在这种体制下，任何一个单独的职能部门都不可能实现全程的追溯管理。

三、我国食品安全溯源体系的发展方向

食品安全溯源体系建设是管理和控制食品质量安全的重要手段之一，在我国越来越受到关注与重视。因此，建立食品安全溯源体系，就要以强化行政职能部门监管为基础，实现对食品质量安全的可追溯管理。

（一）完善食品安全溯源规章制度

我国关于食品质量、卫生等方面的标准很多，但关于溯源的标准或法规很少。当食品出现问题时，很难进行质量问题的溯源。我国应参照发达国家相关法规，结合我国的具体情况，完善我国食品安全溯源规章制度。地方立法时，应以《食品安全法》为基础，在不相抵触的前提下，进一步明晰食品安全溯源体系的具体内容。

（二）建立全程覆盖的数据库

建立一个从初级产品到最终消费品，覆盖食品生产各个阶段资料的信息库，有利于控制食品质量，及时、有效地处理质量问题，提高食品安全水平。

（三）提倡大企业建设食品溯源体系

在食品溯源技术和标准的支撑下，具有产业优势的大企业开始建设食

品溯源体系,并逐步扩大到整个食品供应链,从而使食品溯源体系的规模效应进一步提高。

(四)在大型超市中率先实现溯源

大型超市具有成熟的食品供应链网络,具备先进的物流信息管理系统,在超市采用信息技术对食品安全工作进行监督具有独特的优势。

(五)建立和完善多级互联互通的可追溯网络

建立国家、省、市、县、企业(包括生产企业、销售企业)、消费者多级共享、互联互通的可追溯网络,一旦出现食品安全问题,就能通过可追溯网络进行追踪,从而保证了食品的安全。

(六)实行强制性食品溯源

"疯牛病"事件发生以后,许多国家开始实行强制性食品溯源制度。欧盟对成员国所有的食品实行强制性溯源管理,美国也对国内食品企业实施注册管理,要求进口食品必须事先告知。

(七)给予扶持政策

对自愿加入食品安全溯源体系的企业给予扶持政策,引导消费者选用具有食品安全溯源体系的产品。

总之,食品安全溯源体系是一项涉及多部门、多学科知识的复杂的系统工程,需要相应的科学体系作为支撑。因此,我们应借鉴国内外各学科的知识,探索建立与完善食品安全溯源体系的有效方法。

第二节　食品安全预警体系

预警即"预先警告",具有两层含义:一是监测预防,即对目标事件进行常规监测,对事件的状态及其变动进行风险评估和判断,监测事件并防止事态的非正常运行;二是控制和消除危机,即目标事件因风险积累或放大,或突发事件而引发危机或有害影响,需要对危机进行调控,以消除危机、稳定局面和恢复正常运作。

一、食品安全预警的作用

食品安全预警的作用如下所示。

（一）在进出口贸易方面，对提高我国进出口食品安全水平有着积极的作用

我国食品的检验监管模式是：进口食品的卫生项目必须检验合格后方可进入市场销售，出口食品的卫生项目必须检验合格后才可以放行通关。开展食品安全预警研究，在风险信息收集、危害因素识别和确定等方面建立一套科学的规则和评定程序，提高食品的检测效率，因此，在进出口贸易方面，对提高我国食品安全水平有着积极的作用。

（二）有利于防止食品安全问题的出现、扩散和传播，避免重大食物中毒和食源性疾病的发生

近年来，新的食品危害因素不断出现，继暴发“疯牛病”“禽流感”之后，“红心鸭蛋事件”“塑化剂事件”“染色馒头事件”“地沟油事件”等频频见诸报端，新资源食品、转基因食品的开发也给人类食品安全带来新的隐患。因此，开展食品安全预警工作，有利于防止食品安全问题的出现、扩散和传播。

（三）有利于保障消费者的身心健康，提高人民群众的身体素质和健康水平

加强食品安全预警，可以对不断出现的各种食品危害做出快速反应，采取相应有效的措施，保护我国人民生命健康安全。

此外，食品安全预警对完善我国食品安全监管机制，提高我国食品安全监管水平具有重要的意义。

二、我国食品安全预警体系存在的问题

我国食品安全预警体系主要存在以下几方面的问题。

（一）责任主体不够明确

我国食品质量安全管理权限分属不同部门，随之相伴的预警管理也由分属的不同部门实行多头管理，在一定程度上存在管理职能错位、缺位、越位和交叉分散现象，难以形成协调配合、运转高效的管理体制。

（二）技术标准落后

我国食品安全管理技术标准落后。一些标准时间跨度较长，缺乏可操作性，在技术内容方面与 CAC 的有关协定存在较大差距。而我国的国家标准只采用或等效采用了国际标准，与发达国家及国际相关组织的标准相衔

接的程度不够,从而导致标准的可信度在国际上不高。

(三)监测检验技术比较落后

目前,我国食品安全预警管理监测检验技术水平有限,从监测机构、监测人员、监测设备到监测方法,与发达国家差距很大。一些地方的食品安全检测检验机构仪器陈旧,设备简陋,功能不全,有的缺乏必备的检测设施,不利于查处违法行为和应付突发性食品安全事件。

(四)配套的法律法规保障体系还不够完善

我国现行有效的相关法律法规有几十部,但条款相对分散,这些法律法规尚不能完全涵盖"从农田到餐桌"的各个环节,不能满足食品安全预警体系建设的实际要求,因此,制定一部完整统一的食品质量安全预警管理法迫在眉睫。

(五)信息交流体系不完善,缺乏统一的预警技术信息平台

由于目前我国食品安全多个管理部门之间缺乏有效的信息和资源共享、沟通和协调机制,食品质量安全预警的信息资源严重短缺,使食品安全预警体系出现了风险信息搜集渠道单一、预警及快速反应措施单一、控制效果单一的现象,难以满足食品安全预警的时效性要求。

(六)数据收集不够准确

经常由于没有收集到关键性的数据或收集的数据存在偏差,不符合预警的总体要求,导致预警体系运行后无法达到预期效果。

(七)食品安全的基础研究水平低

目前,我国在食品安全问题上主要集中在研究允许添加使用物质的检测方法上,对于非法添加物质的预防检测手段的研究较少。

(八)投入不足

投入不足制约食品安全预警水平的提高,使得我国食品安全管理的宏观预警和风险评估的微观预警体系建设滞后。

三、我国食品安全预警体系的发展方向

我国食品安全预警体系的发展方向如下所示。

(一)构建合理的食品质量安全预警管理机制

建立系统完整的食品质量安全预警机制是现阶段我国构建政府食品安

全管理机制的前提和基础，也是预防食品安全事件的发生、维护社会稳定、构建和谐社会的重要机制之一。食品安全预警机制的建设，应遵循全面、及时、创新和高效的原则，形成完善的预警机制。

（二）加强食品安全预警科研技术力量

组织科研力量全面分析研究食品安全风险预警及快速反应体系保障措施，为建立质检系统各部门之间的长效工作机制提供保障。同时，加强食品质量安全预警管理的职业队伍建设，培养食品安全的专门人才，向食品安全职能管理部门提供食品质量安全预警管理业务知识的培训。

（三）提高消费者食品质量安全意识

应加强全民食品质量安全教育。随着我国市场经济秩序的不断完善，急需加强对食品质量安全知识的宣传，分析食品质量安全形势，提高消费者的自我保护意识，开展多种形式的法制宣传，组织专项宣传活动，提高消费者依法维护自身合法权益的能力。

（四）完善以预警机制为基础的食品安全法律法规体系

完善法律法规与标准体系，为食品质量安全预警提供支撑。我国有关食品安全预警的立法与执法，正处于初步建立阶段，因此急需在此基础上加大对法律体系的建设。

（五）加强食品预警信息交流和发布机制建设

管理部门应建立和完善覆盖面宽、时效性强的食品安全预警信息收集、管理、发布制度和监测抽检预警网络系统，向消费者和有关部门快速通报食品安全预警信息。

（六）加大国家财政投入力度

目前，我国对食品质量安全预警管理的人力、物力、财力的投入与发达国家相比，还有很多差距。因此，加大国家对食品质量预警管理的投入很有必要。

第三节　酶联免疫吸附技术

一、酶联免疫吸附技术概述

酶联免疫吸附分析法（enzyme linked immuno sorbent assay，ELISA）是荷

兰学者 Weeman 和 Schurrs 与瑞典学者 Engvall 和 Perlman 在 20 世纪 70 年代初期几乎同时提出的。ELISA 最初主要用于病毒、细菌的检测,后期广泛用于抗原、抗体的测定,以及一些药物、激素、毒素等半抗原分子的定性、定量分析。

酶联免疫吸附分析法具有灵敏度高、特异性强、分析容量大、操作简单、成本低等优点,不涉及昂贵仪器,前处理简单,适合复杂基质中痕量组分的分析,且易实现商业化。目前,ELISA 成为世界各国学术研究的热点,美国化学会也将酶联免疫分析法、色谱分析技术共同列为农药、兽药残留分析的主要技术,检测结果的法律效力也得到认可。

ELISA 的基础是抗原或抗体的固相化及抗原或抗体的酶标记。在进行分析测定时,待测样品中的抗体或抗原和固相载体表面的抗原或抗体起反应;将固相载体上形成的抗原抗体复合物从未反应的其他物质中洗涤下来;再加入酶标记的抗原或抗体,通过反应结合在固体载体上。待测样品和固相上的酶呈一定的比例关系,因此,加入酶反应的底物后,酶将底物催化为有色产物,产物和样品中待测物质的量相关。据此可根据其颜色的深浅对待测物质进行定性或定量分析。

食品中小分子残留物、污染物、有毒有害物质的免疫分析方法主要包括待测物质的选择、半抗原的设计和合成、人工抗原的合成、抗体制备、测定方法的建立、样品前处理方法的优化及方法的评价等步骤。

二、酶联免疫吸附分析的形式

(一)固相酶联免疫吸附分析方法

固相酶联免疫吸附分析方法即是在固体载体上进行抗原抗体的反应,最常用的固体物质是聚苯乙烯。固相载体的形状主要有试管、微孔板和磁珠。而最常用的载体为微孔板,专用于 ELISA 测定的微孔板又被称为酶标板,国际通用的标准板形为 8×12 孔的 96 孔式。

吸附性能好、孔底透明度高、空白值低、各孔性能相近的微孔板才是良好的 ELISA 板。配料和制作工艺的改变会明显地改变产品的质量。因此,每一批号的 ELISA 板在使用之前必须检查其性能,比较不同载体在实际测定中的优劣。可将同一个阴性和阳性血清梯度稀释,在不同的载体上按照设定的 ELISA 操作步骤进行测定并比较结果,差别最大的载体就是最合适的固体载体。ELISA 板可实现大量样品的同时测定，并可在酶标仪上快速读数。目前，板式 ELISA 检测已被应用于多种自动化仪器中，易于实现操作的标准化。

（二）试纸条免疫吸附分析方法

试纸条技术和试剂盒相比，更方便携带，检测更为快速，尤其适用于现场快速检测。试纸条技术以微孔膜（硝酸纤维素膜、尼龙膜）为固相载体，采用酶或各种有色微粒子（胶体金、彩色乳胶、胶体硒）为标记物。根据标记物的不同，可将试纸条技术分为酶标记免疫检测技术和胶体金标记免疫检测技术。

1. 酶标记免疫检测试纸条技术

酶标记免疫检测试纸条技术包括渗滤式和浸蘸式两种形式，而胶体金标记检测技术包括渗滤式和层析式两种形式。试纸条的制备步骤如下：

（1）包被。用双蒸水润湿滤纸，将多余水分甩掉，将滤纸和塑料板紧贴使之间无气泡，再将浸泡后的膜放在润湿的滤纸上，保证之间无气泡（每次加样都做同样的准备）；再用微量移液器在膜上包被抗体的区域加样，先在室温下固定 15 min，再在 37 ℃下固定 30 min。

（2）封闭。在 37 ℃，1% BSA-PBS 溶液中恒温浸泡 30 min。

（3）洗涤。用 PBST 洗涤三次，将多余水分去掉后在 37 ℃放置 30 min 干燥。这类试纸条使用前需要加样竞争，操作较为烦琐。

2. 胶体金标记免疫检测试纸条技术

胶体金是由氯金酸在白磷、抗坏血酸和鞣酸等还原剂的作用下聚合成特定大小的金颗粒。柠檬酸三钠还原法是应用普遍的方法，还原剂的量由少变多，胶体金的颜色由蓝色变为红色。

胶体金标记抗体蛋白就是将抗体蛋白等生物大分子吸附到胶体金颗粒的包被过程。吸附的机理可能是胶体金和蛋白质分子间的范德华力，其结合过程主要是物理吸附，不会对蛋白质的生物活性产生影响。pH 很大程度上影响着胶体金对蛋白的吸附作用，在蛋白质的等电点或略偏碱性的 pH 时，二者容易形成牢固的结合物。目前，国内外已有商品化的胶体金试纸条应用于医学快检行业，但其应用在小分子检测，检测精确度和稳定性都不太好，还需要进一步改进。

胶体金标记检测试纸条有两种检测形式。

(1)渗滤式胶体金标记免疫吸附分析试纸条技术。渗滤式胶体金标记试纸条分析装置如图 15-1 所示,用超纯水润湿滤纸,甩掉多余水分,将滤纸和塑料板紧贴,挤去气泡,将膜放在滤纸上,挤去气泡(气泡将影响液体垂直通过膜的速度)。将标样和金标记的待测物抗体按比例混合,竞争反应适当时间后,再将混合物滴加在反应区域,液体流过后与参照进行对比,检测线颜色越浅待测物的浓度越高,若质控线无颜色,则实验无效。

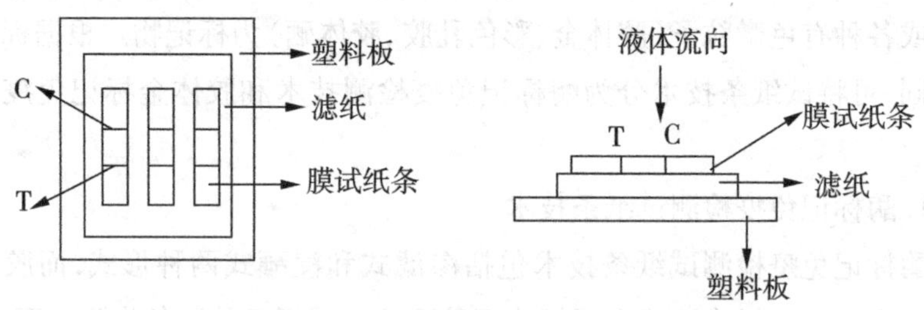

图 15-1　渗滤式胶体标记试纸分析装置

(2)层析式胶体金标记免疫吸附分析试纸条技术。将有光滑底衬的硝酸纤维素膜用胶贴在塑料板上。玻璃纤维棉上放上金标抗体,干燥后,一端与固定有完全抗原和二抗的膜连接,另一端与样品垫连接,其装置如图 15-2 所示。待测样品加入后,金标抗体重新水化后与样品反应,如样品中没有待测物,至检测线时,金标抗体和完全抗原反应后被部分截获,会出现明显的红色条带;而至质控线,金标抗体和二抗的反应也会出现红色条带。但如样品中含有待测物,金标抗体和待测物的反应会占据抗体上的有限位点,就不会和检测线上的完全抗原发生反应而越过检测线,红色条带就不会产生;在质控线会和二抗反应,金颗粒富集,红色条带产生。检测线颜色越浅,待测物浓度越高。质控线显色代表实验有效,无颜色出现,则实验无效。

3. 管式酶联免疫吸附分析方法

采用试管作为固相载体,其吸附表面比较大,因此样品反应量也会很大。一般板式 ELISA 的样品量为 100 ~ 200 μL。管式 ELISA 可根据实际需要而增大反应体积,这会提高试验的敏感性。同时,试管还可作为比色杯,直接放入分光光度计中进行比色而进行定量分析。

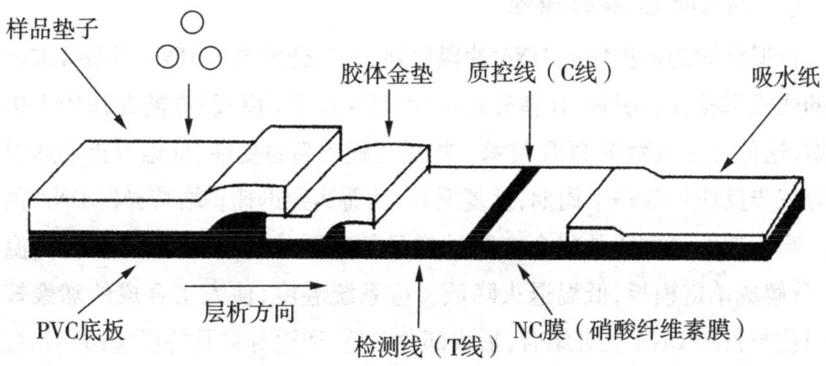

图 15-2　胶体金免疫层析装置

三、仿生抗体酶联免疫吸附分析方法

仿生抗体酶联免疫吸附分析方法利用分子印迹聚合物对目标分子的高选择识别性,然后将其作为人工抗体来取代生物抗体建立起来的酶联免疫分析法,这也是分子印迹技术和免疫分析领域的重要发展方向。这项技术被广泛应用于食品中激素、抗生素、兽药残留等的检测。

第四节　PCR 检测技术

一、PCR 检测技术概述

聚合酶链式反应(Polymerase Chain Reaction,PCR)是 20 世纪 80 年代中期兴起的一种在体外快速扩增特定基因或 DNA 序列的方法。利用该方法,可使极其微量的目的基因或某一特定的 DNA 片段在几小时后迅速扩增数百万倍,并且无须通过烦琐的基因克隆程序,便可以获得足够数量的精确的 DNA 复制。

随着人们对食品安全性要求的不断提高,PCR 技术以其特异性强,灵敏度高和快速准确的优点在食品检测领域得以广泛的应用,代替了许多传统的鉴定方法,成为该领域的有力工具,以 PCR 技术为基础的相关技术也得到了很大发展,在关键技术上也有所进步。

(一)PCR 技术的原理

根据已知的待扩增的 DNA 片段序列,人工合成与该 DNA 两条链末端互补的两段寡核苷酸引物,在体外将待检 DNA 序列(模板)在酶促作用下进行扩增,这种方法也就是 PCR 技术。扩增过程由高温变性、低温退火和适温延伸等三步反应作为一个周期,反复循环,从而达到迅速扩增特异性 DNA 的目的。高温变性是在体外将含有需扩增目的基因的模板双链 DNA 经高温处理,分解成单链模板,低温退火降低反应系统温度,使人工合成的寡聚核苷酸引物与目的 DNA 互补结合,形成部分双链,适温延伸是将反应循环系统的温度调至适温在 TaqDNA 聚合酶的作用下,有 4 种核苷酸存在时,引物链将沿着 5′→3′方向延伸,自动合成新的 DNA 双链,新合成的 DNA 双链又可作为扩增的模板,继续重复以上的 DNA 聚合酶反应,如此周而复始使目的基因的数量呈几何级数扩增。通常单一拷贝的基因经 25 ~ 30 个循环可扩增 100 万 ~200 万倍。同时,在 PCR 反应体系中加入荧光基团,利用荧光信号积累来实时监测整个 PCR 进程,最后通过标准曲线对未知模板进行定量分析,就可以实现反应过程的全封闭管理,减小对环境的污染,并可实现一管双检或多检,缩短时间,提高效率。

(二)PCR 技术的主要检测步骤

(1)运用化学手段对目标 DNA 提取通常采用改良的十六烷基三甲基溴化铵法(CTAB 法)提取样品的 DNA,以紫外分光光度法测定核酸的纯度和浓度。

(2)设计并合成引物引物的设计与合成的好坏直接决定 PCR 扩增的成效,通常要求引物位于待分析基因组中的高度保守区域,长度以 15 ~30 个碱基为宜。

(3)进行扩增是由高温变性低温退火和适温延伸几步反应作为一个周期循环,从而达到扩增 DNA 片段的目的。

(4)克隆并筛选鉴定 PCR 产物将扩增产物进行电泳和染色,在紫外光照射下可见扩增特异区段的 DNA 带,根据带的不同可鉴别不同的 DNA 片段。

(5)DNA 序列分析 DNA 序列分析是 PCR 检测技术中的关键环节。可以采用经典的测序方法,如化学测序法、双脱氧链终止法等;也可以采用以凝胶电泳分离为基础的 DNA 序列分析技术,如毛细管凝胶电泳法、阵列毛细管凝胶电泳法、超薄层板凝胶板电泳法。

不同的对象如扩增的DNA片段序列全知、半知或全然不知，其PCR参数、退火温度、时间、引物等便有较大的差别，与RFLP、Sequence、反转录PCR结合，形成了众多的衍生技术，如多重PCR技术、定量PCR技术、竞争PCR技术、单链构型多态性PCR技术、巢式PCR技术等。这些技术使PCR技术在食品检测中具有更广的应用潜力。

二、PCR检测技术在食品安全检测中的应用

（一）在食品微生物检测中的应用

利用PCR方法对致病菌进行检测早在1992年就有报道，然而利用PCR技术从食品中检测致病微生物到近几年才比较广泛应用，目前利用传统PCR技术能够检测出的致病菌主要有沙门菌、单核细胞增生李斯特菌、致病性大肠杆菌、金黄色葡萄球菌等。近几年，用PCR技术检测沙门菌得到了迅速发展，产生了多种PCR检测方法。如常规PCR、套式PCR、多重PCR等，也可几种方法结合使用。如李君文等将常规PCR与半套式PCR相结合，根据沙门菌中保守的16S rRNA基因为模板设计了一对引物，扩增的片段为555 bp。经过优化设计反应条件，只对沙门菌产生特异性扩增，敏感性达30 cfu。Ma10rny等通过沙门菌的DNA中ttrRSBCA中的特异片段，设计了检测引物和TaqMan探针。共鉴定了110株沙门菌和87株非沙门菌，得到了良好的检测结果。

国内外已将PCR技术作为食品中单核细胞增生李斯特菌的一种快速鉴定方法，如杨百亮等通过条件优化建立了快速检测牛乳中单核细胞增生李斯特菌的试剂盒。姜永强等根据发表的单核细胞增生性李斯特菌的重要毒力基因hlyA的全基因序列，设计出引物，建立了该菌的PCR诊断方法，结果显示扩增可获得预期743 bp的片段，且扩增具有极好的种特异性。

PCR技术也为肠毒素大肠杆菌鉴定提供了一个更为快速灵敏的检测手段。根据肠毒素大肠杆菌所产生的热敏性肠毒素和耐热性肠毒素的基因序列，合成了引物，并对128份食品样品中大肠杆菌肠毒素基因片段进行扩增，结果共有15个样品被检出污染了肠毒素大肠杆菌，并且证实用于扩增的引物具有高度特异性。

PCR技术的改良与发展为食品中金黄色葡萄球菌及其肠毒素的快速准确检测提供了可靠的方法。Letertre等使用实时荧光定量PCR（RTQ-PCR）

方法同时对食品中金黄色葡萄球菌的Sea、Seb、sec等儿种肠毒素基因检测，此方法可以快速准确地鉴定肠毒素基因类型。Hein等以耐热核酸酶基因设计引物来检测人工污染干酪中的金黄色葡萄球菌，其灵敏度为0.75×10^2 ~ 3.2×10^2 copies/g，其线性关系在0.979 ~0.998。

PCR技术除了在致病微生物检测中应用广泛，也是食品微生物研究中不可缺少的工具，是作为微生物生理代谢、菌群分布、菌株鉴定等的研究工具。Baldwin等通过RTQ-PCR和多重PCR技术定量分析了编码芳香族氧化酶的基因，从而量化了芳香族化合物分解代谢途径。Requena等以转醛醇酶基因设计引物，用RTChPCR技术对从成人和婴儿排泄物中分离出的双歧杆菌进行检测分析，并且对肠内双歧杆菌菌群的分布进行了研究，用RTQ-PCR技术与克隆文库分析结合对两种肠道疾病中肠道菌群组成变化与疾病发生、发展的关系进行了研究。

由于PCR技术可以快速特异地扩增期望的DNA片断和目的基因，因而在食品检验与食品微生物研究领域有重要的实际应用价值。尤其是随着生物技术的飞速发展和各项新技术与PCR技术的有机结合，以及今后专门针对如何控制外源DNA的污染、如何控制突变和如何利用PCR技术鉴别致毒微生物产生的毒素等方面的深入研究，必将为PCR技术在食品检测领域更加广泛的应用提供新的思路。

（二）在食品中转基因成分检测中的应用

植物性转基因食品的检测采用的技术路线有两条，一是检测插入的外源基因，主要应用PCR法、Northern杂交及Southern杂交；二是检测表达的重组蛋白，主要采用ELISA法、Western杂交及生物学活性检测。PCR技术应用于转基因产品的检测，其敏感快速简便的特点是其他检测技术所无法比拟的。

目前，转基因检测方法主要是在核酸和蛋白质水平上。其中核酸水平主要是利用PCR法，但是传统PCR检测方法是利用琼脂糖凝胶电泳分析产物，比较容易出现假阳性；而其他改进后的PCR法（如实时定量PCR）虽然具有较高的灵敏性，但是不适合快速操作。

对于蛋白质水平，常用的方法主要有ELISA法和试纸条法。ELISA法虽然具有很高的特异性，但是灵敏性不如PCR法，一般只用于定性或半定量检测；试纸条法更不适合于定量检测。

目前,已有科研工作者结合了ELISA法和PCR法来检测转基因大豆,称为PCR-ELISA法,该方法高灵敏性,可以检测一系列可分析的靶标,而且将检测的灵敏度提高了几个数量级,在很大程度上解决了很多物质的微量检测问题。

(三)在食品其他成分分析检测中的应用

对食品中的营养成分进行检测,仅靠传统的外观鉴别,无法准确判定其实际成分,对加工食品进行质量把关,切实保障消费者的利益,避免因某些宗教食品中含有某些禁食的动物成分引起不必要的民族矛盾或宗教纠纷,有利于维护社会安定。PCR技术已被逐渐应用于深加工食品有效成分检测中。

第五节　生物芯片技术

一、生物芯片概述

生物芯片是指一切采用生物技术制备或应用于生物技术的微处理器,主要借助微加工技术和微电子技术将大量生物大分子如核酸片段、多肽分子、抗原、抗体等物样品有序地固化于玻片、硅片、塑料片、聚丙烯酰胺凝胶、尼龙膜等固相介质表面,组成密集二维分子排列,然后与已标记的待测生物样品中靶分子杂交,通过特定的仪器对杂交信号的强度进行快速、并行、高效地检测分析。常用玻片/硅片作为固相支持物,并且在制备过程模拟计算机芯片的制备技术,因此称为生物芯片技术。

生物芯片技术是20世纪90年代初期发展起来的一项高新技术,最初其主要用于DNA序列测定,基因表达谱鉴定和基因突变体的检测与分析,所以又被称为DNA芯片或基因芯片,目前此项技术推展至免疫反应、受体结合等非核酸领域,改称生物芯片更能符合发展趋势。

由于生物芯片技术具有高通量、自动化、微型化、高灵敏度、多参数同步分析、快速等传统检测方法不可比拟的优点,故在食品安全检测、疾病诊断和治疗、药物筛选、农作物优育优选、司法鉴定、环境检测、国防及航天等方面有着广泛的发展前景。

二、生物芯片技术在食品安全检测中的应用

随着生物芯片应用领域的不断扩展，目前已经出现了众多与食品安全检测相关的生物芯片，生物芯片将会成为食品安全检测中的重要工具。采用生物芯片技术可以对食品中的微生物、药物残留、重金属含量、抗生素含量及转基因食品品质等问题进行快速、高效地检测与评价。

（一）在食品中兽药残留检测方面的应用

兽药残留对人体及环境会造成各种危害（包括慢性、远期和蓄积性等），如致癌、发育毒性、体内蓄积、免疫抑制、致敏和诱导耐药菌株等。近年来，随着兽药在畜牧业中的广泛应用，兽药在动物性食品中的残留问题已成为公认的农业和环境问题。同时兽药残留已成为食品安全中最重要的问题之一。兽药残留包括抗生素和盐酸克伦特罗（瘦肉精）等。

目前，兽药残留常规的检测方法包括仪器方法、微生物法、酶联免疫法等。仪器方法存在仪器昂贵、方法复杂、操作烦琐、试剂消耗量大的局限性；微生物法存在检测灵敏度低、准确性差和检测速度慢的缺点；酶联免疫法可以快速、高灵敏度、高准确率地检测样品，但每次只能针对单种兽药进行检测。目前已开发兽药残留生物芯片检测平台，可对食品中磺胺二甲嘧啶、磺胺间甲氧嘧啶、恩诺沙星、氯霉素、链霉素及双氢链霉素等兽药残留量进行定量检测，具有前处理简单、灵敏度高、特异性好、检测速度快、检测通量高、质控体系严密等诸多优点，可广泛应用于食品安全检测及药物常规筛检等领域。

张东等采用微珠芯片免疫分析法，实现了对动物源性食品中氯霉素残留有效、快速地检测，此方法检测限可达 0.01 μg/L，具有良好的灵敏度、准确度和精密度，符合快速、高通量检测氯霉素残留的要求，并为实现介观流控免疫分析提供了基础。

Knecht 等采用间接竞争 ELISA 模式，建立一种可快速、自动、平行检测牛乳中多种抗生素残留的蛋白质微阵列，单个组分检测所用时间不到 5 min，各组分的检测限在 0.12～32 μg/L。

博奥生物利用成熟的免疫分析技术原理开发了兽药残留蛋白芯片检测平台，该平台系统可对猪肉、鸡肉等组织中的磺胺二甲嘧啶、磺胺喹恶啉、磺胺甲恶唑、磺胺间甲氧嘧啶、磺胺异恶唑、磺胺噻唑、恩诺沙星、氯霉素、链霉

素及双氢链霉素10种兽药残留量进行定量检测，具有前处理简单、灵敏度高、特异性好、检测速度快、检测通量高、质控体系严密等优点。

(二)在食品微生物检测中的应用

食品安全检测中的一个重要方面是及时、准确地检测出食品中的病原性微生物，这些致病微生物的存在会严重威胁人类的健康。传统的生化培养检测方法需要经过几天的微生物培养和复杂的计数过程，操作繁杂，不能及时反映生产过程或销售过程中食品的微生物污染情况，且灵敏度不高，使得食品不能得到有效地监控，给消费者的健康带来威胁。PCR法快速，其灵敏度比前者高，但检测成本高，假阳性多，也不是最好的检测食品微生物污染的方法。基因芯片技术可广泛地应用于各种导致食品腐败的致病菌的检测，该技术具有快速、准确、灵敏等优点，可以及时反映食品中微生物的污染现状。

近年来许多研究者对生物芯片检测食品中常见致病菌进行了系列研究。Wilson等开发出一套多病原体识别(MHD)微阵列，可准确识别18种致病性病毒、原核生物和真核生物，对炭疽杆菌的检测限可低至10 fg×10^{-15}。赵金毅等利用可视芯片技术可以准确地检出沙门菌、金黄色葡萄球菌、小肠结核肠炎耶尔森菌、单核细胞增生李斯特菌4种食品中常见致病菌。Appelbaum在对几种细菌进行鉴别时，设计了一种鉴别诊断芯片，其原理如下。

(1)从高度保守基因序列出发，即以各菌种间的差异序列为靶基因。

(2)选择同种细菌不同血清型所特有的标志基因为靶基因，固着于芯片表面，同时还含有细菌所共有的16S rDNA保守序列以确定为细菌感染标志。

该法不仅敏感度高于传统方法，而且操作简单，重复性好。Boruclu等构建的混合基因组微阵列可准确鉴别各种近缘单核增生李斯特菌的分离物。Vo10 khov等通过单管复合体扩增和基因芯片技术鉴别出6种李斯特菌。Chizhiko等采用寡核苷酸芯片研究大肠杆菌、志贺菌及沙门菌的抗原决定簇和毒力因子与其致病性的关系，发现细菌毒力因子可用于肠道致病菌的分析检测。

(三)在转基因食品检测中的应用

转基因食品是指利用基因工程技术改变基因组成构成的动物、植物和微生物生产的食品或食品添加剂。转基因食品代表了当今高新农业技术的发展方向,有着非常巨大、潜在的效益和市场。就目前转基因食品检测中常用的ELISA和PCR技术而言,前者存在加热可能使某些成分变性的缺点,后者受多种因素的影响,容易交叉感染,造成假阳性等缺点,因此这两种方法有一定的局限性,且其检测目标单一,针对已商品化的转基因产品而言,极易造成漏检,不适合于对食品中大量不同转基因成分的快速检测。生物芯片具有高通量、微型化、自动化和信息化的特点,是转基因食品检测的主要方向。现已广泛应用于大豆、玉米、油菜、棉花等农作物样品的检测。

(四)在食品毒理学研究中的应用

随着生活水平不断提高,食品安全性问题越来越受到重视,加入WTO以后食品的安全性问题已制约了我国农产品及其加工产品出口创汇能力。传统食品毒理学研究必须通过动物实验模式进行模糊评判,在研究毒物整体毒力效应和毒物代谢方面有不可替代的作用,但需消耗大量试验动物、时间和精力。另外,所用动物模型由于种属差异,得出的结果往往并不适宜外推至人,动物实验中所给予的毒物剂量也远远大于人的暴露水平,所以不能反映真实的暴露情况。生物芯片技术的应用将给毒理学领域带来一场革命。生物芯片可以同时对几千个基因的表达进行分析,为研究新型食品资源对人体免疫系统影响机理提供完整的技术资料。通过对单个或多个混合体有害成分的分析,确定该化学物质在低剂量条件下的毒性,从而推断出其最低限量。虽然生物芯片不能完全取代动物实验,但它可提供有价值信息,以免除许多不必要的生物试验,降低消耗。

目前,已有多种较为成熟的毒理学DNA芯片相继问世,美国国立环境卫生研究院分子致癌机制实验室研制出一种名为ToxChip的毒理芯片,虽然Toxchip不能完全取代动物实验,但是它可以灵敏地检测有害化学物质对人体基因表达的作用,提供有价值的信息,以免做许多不必要的生物试验,大大降低了动物消耗、经费和时间。Gene 10 gic公司的产品可以检测药物和毒物对生物体的影响,他们还建立了庞大的基因表达数据库,可以用于药物靶点确认和毒性预测。另外,微阵列芯片可以在基因水平帮助探索急性和慢性中毒之间的联系。通过观察暴露时间和毒性所致的基因表达谱改变之间的关系来实现毒性效应分析,这意味着在缩短生物试验时间的同时,可使试验剂量更接近于现实,且节省相当可观的费用。现有研究工作表明,利用

DNA 芯片预测化合物毒性和对毒性物质进行分类是可行的。

第六节　生物传感器技术

一、生物传感器技术概述

传感器是指能感受规定的被测量并按照一定的规律（数学函数法则）转换成可用信号的器件或装置。

生物传感器是利用生物反应特异性的一种传感器，更具体地说，是一种利用生物活性物质选择性地识别和测定相对应的生物物质的传感器。生物传感器技术作为一种新型的检测方法，与传统的检测方法相比较，具有以下几个主要特点：①专一性强、灵敏度高；②样品用量小，响应速度快；③操作系统比较简单，容易实现自动分析；④便于连续在线监测和现场检测；⑤稳定性和重复性尚有待加强。

按分子识别系统中生物活性物质的种类，生物传感器主要可以分为酶传感器、微生物传感器和免疫传感器等。以下就 DNA 生物传感器作详细介绍。

近年来，基于 DNA 双链碱基互补原理发展起来的 DNA 生物传感器受到了广泛的重视，目前已开发出无须标记、能给出实时基因结合信息的多种 DNA 传感器。这是一种利用 DNA 分子作为敏感元件，并将其与电化学、表面等离子体共振和石英晶体微天平等其他传感检测技术相结合的传感器。

DNA 生物传感器的原理是在基片上固定一条含有十几个到上千个核苷酸的单链 DNA，通过 DNA 的分子杂交，对另一条含有互补碱基序列的 DNA 进行识别，并结合为双链 DNA。然后通过转化元件将杂交过程所产生的变化转化为电信号，根据杂交前后电信号的变化量，计算得到被检 DNA 的含量。由于杂交后双链 DNA 的稳定性高，在传感器上表现出的物理信号，如电、光、声、波等，一般都较弱，因此有的 DNA 生物传感器需要在 DNA 分子之间加入嵌合剂，以提高物理信号的表达量。

二、生物传感器技术在食品安全检测中的应用

目前，生物传感器已被成功应用在食品安全检测、环境监测、发酵工业、

医药领域甚至军事范畴。在食品安全检测领域中,传统的检测方法通常需要使用较为复杂、昂贵的仪器设备和相关的预处理手段,且难以实现现场检测。生物传感器的应用提高了分析速度和灵敏度,使检测过程变得更为简单,便于实现自动化。使传感器从定性检测发展到了定量测量阶段,延伸了检测人员的感觉器官,扩大了观测范围,提升了检测的稳定性。

(一)在食品添加剂检测中的应用

食品添加剂对食品工业发展的益处是毋庸置疑的,但过量的使用添加剂也会对人体产生一定的危害性。目前,已研制出了一些检测食品添加剂的生物传感器。

Camoannella 等将氨气敏电极与天门冬酶聚合并固定在渗析膜上,成功研制出了可直接检测甜味素(天门冬酰苯丙氨酸甲酯)的生物传感器,并具有较高的灵敏度,其检测下限可达 2.6×10^{-3} mol/L。

Mesarost 等曾采用卟啉微电极生物传感器检测食品中的亚硝酸盐,这种方法简便而快速,准确度和精确度较好。

此外,也有些生物传感器可用于测定食品中的色素和乳化剂等。

(二)在食品中药物残留检测中的应用

近年来,国内外学者就生物传感器在农药残留检测领域中的应用做了一些有益的探索。在农药残留检测中最常用的生物传感器是酶传感器。不同酶传感器检测农药残留的机理是不同的,一般是利用残留物对酶活性的特异性抑制作用(如乙酰胆碱酯酶)来检测酶反应所产生的信号,从而间接测定残留物的含量。Starodub 等根据农药对靶标酶的活性抑制作用,分别以乙酰胆碱酯酶和丁酰胆碱酯酶作为敏感元件,研制出了不同离子酶场效应的晶体管酶传感器,可测量蔬菜中有机磷农药,检测限可达 10^{-10} ~ 10^{-5}mol/L。但也有些是利用酶对目标物的水解能力(如有机磷水解酶)来检测酶反应所产生的信号,实现农药残留的生物传感器检测,如 Mulchandani 等人开发了基于有机磷水解酶的安培型生物传感器用于检测有机磷农药,收到了极好的效果,对氧磷、甲基对硫磷这两种农药的最低检测限分别低达 9×10^{-8} mol/L、7×10^{-8} mol/L。

基于免疫原理的生物传感器在农药残留领域中也有应用,PHbyl 等人用蛋白 A 法将莠去津(Atrazine)的单克隆抗体固定在压电晶体的金电极表面上,样品中的莠去津吸附时引起石英晶体上负荷质量的改变,使晶体振荡频率发生变化从而测定待测物浓度，莠去津浓度的检测下限达到 1.5 ng/mL。

（三）在食品中兽药残留检测中的应用

食品中的兽药残留通常采用基于表面等离子体共振技术（SPR）的生物传感器进行检测。此类传感器是一种基于表面等离子体共振产生敏感折射率物理光学现象的高精度光学传感器，其通过感测传感器表面折射率的微小变化而实现物质的定量检测。如果金属表面介质的折射率或被测物介电常数发生变化，其共振峰的位置共振角或共振波长将发生改变，因此通过测定角度或波长的变化，即可测量出被测物在界面上发生反应的信息。Gustavsson 等将带有羧肽酶活性的微生物受体蛋白作为探测分子，采用基于表面等离子共振技术的生物传感器检测牛奶中内酰胺类抗生素，通过检测酶的活性值检测乳制品中的抗生素含量，其检测极限可达 2.6 g/kg；SPR 生物传感器还被用来检测蜂蜜、对虾和猪。肾等样品中氯霉素或代谢物氯霉素-葡萄糖苷酸的含量，检测极限低于 0.1 g/kg。

目前，由于检测限、灵敏度、重复性等问题，生物传感器在农药残留、兽药残留检测的实际应用上还存在一定的局限性，大都是只作为一种相对含量高的样本进行快速筛选的方法和手段。因此，生物传感器在药物残留检测领域的应用潜力还有待于进一步发掘。

（四）在食品有害生物活性物质检测中的应用

有些食品含有多种具有生物活性的化合物，当与机体作用后能引起各种生物效应，称为生物活性物质。其中有些生物活性物质对人体有害，如凝集素、生氰糖苷、肌醇六磷酸、甲状腺肿素、皂角苷、植物雌激素等。国内外学者在有害生物活性物质的生物传感器检测方面也取得了许多成果。

Keusgen 等人曾用基于氨电极的电位传感器和电化学阻抗谱技术检测酶的水解产物 NH_3，从而测量出微摩尔浓度的氰化物。

上海交通大学农业与生物学院的研究人员根据竞争酶免疫反应原理，采用已烯雌酚抗体膜和过氧化氢电极组成传感器主体，将一定量的已烯雌酚和过氧化氢酶标记加到受检物品中，酶标记的和未标记的已烯雌酚将与膜上的已烯雌酚抗体产生竞争反应，根据酶标已烯雌酚与抗体的结合率可检测食品中已烯雌酚激素的含量。该类型传感器在检测肉类食品激素残留方面已得到了较好的应用。

(五)在食品微生物检测中的应用

据美国疾病预防控制中心资料显示,微生物及其产生的毒素是危害食品安全的重要因素之一,55.6%的食物中毒事件与微生物有关。食品中致病菌的检测一直沿用传统的平皿计数法,方法烦琐、耗时。生物传感器的出现带来了微生物检测学上的革命,也使食品工业生产和包装过程中致病菌的自动在线检测成为可能,生物传感器在微生物检测方面的应用是当今检测技术研究的热点。

Liu 等用光学免疫传感器实现了鼠伤寒沙门菌的快速检测。利用抗体抗原原理,采用含有抗沙门菌的磁性微珠分离出待测溶液中的沙门菌,加入用碱性磷酸酯酶作标记的二抗,形成抗体“沙门菌一酶标抗体”的结构,经磁性分离后,在酶的水解作用下,底物对硝基苯磷酸产生对硝基苯酚,通过吸光度来测量沙门菌的总数。大量的实验表明,在 $2.2\times10^4 \sim 2.2\times10^6$ cfu/mL 范围内,该测试方法具有良好的线性关系。

Carlson 等人研制了用于检测农产品中的黄曲霉毒素的生物传感器,主要基于免疫荧光原理,可在 2 min 内检测出 0.1 ~ 50 μg/mL 的浓度;卢智远等人研制成一种能快速测定乳制品中细菌含量的电化学生物传感器,实验结果表明,该生物传感器能有效地测定鲜奶中的微生物含量。

随着 DNA 微型传感器的研制,生物传感器可以迅速准确地断定食品来源疾病的细菌类型,使制造商免受数百万产品召回损失和可能产生的法律纠纷。在检测 DNA 方面,新传感器具备含有 DNA 片断的探头,可以完成检测。如为了测试蛋黄酱样品中的沙门菌,可以利用具有相关 DNA 片断的探头来确定基因组中的细菌。用于食品中微生物检测的生物传感器种类很多,相关应用技术比较成熟,但是不少商品化仪器的检测限还偏高,在实际检测中易出现假阳性、假阴性的结果。

第七节 拉曼光谱分析技术

一、拉曼光谱分析技术概述

拉曼光谱是一种散射光谱。拉曼光谱分析法是基于印度科学家 C,V,

拉曼(Raman)所发现的拉曼散射效应,对与入射光频率不同的散射光谱进行分析以得到分子振动、转动方面信息,并应用于分子结构研究的一种分析方法。

(一)拉曼光谱的原理

光散射包括弹性散射和非弹性散射。弹性散射的散射光和入射光的频率相同,即所谓的瑞利散射。瑞利散射包括由某种散射中心引起的米氏散射(波数小于$10^{-5}m^{-1}$)和由入射光波与介质内弹性波作用产生的布里渊散射(波数变化约0.1 cm^{-1})。

非弹性散射的散射光和激发光的频率不相同,如果散射频率低于入射频率则为斯托克散射,反之则为反斯托克散射,非弹性散射统称为拉曼散射。

拉曼光谱是光与物质分子间的作用所产生的联合光散射现象,研究的是散射光与入射光的能级差和化合物转动频率、振动频率之间的关系,拉曼光谱是分子极化率改变的结果。用散射强度对拉曼位移作图,通过峰的位置、谱带形状和强度来反映被测物质分子的化学键或官能团的转动频率和特征振动,并提供散射分子的环境和结构信息。激发光的波数和散射辐射的波数之差即为拉曼位移。

(二)拉曼光谱的特点

拉曼光谱操作简单,样品不需前处理,还可利用光纤探头、蓝宝石、石英窗等对样品进行检测,且检测速度快,可重复,可实现无损检测。此外,拉曼光谱还具有其独特的优越性。

(1)由于水也具有微弱的拉曼散射信号,拉曼光谱可对水溶液样品进行分析。

(2)拉曼光谱单次扫描可覆盖50~4 000 cm^{-1}的区间,可对无机物和有机物进行测定。

(3)激发光的波长可根据样品的特点来有针对性地进行选择。

(4)拉曼光谱的谱峰尖锐清晰,便于进行定性和定量分析。

(5)利用拉曼光谱进行分析时仅仅需要少量的样品,显微拉曼技术还可将激光束聚焦至20 μm,则对样品的需要量可减少至微克数量级。

(6)拉曼光谱测量对样品要求很低,样品不需进行研磨和粉碎,还可在气态、固态和液态的情况下进行测量。

(7)光纤的应用可实现远距离的在线监控,并提高测量的信噪比。

(8)共振拉曼光谱和表面增强拉曼光谱等技术的发展,提高了拉曼光的强度,提高了检测的灵敏度。

二、拉曼光谱在食品分析中的应用

(一)水的检测

拉曼光谱技术可对水分子的氢键结构和振动特征进行表征。有研究结果表明,在0~20 ℃和大于20 ℃时,水的结构是不同的。当冰融化成水时,仅有10%的氢键断裂,随着温度的升高,水的密度也递增,当温度升高至4 ℃时,水的密度增至最大;但当温度高于17 ℃,水的密度随着温度的升高而降低。

(二)脂质的检测

在油脂行业中,量化脂肪酸的不饱和度和顺反异构体的手段常为传统的化学方法和气相色谱法。拉曼光谱法可检测植物油的含油量、脂肪酸组成和动物脂肪的结构,可将其作为质量控制的快速筛选方法。有研究发现,位于1 656 cm^{-1}和1 670 cm^{-1}的三酰甘油酯和食用油的特征拉曼谱带的强度与植物油的顺、反式异构体含量有一定的相关性,其分析的精度可达到1%。有学者采用拉曼光谱对鲑鱼脂肪酸不饱和度进行了预测,其结果表明此方法的稳定性较好,也可实现从水样品和高含量蛋白质的拉曼光谱中获取脂肪酸不饱和度信号的目的,易于实现在线快速检测。

(三)碳水化合物的检测

由于碳水化合物具有多种同分异构体,对其进行分析具有较大的难度。碳水化合物的拉曼光谱较为明确,提供的结构信息比较精准,随着糖化学研究的深入和拉曼光谱的发展,拉曼光谱已经成为碳水化合物结构分析的重要手段。有学者将便携式拉曼光谱仪与化学计量学技术相结合,基于苹果汁和梨汁的拉曼光谱在866 cm^{-1}和1 126 cm^{-1}处的差别,建立了对浓缩苹果中渗入梨汁的快速检测新方法。

(四)蛋白质的检测

拉曼光谱技术被应用于鉴别蛋白质及其组分的差异,通过谱图解析可得到多肽骨架构型信息和侧链微环境的化学信息及其受各种理化因素影响的信息。有研究者采用显微激光拉曼光谱对小麦胚芽 8S 球蛋白的二级结构进行了研究,检测结果表明小麦胚芽 8S 球蛋白的二级结构要是 β-折叠,还有少量的无规卷曲构象和 α-螺旋。

(五)核酸的检测

拉曼光谱主要针对 DNA 结构和不同因素与其相互作用机理进行研究。研究人员研究了固定在银胶颗粒上的单个腺嘌呤分子的拉曼光谱,观察到腺嘌呤分子的强度波动和发光猝灭现象,结果表明拉曼光谱技术易于提高 DNA 测序的速度和准确度。

(六)色素的检测

拉曼光谱常用来测定类胡萝卜素,有学者采用近红外拉曼光谱对番茄、芦丁、灯笼椒、辣椒黄素、天竺葵叶中的类胡萝卜素进行了在线分析,该方法能从不同尺寸的植物组织中获取类胡萝卜素的结构信息。

(七)维生素的检测

拉曼光谱可提供维生素分子的完整信息,还可对其结构进行进一步的表征和描述。有学者对维生素 C 的拉曼特征谱带进行了初步指认,并结合 pH 的变化来研究吸附作用的规律和特点。

参考文献

[1]宋莲芳.撬动食品安全管理[M].北京:知识产权出版社,2020.
[2]王慧,刘烈刚.食品营养与精准预防[M].上海:上海交通大学出版社,2020.
[3]郑宏源,徐超.大学生安全教育教程[M].昆明:云南大学出版社,2020.
[4]刘涛.现代食品质量安全与管理体系的构建[M].北京:中国商务出版社,2019.
[5]夏山丁.膳食搭配与食品安全管理指导研究[M].北京:冶金工业出版社,2019.
[6]李颖.食品安全与监督管理[M].北京:人民卫生出版社,2019.
[7]刘宁,刘涛.食品安全监测技术与管理[M].北京:中国商务出版社,2019.
[8]田兴国,吕建秋.食品安全生产管理关键技术问答[M].北京:中国农业科学技术出版社,2019.
[9]展跃平,张伟.高等职业教育"十三五"规划教材:食品质量安全管理[M].北京:中国轻工业出版社,2019.
[10]王大泉,任端平,梁金霞.《学校食品安全与营养健康管理规定》释义[M].北京:中国工商出版社,2019.
[11]高丹,李瑜,徐广伟.食品安全与管理[M].北京:煤炭工业出版社,2018.
[12]罗云波.食品安全管理工程学[M].北京:科学出版社,2018.
[13]李福荣.食品安全管理人员培训教材食品生产[M].北京:中国法制出版社,2018.
[14]杨玉荣,李思强.食品安全与质量管理[M].郑州:郑州大学出版社,2018.
[15]朱丹丹,姜淑荣.职业教育"十三五"规划教材食品类专业教材系列:食品质量安全管理[M].北京:科学出版社,2018.
[16]卢生奇,杜铁军.食品企业管理[M].北京:中国商业出版社,2018.
[17]周洁.食品营养与安全[M].北京:北京理工大学出版社,2018.

[18]李诚,柳春红.城乡食品安全[M].北京:中国农业大学出版社,2018.
[19]任静波,李敏敏.食品质量与安全[M].中国质检出版社,2018.
[20]刘野.食品安全管理体系的构建及检验检测技术探究[M].北京:原子能出版社,2017.
[21]胡克伟,任丽哲,孙强.食品质量安全管理[M].北京:中国农业大学出版社,2017.
[22]雷铭,冉小峰.食品营养与卫生安全管理[M].北京:旅游教育出版社,2017.
[23]吴澎.食品安全管理体系概论[M].北京:化学工业出版社,2017.
[24]胥义,王欣,曹慧.食品安全管理及信息化实践[M].上海:华东理工大学出版社,2017.
[25]吴澎.普通高等教育“十三五”规划教材:食品安全管理体系概论[M].北京:化学工业出版社,2017.
[26]王志刚,唐忠,张利庠.供应链视角下食品安全管理问题研究农经书系[M].北京:中国农业出版社,2017.
[27]裴金金.食品安全与质量管理[M].长春:吉林人民出版社,2017.
[28]施晟.农业发展、农商管理与食品安全[M].北京:中国社会科学出版社,2017.
[29]张秋,陈慧.食品药品安全应急管理实践与探索[M].北京:知识产权出版社,2017.
[30]王玉民.食品质量安全研究[M].成都:电子科技大学出版社,2017.